胶州湾镉时空变化的过程及机制

杨东方　陈　豫　著

科学出版社
北京

内 容 简 介

本书从时空变化尺度研究镉 (Cd) 在胶州湾水域的分布及变化，从 Cd 含量大小、水平分布、垂直分布、季节分布、区域分布、结构分布和趋势分布的角度，确定 Cd 的来源、水质、分布和状况，揭示 Cd 含量空间转换的迁移规律。Cd 含量变化揭示了其动态迁移过程和变化趋势：年份变化、来源变化过程、陆地迁移过程、沉降过程、水域迁移趋势过程和水域垂直迁移过程。对此，作者提出了：物质含量的均匀性理论、物质含量的环境动态理论、物质含量的水平损失量理论、物质含量从来源到水域的迁移理论、物质含量的水域沉降迁移理论、物质含量的水域迁移趋势理论和物质含量的水域垂直迁移理论，以期对其他类似物质在水体的迁移规律研究给予借鉴。

本书适合海洋地质学、环境学、化学、物理海洋学、生物学、生物地球化学、生态学、海湾生态学和河口生态学的有关科学工作者和相关学科的专家参阅，也适合高等院校师生作为教学和科研参考。

图书在版编目(CIP)数据

胶州湾镉时空变化的过程及机制 / 杨东方，陈豫著. —北京：科学出版社，2022.10

ISBN 978-7-03-069674-8

Ⅰ. ①胶… Ⅱ. ①杨… ②陈… Ⅲ. ①黄海–海湾–镉–重有色金属–污染–研究 Ⅳ. ①X55

中国版本图书馆 CIP 数据核字 (2021) 第 175240 号

责任编辑：刘莉莉 / 责任校对：彭 映

责任印制：罗 科 / 封面设计：墨创文化

科学出版社出版

北京东黄城根北街16号

邮政编码：100717

http://www.sciencep.com

四川煤田地质制图印刷厂印刷

科学出版社发行 各地新华书店经销

*

2022年10月第 一 版 开本：B5（720×1000）

2022年10月第一次印刷 印张：25 3/4

字数：510 000

定价：229.00 元

（如有印装质量问题，我社负责调换）

作者简介

杨东方 1984 年毕业于延安大学数学系(学士)；1989 年毕业于大连理工大学应用数学研究所(硕士)，研究方向：Lenard 方程唯 n 极限环的充分条件，微分方程在经济、管理、生物方面的应用。

1999 年毕业于中国科学院青岛海洋研究所(博士)，研究方向：营养盐硅、光和水温对浮游植物生长的影响，专业为海洋生物学和生态学；同年在青岛海洋大学化学化工学院和环境科学与工程研究院做博士后研究工作，研究方向：胶州湾浮游植物的生长过程的定量化初步研究。2001 年出站后到上海水产大学工作，主要从事海洋生态学、生物学、经济学和数学等学科教学以及海洋生态学和生物地球化学领域的研究。2001 年被国家海洋局北海分局监测中心聘为教授级高级工程师，2002 年被青岛海洋局一所聘为研究员。

2004 年 6 月被核心期刊《海洋科学》聘为编委。2005 年 7 月被核心期刊《海岸工程》聘为编委。2005 年获得国家海洋创新成果二等奖(第 7 名)(《天津临港工业区滩涂开发一期工程海域使用论证》)。2006 年 2 月被核心期刊《山地学报》聘为编委。2006 年 11 月被温州医学院聘为教授。2007 年 11 月被中国科学院生态环境研究中心聘为研究员。2008 年 4 月被浙江海洋学院聘为教授。2009 年 8 月被中国地理学会聘为环境变化专业委员会委员。2009 年 11 月《中国期刊高被引指数》总结了 2008 年度学科高被引作者：海洋学(总被引频次/被引文章数)杨东方(12/5)(www.ebiotrade.com)。2010 年山东卫视对《胶州湾浮游植物的生态变化过程与地球生态系统的补充机制》和《海湾生态学》给予了书评。2010 年《山地学报》对《数学模型在生态学的应用及研究》给予了书评。2010 年《浮游植物的生态与地球生态系统的机制》获得浙江省高等学校科研成果三等奖(第 1 名)。2011 年 12 月被核心期刊《林业世界》聘为编委。2011 年 12 月成立浙江海洋学院生物地球化学研究所，被聘为该所的所长。2012 年 11 月被国家海洋局闽东海洋环境监测中心站聘为项目办主任。2013 年 3 月被陕西理工学院聘为汉江学者。2013 年 11 月被贵州民族大学聘为教授。2014 年 10 月被中国海洋学会聘为军事海洋学专业委员会委员。2015 年 11 月被陕西国际商贸学院聘为教授。2016 年 8 月被西京学院聘为教授。2017 年 10 月被 AEIC 学术交流中心聘为主席和秘书长。2018 年 2

月被国家卫生计生委聘为专家。2018 年 12 月被 AEIC 学术交流中心聘为专家指导委员会委员。2019 年 12 月获得广东省高层次人才成果转化平台的突出贡献奖。2022 年 2 月被西安交通工程学院聘为教授。2022 年 5 月被 IEEE 电力与能源协会聘为 IEEE PES 智慧能源区块链委员会的常务理事。2022 年 10 月成立西京学院一带一路双碳贸易研究所，并担任所长。参加了国际的 GLOBEC（全球海洋生态系动力学）研究计划中由 18 个国家和地区联合进行的南海考察（在海上历时 3 个月）、国际的 LOICZ（海岸带陆海相互作用）研究计划中在黄海东海的考察及国际的 JGOFS（全球海洋通量联合研究）计划中在黄海东海的考察。多次参加青岛胶州湾、烟台近海的海上调查及获取数据工作。参加了胶州湾等水域的生态系统动态过程和持续发展等课题的研究。

指导的硕士研究生已经毕业的有 21 名。发表第一作者的论文 516 篇，出版第一作者的专著和编著 78 部，授权第一作者的专利 29 项；其他名次论文 51 篇。2019 年 3 月 2 日中国知网数据库查到第一作者的论文 58 篇，一共被引用 1078 次。目前，正在进行西南喀斯特地区、胶州湾、浮山湾和长江口以及浙江近岸水域的生态学、环境学、经济学、生物地球化学、区域人口健康学的过程研究。

研究方向：环境学、生态学、生物地球化学、经济学、区域人口健康学和医药学。

研究内容：①营养盐的生物地球化学过程；②重金属的水域扩散过程；③有机污染物的迁移过程；④水域环境的现状及变化趋势；⑤气候的演替模式及预测；⑥经济学的应用；⑦人口健康的服务工程。

前　言

随着工农业的发展，在许多领域重金属镉(Cd)得到广泛的应用，含 Cd 的产品众多，包括杀虫剂、电池、农药、半导体材料、聚氯乙烯(PVC)、电视机、计算机、照相材料、光电材料、杀菌剂、颜料、涂层等，Cd 产品已遍及工业、农业、国防、交通运输和人们日常生活的各个领域。因此，在日常生活中处处都离不开 Cd 产品。

Cd 是具有延展性、质地软的带蓝色光泽的银白色金属元素，具有电离势较高、不易氧化的特点，主要从硫化物的锌矿石中提取，主要工业用途为制造抗腐蚀、耐磨、易熔的特殊合金材料、电镀材料以及塑料生产等。

在生产和冶炼含 Cd 产品的过程中，会向大气、陆地和海洋大量排放 Cd。在空气、土壤、地表、河流等地方都有 Cd 的残留物，以各种不同的化学产品和污染物质的形式存在。而且经过地面水和地下水汇集到河流中，最后迁移到海洋的水体中。

Cd 在地壳中的含量比锌少得多，常常少量赋存于锌矿中。由于 Cd 比锌更易挥发，因此高温冶炼锌时，它比锌更早逸出，不易引起人们的觉察。Cd 的排放包含火山爆发、风力扬尘、森林火灾、植物排放等自然过程。这样，大气沉降输送 Cd 到陆地的地表和海洋的表面，而地面的 Cd 又由地表水带到海洋的水体中。

在自然界，海底火山喷发将地壳深处的重金属带上海底，海洋水流的作用把重金属及其化合物注入海洋。随着海上交通的发达，海上的船舰数量在不断增加。船舰上有大量的涂层、电镀层和颜料，因此含有大量的 Cd。当船舰在海上行驶和停靠码头时，就会给水域带来 Cd。因此，在自然界和人类活动中，含 Cd 化合物排放到海洋，造成了海洋环境的污染。

Cd 经过陆地迁移过程、大气迁移过程和海洋迁移过程，进入海洋水域。绝大部分经过重力沉降、生物沉降、化学作用等迅速由水相转入固相，最终转入沉积物中。从春季 5 月开始，海洋生物大量繁殖，数量迅速增加，到夏季的 8 月，达到高峰值，且由于浮游生物的繁殖活动，悬浮颗粒物表面形成胶体，此时的吸附力最强，吸附大量的 Cd，大量的 Cd 随着悬浮颗粒物迅速沉降到海底。这样，在春季、夏季和秋季，Cd 输入海洋，颗粒物质和生物体将 Cd 从海洋表层带到底层。因此，由于外海海流的输送、河流的输送、近岸岛尖端的输送、大气沉降的输送、地表径流的输送和船舶码头的输送，Cd 进入海洋水体，在水体效应的作用下，进入海底的沉积物中。

世界各个国家，尤其是发达国家，经过了工农业的迅猛发展，城市化不断扩展。在这个过程中，Cd 在工业废水和生活污水中存在，也在人类经常使用的产品中存在。Cd 及其化合物属于剧毒物质，会给人类和动物带来许多疾病，甚至死亡。

Cd 主要通过呼吸道和消化道进入人体，导致人类免疫、生殖、神经等许多系统受到损害。而且，Cd 在人体中具有富集和积蓄作用，潜伏期可长达 10～30 年。Cd 主要累积在肝、肾、胰腺、甲状腺和骨骼中，并不会自然消失，经过数年甚至数十年慢性积累后，人体将会出现显著的 Cd 中毒症状。这样就会产生贫血、高血压、神经痛、骨质松软、肾炎和分泌失调等病症，影响人的正常活动。

在我们的日常生活中不可缺少对含 Cd 重要化合物的使用，由于长期大量地使用，Cd 长期残留于环境中，不易降解，在生物体内累积，通过食物链传递对人类和生态系统构成潜在危害。因此，研究水体中 Cd 的迁移规律，对了解 Cd 对环境造成持久性的污染有着非常重要的意义。本书揭示了 Cd 在水体中的迁移规律、迁移过程、变化趋势以及形成的理论等，为含 Cd 物质的研究提供了坚实的理论基础，也为消除含 Cd 物质在环境中的残留以及治理 Cd 环境污染提供了科学理论依据。

本书在西安交通工程学院出版基金、西京学院出版基金、土地利用和气候变化对乌江径流的影响研究(黔教合 KY 字[2014] 266 号)项目、威宁草海浮游植物功能群与环境因子关系(黔科合 LH 字[2014] 7376 号)项目、贵州民族大学出版基金和国家海洋局北海环境监测中心主任科研基金——长江口、胶州湾、浮山湾及其附近海域的生态变化过程(05EMC16)项目的共同资助下完成。

在书中，有许多方法、规律、过程、机制和原理，它们要反复应用，解决不同的实际问题和阐述不同的现象和过程。于是，出现许多相同的段落。同时，有些段落作为不同的条件来推出不同的结果；有些段落来自结果，又作为条件来推出新的结果。这样，就会出现有些段落的重复。如果只能第一次用，以后不再用，这样在以后的叙述和说明中就不完善，没有充分的依据来证明结论，而且方法、规律、过程、机制和原理就变得无关紧要了。在书中，每一章都是独立地解决一个重要的问题，因此，也许其中有些段落与其他章节中有重复。如果将重复之处删除，则内容显得苍白无力、层次错乱。因此，从作者的角度，应保留不同章节中重复的段落，以尽可能地保证每章内容的逻辑性、条理性、独立性、完整性和系统性。

作者通过对胶州湾水域的研究(2001～2016 年)得到以下主要结果。

(1) 根据胶州湾水域 Cd 含量的水平分布、来源量的变化以及均匀性的变化，研究发现，在空间尺度上，在 5 月和 11 月，Cd 含量在水体中的分布是均匀的；在 8 月，Cd 含量在水体中的分布是不均匀的。在时间尺度上，5～8 月，Cd 含量由均匀分布转变为不均匀分布；8～11 月，Cd 含量由不均匀分布转变为均匀分布。这展示了随着时间的变化，水体中 Cd 含量由均匀到不均匀，再到均匀的变化过程。

(2) 研究发现，在一个水体中，当输入增加时，物质含量从均匀转变为不均匀；当输入减少时，物质含量从不均匀转变为均匀。这证实了作者提出的物质含量在水体中的均匀性变化过程。

(3) 根据胶州湾水域 Cd 的表层水平分布、来源量的变化，研究发现，在一年中，胶州湾水域 Cd 的来源量发生了很大的变化。例如，从 5 月到 8 月，再到 11 月，胶州湾水域 Cd 的来源量变化过程表明，河流输送 Cd 的量从低到高，再到无。

(4) 根据胶州湾水域 Cd 的含量、表层水平分布，研究发现，在一年中，胶州湾水域 Cd 的来源方式发生了很大的变化。例如，从 5 月到 8 月，再到 11 月，胶州湾水域 Cd 的来源方式为从没有来源的输送到河流的输送，再转换到外海海流的输送。

(5) 作者提出了物质含量的环境动态值的定义及结构模型，并且确定了该模型的各个变量：物质含量的基础本底值、物质含量的环境本底值、物质含量的输入值以及物质含量的环境动态值。于是，应用该模型就可以确定物质含量在水域中的变化过程、变化区域及结构变量，为制定物质含量在水域中的标准以及划分物质含量在水域中的变化程度都提供了科学依据。

(6) 研究发现，在空间、变化和垂直尺度上，Cd 含量在水体中都保持了一致性。这揭示了以下规律：Cd 含量在表、底层沿梯度的变化趋势是一致的；Cd 含量在表、底层的变化量范围基本一样，在表、底层的变化保持了一致性；Cd 含量在表、底层保持相近，在表、底层 Cd 含量具有一致性。

(7) 作者提出了物质含量的水平损失速度模型，以及物质含量的水平绝对损失速度和物质含量的水平相对损失速度的定义和计算。该模型揭示了物质含量在水平面上的迁移过程中单位距离的损失量。物质含量的水平绝对损失速度表明单位距离的绝对损失量，物质含量的水平相对损失速度表明单位距离的相对损失量。由此，作者提出了物质含量水平损失量的规律：对于同一种物质和同一种水体，这个单位距离的相对损失量是稳定的、恒定的，那么物质含量的水平相对损失速度对于同一物质和水体是相同的、相近的。

(8) 根据作者提出的物质含量的水平损失速度模型，计算结果表明，来源输送的物质含量比较低时，Cd 含量的水平相对损失速度值就比较低；来源输送的物质含量比较高时，Cd 含量的水平相对损失速度值就比较高；来源输送的物质含量为零时，Cd 含量的水平相对损失速度值最低。因此，来源输送的物质含量变化决定水体中物质含量的水平相对损失速度的变化。同样，来源输送的物质含量变化决定水体中物质含量的水平绝对损失速度的变化。这也证实了作者提出的物质水平损失量的规律。

(9) 根据物质含量的水平损失速度模型，通过水体两点的物质含量，就可以计算得到水体中任何一点的物质含量。在胶州湾的湾内水域，以来源输送的不同物质含量，根据物质含量的水平损失速度模型，来确定物质含量的水平绝对损失速度和水平相对损失速度。这样，来源输送的不同物质含量就可以决定水体中不同含量模式。

(10)研究发现，1979～1983 年，输入胶州湾的 Cd 在逐渐增加，水质在逐渐变差。

(11)研究发现，最初在胶州湾非常清洁的水域，逐渐有 Cd 输入，导致水体中 Cd 含量环境背景值提高。进一步，整个水域 Cd 含量都在增长。这样，向胶州湾水域输入 Cd，从最初自然界的输送转换为人类活动的输送。

(12)根据表、底层 Cd 含量的变化范围、水平分布趋势以及垂直变化，研究发现，在胶州湾的湾口水域，Cd 含量的来源和特殊的地形地貌决定了 Cd 的高沉降区域。

(13)研究发现，随着时间的变化，环境中 Cd 含量在不断增加。人类活动所产生的 Cd 几乎没有对河流产生很大的影响，只是对环境产生影响的输送途径变得多样化。

(14)研究发现，在胶州湾的湾口水域，在垂直水体效应的作用下，在水体中的底层出现了 Cd 的较高含量区。作者认为，在这个水域，水流的速度很快，Cd 的较高含量区的出现表明水体运动将 Cd 聚集的过程。对此，作者提出了 Cd 聚集的过程。

(15)根据Cd在胶州湾水域的含量、年份变化和季节变化，研究发现，在1979～1983 年期间，在早期的夏季、秋季胶州湾没有受到 Cd 的任何污染，到了晚期的夏季、秋季胶州湾受到 Cd 的轻度污染。在春季，胶州湾一直没有受到 Cd 的任何污染，在 Cd 方面，水质非常清洁。

(16)根据 Cd 在胶州湾水域的水平分布和来源变化，确定了在胶州湾水域 Cd 含量来源的位置、范围、类型和变化特征及变化过程。研究发现，胶州湾水域 Cd 有 6 个来源，主要为外海海流的输送(0.12～0.25μg/L)、河流的输送(0.07～0.85μg/L)、近岸岛尖端的输送(0.48～3.33μg/L)、大气沉降的输送(0.14～0.55μg/L)、地表径流的输送(0.38～0.53μg/L)和船舶码头的输送(0.16～1.50μg/L)。这6种途径给胶州湾整个水域带来了Cd，其Cd含量的变化范围为0.07～3.33μg/L。

(17)研究发现，在 1979～1983 年期间，在胶州湾水体中 Cd 含量的季节变化，是由陆地迁移过程、大气迁移过程、海洋迁移过程所决定的。

(18)作者提出各种模型框图，展示 Cd 含量的陆地迁移过程、大气迁移过程和海洋迁移过程，确定 Cd 经过的路径和留下的轨迹。揭示河流的 Cd 含量是由自然界的存在量决定的，大气的 Cd 含量也是由自然界的存在量决定的，海洋的 Cd 含量是由自然界的存在量和人类活动决定的。

(19)根据胶州湾水域 Cd 的底层含量变化和底层分布变化，研究发现，随着时间的变化，输送 Cd 在逐渐增加，来源也在逐渐增加，使海底留下 Cd 的高沉降区域在逐渐增加，高沉降区域的 Cd 也在逐渐增加。

(20) 根据表、底层 Cd 含量的水平分布趋势，作者提出 Cd 含量的水域迁移趋势过程。这个过程分为 7 个阶段：①Cd 开始沉降；②Cd 大量沉降；③Cd 进一步大量沉降；④Cd 开始减少沉降；⑤Cd 均匀沉降；⑥Cd 停止沉降；⑦Cd 完全停止沉降。这个过程揭示了从表层 Cd 开始沉降到停止沉降的变化中，Cd 迅速沉降，同时在海底累积，并且 Cd 在表层就可以消失，在底层也可以消失。

(21) 根据 1979～1983 年的表、底层 Cd 含量的水平分布趋势，作者提出 Cd 含量的水域迁移趋势过程。这个过程揭示 Cd 迅速沉降，并且在海底累积，充分表明时空变化的 Cd 含量迁移趋势。作者认为，Cd 含量的水域迁移趋势过程强有力地确定了：在时间和空间的变化过程中，表层 Cd 含量变化趋势、底层 Cd 含量变化趋势及表、底层 Cd 含量变化趋势的相关性。作者进一步提出了 Cd 含量的水域迁移趋势过程模型框图，说明 Cd 含量经过的路径和留下的轨迹，预测表、底层 Cd 含量的水平分布趋势。

(22) 根据 1979～1983 年胶州湾水域表、底层 Cd 含量的变化及 Cd 含量的垂直分布，作者提出了物质含量的沉降量和累积量模型，能够计算物质含量的绝对沉降量、相对沉降量和绝对累积量、相对累积量。并且计算得到，Cd 的绝对沉降量为 0.23～3.23μg/L，Cd 的相对沉降量为 79.2%～100.0%；Cd 的绝对累积量为 0.08～1.97μg/L，Cd 的相对累积量为 75.4%～100.0%。

(23) 通过物质含量的沉降量和累积量模型的计算，揭示了随着时间变化，Cd 的相对沉降量和相对累积量都是非常稳定且非常高的。Cd 的相对沉降量揭示了 Cd 的沉降是迅速的、彻底的，具有易沉降和易挥发的特征。Cd 的相对累积量揭示了 Cd 的累积是稳定的、完整的，具有易累积和易沉积的特征。

(24) 根据胶州湾水域表、底层 Cd 含量的变化，研究发现，在 1979～1983 年期间，在胶州湾水体中，表、底层 Cd 含量的变化范围的差，其正负值不超过 1.50μg/L，表明表、底层 Cd 含量变化量基本一样。

(25) 根据胶州湾水域 Cd 的垂直分布，作者揭示了 Cd 含量的垂直迁移过程：表、底层 Cd 含量的变化是由来源的 Cd 含量高低和迁移距离的远近所决定的，如六六六、汞、铬的迁移机制所展示的一样，并且提出了 3 个阶段和 6 种状态阐明 Cd 含量的垂直迁移过程。

(26) 研究发现，在 1979～1983 年期间，表、底层 Cd 含量的变化量以及表、底层 Cd 含量的垂直变化都充分展示了：Cd 迅速沉降，而且沉降量的多少与含量的高低相一致；Cd 经过不断沉降，在海底具有累积作用；如果来源停止提供 Cd，则在整个水体中 Cd 就会消失得无影无踪。这些特征揭示了 Cd 含量的水域垂直迁移过程。

(27) 从含量、水平分布、垂直分布、季节分布、区域分布、结构分布和趋势分布的角度，在空间尺度上，阐明了 Cd 含量在胶州湾水域的来源、水质、分布以及迁移状况等许多迁移规律；在时间尺度上，展示了 Cd 含量在胶州湾水域的变化过程和变化趋势：①含量的年份变化；②来源变化过程；③从来源到水域的迁移过程；④沉降过程；⑤水域迁移趋势过程；⑥水域垂直迁移过程。这展示了随着时间变化，Cd 含量在胶州湾水域的动态迁移过程和变化趋势。

(28) 在时间和空间的尺度上，通过对物质六六六(HCH)、石油(PHC)、汞(Hg)、铅(Pb)、铬(Cr)、镉(Cd)在水体中的迁移过程的研究，作者提出了物质理论：①物质含量的均匀性理论；②物质含量的环境动态理论；③物质含量的水平损失量理论；④物质含量从来源到水域的迁移理论；⑤物质含量的水域沉降迁移理论；⑥物质含量的水域迁移趋势理论；⑦物质含量的水域垂直迁移理论。展示了物质在水体中的动态迁移过程所形成的理论。

这些规律、过程和理论不仅为研究 Cd 含量在水体中的迁移提供坚实的理论依据，也为其他物质在水体中的迁移研究给予启迪。

有关这方面的研究还在进行中，本书为阶段性成果的总结，欠妥之处在所难免，恳请读者多多指正。希望读者站在作者的肩膀上，使祖国海洋环境学研究、世界海洋环境学研究以及地球环境学研究有飞跃发展，作者甚感欣慰。

在各位同仁和老师的鼓励和帮助下，此书出版。作者铭感在心，谨致衷心感谢。

杨东方

2021 年 5 月 8 日

目录

第1章 胶州湾水域镉的来源变化过程 …… 1
1.1 背景 …… 1
1.1.1 胶州湾自然环境 …… 1
1.1.2 数据来源与方法 …… 1
1.2 表层含量及水平分布 …… 2
1.2.1 含量 …… 2
1.2.2 表层水平分布 …… 2
1.3 来源变化过程 …… 4
1.3.1 水质 …… 4
1.3.2 来源变化过程 …… 5
1.3.3 来源的状况 …… 6
1.4 结论 …… 6
参考文献 …… 7
第2章 胶州湾水域镉均匀性的往复变化过程 …… 8
2.1 背景 …… 8
2.1.1 胶州湾自然环境 …… 8
2.1.2 数据来源与方法 …… 8
2.2 表层含量及水平分布 …… 9
2.2.1 表层水平分布 …… 9
2.2.2 含量的高值 …… 11
2.2.3 含量的变化长度 …… 11
2.3 均匀性变化过程 …… 11
2.3.1 均匀性 …… 11
2.3.2 空间的均匀性分布 …… 12
2.3.3 时间的均匀性变化 …… 13
2.3.4 物质含量的均匀分布 …… 14
2.4 结论 …… 15
参考文献 …… 15
第3章 镉含量的环境动态值及结构模型 …… 17

3.1 背景……17
3.1.1 胶州湾自然环境……17
3.1.2 数据来源与方法……17
3.2 环境动态值的定义及结构模型……18
3.2.1 表层含量……18
3.2.2 来源及含量高值……18
3.2.3 空间的均匀性分布……19
3.2.4 环境本底值的结构……19
3.3 环境动态值的计算……20
3.3.1 基础本底值……20
3.3.2 环境本底值……20
3.3.3 环境动态值及其结构……20
3.4 结论……21
参考文献……21
第 4 章 胶州湾水域镉含量的沉降过程及机制……23
4.1 背景……23
4.1.1 胶州湾自然环境……23
4.1.2 数据来源与方法……23
4.2 底层含量及水平分布……24
4.2.1 底层含量……24
4.2.2 底层水平分布……24
4.3 沉降过程及机制……27
4.3.1 水质……27
4.3.2 迁移过程……27
4.3.3 沉降机制……27
4.4 结论……28
参考文献……29
第 5 章 胶州湾水域镉含量的动态沉降变化过程……30
5.1 背景……30
5.1.1 胶州湾自然环境……30
5.1.2 数据来源与方法……30
5.2 表、底层水平及垂直分布……31
5.2.1 表、底层水平分布趋势……31
5.2.2 表、底层变化范围……31
5.2.3 表、底层垂直变化……32
5.3 动态沉降变化过程……33

5.3.1 沉降机制 ······ 33
5.3.2 水体的效应 ······ 33
5.3.3 损失和积累 ······ 33
5.3.4 动态沉降过程 ······ 34
5.4 结论 ······ 35
参考文献 ······ 36
第 6 章 三种不同类型的镉含量水平损失速度模式 ······ 37
6.1 背景 ······ 37
6.1.1 胶州湾自然环境 ······ 37
6.1.2 数据来源与方法 ······ 37
6.2 水平损失速度模型 ······ 38
6.2.1 站位的距离 ······ 38
6.2.2 来源变化过程 ······ 39
6.2.3 水平损失速度模型 ······ 39
6.2.4 水平损失速度计算值 ······ 40
6.2.5 单位的简化 ······ 40
6.3 水平损失速度模型的应用 ······ 40
6.3.1 水平含量的计算 ······ 40
6.3.2 水平含量的变化 ······ 41
6.4 结论 ······ 42
参考文献 ······ 42
第 7 章 胶州湾水体镉的分布及迁移过程 ······ 43
7.1 背景 ······ 43
7.1.1 胶州湾自然环境 ······ 43
7.1.2 数据来源与方法 ······ 43
7.2 表、底层含量及分布 ······ 44
7.2.1 含量 ······ 44
7.2.2 表层水平分布 ······ 45
7.2.3 表层季节变化 ······ 46
7.2.4 底层水平分布 ······ 47
7.2.5 底层季节变化 ······ 49
7.2.6 垂直分布 ······ 49
7.3 迁移过程 ······ 50
7.3.1 水质 ······ 50
7.3.2 来源 ······ 50
7.3.3 来源的迁移过程 ······ 50

7.3.4 环境本底值的结构……51
7.3.5 水域的迁移过程……51
7.3.6 水底的迁移过程……52
7.4 结论……52
参考文献……53
第8章 水体镉的环境本底值的结构……54
8.1 背景……54
8.1.1 胶州湾自然环境……54
8.1.2 数据来源与方法……54
8.2 本底值……56
8.2.1 环境本底值……56
8.2.2 基础本底值……56
8.3 结构及应用……56
8.3.1 环境本底值的结构……56
8.3.2 输入量及方式……58
8.4 结论……58
参考文献……58
第9章 胶州湾水体镉的来源及输入方式……59
9.1 背景……59
9.1.1 胶州湾自然环境……59
9.1.2 数据来源与方法……59
9.2 水平分布……61
9.2.1 含量……61
9.2.2 表层水平分布……61
9.2.3 表层季节变化……62
9.2.4 底层水平分布……63
9.2.5 底层季节变化……64
9.2.6 垂直分布……64
9.3 来源及输入方式……64
9.3.1 水质……64
9.3.2 来源……64
9.4 结论……65
参考文献……65
第10章 胶州湾水体镉的无污染……66
10.1 背景……66
10.1.1 胶州湾自然环境……66

10.1.2 数据来源与方法 …… 66
10.2 水平分布 …… 67
10.2.1 含量 …… 67
10.2.2 表层水平分布 …… 67
10.3 镉的无污染 …… 70
10.3.1 水质 …… 70
10.3.2 来源 …… 70
10.4 结论 …… 71
参考文献 …… 71
第11章 胶州湾水域镉的垂直变化过程 …… 72
11.1 背景 …… 72
11.1.1 胶州湾自然环境 …… 72
11.1.2 数据来源与方法 …… 72
11.2 水平和垂直分布 …… 73
11.2.1 底层水平分布 …… 73
11.2.2 季节分布 …… 75
11.2.3 垂直分布 …… 75
11.3 垂直变化过程 …… 76
11.3.1 季节变化过程 …… 76
11.3.2 陆地迁移过程 …… 76
11.3.3 水域的迁移过程 …… 76
11.4 结论 …… 77
参考文献 …… 77
第12章 胶州湾水体镉的不同来源及污染程度 …… 78
12.1 背景 …… 78
12.1.1 胶州湾自然环境 …… 78
12.1.2 数据来源与方法 …… 78
12.2 水平分布 …… 79
12.2.1 含量 …… 79
12.2.2 表层水平分布 …… 79
12.3 不同来源及污染程度 …… 82
12.3.1 水质 …… 82
12.3.2 来源 …… 82
12.4 结论 …… 83
参考文献 …… 83
第13章 胶州湾水域镉的底层分布及聚集过程 …… 84

13.1 背景 …… 84
13.1.1 胶州湾自然环境 …… 84
13.1.2 数据来源与方法 …… 84
13.2 底层水平分布 …… 85
13.2.1 底层含量 …… 85
13.2.2 底层水平分布 …… 85
13.3 聚集过程 …… 87
13.3.1 底层水质 …… 87
13.3.2 聚集过程 …… 88
13.4 结论 …… 89
参考文献 …… 89
第 14 章 胶州湾水域镉的垂直分布及沉降过程 …… 90
14.1 背景 …… 90
14.1.1 胶州湾自然环境 …… 90
14.1.2 数据来源与方法 …… 90
14.2 水平和垂直分布 …… 91
14.2.1 表层季节分布 …… 91
14.2.2 底层季节分布 …… 91
14.2.3 表、底层水平分布趋势 …… 91
14.2.4 表、底层变化范围 …… 92
14.2.5 表、底层垂直变化 …… 92
14.3 垂直迁移 …… 93
14.3.1 季节变化过程 …… 93
14.3.2 沉降过程 …… 93
14.4 结论 …… 95
参考文献 …… 96
第 15 章 胶州湾水域镉含量的年份变化 …… 97
15.1 背景 …… 97
15.1.1 胶州湾自然环境 …… 97
15.1.2 数据来源与方法 …… 98
15.2 镉的含量及变化 …… 100
15.2.1 含量 …… 100
15.2.2 年份变化 …… 104
15.2.3 季节变化 …… 104
15.3 镉的年份变化 …… 105
15.3.1 水质 …… 105

15.3.2 含量变化……105
15.4 结论……106
参考文献……107
第16章 胶州湾水域镉来源变化过程……108
16.1 背景……108
16.1.1 胶州湾自然环境……108
16.1.2 数据来源与方法……109
16.2 水平分布……109
16.2.1 1979年5月、8月和11月Cd含量的水平分布……109
16.2.2 1980年6月、7月和9月Cd含量的水平分布……110
16.2.3 1981年4月、8月和11月Cd含量的水平分布……110
16.2.4 1982年4月、6月、7月和10月Cd含量的水平分布……111
16.2.5 1983年5月、9月和10月Cd含量的水平分布……112
16.3 镉的来源……113
16.3.1 来源的位置……113
16.3.2 来源的范围……115
16.3.3 来源的变化过程……115
16.4 结论……117
参考文献……118
第17章 胶州湾水域镉从来源到水域的迁移过程……119
17.1 背景……119
17.1.1 胶州湾自然环境……119
17.1.2 数据来源与方法……119
17.2 季节分布及输入量……120
17.2.1 季节分布……120
17.2.2 季节的输入量……121
17.3 从来源到水域的迁移过程……122
17.3.1 季节变化……122
17.3.2 陆地迁移过程……123
17.3.3 大气迁移过程……124
17.3.4 海洋迁移过程……125
17.4 结论……127
参考文献……128
第18章 胶州湾水域镉的水域沉降过程……129
18.1 背景……129
18.1.1 胶州湾自然环境……129

18.1.2 数据来源与方法 …… 129
18.2 底层含量及分布 …… 130
18.2.1 底层含量 …… 130
18.2.2 底层分布 …… 132
18.3 沉降过程 …… 137
18.3.1 月份变化 …… 137
18.3.2 季节变化 …… 138
18.3.3 水域沉降过程 …… 138
18.3.4 水域沉降起因 …… 140
18.4 结论 …… 141
参考文献 …… 142
第 19 章 胶州湾水域镉的水域迁移趋势过程 …… 143
19.1 背景 …… 143
19.1.1 胶州湾自然环境 …… 143
19.1.2 数据来源与方法 …… 143
19.2 水平分布趋势 …… 144
19.2.1 1979 年 …… 144
19.2.2 1980 年 …… 145
19.2.3 1981 年 …… 146
19.2.4 1982 年 …… 146
19.2.5 1983 年 …… 147
19.3 水域迁移的趋势过程 …… 148
19.3.1 来源 …… 148
19.3.2 水域迁移过程 …… 148
19.3.3 水域迁移的趋势特征 …… 150
19.3.4 水域迁移趋势的模型框图 …… 151
19.4 结论 …… 152
参考文献 …… 154
第 20 章 胶州湾水域镉的水域垂直迁移过程 …… 155
20.1 背景 …… 155
20.1.1 胶州湾自然环境 …… 155
20.1.2 数据来源与方法 …… 155
20.2 垂直分布 …… 156
20.2.1 1979 年 …… 156
20.2.2 1980 年 …… 157
20.2.3 1981 年 …… 159

20.2.4 1982 年……160
20.2.5 1983 年……161
20.3 水域垂直迁移过程……162
20.3.1 来源……162
20.3.2 水域的沉降量和累积量……163
20.3.3 水域迁移过程……164
20.3.4 水域迁移模型框图……169
20.3.5 水域垂直迁移的特征……170
20.4 结论……170
参考文献……171
第 21 章 胶州湾水域镉迁移的规律、过程及形成的理论……173
21.1 背景……173
21.1.1 胶州湾自然环境……173
21.1.2 数据来源与方法……174
21.2 研究结果……174
21.2.1 1979 年研究结果……174
21.2.2 1980 年研究结果……176
21.2.3 1981 年研究结果……177
21.2.4 1982 年研究结果……177
21.2.5 1983 年研究结果……178
21.3 产生消亡过程……179
21.3.1 含量的年份变化……179
21.3.2 来源变化过程……179
21.3.3 从来源到水域的迁移过程……179
21.3.4 沉降过程……180
21.3.5 水域迁移趋势过程……180
21.3.6 水域垂直迁移过程……181
21.4 迁移规律……181
21.4.1 空间迁移……181
21.4.2 时间迁移……182
21.5 物质的迁移规律理论……183
21.5.1 物质含量的均匀性理论……183
21.5.2 物质含量的环境动态理论……184
21.5.3 物质含量的水平损失量理论……184
21.5.4 物质从来源到水域的迁移理论……185
21.5.5 物质的水域沉降迁移理论……185

21.5.6 物质的水域迁移趋势理论 …… 186
21.5.7 物质的水域垂直迁移理论 …… 186
21.6 结论 …… 187
参考文献 …… 188
第22章 胶州湾水体中镉的水质清洁 …… 189
22.1 背景 …… 189
22.1.1 胶州湾自然环境 …… 189
22.1.2 数据来源与方法 …… 189
22.2 表层含量及水平分布 …… 190
22.2.1 含量 …… 190
22.2.2 表层水平分布 …… 190
22.3 来源变化过程 …… 192
22.3.1 水质 …… 192
22.3.2 来源 …… 192
22.4 结论 …… 193
参考文献 …… 193
第23章 外海海流给胶州湾底层水域留下的镉 …… 194
23.1 背景 …… 194
23.1.1 胶州湾自然环境 …… 194
23.1.2 数据来源与方法 …… 194
23.2 底层含量及水平分布 …… 195
23.2.1 底层含量 …… 195
23.2.2 底层水平分布 …… 195
23.3 外海海流带给胶州湾底层水域Cd …… 196
23.3.1 水质 …… 196
23.3.2 迁移过程 …… 197
23.4 结论 …… 197
参考文献 …… 198
第24章 外海海流带来的镉对胶州湾水体的影响 …… 199
24.1 背景 …… 199
24.1.1 胶州湾自然环境 …… 199
24.1.2 数据来源与方法 …… 199
24.2 季节分布及垂直变化 …… 200
24.2.1 表层季节分布 …… 200
24.2.2 底层季节分布 …… 200
24.2.3 表、底层水平分布趋势 …… 200

24.2.4 表、底层变化范围……201
24.2.5 表、底层垂直变化……201
24.3 外海海流对胶州湾水体的影响……202
24.3.1 沉降过程……202
24.3.2 季节变化过程……202
24.3.3 空间沉降……202
24.3.4 变化沉降……203
24.3.5 垂直沉降……203
24.3.6 区域沉降……203
24.4 结论……204
参考文献……205
第25章 胶州湾水体中镉的均匀性规律……206
25.1 背景……206
25.1.1 胶州湾自然环境……206
25.1.2 数据来源与方法……206
25.2 表层含量及水平分布……207
25.2.1 含量……207
25.2.2 表层水平分布……207
25.3 水体中的均匀性规律……209
25.3.1 水质……209
25.3.2 来源……210
25.3.3 均匀性……210
25.4 结论……211
参考文献……212
第26章 胶州湾底层水域镉的沉降机制……213
26.1 背景……213
26.1.1 胶州湾自然环境……213
26.1.2 数据来源与方法……213
26.2 水平分布……214
26.2.1 底层含量……214
26.2.2 底层水平分布……214
26.3 迁移和沉降机制……216
26.3.1 水质……216
26.3.2 迁移过程……216
26.3.3 沉降机制……217
26.4 结论……217

参考文献 218
第27章 胶州湾镉的沉降过程及垂直分布过程 219
27.1 背景 219
27.1.1 胶州湾自然环境 219
27.1.2 数据来源与方法 219
27.2 季节分布及垂直变化 220
27.2.1 表层季节分布 220
27.2.2 底层季节分布 220
27.2.3 表、底层水平分布趋势 220
27.2.4 表、底层变化范围 221
27.2.5 表、底层垂直变化 221
27.3 沉降及垂直变化 222
27.3.1 水质季节变化过程 222
27.3.2 空间沉降 222
27.3.3 变化沉降 223
27.3.4 垂直沉降 223
27.3.5 区域沉降 223
27.3.6 沉降过程 224
27.4 结论 225
参考文献 226
第28章 胶州湾水体受到外海海流带来的镉污染 227
28.1 背景 227
28.1.1 胶州湾自然环境 227
28.1.2 数据来源与方法 227
28.2 表层含量水平分布 228
28.2.1 含量 228
28.2.2 表层水平分布 229
28.3 外海海流带来的污染 230
28.3.1 水质 230
28.3.2 来源 231
28.4 结论 232
参考文献 232
第29章 镉含量在胶州湾水体中的时空变化 233
29.1 背景 233
29.1.1 胶州湾自然环境 233
29.1.2 数据来源与方法 233

29.2 水平分布 …… 234
29.2.1 含量变化过程 …… 234
29.2.2 高含量的水平分布 …… 234
29.3 均匀性的变化过程 …… 235
29.3.1 时空变化的均匀性 …… 235
29.3.2 物质的均匀性 …… 236
29.3.3 输送的不均匀性 …… 236
29.4 结论 …… 237
参考文献 …… 237
第30章 胶州湾镉的高沉降过程 …… 238
30.1 背景 …… 238
30.1.1 胶州湾自然环境 …… 238
30.1.2 数据来源与方法 …… 238
30.2 底层含量及水平分布 …… 239
30.2.1 底层含量 …… 239
30.2.2 底层水平分布 …… 239
30.3 高沉降过程 …… 240
30.3.1 底层水质 …… 240
30.3.2 迁移过程 …… 241
30.3.3 沉降机制 …… 241
30.4 结论 …… 241
参考文献 …… 242
第31章 胶州湾水体中镉的迁移过程 …… 243
31.1 背景 …… 243
31.1.1 胶州湾自然环境 …… 243
31.1.2 数据来源与方法 …… 243
31.2 季节分布及垂直变化 …… 244
31.2.1 表层季节分布 …… 244
31.2.2 底层季节分布 …… 244
31.2.3 表、底层水平分布趋势 …… 244
31.2.4 表、底层变化范围 …… 245
31.2.5 表、底层垂直变化 …… 245
31.3 迁移沉降过程 …… 246
31.3.1 季节变化过程 …… 246
31.3.2 空间沉降 …… 246
31.3.3 变化沉降 …… 246

31.3.4 垂直沉降 …… 247
31.3.5 区域沉降 …… 247
31.3.6 沉降过程 …… 247
31.4 结论 …… 248
参考文献 …… 249
第 32 章 河流给胶州湾水体带来的低含量镉 …… 250
32.1 背景 …… 250
32.1.1 胶州湾自然环境 …… 250
32.1.2 数据来源与方法 …… 250
32.2 表层含量及水平分布 …… 251
32.2.1 含量 …… 251
32.2.2 表层水平分布 …… 251
32.3 河流带来的低含量镉 …… 252
32.3.1 水质 …… 252
32.3.2 来源 …… 253
32.4 结论 …… 253
参考文献 …… 254
第 33 章 胶州湾水域镉来源于三种途径的输送 …… 255
33.1 背景 …… 255
33.1.1 胶州湾自然环境 …… 255
33.1.2 数据来源与方法 …… 255
33.2 表层含量及水平分布 …… 256
33.2.1 含量 …… 256
33.2.2 表层水平分布 …… 257
33.3 河流、外海海流以及大气沉降 …… 258
33.3.1 水质 …… 258
33.3.2 来源 …… 259
33.3.3 来源方式及输入量 …… 260
33.4 结论 …… 260
参考文献 …… 261
第 34 章 胶州湾水域镉的沉降漂移 …… 262
34.1 背景 …… 262
34.1.1 胶州湾自然环境 …… 262
34.1.2 数据来源与方法 …… 262
34.2 底层含量及水平分布 …… 263
34.2.1 底层含量 …… 263

34.2.2 底层水平分布……263
34.3 沉降漂移过程……265
34.3.1 水质……265
34.3.2 高沉降的地方……265
34.3.3 湾内的迁移过程……265
34.4 结论……267
参考文献……267
第 35 章 胶州湾镉含量的水体效应……269
35.1 背景……269
35.1.1 胶州湾自然环境……269
35.1.2 数据来源与方法……269
35.2 季节分布及垂直变化……270
35.2.1 表、底层水体……270
35.2.2 表层季节分布……270
35.2.3 底层季节分布……271
35.2.4 表、底层变化范围……271
35.3 水体效应……271
35.3.1 沉降过程……271
35.3.2 季节变化过程……271
35.3.3 季节变化机制……272
35.3.4 变化沉降……272
35.4 结论……273
参考文献……273
第 36 章 胶州湾镉沉降过程的时空状态……275
36.1 背景……275
36.1.1 胶州湾自然环境……275
36.1.2 数据来源与方法……275
36.2 垂直变化……276
36.2.1 表、底层水域……276
36.2.2 表、底层垂直变化……276
36.3 沉降过程的时空状态……277
36.3.1 区域沉降……277
36.3.2 时间变化的沉降过程……277
36.3.3 空间变化的沉降过程……278
36.3.4 沉降过程的时空状态……278
36.4 结论……279

参考文献 279
第 37 章 杨东方的水体物质含量均匀的定义、模型以及划分标准 281
37.1 背景 281
37.1.1 胶州湾自然环境 281
37.1.2 数据来源与方法 281
37.2 均匀模型和均匀度 282
37.2.1 表层水平分布 282
37.2.2 来源 284
37.2.3 物质含量的变化长度模型 285
37.2.4 均匀度的划分标准 285
37.2.5 含量变化的均匀模型的应用 286
37.3 物质含量的均匀变化过程 287
37.3.1 海洋的均匀性 287
37.3.2 空间均匀变化过程 287
37.3.3 时间均匀变化过程 288
37.3.4 物质含量的均匀分布 288
37.4 结论 289
参考文献 289
第 38 章 胶州湾水域镉含量的年变化特征 291
38.1 背景 291
38.1.1 胶州湾自然环境 291
38.1.2 数据来源与方法 292
38.2 含量状况 294
38.2.1 含量 294
38.2.2 年份变化 297
38.2.3 季节变化 298
38.3 水体中的变化特征 298
38.3.1 水质变化过程 298
38.3.2 含量变化过程 300
38.4 结论 302
参考文献 303
第 39 章 胶州湾水域镉来源变化过程 304
39.1 背景 304
39.1.1 胶州湾自然环境 304
39.1.2 数据来源与方法 304
39.2 不同月份 Cd 含量的水平分布 305

39.2.1 1984 年 7 月、8 月和 10 月 Cd 含量的水平分布……305
39.2.2 1985 年 4 月、7 月和 10 月 Cd 含量的水平分布……306
39.2.3 1986 年 4 月、7 月和 10 月 Cd 含量的水平分布……307
39.2.4 1987 年 5 月和 11 月 Cd 含量的水平分布……307
39.2.5 1988 年 4 月、7 月和 10 月 Cd 含量的水平分布……308
39.3 不同来源的时间变化过程……309
39.3.1 来源的位置……309
39.3.2 来源的范围……310
39.3.3 来源的变化过程……311
39.4 结论……312
参考文献……313
第 40 章 水体中镉的最高含量和最大容量的比例……314
40.1 背景……314
40.1.1 胶州湾自然环境……314
40.1.2 数据来源与方法……314
40.2 季节分布及输入量……315
40.2.1 表层的季节分布……315
40.2.2 季节的输入量……316
40.3 最高含量和最大容量的比例……318
40.3.1 季节变化……318
40.3.2 输送的来源……318
40.3.3 河流的输送……319
40.3.4 大气沉降的输送……319
40.3.5 外海海流的输送……319
40.3.6 来源输送的比例……319
40.4 结论……321
参考文献……322
第 41 章 胶州湾水域镉的沉降过程及特征……323
41.1 背景……323
41.1.1 胶州湾自然环境……323
41.1.2 数据来源与方法……323
41.2 底层含量及水平分布……324
41.2.1 底层含量……324
41.2.2 底层水平分布……325
41.3 沉降过程及特征……329
41.3.1 月份变化……329

41.3.2 季节变化 …… 330
41.3.3 水域沉降过程 …… 331
41.3.4 水域沉降起因 …… 332
41.4 结论 …… 333
参考文献 …… 334
第42章 胶州湾水域杨东方的水平分布趋势过程 …… 335
42.1 背景 …… 335
42.1.1 胶州湾自然环境 …… 335
42.1.2 数据来源与方法 …… 335
42.2 表、底层水平分布趋势 …… 336
42.2.1 1984年 …… 336
42.2.2 1985年 …… 337
42.2.3 1986年 …… 337
42.3 杨东方的水平分布趋势过程 …… 338
42.3.1 来源 …… 338
42.3.2 水域迁移过程 …… 338
42.3.3 水域迁移的趋势过程 …… 340
42.3.4 水域迁移趋势的模型框图 …… 341
42.4 结论 …… 343
参考文献 …… 343
第43章 杨东方水域清空性 …… 345
43.1 背景 …… 345
43.1.1 胶州湾自然环境 …… 345
43.1.2 数据来源与方法 …… 345
43.2 变化范围及垂直变化 …… 346
43.2.1 1984年 …… 346
43.2.2 1985年 …… 347
43.2.3 1986年 …… 348
43.2.4 1988年 …… 349
43.3 水域迁移、沉降及杨东方水域清空性 …… 350
43.3.1 来源 …… 350
43.3.2 水域的沉降量 …… 350
43.3.3 水域的累积量 …… 351
43.3.4 杨东方水域清空性 …… 352
43.3.5 空间变化的水域垂直迁移过程 …… 352
43.3.6 时间变化的水域垂直迁移过程 …… 354

43.3.7 沉降过程的时空状态…………357
43.3.8 水域垂直迁移的特征…………358
43.4 结论…………358
参考文献…………359
第44章 镉迁移的规律、过程及形成的理论…………361
44.1 背景…………361
44.1.1 胶州湾自然环境…………361
44.1.2 数据来源与方法…………362
44.2 研究结果…………362
44.2.1 1984年研究结果…………362
44.2.2 1985年研究结果…………363
44.2.3 1986年研究结果…………364
44.2.4 1987年研究结果…………365
44.2.5 1988年研究结果…………366
44.3 时空变化的趋势…………368
44.3.1 含量的逐年震荡增加…………368
44.3.2 来源的时空变化过程…………368
44.3.3 水体中最高含量和最大容量的比例…………368
44.3.4 沉降过程及特征…………369
44.3.5 杨东方的水平分布趋势过程…………369
44.3.6 杨东方水域清空性确定…………370
44.4 迁移过程的规律…………371
44.4.1 空间迁移过程…………371
44.4.2 时间迁移过程…………372
44.5 物质的迁移规律理论…………373
44.5.1 物质含量的均匀性理论…………373
44.5.2 水体物质含量的来源理论…………374
44.5.3 物质含量从来源到水域的迁移理论…………376
44.5.4 物质含量的水域沉降迁移理论…………377
44.5.5 物质含量的水域迁移趋势理论…………378
44.6 结论…………379
参考文献…………379
致谢…………381

第1章　胶州湾水域镉的来源变化过程

镉(Cd)是一种具有银白色光泽，软性、延展性好，耐腐蚀的稀有金属，加热即会挥发，其蒸汽可与空气中的氧结合形成氧化镉[1, 2]。Cd是一种毒性很强的污染元素，它对植物、动物、微生物和人体产生强烈的毒害作用。因此，研究近海Cd的污染程度和污染源[3-7]，对保护海洋环境、维持生态可持续发展具有重要作用。本章根据1979年的调查资料，对胶州湾水体中Cd的含量、水平分布以及来源变化进行分析，研究胶州湾水体中Cd的水质、来源变化过程和来源量，为对胶州湾水域Cd的来源和污染程度进行综合分析提供科学背景，并且为Cd含量的控制和环境的改善提供理论依据。

1.1　背　　景

1.1.1　胶州湾自然环境

胶州湾位于山东半岛南部，其地理位置为120°04′～120°23′E，35°58′～36°18′N，以团岛与薛家岛连线为界，与黄海相通，面积约为446km^2，平均水深约7m，是一个典型的半封闭型海湾。胶州湾入海的河流有十几条，其中径流量和含沙量较大的为大沽河和洋河，青岛市区的海泊河、李村河和娄山河等河流，这些河流均属季节性河流，河水水文特征有明显的季节性变化[8, 9]。

1.1.2　数据来源与方法

本书所使用的1979年5月、8月和11月胶州湾水体Cd的调查资料由国家海洋局北海环境监测中心提供。在5月、8月和11月，在胶州湾水域设8个站位取水样：H34、H35、H36、H37、H38、H39、H40、H41(图1-1)。分别于1979年5月、8月和11月进行3次取样，根据水深取水样(大于10m时取表层和底层，小于10m时只取表层)，进行调查采样。按照国家标准方法进行胶州湾水体Cd的调查，该方法被收录在国家的《海洋监测规范》中[10]。

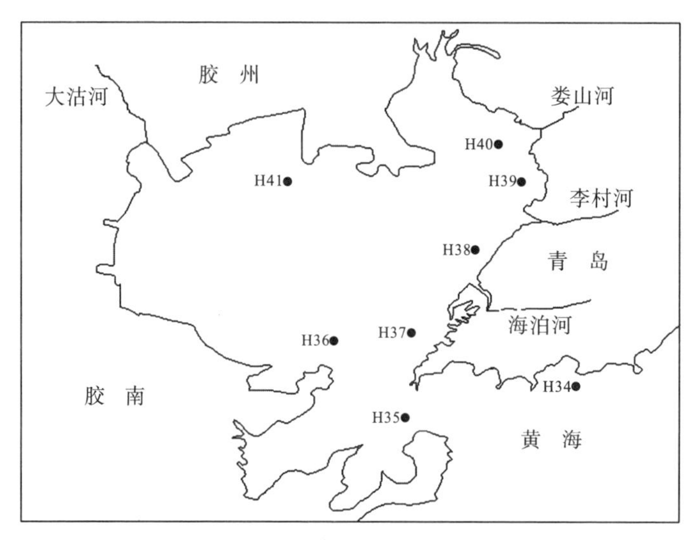

图 1-1 胶州湾调查站位

1.2 表层含量及水平分布

1.2.1 含量

在 5 月、8 月和 11 月，Cd 在胶州湾水体中的含量为 0.01～0.85μg/L，符合国家一类海水水质标准(1.00μg/L)。在 5 月，胶州湾水域 Cd 含量为 0.04～0.07μg/L，符合国家一类海水水质标准。在 8 月，表层水体中 Cd 的含量明显升高，胶州湾水域 Cd 含量为 0.01～0.85μg/L，符合国家一类海水水质标准。在 11 月，水体中 Cd 的含量明显降低，胶州湾水域 Cd 含量为 0.02～0.25μg/L，远远低于国家一类海水水质标准。表明在 Cd 含量方面，在 5 月、8 月和 11 月，在胶州湾的整个水域，水质没有受到 Cd 的任何污染(表 1-1)。

表 1-1 5 月、8 月和 11 月胶州湾表层水质

项目	5 月	8 月	11 月
海水中 Cd 含量/(μg/L)	0.04 ～ 0.07	0.01 ～ 0. 85	0.02 ～ 0.25
国家海水水质标准	一类海水	一类海水	一类海水

1.2.2 表层水平分布

在 5 月，在胶州湾东北部，在李村河入海口近岸水域的 H39、H38 站位，Cd 的含量达到较高，为 0.07μg/L，以东北部近岸水域为中心形成了 Cd 的高含量区，

从湾的北部到南部形成了一系列不同梯度的半个同心圆。Cd 含量从中心的高含量(0.07μg/L)沿梯度递减到湾南部湾口内侧水域的 0.04μg/L(图 1-2)。

在 8 月，在胶州湾湾内东部，在李村河和海泊河入海口之间近岸水域的 H38 站位，Cd 含量达到很高，为 0.85μg/L，以东部近岸水域为中心形成了 Cd 的高含量区，并从中心向四周形成了一系列不同梯度的半个同心圆。Cd 含量从中心的高含量(0.85μg/L)向四周沿梯度递减到 0.01μg/L(图 1-3)。

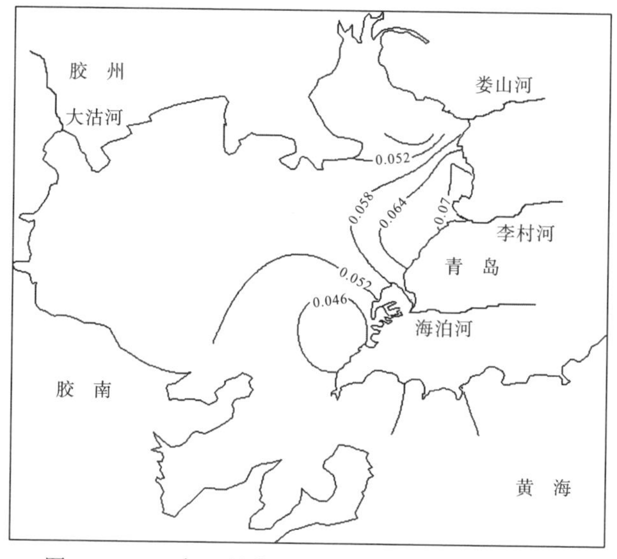

图 1-2　1979 年 5 月表层 Cd 含量的水平分布(μg/ L)

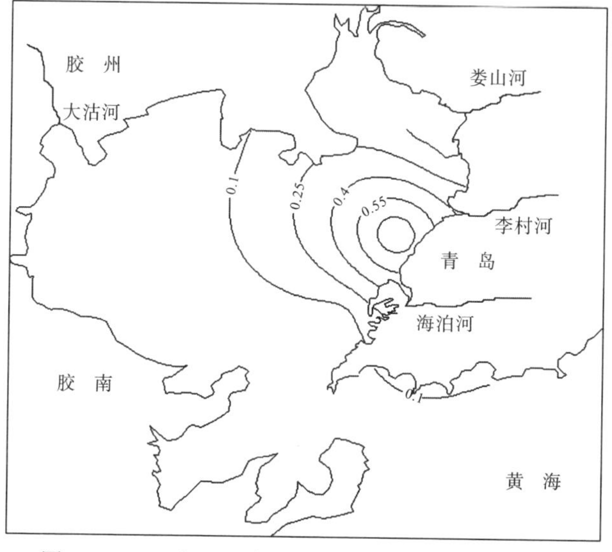

图 1-3　1979 年 8 月表层 Cd 含量的水平分布(μg/ L)

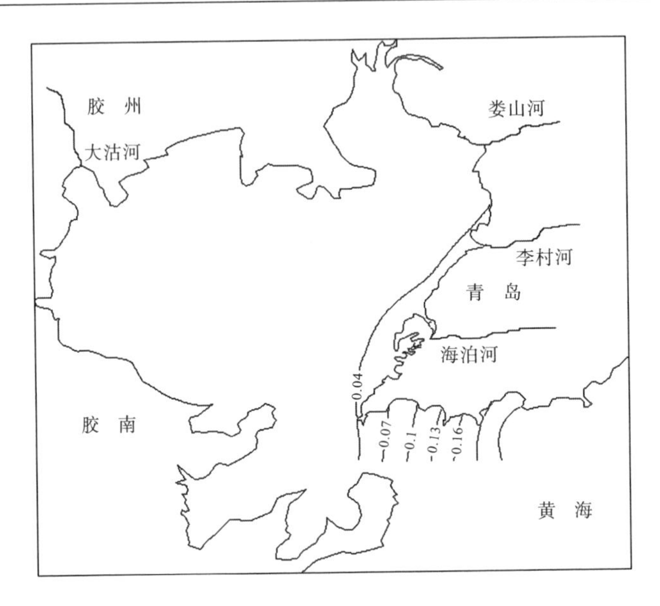

图 1-4 1979 年 11 月表层 Cd 含量的水平分布(μg/ L)

在 11 月，在胶州湾湾外东部近岸水域的 H34 站位，Cd 的含量达到较高，为 0.25μg/L，以湾外的东部近岸水域为中心形成了 Cd 的高含量区，形成了一系列不同梯度的平行线。Cd 含量从中心的高含量(0.25μg/L)沿梯度递减到胶州湾湾内东部近岸水域的 0.02μg/L(图 1-4)。

1.3 来源变化过程

1.3.1 水质

在 5 月、8 月和 11 月，Cd 在胶州湾水体中的含量为 0.01～0.85μg/L，符合国家一类海水水质标准(1.00μg/L)。表明在 Cd 含量方面，在 5 月、8 月和 11 月，在胶州湾水域，水质没有受到 Cd 的任何污染。

在 5 月，Cd 在胶州湾水体中的含量为 0.04～0.07μg/L，胶州湾水域没有受到 Cd 的任何污染。而且 Cd 含量远远低于国家一类海水水质标准(1.00μg/L)，甚至小于 0.10μg/L，小一个量级。表明此水域的水质，在 Cd 含量方面，不仅达到了国家一类海水水质标准(1.00μg/L)，而且低于 0.10μg/L，水质非常清洁，完全没有受到 Cd 的任何污染。在整个胶州湾水域，Cd 含量的变化值为 0.03μg/L，表明此水域中 Cd 含量是非常均匀的。

在 8 月，Cd 在胶州湾水体中的含量为 0.01～0.85μg/L，胶州湾水域没有受到

Cd 的任何污染。表明在整个胶州湾水域，在 Cd 含量方面，达到了国家一类海水水质标准(1.00μg/L)，水质清洁。在胶州湾东部近岸水域 Cd 含量比较高(0.03～0.85μg/L)，西部近岸水域 Cd 含量比较低(0.01～0.05μg/L)。因此，在胶州湾东部近岸水域受到 Cd 微小的输入。

在 11 月，Cd 在胶州湾水体中的含量为 0.02～0.25μg/L，胶州湾水域没有受到 Cd 的任何污染。表明在整个胶州湾水域，在 Cd 含量方面，达到了国家一类海水水质标准(1.00μg/L)，水质清洁。在胶州湾的湾内水域，Cd 含量的变化范围为 0.02～0.04μg/L。表明此水域的水质，在 Cd 含量方面，不仅达到了国家一类海水水质标准(1.00μg/L)，而且低于 0.10μg/L，水质非常清洁，完全没有受到 Cd 的任何污染。在整个胶州湾的湾内水域，Cd 含量的变化值为 0.02μg/L，表明此水域中 Cd 含量是非常均匀的。在胶州湾的湾外水域，Cd 含量的变化范围为 0.25～0.25μg/L。表明此水域受到 Cd 微小的输入。

在 5 月、8 月和 11 月，在胶州湾的整个水域，Cd 含量非常低，变化范围为 0.01～0.85μg/L，低于国家一类海水水质标准(1.00μg/L)，符合国家一类海水水质标准。因此，在 5 月、8 月和 11 月，在胶州湾的整个水域，水质清洁，完全没有受到 Cd 的任何污染。

1.3.2　来源变化过程

在 5 月，在胶州湾东部，在李村河入海口的近岸水域，形成了 Cd 的高含量区，形成了一系列不同梯度的半个同心圆。表明 Cd 的来源是河流的输送，其 Cd 含量为 0.07μg/L。输送的水体的 Cd 含量沿梯度下降，远离河口的水域 Cd 含量降低至 0.04μg/L。

在 8 月，在胶州湾东部的水体中，在李村河和海泊河入海口之间的近岸水域，形成了 Cd 的高含量区，形成了一系列不同梯度的半个同心圆。表明 Cd 的来源是河流的输送，其 Cd 含量为 0.85μg/L。输送的水体的 Cd 含量沿梯度下降，远离河口的水域 Cd 含量降低至 0.01μg/L。

在 11 月，在胶州湾的湾内水域，Cd 含量的变化范围为 0.02～0.04μg/L，远远低于 1.00μg/L，甚至低于 0.10μg/L。表明在胶州湾的湾内水域，Cd 没有任何来源，水质非常清洁。在胶州湾的湾外水域，Cd 含量的变化范围为 0.25μg/L。表明在胶州湾的湾外水域，Cd 的来源是海流的输送，其 Cd 含量为 0.25μg/L。输送的水体的 Cd 含量沿梯度下降，在湾南部的湾口内侧水域 Cd 含量降低至 0.02μg/L。

在 5 月、8 月和 11 月，在胶州湾的整个水域，展示了胶州湾 Cd 的来源变化过程，即 Cd 的来源量变化过程和 Cd 的来源方式变化过程。

胶州湾 Cd 的来源量变化过程是通过河流输送的水体的 Cd 含量变化来体现的。在 5 月，河流给胶州湾输送的水体的 Cd 含量为 0.07μg/L。在 8 月，河流给胶州湾输送的水体的Cd含量为0.85μg/L。在11月，河流给胶州湾输送的水体的Cd含量为0.00μg/L。因此，从5月到8月，再到11月，胶州湾水域Cd的来源量变化过程表明，河流输送的水体的Cd含量变化过程与河流的流量及周边雨季的雨量变化过程[11]是一致的。

胶州湾Cd的来源方式变化过程是通过输送Cd的河流和外海海流的变化来体现的。

在5月，胶州湾Cd的来源是河流的输送。在8月，胶州湾Cd的来源是河流的输送。在11月，胶州湾Cd的来源是外海海流的输送。因此，从5月到8月，再到11月，胶州湾水域Cd的来源变化过程为，从河流的输送到河流的输送，再到外海海流的输送。

1.3.3 来源的状况

胶州湾水域Cd有两个来源，为河流的输送和外海海流的输送。

来自河流输送的Cd的含量为0.07～0.85μg/L。从河流输送的Cd的含量考虑，李村河和海泊河输送的Cd的含量为0.07～0.85μg/L。因此，李村河和海泊河，给胶州湾输送的Cd的含量非常低，远远低于国家一类海水水质标准(1.00μg/L)。表明李村河和海泊河的河流都没有受到Cd的任何污染。

外海海流输送的Cd的含量为0.25μg/L。因此，外海海流给胶州湾输送的Cd的含量都符合国家一类海水水质标准(1.00μg/L)。表明外海没有受到Cd的任何污染(表1-2)。

表1-2 胶州湾不同来源的Cd含量

来源	外海海流的输送	河流的输送
Cd含量/(μg/L)	0.25	0.07～0.85

1.4 结　　论

在5月、8月和11月，Cd在胶州湾水体中的含量为0.01～0.85μg/L，符合国家一类海水水质标准(1.00μg/L)。表明在Cd含量方面，在5月、8月和11月，在胶州湾的整个水域，水质没有受到Cd的任何污染。在5月，Cd含量不仅达到了国家一类海水水质标准(1.00μg/L)，而且低于0.10μg/L，水质非常清洁。而且在海洋水体中，Cd含量是非常均匀的。在8月，在胶州湾东部近岸水域，Cd含量比较高，而西部近岸水域，Cd含量比较低。因此，在胶州湾东部近岸水域受到

Cd 微小的输入。在 11 月，在胶州湾的湾内水域，Cd 含量不仅达到了国家一类海水水质标准(1.00μg/L)，而且低于 0.10μg/L，水质非常清洁。而且在海洋水体中，Cd 含量是非常均匀的。在胶州湾的湾外水域受到 Cd 微小的输入。

在 5 月、8 月和 11 月，在胶州湾的整个水域，展示了胶州湾 Cd 的来源变化过程，即 Cd 的来源量变化过程和 Cd 的来源方式变化过程。从 5 月到 8 月，再到 11 月，胶州湾水域 Cd 的来源量变化过程为，从河流输送的低 Cd 含量到河流输送的高 Cd 含量，再变化到河流输送的零 Cd 含量。河流输送的 Cd 的含量变化过程与河流的流量及周边雨季的雨量变化过程[11]是一致的。从 5 月到 8 月，再到 11 月，胶州湾水域 Cd 的来源方式变化过程为，从河流的输送到河流的输送，再到外海海流的输送。

胶州湾水域 Cd 有两个来源，为河流的输送和外海海流的输送。河流输送的 Cd 的含量为 0.85μg/L，外海海流输送的 Cd 的含量为 0.25μg/L。表明李村河和海泊河的河流都没有受到 Cd 的任何污染，外海也没有受到 Cd 的任何污染。这揭示了，在没有受到人类的影响下，在 Cd 含量方面，河流、外海的水质都是非常清洁的。由此认为，人类一定要减少对河流、外海等水域的 Cd 的排放，以从近岸水域到外海水域都尽可能地减少对海洋的 Cd 污染。

参考文献

[1]杨东方, 高振会. 海湾生态学(下册) [M]. 北京: 海洋出版社, 2010.

[2]杨东方, 苗振清. 海湾生态学(上册) [M]. 北京: 海洋出版社, 2010.

[3]Yang D F, Chen S T, Li B L, et al. Research on the vertical distribution of Cadmium in Jiaozhou Bay waters [C]. Proceedings of the 2015 International Symposium on Computers and Informatics, 2015: 2667-2674.

[4]Yang D F, Wang F Y, Wu Y F, et al. The structure of environmental background value of Cadmium in Jiaozhou Bay waters [J]. Applied Mechanics and Materials, 2014, 644-650:5333-5335.

[5]Yang D F, Zhu S X, Wang F Y, et al. The distribution and content of Cadmium in Jiaozhou Bay [J]. Applied Mechanics and Materials, 2014, 644-650: 5325-5328.

[6]杨东方, 陈豫, 常彦祥, 等. 胶州湾水体镉的分布及来源 [J]. 海岸工程, 2013 (3): 68-78.

[7]杨东方, 陈豫, 王虹, 等. 胶州湾水体镉的迁移过程和环境本底值结构 [J]. 海岸工程, 2010, 29(4): 73-82.

[8]Yang D F, Gao Z H, Sun P Y, et al. Silicon limitation on primary production and its destiny in Jiaozhou Bay, China [J]. Chinese Journal of Oceanology, 2005, 24(2): 169-175.

[9]杨东方, 王凡, 高振会, 等. 胶州湾浮游藻类生态现象 [J]. 海洋科学, 2004, 28(006): 71-74.

[10]国家海洋局. 海洋监测规范 [M]. 北京: 海洋出版社, 1991.

[11]杨东方, 丁咨汝, 郑琳, 等. 胶州湾水域有机农药 HCH 的分布及均匀性 [J]. 海岸工程, 2011, 30(2): 66-74.

第 2 章　胶州湾水域镉均匀性的往复变化过程

随着城市化进程的加快和经济的持续高速发展，环境的污染日益严重。许多重要工业的产品都含有镉(Cd)，Cd 是海洋重要污染物之一[1, 2]。本章根据 1979 年胶州湾的调查资料，研究胶州湾水体中 Cd 含量的水平分布、来源量的变化以及均匀性的变化，确定胶州湾水体中 Cd 含量的不均匀性分布和均匀性分布，得到胶州湾的湾内水域 Cd 含量的分布状况及均匀性变化过程，为胶州湾水域 Cd 来源、均匀程度以及迁移过程的研究提供科学理论依据。

2.1　背　　景

2.1.1　胶州湾自然环境

胶州湾位于山东半岛南部，其地理位置为 120°04′～120°23′E，35°58′～36°18′N，以团岛与薛家岛连线为界，与黄海相通，面积约为 446km^2，平均水深约 7m，是一个典型的半封闭型海湾。胶州湾入海的河流有十几条，其中径流量和含沙量较大的为大沽河和洋河，青岛市区的海泊河、李村河和娄山河等河流，这些河流均属季节性河流，河水水文特征有明显的季节性变化[3, 4]。

2.1.2　数据来源与方法

本书所使用的 1979 年 5 月、8 月和 11 月胶州湾水体 Cd 的调查资料由国家海洋局北海环境监测中心提供。在 5 月、8 月和 11 月，在胶州湾水域设 8 个站位取水样：H34、H35、H36、H37、H38、H39、H40、H41(图 2-1)。分别于 1979 年 5 月、8 月和 11 月进行 3 次取样，根据水深取水样(大于 10m 时取表层和底层，小于 10m 时只取表层)，进行调查采样。按照国家标准方法进行胶州湾水体 Cd 的调查，该方法被收录在国家的《海洋监测规范》中[5]。

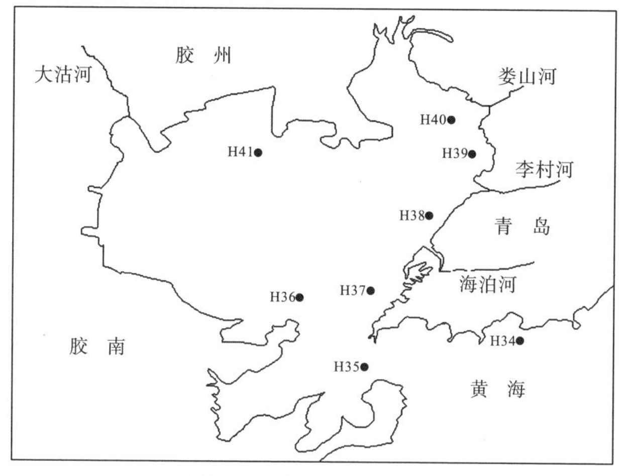

图 2-1　胶州湾调查站位

2.2　表层含量及水平分布

2.2.1　表层水平分布

在5月，在胶州湾湾内东部，在李村河入海口近岸水域的H39、H38站位，Cd的含量达到较高，为0.07μg/L，以东北部近岸水域为中心形成了Cd的高含量区，从湾的北部到南部形成了一系列不同梯度的半个同心圆。Cd含量从中心的高含量(0.07μg/L)沿梯度递减到湾南部湾口内侧水域的0.04μg/L(图2-2)。

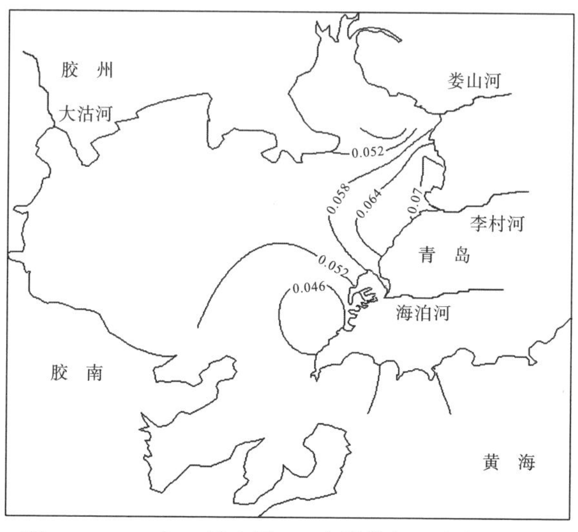

图 2-2　1979年5月表层Cd含量的水平分布(μg/ L)

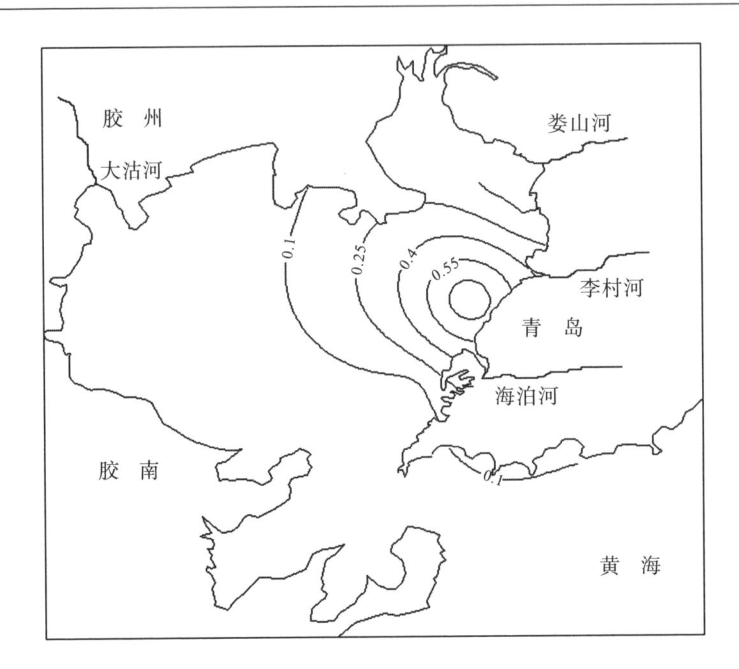

图 2-3 1979 年 8 月表层 Cd 含量的水平分布(μg/ L)

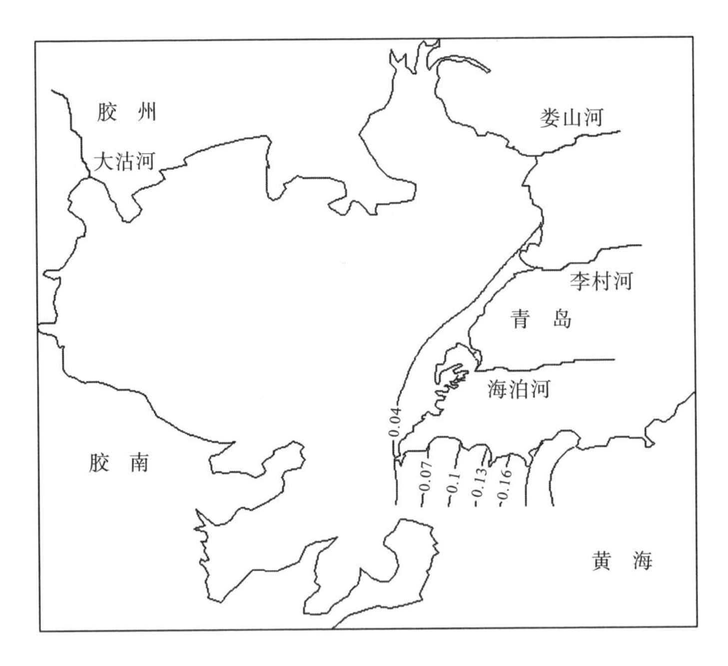

图 2-4 1979 年 11 月表层 Cd 含量的水平分布(μg/ L)

在 8 月，在胶州湾湾内东部，在李村河和海泊河入海口之间近岸水域的 H38 站位，Cd 含量达到很高，为 0.85μg/L，以东部近岸水域为中心形成了 Cd 的高含量区，并从中心向四周形成了一系列不同梯度的半个同心圆。Cd 含量从中心的高含量(0.85μg/L)向四周沿梯度递减到 0.01μg/L(图 2-3)。

在 11 月，在胶州湾湾外东部近岸水域的 H34 站位，Cd 的含量达到较高，为 0.25μg/L，以湾外的东部近岸水域为中心形成了 Cd 的高含量区，形成了一系列不同梯度的平行线。Cd 含量从中心的高含量(0.25μg/L)沿梯度递减到胶州湾湾内东部近岸水域的 0.02μg/L(图 2-4)。

2.2.2 含量的高值

在胶州湾的湾内水域，给胶州湾输送 Cd 的来源只有河流。在 5 月，河流给胶州湾输送的 Cd 的含量为 0.07μg/L。在 8 月，河流给胶州湾输送的 Cd 的含量为 0.85μg/L。在 11 月，河流给胶州湾输送的 Cd 的含量为 0.00μg/L。因此，从 5 月到 8 月，再到 11 月，胶州湾水域 Cd 的来源量变化过程为，从河流输送的低 Cd 含量到河流输送的高 Cd 含量，再变化到河流输送的零 Cd 含量。表明在胶州湾的湾内水域，Cd 含量的高值是由河流的输送量来决定的。

2.2.3 含量的变化长度

在 5 月，在胶州湾的湾内水域，Cd 含量的变化范围为 0.04～0.07μg/L；在 8 月，在胶州湾的湾内水域，Cd 含量的变化范围为 0.01～0.85μg/L；在 11 月，在胶州湾的湾内水域，Cd 含量的变化范围为 0.02～0.04μg/L。那么，在胶州湾的湾内水域，在 5 月，Cd 含量的变化长度为 0.03μg/L；在 8 月，Cd 含量的变化长度为 0.84μg/L；在 11 月，Cd 含量的变化长度为 0.02μg/L(表 2-1)。

表 2-1 5 月、8 月和 11 月胶州湾 Cd 含量的变化长度

时间	5 月	8 月	11 月
海水中Cd含量的变化长度/(μg/L)	0.03	0. 84	0.02

2.3 均匀性变化过程

2.3.1 均匀性

笔者提出[6]：海洋的潮汐、海流对海洋中所有物质进行搅动、输送，使海洋中所有物质的含量在海洋的水体中都是均匀分布的。在近岸浅海主要靠潮汐的作用；在深海主要靠海流的作用，当然还有其他辅助作用，如风暴潮、海底地震等。所以，随着时间的推移，海洋尽可能使海洋中所有物质的含量都分布均匀，故海洋具有均匀性。

在胶州湾的湾内水域，1979 年 Cd 含量的水平分布的时空变化充分展示了，在海洋潮汐、海流的作用下，Cd 在水体中不断地被摇晃、搅动，水体中 Cd 含量均匀性的变化过程。

2.3.2 空间的均匀性分布

2.3.2.1 5 月的均匀性分布

在 5 月，在胶州湾的湾内水域，Cd 含量的变化范围为 0.04～0.07μg/L，Cd 含量的变化长度为 0.03μg/L。表明在 5 月，在胶州湾的湾内整个水域，Cd 含量比较高，同时，Cd 含量的变化范围比较小。因此，在空间尺度上，Cd 在水体中的分布是均匀的。

在 5 月，在胶州湾的湾内水域，在东北娄山河和李村河入海口之间的近岸水域及湾口西南内侧的近岸水域，这些水域的位置相距很远，横跨整个胶州湾的湾内水域，但 Cd 含量却是一致的，都非常低(0.02μg/L)。表明在不同的水域，Cd 含量的低值是一致的，都达到 0.02μg/L。

在 5 月，在胶州湾的湾内水域，在湾底东北的近岸水域和湾口东南内侧的近岸水域，这些水域的位置相距很远，横跨整个胶州湾的湾内水域，但 Cd 含量却是一致的，都非常低(0.04μg/L)。表明在不同的水域，Cd 含量的低值是一致的，都达到 0.04μg/L。

在 5 月，在胶州湾的湾内水域，只有在李村河入海口的近岸水域，Cd 含量达到了高值(0.07μg/L)。表明只有输入源的水域，Cd 含量达到高值(0.07μg/L)。

因此，在 5 月，在胶州湾的湾内水域，从东北的近岸水域到西南的近岸水域，Cd 含量是一致的。只有在李村河入海口的近岸水域，Cd 含量升高了，说明 Cd 含量的局部不均匀是由输入来源的含量造成的。这样，在空间尺度上，Cd 在整个水体中的分布是均匀的。

2.3.2.2 1 月的均匀性分布

在 11 月，在胶州湾的湾内水域，Cd 含量的变化范围为 0.02～0.04μg/L，Cd 含量的变化长度为 0.02μg/L。表明在 11 月，在胶州湾的湾内整个水域，Cd 含量比较低，同时，Cd 含量的变化长度非常短。充分展示了在湾内的整个水体中，Cd 含量比较低，Cd 含量的变化范围非常小。因此，在空间尺度上，Cd 在水体中的分布是均匀的。

在 11 月，在胶州湾的湾内水域，在东北娄山河和李村河入海口之间的近岸水域及湾口西南内侧的近岸水域，这些水域的位置相距很远，横跨整个胶州湾的湾内水域，但 Cd 含量却是一致的，都非常低(0.02μg/L)。表明在不同的水域，Cd 含量的低值是一致的，都达到 0.02μg/L。

在 11 月，在胶州湾的湾内水域，在西北的近岸水域和湾口东南内侧的近岸水域，这些水域的位置相距很远，横跨整个胶州湾的湾内水域，但 Cd 含量却是一致的，都非常高(0.04μg/L)。表明在不同的水域，Cd 含量的高值是一致的，都达到 0.04μg/L。

因此，在 11 月，在胶州湾的湾内水域，没有任何 Cd 的来源。从东北的近岸水域到西南的近岸水域，Cd 含量的值都是一致的；从西北的近岸水域到东南的近岸水域，Cd 含量的值都是一致的。这样，在空间尺度上，Cd 在水体中的分布是均匀的。

2.3.3　时间的均匀性变化

在 5 月，胶州湾湾内水域的 Cd 有一个来源，为河流的输送。河流输送的 Cd 的含量为 0.07μg/L。在胶州湾东北部的水体中，当河流向这个水体输送的 Cd 的含量比较小时，在湾内的整个水体中，Cd 含量比较高，在水体中分布是均匀的。表明，当有 Cd 输入，且其输入量比较小时，在水体中就会出现 Cd 含量比较高的情形，且其含量的分布是均匀的。

在 8 月，胶州湾湾内水域的 Cd 有一个来源，为河流的输送。河流输送的 Cd 的含量为 0.85μg/L。在胶州湾东北部的水体中，当河流向这个水体输送 Cd 时，在湾内的整个水体中，Cd 含量的分布是不均匀的。表明，当有 Cd 输入，且其输入量比较大时，在水体中 Cd 含量的分布是不均匀的。

在 11 月，在胶州湾湾内的整个水体中，没有任何 Cd 的来源，Cd 含量的分布是均匀的。表明，当没有 Cd 的输入时，在水体中 Cd 含量的分布是均匀的。

在胶州湾的湾内水域，Cd 含量随着时间的变化，展示了在 Cd 水体中分布的均匀性变化过程。5 月 Cd 含量的高值为 0.07μg/L，Cd 含量的变化长度为 0.03μg/L。到 8 月，Cd 含量的高值为 0.85μg/L，Cd 含量的变化长度为 0.84μg/L。再到 11 月，Cd 含量的高值为 0.04g/L，Cd 含量的变化长度为 0.02μg/L。展示了在海洋潮汐、海流的作用下，Cd 在水体中不断地被摇晃、搅动。在时间尺度上，随着时间的变化，水体中 Cd 含量表现为由均匀到不均匀，再到均匀的变化过程。

在胶州湾水域，1979 年的 Cd 含量水平分布的时空变化，揭示了在海洋潮汐、海流的作用下，Cd 含量在海洋中的分布具有均匀性的特征。正如作者指出：潮汐、海流对海洋中所有物质进行搅动、输送，使海洋中所有物质的含量在海洋水体中都是均匀分布的[6]。因此，Cd 含量在水体中的时空变化展示了物质在海洋中的均匀分布特征。

2.3.4 物质含量的均匀分布

作者认为[6]：在海洋潮汐、海流的作用下，HCH 含量在海洋中的分布具有均匀性的特征。就像往容器中的液体中加入物质并不断摇晃、搅动，随着时间的推移，其物质的含量在液体中渐渐均匀分布。

1985 年，HCH 含量在海域水体中分布的均匀性，揭示了在海洋潮汐、海流的作用下，海洋具有均匀性的特征[6]。1983 年，PHC 含量在胶州湾的水体中低于 0.12 mg/L，展示了物质在海洋中的均匀分布特征[7]；1983 年，在胶州湾湾口内底层水域 Cu 含量的底层水平分布，充分证明了海洋具有均匀性[8]；1983 年，氰化物在胶州湾湾口底层水域的含量现状和水平分布揭示了无论物质的含量多么低，海洋都会将物质带到更远的地方，其含量就会更低，使其物质含量在海洋中均匀分布，充分证明了海洋具有均匀性[9]；1985 年，Pb 含量的水平分布和扩展过程揭示了在海洋潮汐、海流的作用下，Pb 含量在海洋中的分布具有均匀性的特征[10]；1985 年，胶州湾的 Cd 含量表层水平分布，充分呈现了海洋具有均匀性[11]；1985 年，胶州湾的 Cu 含量表层水平分布，充分呈现了海洋的均匀性变化过程；1979 年，胶州湾的 Cr 含量在水体中的时空变化，充分展示了物质在海洋中的均匀分布特征及均匀性变化过程；1979 年，胶州湾的 Cd 含量在水体中的时空变化，充分展示了物质在海洋中的高含量和低含量都具有均匀性，在输入物质含量的变化下确定物质均匀性的变化过程。

这些物质的水平分布和运动过程充分表明海洋使一切物质在水体中具有均匀性，并且使一切物质在水体中向均匀性的趋势进行扩散运动。因此，作者进一步完善提出的“物质在水体中的均匀性变化过程”。

当物质有来源输入，且其输入量比较小时，在水体中就会出现物质高含量的均匀分布。当物质有来源输入，且其输入量比较大时，在水体中就会出现物质含量的不均匀分布。当物质来源的输入停止时，在水体中就会出现物质低含量的均匀分布。从开始输入物质到结束输入物质，在这个过程中，在水体中出现了物质含量分布从均匀转变为不均匀，再从不均匀转变为均匀。

在一个水体中，从有少量的物质输入，物质分布是均匀的，到有大量的物质输入，物质分布是不均匀的，再到没有物质输入，物质分布是均匀的，展示了当输入增加时，物质含量在水体中从均匀转变为不均匀；当输入减少时，物质含量在水体中从不均匀转变为均匀。在这个过程中，输入量决定了物质含量在水体中的不均匀，海水的潮汐和海流作用决定了物质含量在水体中的均匀。

2.4 结　论

在 5 月，在胶州湾的湾内水域，从东北的近岸水域到西南的近岸水域，Cd 含量的值都是一致的。只有在李村河入海口的近岸水域，Cd 含量增加，说明 Cd 含量的局部不均匀是由输入来源的含量决定的。这样，在空间尺度上，Cd 含量在整个水体中的分布是均匀的。

在 8 月，胶州湾的湾内水域 Cd 有一个来源，为河流的输送。河流输送的 Cd 的含量为 0.85μg/L。在胶州湾东北部的水体中，当河流向这个水体输送 Cd 时，在湾内的整个水体中，Cd 含量的分布是不均匀的。这样，在空间尺度上，Cd 含量在水体中的分布是不均匀的。

在 11 月，在胶州湾的湾内水域，没有任何 Cd 的来源。从东北的近岸水域到西南的近岸水域，Cd 含量的值都是一致的；从西北的近岸水域到东南的近岸水域，Cd 含量的值都是一致的。这样，在空间尺度上，Cd 含量在水体中的分布是均匀的。

在胶州湾的湾内水域，Cd 含量随着时间的变化，展示了 Cd 在水体中分布的均匀性变化过程。5 月 Cd 含量的高值为 0.07μg/L，Cd 含量的变化长度为 0.03μg/L。到 8 月，Cd 含量的高值为 0.85μg/L，Cd 含量的变化长度为 0.84μg/L。再到 11 月，Cd 含量的高值为 0.04g/L，Cd 含量的变化长度为 0.02μg/L。展示了在海洋潮汐、海流的作用下，Cd 在水体中不断地被摇晃、搅动。在时间尺度上，随着时间的变化，水体中 Cd 含量表现为由均匀到不均匀，再到均匀的变化过程。

1983 年的 PHC 含量、Cu 含量、氰化物含量，1985 年的 HCH 含量、Pb 含量、Cd 含量、Cu 含量，1979 年的 Cr 含量、Cd 含量，这些物质含量在海洋中都具有均匀性。揭示了在海洋潮汐、海流的作用下，海洋具有均匀性的特征。

在一个水体中，当输入增大时，物质含量从均匀转变为不均匀；当输入减少时，物质含量从不均匀转变为均匀。在这个过程中，物质的输入量决定了物质含量在水体中的不均匀性，海水的潮汐和海流的作用决定了物质含量在水体中的均匀性。因此，作者提出的“物质在水体中的均匀性变化过程”——海洋使一切物质在水体中具有均匀性，得到了强有力的支持和证实。

参考文献

[1]杨东方, 陈豫, 王虹, 等. 胶州湾水体镉的迁移过程和环境本底值结构 [J]. 海岸工程, 2010, 29(4): 73-82.

[2]杨东方, 陈豫, 常彦祥, 等. 胶州湾水体镉的分布及来源 [J]. 海岸工程, 2013(3): 68-78.

[3]Yang D F, Gao Z H, Sun P Y, et al. Silicon limitation on primary production and its destiny in Jiaozhou Bay, China [J].

Chinese Journal of Oceanology, 2005, 24(2): 169-175.

[4]杨东方, 王凡, 高振会, 等. 胶州湾浮游藻类生态现象 [J]. 海洋科学, 2004, 28(6): 71-74.

[5]国家海洋局. 海洋监测规范 [M]. 北京: 海洋出版社, 1991.

[6]杨东方, 丁咨汝, 郑琳, 等. 胶州湾水域有机农药 HCH 的分布及均匀性 [J]. 海岸工程, 2011, 30(2): 66-74.

[7]Yang D F, Wang F Y, Zhu S X, et al. Distribution and homogeneity of petroleum hydrocarbon in Jiaozhou Bay [C]. Proceedings of the 2015 International Symposium on Computers and Informatics, F, 2015.

[8]Yang D F, Zhu S X, Wu Y J, et al. Aggregation, divergence and homogeneity of Cu in Marine bay bottom waters [J]. Advances in Engineering Research, 2015, 31:1288-1291.

[9]Yang D F, Zhu S X, Yang D, et al. The homogeneity of low cyanide conents in Jiaozhou Bay [J]. Advances in Engineering Research, 2015: 427-430.

[10]Yang D F, Yang D F, Zhu S X, et al. The spreading process of Pb in Jiaozhou Bay[C]. Proceedings of the 2016 3rd International Conference on Materials Engineering, Manufacturing Technology and Control(ICMEMTC 2016), F, 2016.

[11]Yang D F, Wang F Y, Zhu S X, et al. Homogeneity of Cd contents in Jiaozhou Bay waters [J]. Advances in Engineering Research, 2016, 65:298-302.

第 3 章　镉含量的环境动态值及结构模型

Cd 的来源为人类活动和自然存在。开采、冶炼、金属加工、杀虫剂、电池、农药、半导体材料、电焊等工业，都会有镉化合物排出。硫镉矿、菱镉矿、方镉矿、硒镉矿等许多含有镉的矿物，给海洋带来了 Cd[1,2]。本章根据 1979 年 5 月、8 月和 11 月胶州湾水域调查资料，应用杨东方提出的物质含量的环境动态值的定义及结构模型，得到胶州湾水体中 Cd 含量的环境动态值及各种结构值，确定了 Cd 含量在胶州湾水域的环境动态值的结构模型。这个计算结果为制定 Cd 含量在水域中的标准以及划分 Cd 含量在水域中的变化程度提供了科学依据。

3.1　背　　景

3.1.1　胶州湾自然环境

胶州湾位于山东半岛南部，其地理位置为 120°04′～120°23′E，35°58′～36°18′N，以团岛与薛家岛连线为界，与黄海相通，面积约为 446km^2，平均水深约 7m，是一个典型的半封闭型海湾。胶州湾入海的河流有十几条，其中径流量和含沙量较大的为大沽河和洋河，青岛市区的海泊河、李村河和娄山河等河流，这些河流均属季节性河流，河水水文特征有明显的季节性变化[3, 4]。

3.1.2　数据来源与方法

本书所使用的 1979 年 5 月、8 月和 11 月胶州湾水体 Cd 的调查资料由国家海洋局北海环境监测中心提供。在 5 月、8 月和 11 月，在胶州湾水域设 8 个站位取水样：H34、H35、H36、H37、H38、H39、H40、H41(图 3-1)。分别于 1979 年 5 月、8 月和 11 月进行 3 次取样，根据水深取水样(大于 10m 时取表层和底层，小于 10m 时只取表层)，进行调查采样。按照国家标准方法进行胶州湾水体 Cd 的调查，该方法被收录在国家的《海洋监测规范》中[5]。

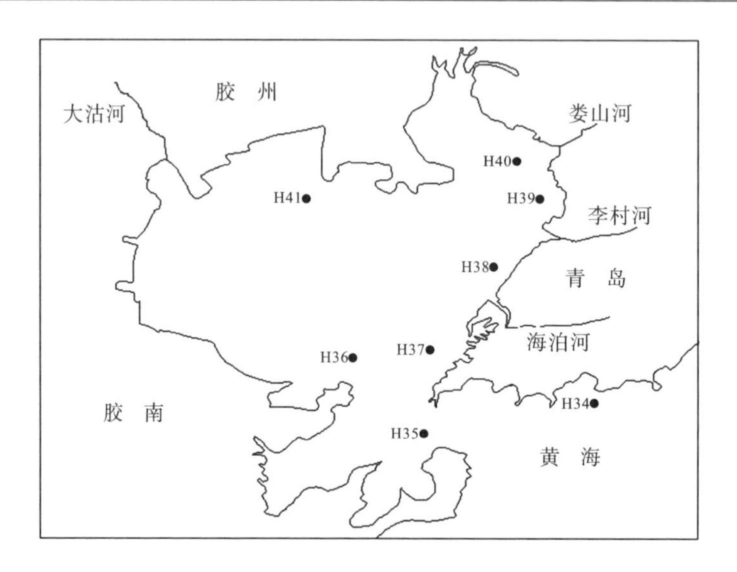

图 3-1 胶州湾调查站位

3.2 环境动态值的定义及结构模型

3.2.1 表层含量

在 5 月，在胶州湾的湾内水域，Cd 含量的变化范围为 0.04～0.07μg/L；在胶州湾的湾外水域，Cd 含量为 0.06μg/L。在 8 月，在胶州湾的湾内水域，Cd 含量的变化范围为 0.01～0.85μg/L；在胶州湾的湾外水域，Cd 含量为 0.06μg/L。在 11 月，在胶州湾的湾内水域，Cd 含量的变化范围为 0.02～0.04μg/L；在胶州湾的湾外水域，Cd 含量为 0.25μg/L。因此，在 5 月、8 月和 11 月，Cd 在胶州湾水体中的含量为 0.01～0.85μg/L。

3.2.2 来源及含量高值

在 5 月，胶州湾的湾内水域 Cd 有一个来源，为河流的输送。河流输送的 Cd 的含量为 0.07μg/L。在胶州湾的湾外水域，没有任何 Cd 的来源。

在 8 月，胶州湾的湾内水域 Cd 有一个来源，为河流的输送。河流输送的 Cd 的含量为 0.85μg/L。在胶州湾的湾外水域，没有任何 Cd 的来源。

在 11 月，在胶州湾湾内的整个水体中，没有任何 Cd 的来源，Cd 含量在水体中的分布是均匀的。在胶州湾的湾外水域，Cd 的来源是海流的输送，其含量为 0.25μg/L。

3.2.3 空间的均匀性分布

在 5 月，在胶州湾的湾内水域，从东北的近岸水域到西南的近岸水域，Cd 含量的值都是一致的。只有在李村河入海口的近岸水域，Cd 含量增加，说明 Cd 含量的局部不均匀是由输入来源的含量造成的。这样，在空间尺度上，Cd 在整个水体中的分布是均匀的。

在 11 月，在胶州湾的湾内水域，没有任何 Cd 的来源。从东北的近岸水域到西南的近岸水域，Cd 含量的值都是一致的；从西北的近岸水域到东南的近岸水域，Cd 含量的值都是一致的。这样，在空间尺度上，Cd 在水体中的分布是均匀的。

3.2.4 环境本底值的结构

根据杨东方提出的物质在水域的环境本底值结构[6-9]，建立了物质环境本底值的结构模型：

$$H=B+L+M$$

其中，B 为基础本底值(the basic background value)，表示此水域本身所具有的物质含量；L 为陆地径流的输入量(the input amount in runoff)，表示通过陆地径流输入此水域的物质含量；M 为海洋水流的输入量(the input amount in marine current)，表示通过海洋水流输入此水域的物质含量；H 为重物质含量在此水域的环境本底值(the environmental background value)。

进一步完善物质在水域的环境本底值结构，建立了物质环境动态值的结构模型：

$$D=B\cup H\cup\sum\cup M_i,\ (i=1,2,\cdots,N)$$

其中，B 为物质含量的基础本底值，表示此水域没有任何输入物质的含量时，该水域本身所具有的物质含量；H 为物质含量的环境本底值，表示此水域有各种途径输入物质的含量时，该水域所具有的最低物质含量；M_i 为物质含量的输入值(the input value in the i-th pass way)，表示通过第 i 个途径输入此水域的物质含量；N 表示输入此水域的物质含量的途径一共有 N 个；D 为物质含量的环境动态值(the environmental dynamic value in the waters)，表示物质含量在此水域的动态值；$\cup$表示并集，选取两个值的较高值。

3.3 环境动态值的计算

3.3.1 基础本底值

在 11 月，在胶州湾的湾内水域，没有任何 Cd 的来源。从东北的近岸水域到西南的近岸水域，这些水域的位置相距很远，但 Cd 的含量却是一致的，都达到 0.02μg/L。在空间尺度上，Cd 在水体中的分布是均匀的。因此，胶州湾水体中 Cd 含量的基础本底值是 0.02μg/L。从西北的近岸水域到东南的近岸水域，这些水域的位置相距很远，但 Cd 的含量却是一致的，都达到 0.04μg/L。在空间尺度上，Cd 在水体中的分布是均匀的。因此，胶州湾水体中 Cd 含量的基础本底值是 0.04μg/L。

所以，在空间尺度上，没有任何 Cd 的来源，并且 Cd 在水体中的分布是均匀的。这样，该水域 Cd 含量的基础本底值是 0.02～0.04μg/L。

3.3.2 环境本底值

在 5 月，在胶州湾东北部的水体中，Cd 的来源是河流的输送，其 Cd 含量为 0.07μg/L。输送的 Cd 的含量沿梯度下降，在湾南部的湾口内侧水域 Cd 含量为 0.04μg/L。当有河流输送 Cd 时，在胶州湾水域，Cd 含量达到最低值，为 0.04μg/L。这样，该水域 Cd 含量的环境本底值是 0.04μg/L。

在 8 月，在胶州湾的湾内水域，Cd 的来源是河流的输送，其 Cd 含量为 0.85μg/L。输送的 Cd 的含量沿梯度下降，在湾南部水域 Cd 含量为 0.01μg/L。当有河流输送 Cd 时，在胶州湾水域，Cd 含量达到最低值，为 0.01μg/L。这样，该水域 Cd 含量的环境本底值是 0.01μg/L。

在 11 月，在胶州湾的湾外水域，Cd 的来源是海流的输送，其 Cd 含量为 0.25μg/L。输送的 Cd 的含量沿梯度下降，在湾南部的湾口内侧水域 Cd 含量为 0.02μg/L。当海流输送 Cd 时，在胶州湾水域，Cd 含量达到最低值，为 0.02μg/L。这样，该水域 Cd 含量的环境本底值是 0.02μg/L。

因此，在胶州湾的湾内水域，Cd 含量的环境本底值是 0.01～0.04μg/L。

3.3.3 环境动态值及其结构

在胶州湾水域，河流输送的 Cd 的含量为 0.07～0.85μg/L，海流输送的 Cd 的含量为 0.25μg/L。因此，无论是河流输送还是海流输送，Cd 也许既来自人类活动又来自自然存在。

通过环境动态值的结构模型，确定了 Cd 含量在胶州湾水域的环境结构及其数值。计算得到环境动态值为 0.01～0.85μg/L（表 3-1）。

表 3-1　Cd 含量在胶州湾水域的环境动态值结构　（单位：μg/L）

环境动态值	基础本底值	环境本底值	河流输入值	海流输入值
0.01～0. 85	0.02～0.04	0.01～0.04	0.07～0.85	0.25

Cd 含量在胶州湾水域的环境动态值的结构模型：

环境动态值$D = B \cup H \cup \sum \cup M_i$ = 基础本底值∪环境本底值∪河流输入值∪海流输入值

=0.02～0.04∪0.01～0.04∪0.07～0.85∪0.25=0.01～0.85

在胶州湾水域，Cd 含量的基础本底值、环境本底值以及输入值构成了 Cd 含量在胶州湾水域的环境动态值。这样，就确定了胶州湾水域 Cd 含量变化过程及变化趋势。

3.4　结　　论

作者提出了物质含量的环境动态值的定义及结构模型，并且确定了该模型的各个变量：物质含量的基础本底值、物质含量的环境本底值、物质含量的输入值以及物质含量的环境动态值。这样，就可以确定物质含量在水域中的变化过程、变化区域及结构变量，为制定物质含量在水域中的标准以及划分物质含量在水域中的变化程度都提供了科学依据。

根据 1979 年 5 月、8 月和 11 月胶州湾水域的调查资料，应用作者提出的物质含量的环境动态值的定义及结构模型，计算得到：在胶州湾水域，Cd 含量的基础本底值为 0.02～0.04μg/L，Cd 含量的环境本底值为 0.01～0.04μg/L，Cd 含量的河流输入值为 0.07～0.85μg/L，Cd 含量的海流输入值为 0.25μg/L，Cd 含量在胶州湾水域的环境动态值为 0.01～0.85μg/L。因此，通过作者提出的结构模型，确定了 Cd 含量在胶州湾水域中的变化过程、变化区域及结构变量。

参 考 文 献

[1]杨东方, 苗振清. 海湾生态学(上册) [M]. 北京: 海洋出版社, 2010.

[2]杨东方, 高振会. 海湾生态学(下册) [M]. 北京: 海洋出版社, 2010.

[3]杨东方, 王凡, 高振会, 等. 胶州湾浮游藻类生态现象 [J]. 海洋科学, 2004, 28(6): 71-74.

[4]Yang D F, Gao Z H, Sun P Y, et al. Silicon limitation on primary production and its destiny in Jiaozhou Bay, China [J]. Chinese Journal of Oceanology, 2005, 24(2): 169-175.

[5]国家海洋局. 海洋监测规范 [M]. 北京: 海洋出版社, 1991.

[6]杨东方, 陈豫, 王虹, 等. 胶州湾水体镉的迁移过程和环境本底值结构 [J]. 海岸工程, 2010, 29(4): 73-82.

[7]杨东方, 陈豫, 常彦祥, 等. 胶州湾水体镉的分布及来源 [J]. 海岸工程, 2013(3): 68-78.

[8]Yang D F, Zhu S X, Wang F Y, et al. Persistence of organic pesticide HCH in waters [J]. Meterological and Environmental Research, 2014, 5(3): 37-41.

[9]杨东方, 白红妍, 张饮江, 等. 胶州湾水域有机农药六六六的分布及环境本底值 [J]. 海洋开发与管理, 2014, 31(7): 112-118.

第4章　胶州湾水域镉含量的沉降过程及机制

金属镉广泛用于农药、电池、半导体材料、聚氯乙烯(PVC)、电视机制造、计算机制造、光电材料等农业、工业和日常生活中，产生大量的含镉废水，经过雨水在陆地的冲刷和河流的输送，镉(Cd)进入海洋水域[1-10]。Cd来到海洋水体的表层，再从表层穿过水体，来到底层。因此，本章通过1979年胶州湾Cd的调查资料，研究胶州湾的湾口底层水域，确定Cd的含量、分布以及沉降过程，展示胶州湾底层水域Cd的含量现状和分布特征。作者提出了Cd含量的沉降机制，为Cd在底层水域的迁移和存在的研究提供科学依据。

4.1　背　　景

4.1.1　胶州湾自然环境

胶州湾位于山东半岛南部，其地理位置为120°04′～120°23′E，35°58′～36°18′N，以团岛与薛家岛连线为界，与黄海相通，面积约为446km^2，平均水深约7m，是一个典型的半封闭型海湾。胶州湾入海的河流有十几条，其中径流量和含沙量较大的为大沽河和洋河，青岛市区的海泊河、李村河和娄山河等河流，这些河流均属季节性河流，河水水文特征有明显的季节性变化[11, 12]。

4.1.2　数据来源与方法

本书所使用的1979年5月、8月和11月胶州湾水体Cd的调查资料由国家海洋局北海环境监测中心提供。在5月、8月和11月，在胶州湾水域设3个站位取水样：H34、H35、H36(图4-1)。分别于1979年5月、8月和11月进行3次取样，根据水深取水样(大于10m时取表层和底层，小于10m时只取表层)，进行调查采样。按照国家标准方法进行胶州湾水体Cd的调查，该方法被收录在国家的《海洋监测规范》中[13]。

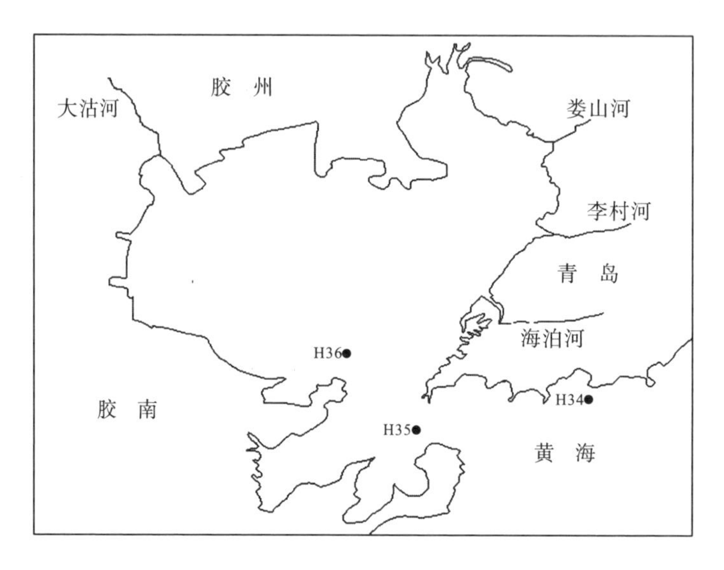

图 4-1 胶州湾调查站位

4.2 底层含量及水平分布

4.2.1 底层含量

在胶州湾的湾口底层水域，在 5 月，胶州湾水域 Cd 含量为 0.03～0.07μg/L，符合国家一类海水水质标准(1.00μg/L)；在 8 月，胶州湾水域 Cd 含量为 0.03～0.09μg/L，符合国家一类海水水质标准；在 11 月，胶州湾水域 Cd 含量为 0.01～0.02μg/L，符合国家一类海水水质标准。因此，在 5 月、8 月和 11 月，在胶州湾的湾口底层水域，Cd 在胶州湾水体中的含量为 0.01～0.09μg/L，符合国家一类海水水质标准。表明在 Cd 含量方面，在 5 月、8 月和 11 月，在胶州湾的湾口底层水域，水质清洁，没有受到 Cd 的任何污染(表 4-1)。

表 4-1 5 月、8 月和 11 月胶州湾底层水质

项目	5 月	8 月	11 月
海水中 Cd 含量/(μg/L)	0.03～0.07	0.03～0.09	0.01～0.02
国家海水水质标准	一类海水	一类海水	一类海水

4.2.2 底层水平分布

在 5 月、8 月和 11 月，在胶州湾的湾口底层水域，从湾口外侧到湾口，再到湾口内侧，站位 H34、H35、H36 的 Cd 含量有底层的调查。Cd 含量在底层的水平分布如下。

在 5 月，在胶州湾的湾口底层水域，从湾口内侧到湾口，再到湾口外侧，在胶州湾湾内西南部近岸水域的 H36 站位，Cd 的含量达到较高，为 0.07μg/L，以西南部近岸水域为中心形成了 Cd 的高含量区，形成了一系列不同梯度的平行线。Cd 含量从湾内的高含量(0.07μg/L)向东部到湾口外侧水域沿梯度递减为 0.03μg/L(图 4-2)。

在 8 月，在胶州湾的湾口底层水域，从湾口内侧到湾口，再到湾口外侧，在胶州湾湾内西南部近岸水域的 H36 站位，Cd 的含量达到较高，为 0.09μg/L，以西南部近岸水域为中心形成了 Cd 的高含量区，形成了一系列不同梯度的平行线。Cd 含量从湾内的高含量(0.09μg/L)向东部到湾口外侧水域沿梯度递减为 0.03μg/L(图 4-3)。

在 11 月，在胶州湾的湾口底层水域，从湾口外侧到湾口内侧，在胶州湾湾外东部近岸水域的 H34 站位，Cd 的含量达到较高，为 0.02μg/L，以湾外的东部近岸水域为中心形成了 Cd 的高含量区，形成了一系列不同梯度的平行线。Cd 含量从湾口外侧的高含量(0.02μg/L)向西部到湾口内侧水域沿梯度递减为 0.01μg/L(图 4-4)。

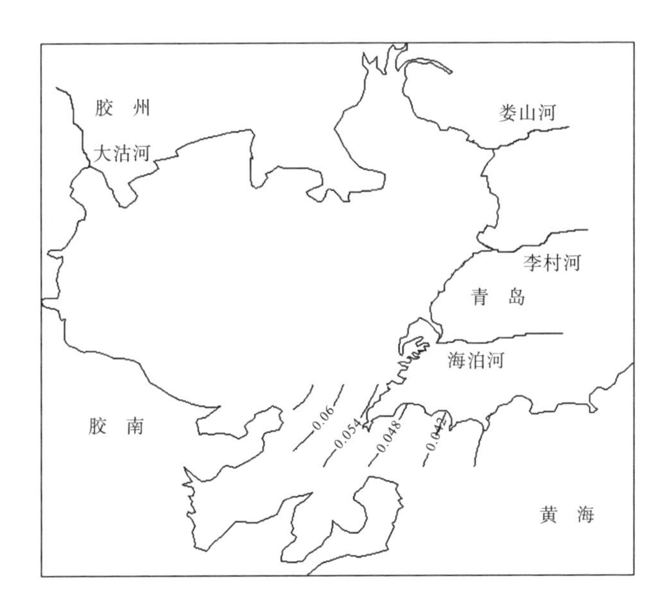

图 4-2　1979 年 5 月底层 Cd 含量的水平分布(μg/L)

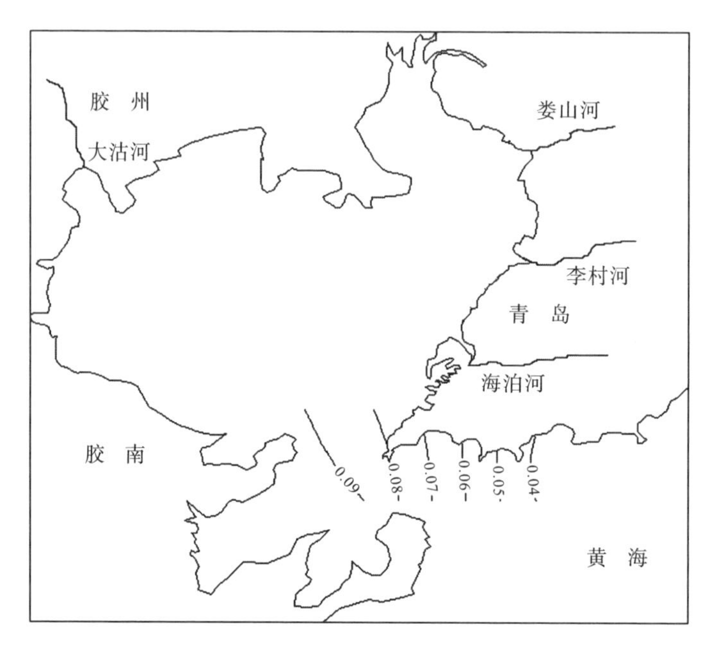

图 4-3 1979 年 8 月底层 Cd 含量的水平分布(μg/L)

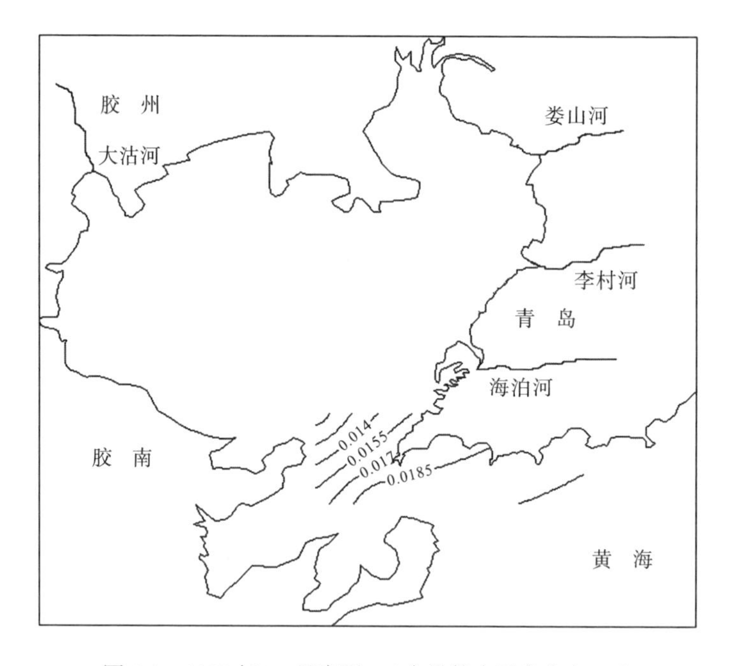

图 4-4 1979 年 11 月底层 Cd 含量的水平分布(μg/L)

4.3　沉降过程及机制

4.3.1　水质

在 5 月和 8 月，在胶州湾水域，Cd 的来源是河流的输送。Cd 先来到水域的表层，然后从表层穿过水体，来到底层。Cd 经过垂直水体的效应作用[14]，呈现出在胶州湾的湾口底层水域 Cd 含量的变化范围为 0.03～0.09μg/L，符合国家一类海水水质标准(1.00μg/L)。展示了在 5 月和 8 月，在胶州湾的湾口底层水域，Cd 含量比较低，水质清洁，完全没有受到 Cd 的任何污染。

在 11 月，在胶州湾水域，Cd 的来源是外海海流的输送。Cd 先来到水域的表层，然后从表层穿过水体，来到底层。Cd 经过垂直水体的效应作用[14]，呈现出在胶州湾的湾口底层水域 Cd 含量的变化范围为 0.01～0.02μg/L，符合国家一类海水水质标准。展示了在 11 月，在胶州湾的湾口底层水域，Cd 含量很低，水质清洁，完全没有受到 Cd 的任何污染。

4.3.2　迁移过程

在胶州湾，湾内海水经过湾口与外海水交换，物质的浓度不断地降低。同样，外海水经过湾口与湾内海水交换，物质的浓度也在不断地降低[15]。

在 5 月，在胶州湾的湾口底层水域，Cd 含量为 0.03～0.07μg/L。Cd 含量从湾内水域到湾外沿梯度递减。展示了：在湾口内侧，Cd 含量高沉降；在湾口外侧，Cd 含量低沉降。

在 8 月，在胶州湾的湾口底层水域，Cd 含量为 0.03～0.09μg/L。Cd 含量从湾内水域到湾外沿梯度递减。展示了：在湾口内侧，Cd 含量高沉降；在湾口外侧，Cd 含量低沉降。

在 11 月，在胶州湾的湾口底层水域，Cd 含量为 0.01～0.02μg/L。Cd 含量从湾外水域到湾内沿梯度递减。展示了：在湾口内侧，Cd 含量低沉降；在湾口外侧，Cd 含量高沉降。

因此，在 5 月和 8 月，在胶州湾的湾口底层水域，在湾口内侧，Cd 含量具有高沉降。在 11 月，在胶州湾的湾口底层水域，在湾口外侧，Cd 含量具有高沉降。

4.3.3　沉降机制

在 5 月，在胶州湾水域，Cd 的来源是河流的输送。Cd 先来到水域的表层，然后从表层穿过水体，来到底层。Cd 经过了垂直水体的效应作用[11]。在 5 月，在胶州湾的湾口底层水域，Cd 含量从湾口内侧水域(0.07μg/L)到湾口外侧水域沿梯度递减为 0.03μg/L。Cd 沿着水流的方向，在不断地沉降。离来源的距离越近，Cd 含量的沉降就越高。于是，在湾口内侧水域，Cd 含量具有高沉降，在湾口外侧水域，Cd 含量具有低沉降。

在 8 月，在胶州湾水域，Cd 的来源是河流的输送。Cd 先来到水域的表层，然后从表层穿过水体，来到底层。Cd 经过了垂直水体的效应作用[11]。在 8 月，Cd 含量从湾内侧水域(0.09μg/L)到湾口外侧水域沿梯度递减为 0.03μg/L。Cd 沿着水流的方向，在不断地沉降。离来源的距离越近，Cd 含量的沉降就越高。于是，在湾口内侧水域，Cd 含量具有高沉降，在湾口外侧水域，Cd 含量具有低沉降。

在 11 月，在胶州湾水域，Cd 的来源是外海海流的输送。Cd 先来到水域的表层，然后从表层穿过水体，来到底层。Cd 经过了垂直水体的效应作用[11]。在 11 月，Cd 含量从湾口外侧水域(0.02μg/L)到湾口内侧水域沿梯度递减为 0.01μg/L。Cd 沿着水流的方向，在不断地沉降。离来源的距离越近，Cd 含量的沉降就越高。于是，在湾口外侧水域，Cd 含量具有高沉降，在湾口内侧水域，Cd 含量具有低沉降。

在胶州湾的湾口水域，在 5 月和 8 月，在湾口内侧，表、底层 Cd 含量均达到较高，表明在湾口内侧，Cd 含量具有高沉降。Cd 沿着水流的方向，在不断地沉降。在不同时间段，离来源的距离越近，Cd 含量的沉降就越高。在 11 月，在湾口外侧，表、底层 Cd 含量均达到较高，表明在湾口外侧，Cd 含量具有高沉降。Cd 沿着海流的方向，在不断地沉降。离来源的距离越近，Cd 含量的沉降就越高。

因此，作者提出了 Cd 含量的沉降机制：在不同地方，在不同时间段，Cd 会沿着输送载体的方向，如水流或者海流的方向，不断地沉降。离来源的距离越近，Cd 含量的沉降就越高；离来源的距离越远，Cd 含量的沉降就越低。

4.4 结　　论

在 5 月、8 月和 11 月，在胶州湾的湾口底层水域，Cd 含量的变化范围为 0.01～0.09μg/L，符合国家一类海水水质标准。表明没有受到人为的 Cd 污染。因此，在垂直水体的效应作用下，在胶州湾的湾口底层水域，Cd 含量比较低，水质清洁，完全没有受到 Cd 的任何污染。

在 5 月和 8 月，在胶州湾的湾口底层水域，在湾口内侧，Cd 含量具有高沉降。在 11 月，在胶州湾的湾口底层水域，在湾口外侧，Cd 含量具有高沉降。作者提出了 Cd 含量的沉降机制：在不同地方，在不同时间段，Cd 会沿着输送载体的方向，如水流或者海流的方向，不断地沉降。离来源的距离越近，Cd 含量的沉降就越高；离来源的距离越远，Cd 含量的沉降就越低。

由此认为，表层 Cd 含量的来源距离及大小决定了 Cd 在底层水域的沉降量。

参 考 文 献

[1]Yang D F, Wang F Y, Sun Z H, et al. Research on vertical distribution and settling process of Cd in Jiaozhou Bay [J]. Advances in Engineering Research, 2015, 40:776-781.

[2]Yang D F, Yang X, Wang M, et al. The slight impacts of marine current to Cd contents in bottom waters in Jiaozhou Bay [J]. Advances in Engineering Research, 2016, Part B: 412-415.

[3]Yang D F, Zhu S X, Wang F Y, et al. Spatial-temporal variations of Cd in Jiaozhou Bay [J]. Advances in Engineering Research, 2016, Part B:403-407.

[4]Yang D F, Chen S T, Li B L, et al. Research on the vertical distribution of Cadmium in Jiaozhou Bay waters [C]. Proceedings of the 2015 International Symposium on Computers and Informatics, 2015: 2667-2674.

[5]Yang D F, Wang F Y, Wu Y F, et al. The structure of environmental background value of Cadmium in Jiaozhou Bay waters [J]. Applied Mechanics and Materials, 2014, 644-650:5333-5335.

[6]Yang D F, Yang D, Zhu S, et al. Pollution level and source of cd in Jiaozhou Bay [J]. Materials Engineering and Information Technology Application, 2015: 558-561.

[7]Yang D F, Zhu S X, Wang F Y, et al. The distribution and content of Cadmium in Jiaozhou Bay [J]. Applied Mechanics and Materials , 2014, 644-650: 5325-5328.

[8]杨东方, 陈豫, 常彦祥, 等. 胶州湾水体镉的分布及来源 [J]. 海岸工程, 2013(3): 68-78.

[9]杨东方, 陈豫, 王虹, 等. 胶州湾水体镉的迁移过程和环境本底值结构 [J]. 海岸工程, 2010, 29(4): 73-82.

[10]Yang D F, Zhu S X, Wang F Y, et al. Distribution and aggregation process of Cd in Jiaozhou Bay [J]. Advances in Computer Science Research, 2015, 2352:194-197.

[11]Yang D F, Gao Z H, Sun P Y, et al. Silicon limitation on primary production and its destiny in Jiaozhou Bay, China [J]. Chinese Journal of Oceanology, 2005, 24(2): 169-175.

[12]杨东方, 王凡, 高振会, 等. 胶州湾浮游藻类生态现象 [J]. 海洋科学, 2004, 28(6): 71-74.

[13]国家海洋局. 海洋监测规范 [M]. 北京: 海洋出版社, 1991.

[14]Yang D F, Wang F Y, He H Z, et al. Vertical water body effect of benzene hexachloride[C]. Proceedings of the 2015 International Symposium on Computers and Informatics, 2015: 2655-2660.

[15]杨东方, 苗振清, 徐焕志, 等. 胶州湾海水交换的时间 [J]. 海洋环境科学, 2013, 32(3): 373-380.

第5章　胶州湾水域镉含量的动态沉降变化过程

重金属镉(Cd)能引起各种生物急、慢性中毒，能够造成生物畸形、癌变，甚至大批死亡。于是，高含量的Cd对人体健康产生巨大危害。随着工农业的发展，Cd含量开始逐渐增加，通过各种途径最终进入海洋[1-10]。在海洋的水体中，悬浮颗粒物表面形成胶体，吸附了大量的Cd离子，并将其带入表层水体，由于重力和水流的作用，Cd不断地沉降到海底[1-10]。因此，本章通过1979年胶州湾Cd含量的调查资料，研究胶州湾湾口的表、底层水域，确定表、底层Cd含量的水平分布趋势、变化范围以及垂直变化，展示胶州湾水域Cd的沉降机制、水体效应和垂直变化的损失和累积，揭示Cd含量的动态沉降变化过程，为Cd含量在表、底层水域的动态迁移过程的研究提供科学依据。

5.1　背　　景

5.1.1　胶州湾自然环境

胶州湾位于山东半岛南部，其地理位置为120°04′～120°23′E，35°58′～36°18′N，以团岛与薛家岛连线为界，与黄海相通，面积约为446km^2，平均水深约7m，是一个典型的半封闭型海湾。胶州湾入海的河流有十几条，其中径流量和含沙量较大的为大沽河和洋河，青岛市区的海泊河、李村河和娄山河等河流，这些河流均属季节性河流，河水水文特征有明显的季节性变化[11, 12]。

5.1.2　数据来源与方法

本书所使用的1979年5月、8月和11月胶州湾水体Cd的调查资料由国家海洋局北海环境监测中心提供。在5月、8月和11月，在胶州湾水域设3个站位取水样：H34、H35、H36(图5-1)。分别于1979年5月、8月和11月进行3次取样，根据水深取水样(大于10m时取表层和底层，小于10m时只取表层)，进行调查采样。按照国家标准方法进行胶州湾水体 Cd 的调查，该方法被收录在国家的《海洋监测规范》中[13]。

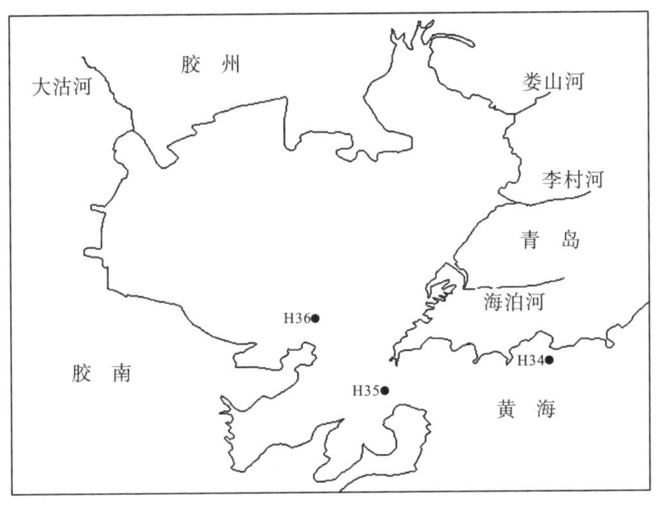

图 5-1　胶州湾调查站位

5.2　表、底层水平及垂直分布

5.2.1　表、底层水平分布趋势

在胶州湾的湾口水域，从胶州湾湾口外侧水域的 H34 站位到湾口水域的 H35 站位，Cd 含量分布如下。

在 5 月，在表层，Cd 含量沿梯度降低，从 0.06μg/L 降低到 0.05μg/L。在底层，Cd 含量沿梯度升高，从 0.03μg/L 升高到 0.05μg/L。表明表、底层的水平分布趋势是相反的。在 8 月，在表层，Cd 含量沿梯度降低，从 0.06μg/L 降低到 0.03μg/L。在底层，Cd 含量沿梯度升高，从 0.03μg/L 升高到 0.09μg/L。表明表、底层的水平分布趋势是相反的。在 11 月，在表层，Cd 含量沿梯度降低，从 0.25μg/L 降低到 0.02μg/L。在底层，Cd 含量不变，为 0.02μg/L。表明表、底层的水平分布趋势是不一样的。

在 5 月和 8 月，胶州湾湾口水域的水体中，表层 Cd 的水平分布与底层的水平分布趋势是相反的。而在 11 月，表、底层的水平分布趋势是不一样的。

5.2.2　表、底层变化范围

在胶州湾的湾口水域，在 5 月，Cd 表层含量为 0.05～0.06μg/L，其对应的底层含量为 0.03～0.07μg/L。而且，Cd 表层含量的变化范围为 0.05～0.06μg/L，小于底层的 0.03～0.07μg/L，变化量基本一样。因此，Cd 含量的表、底层变化范围是一致的。

在胶州湾的湾口水域，在 8 月，Cd 表层含量为 0.01～0.06μg/L，其对应的底层含量为 0.03～0.09μg/L。而且，Cd 表层含量的变化范围为 0.01～0.06μg/L，小于底层的 0.03～0.09μg/L，变化量基本一样。因此，Cd 含量的表、底层变化范围是一致的。

在胶州湾的湾口水域，在 11 月，Cd 表层含量为 0.02～0.25μg/L，其对应的底层含量为 0.01～0.02μg/L。而且，Cd 表层含量的变化范围为 0.02～0.25μg/L，大于底层的 0.01～0.02μg/L，变化量基本一样。因此，Cd 含量的表、底层变化范围是一致的。

在 5 月、8 月和 11 月，在胶州湾的湾口水域， Cd 含量的表、底层变化范围是一致的。

5.2.3 表、底层垂直变化

在 5 月，在 H34、H35、H36 站位，Cd 的表、底层含量相减，其差为-0.02～0.03μg/L。表明 Cd 的表、底层含量都相近。

在 5 月，Cd 的表、底层含量差为-0.02～0.03μg/L。在湾口内侧水域的 H36 站位为负值，在湾口水域的 H35 站位为零值，在湾口外侧水域的 H34 站位为正值。1 个站为正值，1 个站为零值，1 个站为负值(表 5-1)。

在 8 月，在 H34、H35、H36 站位，Cd 的表、底层含量相减，其差为-0.08～0.03μg/L。表明 Cd 的表、底层含量都相近。

在 8 月，Cd 的表、底层含量差为-0.08～0.03μg/L。在湾口内侧水域的 H36 站位为负值，在湾口水域的 H35 站位为负值，在湾口外侧水域的 H34 站位为正值。1 个站为正值，2 个站为负值(表 5-1)。

在 11 月，在 H34、H35、H36 站位，Cd 的表、底层含量相减，其差为 0.00～0.23μg/L。表明 Cd 的表、底层含量都相近。

在 11 月，Cd 的表、底层含量差为 0.00～0.23μg/L。在湾口内侧水域的 H36 站位为正值，在湾口水域的 H35 站位为零值，在湾口外侧水域的 H34 站位为正值。2 个站为正值，1 个站为零值(表 5-1)。

表 5-1 在胶州湾的湾口水域 Cd 的表、底层含量差

月份	站位		
	H36	H35	H34
5	负值	零值	正值
8	负值	负值	正值
11	正值	零值	正值

5.3　动态沉降变化过程

5.3.1　沉降机制

Cd 经过垂直水体的效应作用[14, 15]，穿过水体后，Cd 含量发生了很大的变化。Cd 易与海水中的浮游动植物以及浮游颗粒结合，具有很强的吸附能力，这一特性对 Cd 在海水中的垂直迁移产生了极大的影响。在夏季，海洋生物大量繁殖，数量迅速增加[12]，且由于浮游生物的繁殖活动，悬浮颗粒物表面形成胶体，此时的吸附力最强，吸附了大量的 Cd 离子，并将其带入表层水体，由于重力和水流的作用，Cd 不断地沉降到海底[1-10]。展示了 Cd 含量的沉降机制。

在胶州湾的湾口水域，在 5 月和 8 月，表层 Cd 的水平分布与底层的水平分布趋势是相反的。而在 11 月，表、底层的水平分布趋势是不一样的。表明由于表层 Cd 含量非常低，Cd 离子被吸附于大量悬浮颗粒物表面，在重力和水流的作用下，Cd 不断地沉降到海底。于是， Cd 含量在表、底层沿梯度的变化趋势是相反的或者是不一样的。

在胶州湾的湾口水域，在 5 月、8 月和 11 月，Cd 含量在表、底层的变化量范围基本一样。这展示了 Cd 迅速、不断地沉降到海底，导致 Cd 含量在表、底层的含量变化保持一致。

5.3.2　水体的效应

根据作者提出的垂直水体效应原理和水平水体效应原理[14, 15]，Cd 含量的表、底层变化揭示了垂直水体的累积效应和稀释效应。在 5 月，Cd 表层含量的变化范围为 0.05～0.06μg/L，小于底层的 0.03～0.07μg/L。于是，表层 Cd 的低含量在海底形成了稀释效应，表层 Cd 的高含量在海底形成了累积效应。在 8 月，Cd 的表层含量变化范围为 0.01～0.06μg/L，小于底层的 0.03～0.09μg/L，于是，表层 Cd 的低含量在海底形成了累积效应，表层 Cd 的高含量在海底形成了累积效应。在 11 月，Cd 表层含量的变化范围为 0.02～0.25μg/L，大于底层的 0.01～0.02μg/L，于是，表层 Cd 的低含量在海底形成了稀释效应，表层 Cd 的高含量在海底形成了稀释效应。

因此，在 5 月，Cd 含量有累积效应和稀释效应。在 8 月，Cd 含量的高低值只有累积效应。在 11 月，Cd 含量的高低值只有稀释效应。

5.3.3　损失和积累

在垂直尺度上，在胶州湾的湾口水域，在垂直水体和水平水体的效应作用[11, 12]

下，Cd 含量几乎没有多少损失，还有少许积累。在 5 月，Cd 含量损失的范围为 0.06-0.07～0.05-0.03μg/L，即为-0.01～0.02μg/L。在 8 月，Cd 含量损失的范围为 0.06-0.09～0.01-0.03μg/L，即为-0.03～-0.02μg/L。在 11 月，Cd 含量损失的范围为 0.02-0.01～0.25-0.02μg/L，即为 0.01～0.23μg/L。因此，在 5 月，较高的 Cd 含量稍微有所损失，较低的 Cd 含量有少许累积。在 8 月，无论 Cd 含量高还是低，Cd 含量均有少许累积。在 11 月，无论 Cd 含量高还是低，Cd 含量均稍微有所损失。

在垂直尺度上，在胶州湾的湾口水域，在 5 月、8 月和 11 月，Cd 的表、底层含量相减的差值，展示了 Cd 能够从表层迅速地沉降到海底。在这个过程中，无论 Cd 含量高还是低，Cd 含量的损失或者累积都非常少。表明在垂直水体和水平水体的效应作用[11, 12]下，Cd 含量几乎没有多少损失和累积，在表、底层 Cd 含量具有一致性。

5.3.4 动态沉降过程

在胶州湾的湾口水域，Cd 的表、底层含量相减，其差值表明了 Cd 含量在表、底层的变化(表 5-1)。

在 5 月和 8 月，在胶州湾湾口水域的水体中，Cd 都是来自河流的输送。

在 5 月，河流携带着少量的 Cd，来到水体的表层。Cd 沿着水体表层从湾口内侧水域到湾口水域，再到湾口外侧水域。由于 Cd 刚刚到达水体表层，于是，刚刚开始沉降，展示了底层的 Cd 含量非常低。因此，在 5 月，在湾口内侧水域 Cd 已经有沉降，呈现出底层的 Cd 含量高于表层；在湾口水域 Cd 正在沉降中，呈现出表、底层含量是一致的；在湾口外侧水域 Cd 还没有开始沉降，呈现出底层的 Cd 含量低于表层。

在 8 月，河流携带着大量的 Cd，来到水体的表层。Cd 沿着水体表层从湾口内侧水域到湾口水域，再到湾口外侧水域。在重力和水流的作用下，Cd 迅速沉降到海底，导致在胶州湾的湾口水体表层中，Cd 含量呈现出大幅度降低的现象。而且，由于河流流量的增大，同时携带着大量的 Cd，进一步扩展了 Cd 的沉降区域。因此，在 8 月，在湾口内侧水域和湾口水域，Cd 已经有大量的沉降，呈现出底层的 Cd 含量高于表层；在湾口外侧水域 Cd 还没有开始沉降，呈现出底层的 Cd 含量低于表层。

在 11 月，在胶州湾湾口水域的水体中，Cd 来自外海海流的输送。

在 11 月，外海海流携带着 Cd，来到胶州湾的湾口水体。Cd 沿着整个水体从湾口外侧水域到湾口水域，再到湾口内侧水域。因此，在 11 月，在湾口外侧水域和湾口内侧水域，由于整个水体都具有比较高的 Cd 含量，呈现出表层的 Cd 含量高于底层；在湾口水域，由于湾口的水流流速比较快，呈现出表、底层含量是一致的。

在 5 月和 8 月，在胶州湾湾口水域的水体中，Cd 来自河流的输送。Cd 的动态沉降过程：Cd 到达水体表层，在水体表层有大量的悬浮颗粒物，其表面的胶体吸附了大量的 Cd 离子。在重力和水流的作用下，Cd 迅速沉降到海底。因此，在空间上，在水体底层中，呈现出 Cd 含量从湾口内侧水域到湾口水域、再到湾口外侧水域沿梯度下降。在时间上，5～8 月，随着湾口内侧、湾口和湾口外侧 Cd 的不断沉降，海底 Cd 含量不断升高，同时海底 Cd 含量比较高的区域也在扩展。表、底层含量差由 1 个站为负值转变为 2 个站为负值。5 月湾口内侧水域呈现出表层的 Cd 含量低于底层，到 8 月湾口内侧水域和湾口水域都呈现出表层的 Cd 含量低于底层。因此，Cd 含量的表、底层变化充分揭示了随着时空的变化，Cd 含量的动态沉降变化过程。

在 11 月，在胶州湾湾口水域的水体中，Cd 来自外海海流的输送。Cd 含量的动态沉降过程：外海海流给整个水体带来了比较高的 Cd 含量，于是，湾口内侧水域和湾口外侧水域都呈现出表层的 Cd 含量高于底层。只有在湾口水域的水流流速比较快，才呈现出表、底层含量是一致的。这充分揭示了随着空间的变化，Cd 含量的动态沉降变化过程。

5.4　结　　论

在 5 月和 8 月，在胶州湾湾口水域的水体中，表层 Cd 的水平分布与底层的水平分布趋势是相反的。而在 11 月，表、底层的水平分布趋势是不一样的。表明由于表层 Cd 含量非常低，Cd 离子被吸附于大量悬浮颗粒物表面，在重力和水流的作用下，Cd 不断地沉降到海底。于是，出现了 Cd 含量在表、底层沿梯度的变化趋势是相反的或者是不一样的。

在 5 月、8 月和 11 月，在胶州湾的湾口水域，Cd 含量的表、底层变化范围是一致的，而且 Cd 的表、底层含量都是相接近的。展示了 Cd 迅速、不断地沉降到海底，使 Cd 在表、底层的含量变化保持了一致性。

根据垂直水体效应原理和水平水体效应原理，揭示了在胶州湾的湾口水域，Cd 含量垂直水体的累积效应和稀释效应。在 5 月，Cd 含量有累积效应和稀释效应。在 8 月，Cd 含量的高低值只有累积效应。在 11 月，Cd 含量的高低值只有稀释效应。进一步通过计算得到：在 5 月，较高的 Cd 含量稍微有所损失，较低的 Cd 含量有少许累积。在 8 月，无论 Cd 含量高还是低，Cd 含量均有少许累积。在 11 月，无论 Cd 含量高还是低，Cd 含量均稍微有所损失。

在 5 月和 8 月，在胶州湾湾口水域的水体中，Cd 来自河流的输送。在空间上，在水体底层中，呈现出 Cd 含量从湾口内侧水域到湾口水域再到湾口外侧水域沿梯度下降。在时间上，5～8 月，随着湾口内侧、湾口和湾口外侧 Cd 的不断沉降，海底 Cd 含量不断升高，同时海底 Cd 含量比较高的区域也在扩展。充分揭示了随着时空的变化，Cd 含量的动态沉降变化过程。

在 11 月，在胶州湾湾口水域的水体中，Cd 来自外海海流的输送。Cd 含量的动态沉降过程：外海海流给整个水体带来了比较高的 Cd 含量，于是，湾口内侧水域和湾口外侧水域都呈现出表层的 Cd 含量高于底层。只有在湾口水域的水流流速比较快，才呈现出表、底层含量是一致的。充分揭示了随着空间的变化，Cd 含量的动态沉降变化过程。

作者提出的 Cd 含量的动态沉降变化过程，充分揭示了在胶州湾的湾口水域，随着时空的变化和 Cd 来源的转换，Cd 含量的迁移过程和变化趋势。因此，通过胶州湾水域 Cd 含量的动态沉降变化过程，有效地控制和改善 Cd 含量对水体底层环境的影响。

参考文献

[1]Yang D F, Wang F Y, Sun Z H, et al. Research on vertical distribution and settling process of Cd in Jiaozhou Bay [J]. Advances in Engineering Research, 2015, 40:776-781.

[2]Yang D F, Yang X, Wang M, et al. The slight impacts of marine current to Cd contents in bottom waters in Jiaozhou Bay[C]. Proceedings of the International Conference on Machinery, F, 2016.

[3]Yang D F, Zhu S X, Wang F Y, et al. Spatial-temporal variations of Cd in Jiaozhou Bay [J]. Advances in Engineering Research, 2016, Part B:403-407.

[4]Yang D F, Zhu S X, Wang F Y, et al. Distribution and aggregation process of Cd in Jiaozhou Bay [J]. Advances in Computer Science Research, 2015, 2352:194-197.

[5]Yang D F, Chen S T, Li B L, et al. Research on the vertical distribution of Cadmium in Jiaozhou Bay waters [C]. Proceedings of the 2015 International Symposium on Computers and Informatics, 2015: 2667-2674.

[6]Yang D F, Wang F Y, Wu Y F, et al. The structure of environmental background value of Cadmium in Jiaozhou Bay waters [J]. Applied Mechanics and Materials, 2014, 644-650:5333-5335.

[7]Yang D F, Yang D, Zhu S, et al. Pollution level and source of Cd in Jiaozhou Bay [C]. IOP Conference, 2017: 61.

[8]Yang D F, Zhu S X, Wang F Y, et al. The distribution and content of Cadmium in Jiaozhou Bay [J]. Applied Mechanics and Materials, 2014, 644-650: 5325-5328.

[9]杨东方, 陈豫, 常彦祥, 等. 胶州湾水体镉的分布及来源 [J]. 海岸工程, 2013(3): 68-78.

[10]杨东方, 陈豫, 王虹, 等. 胶州湾水体镉的迁移过程和环境本底值结构 [J]. 海岸工程, 2010, 29(4): 73-82.

[11]Yang D F, Gao Z H, Sun P Y, et al. Silicon limitation on primary production and its destiny in Jiaozhou Bay, China [J]. Chinese Journal of Oceanology, 2005, 24(2): 169-175.

[12]杨东方, 王凡, 高振会, 等. 胶州湾浮游藻类生态现象 [J]. 海洋科学, 2004, 28(6): 71-74.

[13]国家海洋局. 海洋监测规范 [M]. 北京: 海洋出版社, 1991.

[14]Yang D F, Wang F Y, He H Z, et al. Vertical water body effect of benzene hexachloride[C]. Proceedings of the 2015 International Symposium on Computers and Informatics, 2015: 2655-2660.

[15]Yang D F, Wang F Y, Zhao X L, et al. Horizontal waterbody effect of hexachlorocyclohexane [J]. Sustainable Energy and Environment Protection, 2015: 191-195.

第6章　三种不同类型的镉含量水平损失速度模式

在工业高速发展的过程中，产生大量的含镉废水。镉(Cd)通过各种途径最终进入海洋[1-11]。在海洋的水体中，悬浮颗粒物表面形成胶体，吸附了大量的Cd离子，并将其带入表层水体，由于重力和水流的作用，Cd不断地沉降到海底[1-11]。因此，本章通过1979年胶州湾Cd含量的调查资料，根据河流输送的不同Cd含量，应用物质含量的水平损失速度模型计算得到，在胶州湾的湾内水域，Cd含量的水平绝对损失速度值和Cd含量的水平相对损失速度值，展示了胶州湾水体中3种不同类型的Cd含量模式，为Cd在表层水域的水平迁移过程的研究提供科学依据。

6.1　背　　景

6.1.1　胶州湾自然环境

胶州湾位于山东半岛南部，其地理位置为120°04′～120°23′E，35°58′～36°18′N，以团岛与薛家岛连线为界，与黄海相通，面积约为446km^2，平均水深约7m，是一个典型的半封闭型海湾。胶州湾入海的河流有十几条，其中径流量和含沙量较大的为大沽河和洋河，青岛市区的海泊河、李村河和娄山河等河流，这些河流均属季节性河流，河水水文特征有明显的季节性变化[11, 12]。

6.1.2　数据来源与方法

本书所使用的1979年5月、8月和11月胶州湾水体Cd的调查资料由国家海洋局北海环境监测中心提供。在5月、8月和11月，在胶州湾水域设3个站位取水样：H37、H38、H39(图6-1)。分别于1979年5月、8月和11月进行3次取样，根据水深取水样(大于10m时取表层和底层，小于10m时只取表层)，进行调查采样。按照国家标准方法进行胶州湾水体Cd的调查，该方法被收录在国家的《海洋监测规范》中[13]。

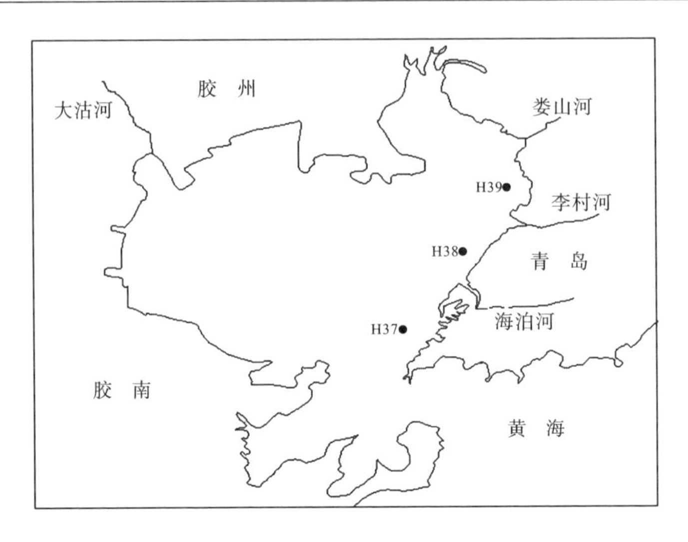

图 6-1 胶州湾调查站位

6.2 水平损失速度模型

6.2.1 站位的距离

在 5 月和 8 月，在胶州湾东部的近岸水域，选择两个站位：H37、H38。从中部 H38 站位(120°19′ E，36°08′ N)，到南部 H37 站位(120°17′ E，36°05′ N)(图 6-1)。这两个站位 Cd 含量的值见表 6-1。

表 6-1 H37、H38 站位的位置及 Cd 含量的值

站位	经度	纬度	5 月的 Cd 含量/(μg/L)	8 月的 Cd 含量/(μg/L)
H37	120°17′	36°05′	0.04	0.03
H38	120°19′	36°08′	0.07	0.85

计算这两个站位之间的距离：

假设从 H38 站位到 H37 站位距离为 L_1，根据 l'=1858m，计算 L_1 为

$$L_1^2=[(19-17)\times1858]^2+[(8-5)\times1858]^2$$

$$L_1=3.60\times1858=6699.11(\text{m})$$

计算得到 L_1 为 6699.11m。

在 11 月，胶州湾东部的近岸水域，选择两个站位：H37、H39。从南部 H37 站位(120°17′ E，36°05′ N)到北部 H39 站位(120°21′ E，36°11′ N)(图 6-1)，这两个站位 Cd 含量的值见表 6-2。

表 6-2　H37、H39 站位的位置及 Cd 含量的值

站位	经度	纬度	11 月 Cd 含量/(μg/L)
H37	120°17′	36°05′	0.04
H39	120°21′	36°11′	0.02

计算这两个站位之间的距离：

假设从 H39 站位到 H37 站位距离为 L_2，根据 l'=1858m，计算 L_2 为

$$L_2^2=[(21-17)\times1858]^2+[(11-5)\times1858]^2$$

$$L_2=7.21\times1858=13396.18(\text{m})$$

计算得到 L_2 为 13396.18m。

6.2.2　来源变化过程

在 5 月，在胶州湾东部，在李村河入海口的近岸水域，Cd 的来源是河流的输送，其 Cd 含量为 0.07μg/L。输送的 Cd 的含量沿梯度下降，远离河口的水域 Cd 含量降低到 0.04μg/L。表明河流输送的 Cd 的含量比较低。

在 8 月，在胶州湾东部，在李村河入海口的近岸水域，Cd 的来源是河流的输送，其 Cd 含量为 0.85μg/L。输送的 Cd 的含量沿梯度下降，远离河口的水域 Cd 含量降低到 0.03μg/L。表明河流输送的 Cd 的含量比较高。

在 11 月，在胶州湾的湾内水域，Cd 含量的变化范围为 0.02～0.04μg/L。在胶州湾的湾内水域，Cd 没有任何来源，水质非常清洁。

6.2.3　水平损失速度模型

作者提出了物质含量的水平损失速度模型：假设水体中表层物质含量从 A 点的 a 值(单位：μg/L)降低到 B 点的 b 值(单位：μg/L)，从 A 点到 B 点的距离为 L(单位：m)，那么考虑物质含量的水平绝对损失速度为 V_{asp} [单位：(μg/L)/m，或者 ydf] 。于是，得到物质含量的水平绝对损失速度模型：

$$V_{\text{asp}}=\frac{a-b}{L}$$

再考虑物质含量的水平相对损失速度为 V_{rsp} [单位：(μg/L)/m，或者 ydf] 。于是，得到物质含量的水平相对损失速度模型：

$$V_{\text{rsp}}=\frac{\frac{a-b}{a}}{L}=\frac{a-b}{aL}$$

这个模型揭示了物质含量在水平面上的迁移过程中单位距离的损失量。物质含量的水平绝对损失速度表明单位距离的绝对损失量，物质含量的水平相对损失速度

表明单位距离的相对损失量。该模型从空间的变化过程展示了物质含量的变化。

6.2.4 水平损失速度计算值

根据物质含量的水平损失速度模型，计算 Cd 含量的水平绝对损失速度值和水平相对损失速度值。

在 5 月，水体中表层 Cd 的含量从 H38 站位的 0.07μg/L 降低到 H37 站位的 0.04μg/L。Cd 含量的水平绝对损失速度值 V_{asp}=(0.07−0.04)÷6699.11=0.4478×10^{-5}(μg/L)/m。Cd 含量的水平相对损失速度值 V_{rsp}=6.39×10^{-5}(μg/L)/m。

在 8 月，水体中 Cd 的表层含量从 H38 站位的 0.85μg/L 降低到 H37 站位的 0.03μg/L。Cd 含量的水平绝对损失速度值 V_{asp}=(0.85−0.03)÷6699.11=12.24×10^{-5}(μg/L)/m。Cd 含量的水平相对损失速度值 V_{rsp}=14.4×10^{-5}(μg/L)/m。

在 11 月，水体中 Cd 的表层含量从 H37 站位的 0.04μg/L 降低到 H39 站位的 0.02μg/L。Cd 含量的水平绝对损失速度值 V_{asp}=(0.04−0.02)÷13396.18=0.15×10^{-5}(μg/L)/m。Cd 含量的水平相对损失速度值 V_{rsp}=3.7×10^{-5}(μg/L)/m。

6.2.5 单位的简化

水平绝对损失速度值和水平相对损失速度值的单位都比较复杂，需要简化。于是作者将×10^{-5}(μg/L)/m 称为杨东方数，也可以用英文记为 ydf。

例如，Cd 含量的水平绝对损失速度值 V_{asp}=0.4478×10^{-5}(μg/L)/m，可以称为杨东方数 0.4478，或者称为 0.4478ydf。Cd 含量的水平相对损失速度值 V_{rsp}=6.39×10^{-5}(μg/L)/m，可以称为杨东方数 6.39，或者称为 6.39 ydf。

因此，在任何水体中，任何物质含量的水平损失量的单位都可以用杨东方数或者 ydf 来计量。

6.3 水平损失速度模型的应用

6.3.1 水平含量的计算

根据物质含量的水平损失速度模型，就可以计算得到水体中表层物质含量，甚至在水体的水平面上，可以计算任何一个位置的物质含量。

以水体的某两点，确定其经纬度和物质含量，物质含量的水平损失速度模型包括物质含量的水平绝对损失速度模型和物质含量的水平相对损失速度模型，就可以计算得到物质含量的水平绝对损失速度 V_{asp}(ydf) 和水平相对损失速度

V_{rsp}(ydf)。选取任何一点 M，与物质含量比较高的一点距离为 L_M，于是，点 M 的物质含量为 C_M =两点比较高的物质含量－V_{asp}×L_M。

这样，通过水体两点的物质含量，就可以计算得到水体中任何一点的物质含量。

6.3.2　水平含量的变化

在胶州湾的湾内水域，以来源输送的物质不同含量，根据物质含量的水平损失速度模型，来确定物质含量的水平绝对损失速度和水平相对损失速度。这样，来源输送的物质不同含量就可以决定水体中的不同含量模式。

胶州湾 Cd 的唯一来源是河流输送。在胶州湾的湾内水域，在 5 月、8 月和 11 月，河流输送的 Cd 的含量是不同的。这样，就确定了胶州湾水体中 3 个不同的 Cd 含量模式。

根据物质含量的水平绝对损失速度模型计算得到，在胶州湾的湾内水域，在 5 月，河流输送的 Cd 含量比较低，Cd 含量的水平绝对损失速度值为杨东方数 0.4478；在 8 月，河流输送的 Cd 含量比较高，Cd 含量的水平绝对损失速度值为杨东方数 12.24；在 11 月，河流输送的 Cd 含量为零时，Cd 含量的水平绝对损失速度值为杨东方数 0.15(表 6-3)。

根据物质含量的水平相对损失速度模型计算得到，在胶州湾的湾内水域，在 5 月，河流输送的 Cd 含量比较低，Cd 含量的水平相对损失速度值为杨东方数 6.39；在 8 月，河流输送的 Cd 含量比较高，Cd 含量的水平相对损失速度值为杨东方数 14.4；在 11 月，河流输送的 Cd 含量为零时，Cd 含量的水平相对损失速度值为杨东方数 3.7(表 6-3)。表明来源输送的物质含量比较低时，Cd 含量的水平相对损失速度值就比较低；来源输送的物质含量比较高时，Cd 含量的水平相对损失速度值就比较高；来源输送的物质含量为零时，Cd 含量的水平相对损失速度值最低。因此，来源输送的物质含量变化决定了水体中物质含量的水平相对损失速度的变化。同样，来源输送的物质含量变化决定了水体中物质含量的水平绝对损失速度的变化。

表 6-3　Cd 含量的水平损失速度

项目	5 月	8 月	11 月
空间变化	从 H38 站位到 H37 站位	从 H38 站位到 H37 站位	从 H37 站位到 H39 站位
水平绝对损失速度/ydf	0.4478	12.24	0.15
水平相对损失速度/ydf	6.39	14.4	3.7
输送来源	河流的输送	河流的输送	没有来源
输送的量/(μg/L)	0.04	0.85	0

6.4 结　论

根据物质含量的水平损失速度模型，由水体两点的物质含量，就可以计算得到水体中任何一点的物质含量。在胶州湾的湾内水域，以来源输送的物质不同含量，根据物质含量的水平损失速度模型，来确定物质含量的水平绝对损失速度和水平相对损失速度。这样，来源输送的物质不同含量就可以决定水体中的不同含量模式。

胶州湾 Cd 的唯一来源是河流输送。在胶州湾的湾内水域，在 5 月、8 月和 11 月，河流输送的 Cd 的含量是不同的。根据物质含量的水平损失速度模型计算得到，在胶州湾的湾内水域，在 5 月、8 月和 11 月，Cd 含量的水平绝对损失速度值和 Cd 含量的水平相对损失速度值。这样，输送的 3 种不同 Cd 含量就决定了胶州湾水体中 3 种不同类型的 Cd 含量模式。因此，来源输送的物质含量变化决定水体中物质含量的水平相对损失速度和水平绝对损失速度的变化。

参考文献

[1]杨东方, 陈豫, 王虹, 等. 胶州湾水体镉的迁移过程和环境本底值结构 [J]. 海岸工程, 2010, 29(4): 73-82.

[2]杨东方, 陈豫, 常彦祥, 等. 胶州湾水体镉的分布及来源 [J]. 海岸工程, 2013(3): 68-78.

[3]Yang D F, Wang F Y, Wu Y F, et al. The structure of environmental background value of Cadmium in Jiaozhou Bay waters [J]. Applied Mechanics and Materials, 2014, 644-650:5333-5335.

[4]Yang D F, Zhu S X, Wang F Y, et al. Spatial-temporal variations of Cd in Jiaozhou Bay [J]. Advances in Engineering Research, 2016, Part B:403-407.

[5]Yang D F, Yang X, Wang M, et al. The slight impacts of marine current to Cd contents in bottom waters in Jiaozhou Bay[C]. Proceedings of the International Conference on Machinery, 2016.

[6]Yang D F, Wang F Y, Sun Z H, et al. Research on vertical distribution and settling process of Cd in Jiaozhou Bay [J]. Advances in Engineering Research, 2015, 40:776-781.

[7]Yang D F, Chen S T, Li B L, et al. Research on the vertical distribution of Cadmium in Jiaozhou Bay waters [C]. Proceedings of the 2015 International Symposium on Computers and Informatics, 2015: 2667-2674.

[8]Yang D F, Yang D, Zhu S, et al. Pollution level and source of Hg in Jiaozhou Bay 1987 [C]. IOP Conference, 2017: 61.

[9]Yang D F, Zhu S X, Wang F Y, et al. The distribution and content of Cadmium in Jiaozhou Bay [J]. Applied Mechanics and Materials, 2014, 644-650: 5325-5328.

[10]Yang D F, Zhu S X, Wang F Y, et al. Distribution and aggregation process of Cd in Jiaozhou Bay [J]. Advances in Computer Science Research, 2015, 2352:194-197.

[11]Yang D F, Gao Z H, Sun P Y, et al. Silicon limitation on primary production and its destiny in Jiaozhou Bay, China TV lransect offshore the coast with estuaries [J]. Chinese Journal of Oceanology, 2005, 23(1): 72-90.

[12]杨东方, 王凡, 高振会, 等. 胶州湾浮游藻类生态现象 [J]. 海洋科学, 2004, 28(6): 71-74.

[13]国家海洋局. 海洋监测规范 [M]. 北京: 海洋出版社, 1991.

第 7 章　胶州湾水体镉的分布及迁移过程

随着我国经济的高速发展，工业排放物中的重金属对城市和近岸海洋生态环境造成了污染，由于重金属具有吸收、迁移、富集、毒害、解毒和抗性等主要特征，受到世界各国的广泛重视。Cd 是一种具有银白色光泽，软性、延展性好，耐腐蚀的稀有金属，是一种毒性很强的污染元素，它对植物、动物、微生物和人体产生强烈的毒害作用。因此 Cd 在水环境中的来源、分布和迁移过程，引起了人们的强烈关注。本章根据 1980 年胶州湾的调查资料，研究 Cd 在胶州湾海域的分布状况、迁移过程和来源，了解 Cd 在海洋水域的来源和迁移过程，对于评价 Cd 对海洋环境的污染程度具有重要的意义，也为治理 Cd 污染的环境提供理论依据。

7.1　背　　景

7.1.1　胶州湾自然环境

胶州湾地理位置为 120°04′～120°23′E，35°58′～36°18′N，在山东半岛南部，面积约为 446km^2，平均水深约 7m，是一个典型的半封闭型海湾(图 7-1)。胶州湾入海的河流有大沽河和洋河，其径流量和含沙量较大，河水水文特征有明显的季节性变化[1]。沿青岛市区的近岸，有海泊河、李村河、娄山河等小河流入胶州湾。胶州湾的湾外面临黄海水域。

7.1.2　数据来源与方法

本书所使用的 1980 年 6 月、7 月、9 月和 10 月胶州湾水体 Cd 的调查资料由国家海洋局北海环境监测中心提供。在胶州湾水域设 9 个站位取水样(图 7-1)：H34、H35、H36、H37、H38、H39、H40、H41 和 H82。于 1980 年 6 月、7 月、9 月和 10 月进行 4 次调查采样。按照国家标准方法进行胶州湾水体 Cd 的调查，该方法被收录在国家的《海洋监测规范》中[2]。

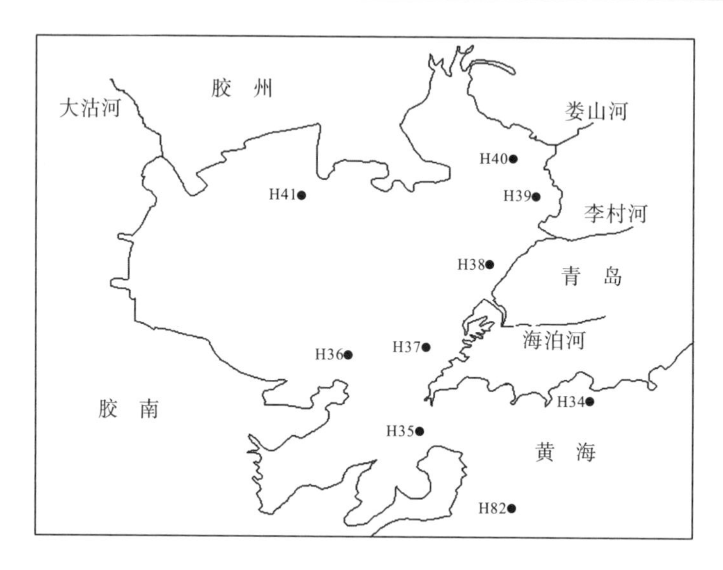

图 7-1 胶州湾调查站位

7.2 表、底层含量及分布

7.2.1 含量

在 6 月、7 月、9 月和 10 月，在胶州湾整个表层水域 Cd 的含量为 0.00～0.48μg/L，都符合国家一类海水水质标准(1.00μg/L)。6 月，Cd 在胶州湾表层水体中的含量为 0.05～0.16μg/L，整个水域达到了国家一类海水水质标准(1.00μg/L)；7 月，表层水体中 Cd 的含量明显升高，Cd 在胶州湾表层水体中的含量为 0.00～0.48μg/L。在 H35 站位表层水体中 Cd 的含量达到最高值，为 0.48μg/L，比国家一类海水水质标准值的一半还低；9 月，Cd 在胶州湾表层水体中的含量为 0.00～0.24μg/L，达到了国家一类海水水质标准。在胶州湾湾口外部的 H82 和 H34 站位，表层水体中 Cd 的含量为 0.12～0.24μg/L，在胶州湾的湾内，表层水体中 Cd 的含量为 0.00μg/L。10 月，Cd 在胶州湾表层水体中的含量为 0.00μg/L，整个表层水域都达到了国家一类海水水质标准(表 7-1)。

在 6 月、7 月、9 月和 10 月，在胶州湾的整个水域，Cd 的含量都符合国家一类海水水质标准。而且，在这一年中，Cd 含量的最高值为 0.48μg/L，远远优于国家一类海水水质标准，说明水质没有受到任何 Cd 的污染。

表7-1 6月、7月、9月和10月胶州湾表层水质

项目	6月	7月	9月	10月
海水中Cd含量/(μg/L)	0.05～0.16	0.00～0.48	0.00～0.24	0.00
国家海水水质标准	一类海水	一类海水	一类海水	一类海水

7.2.2 表层水平分布

在6月，水体中表层Cd的分布状况：在东南部的H37站位，Cd的含量相对较高，为0.16μg/L，也就是在海泊河和湾口之间的近岸水域。以H37站位为中心，形成了一系列不同梯度的半个同心圆。以H37站位为中心形成了Cd的高含量区，Cd含量从中心高含量(0.16μg/L)沿梯度降低。Cd含量从此水域向整个湾扩展递减，从0.16μg/L降低到0.05μg/L(图7-2)。

在7月，Cd含量在湾口水域高，以湾口的H35站位为中心，形成了一系列不同梯度的同心圆。以H35站位为中心形成了Cd的高含量区，Cd含量从中心高含量(0.48μg/L)沿梯度降低。Cd含量从湾口水域向湾内和湾外进行扩展递减，从0.48μg/L降低到0.00μg/ L(图7-3)。

在9月，Cd含量在湾外水域高，从胶州湾的湾外到湾口和湾内，Cd含量形成了一系列梯度，并沿梯度降低(图7-4)。在胶州湾湾口外部的H82和H34站位，表层水体中Cd含量为0.12～0.24μg/L，在胶州湾的湾内和湾口，表层水体中Cd含量为0.00μg/L。

在10月，在胶州湾的湾内，表层水体中Cd含量为0.00μg/L。

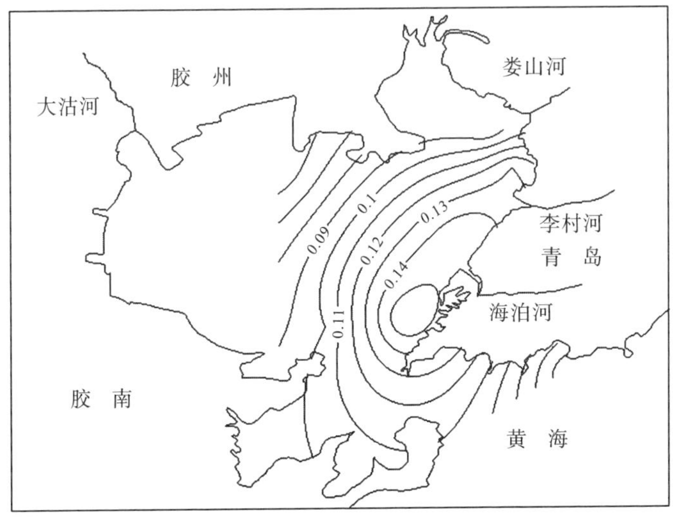

图7-2 6月表层Cd含量的水平分布(μg/L)

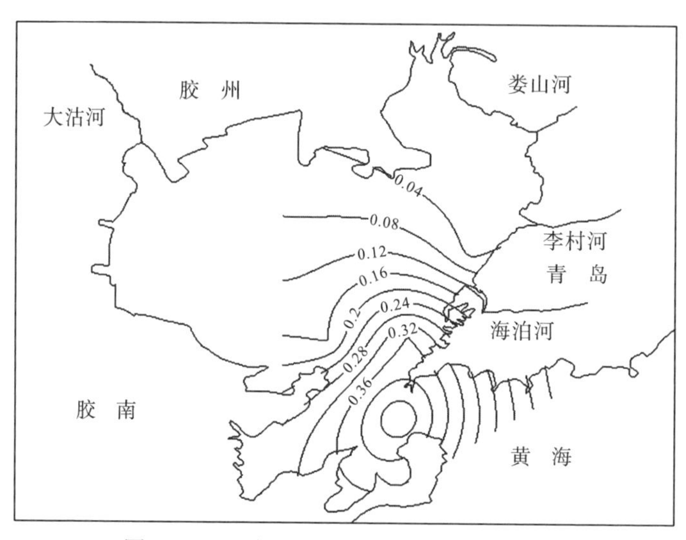

图 7-3　7 月表层 Cd 含量的水平分布(μg/L)

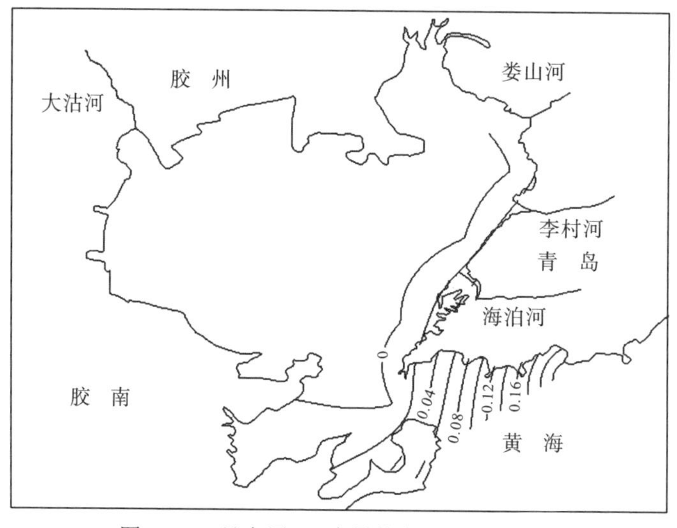

图 7-4　9 月表层 Cd 含量的水平分布(μg/L)

7.2.3　表层季节变化

以 4 月、5 月和 6 月为春季，以 7 月、8 月和 9 月为夏季，以 10 月、11 月和 12 月为秋季。

在春季末期的 6 月，整个胶州湾表层水体中 Cd 含量为 0.05～0.16μg/L。

随着夏季的到来，表层水体中 Cd 含量明显升高，在 7 月和 9 月，Cd 在胶州湾表层水体中的含量分别为 0.00～0.48μg/L 和 0.00～0.24μg/L，明显高于春季。

而且，在夏季初期的 7 月，表层水体中 Cd 含量为 0.48μg/L，达到了一年中的最高值。在夏季末期的 9 月，表层水体中 Cd 含量大幅度降低，在湾内的表层水体中 Cd 含量都为 0.00μg/L，只有在胶州湾的湾口外部，表层水体中 Cd 含量为 0.12～0.24μg/L。说明 Cd 的表层含量迅速地下降。

到了秋季，Cd 的表层含量进一步下降。在秋季初期的 10 月，在胶州湾的湾内、湾口和湾外，表层水体中 Cd 含量为 0.00～0.00μg/L。

在春季，表层水体中 Cd 含量比较低，为 0.05～0.16μg/L。在夏季，Cd 含量迅速增长，达到一年中最高，为 0.00～0.48μg/L。在秋季，Cd 含量迅速下降，达到一年中最低，为 0.00μg/L。Cd 含量的季节变化形成了春季、夏季、秋季的一个峰值曲线。

7.2.4　底层水平分布

在 H34、H35、H36、H37 和 H82 站位，这里是湾口水域，水比较深，进行了 Cd 的底层含量调查。在 6 月，Cd 的底层含量为湾外高湾内低，从 H82 站位到 H36 站位，Cd 的底层含量逐渐递减，从 0.32μg/L 降低到 0.10μg/L(图 7-5)。在 7 月，Cd 的底层含量仍是湾外高湾内低，从 H82 站位到 H37 站位，Cd 的底层含量逐渐递减，从 0.35μg/L 降低到 0.00μg/L(图 7-6)。在 9 月，Cd 的底层含量仍是湾外高湾内低，从 H82 站位到 H37 站位，Cd 的底层含量逐渐降低，从 0.17μg/L 降低到 0.00 μg/L(图 7-7)。在 10 月，Cd 的底层含量仍是湾外高湾内低，从 H82 站位到 H37 站位，Cd 的底层含量逐渐降低，从 0.11μg/L 降低到 0.00μg/L(图 7-8)。

在 6 月、7 月、9 月和 10 月，Cd 的底层含量的水平分布为湾外高，湾内低。

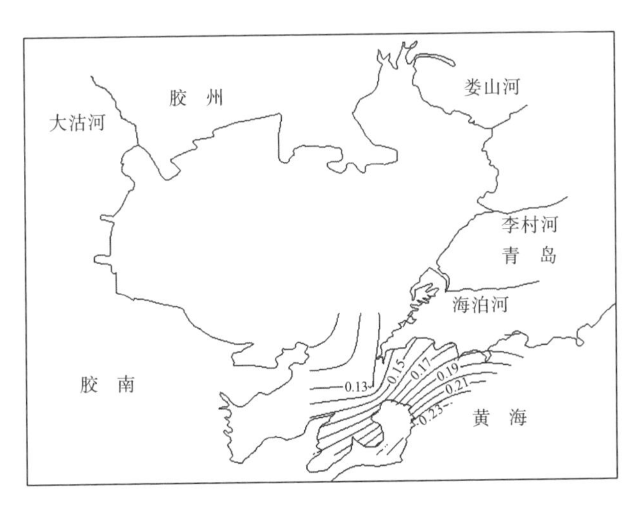

图 7-5　6 月底层 Cd 含量的水平分布(μg/L)

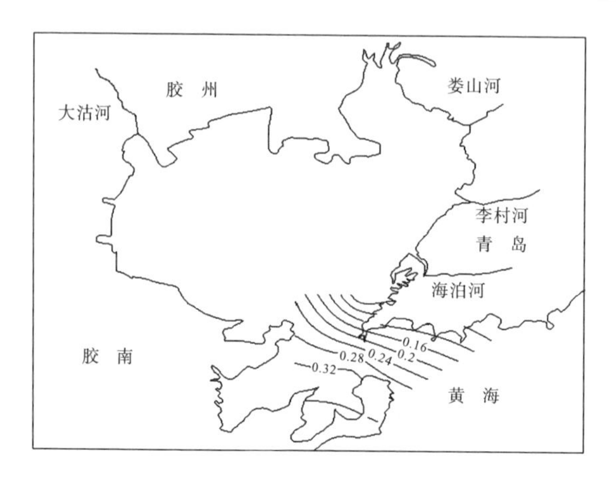

图 7-6　7 月底层 Cd 含量的水平分布(μg/L)

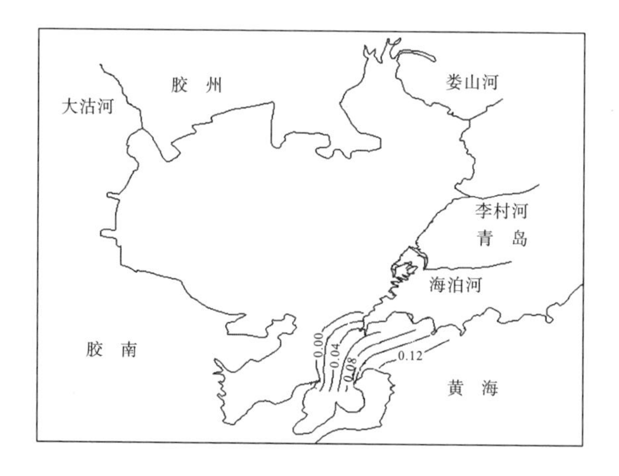

图 7-7　9 月底层 Cd 含量的水平分布(μg/L)

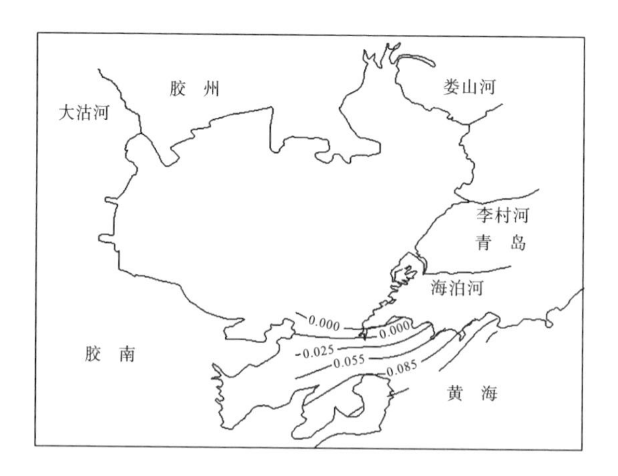

图 7-8　10 月底层 Cd 含量的水平分布(μg/L)

7.2.5　底层季节变化

以 4 月、5 月和 6 月为春季，以 7 月、8 月和 9 月为夏季，以 10 月、11 月和 12 月为秋季。

在春季，在胶州湾底层水体中，Cd 的含量为 0.10～0.32μg/L。在夏季，Cd 的底层含量为 0.00～0.35μg/L，达到了一年中的最高值。然后，Cd 的底层含量下降。在秋季，表层水体中 Cd 的含量为 0.00～0.11μg/L，达到了一年中的最低值。Cd 底层含量的季节变化形成了春、夏、秋季的一个峰值曲线。

7.2.6　垂直分布

在 H34、H35、H36、H37 和 H82 站位，在春、夏、秋季，Cd 的表、底层含量都相近。在 6 月，Cd 的表、底层含量相减，其差为-0.22～0.03μg/L，3 个站为负值，1 个站为零，1 个站为正值，这表明底层含量较高。在 7 月，Cd 的表、底层含量相减，其差为-0.15～0.36μg/L，2 个站为负值，3 个站为正值，这表明表层含量较高。在 9 月，Cd 的表、底层含量相减，其差为-0.16～0.11μg/L，2 个站为负值，2 个站为零，1 个站为正值，这表明底层含量较高。在 10 月，Cd 的表、底层含量相减，其差为-0.11～0μg/L，4 个站为负值，1 个站为零，这表明底层含量很高(表 7-2)。

表 7-2　表、底层含量相减的差值的站位个数

表、底层含量相减的差值	6 月	7 月	9 月	10 月
正值	1 个站	3 个站	1 个站	无
零	1 个站	无	2 个站	1 个站
负值	3 个站	2 个站	2 个站	4 个站

在 H36 站位，表、底层含量相减，其差为-0.16～0μg/L。在 H82 站位，表、底层含量相减，其差为-0.22～-0.05μg/L。表明在 H36 和 H82 站位，在春季、夏季、秋季，Cd 的底层含量一直都比表层含量高。

在夏季，当输送给胶州湾的 Cd 的含量比较高时，表层含量比底层高。在秋季，当输送给胶州湾的 Cd 的含量比较低时，表层含量比底层低。

7.3 迁移过程

7.3.1 水质

在整个胶州湾水域，一年中 Cd 含量都达到了国家一类海水水质标准(1.00μg/L)。在 7 月，表层水体中 Cd 的含量变化范围为 0.00～0.48 μg/L，包含了全年变化范围。这表明有海洋的自然输送，没有受到人为的 Cd 污染。而且，在这一年中，Cd 含量的最高值为 0.48μg/L，远远优于一类海水水质标准。因此，在整个胶州湾水域，Cd 含量优于国家一类海水水质标准，水质没有受到任何 Cd 的污染。

7.3.2 来源

通过 Cd 在 6 月、7 月、9 月和 10 月的水平变化可知，整个胶州湾水域的 Cd 水平分布展示了 Cd 含量较高的水域在胶州湾的湾口和湾外。在 6 月，相对较高的 Cd 含量(0.16μg/L)区域为海泊河和湾口之间的近岸水域。在 7 月，Cd 的高含量(0.48μg/L)区域为湾口水域。在 9 月，Cd 的高含量(0.24μg/L)区域为湾外水域。在 10 月，在胶州湾的湾内、湾口和湾外，Cd 的含量都为 0.00μg/L。而且，7 月的 Cd 含量(0.48μg/L)是一年中最高的，到了 9 月，在胶州湾的湾内，表层水体中 Cd 的含量都为 0.00μg/L，而在湾外水域，Cd 含量为 0.12～0.24μg/L。因此，胶州湾 Cd 含量只有一个来源：湾口外的水域。

7.3.3 来源的迁移过程

在胶州湾水域，海洋中重金属 Cd 的来源是自然来源。例如，海底火山喷发将地壳深处的重金属 Cd 带上海底，经过海洋水流的作用把重金属 Cd 注入海洋，输送到胶州湾的湾口外水域[3-5]。可以进一步输送到胶州湾的湾口水域以及湾口内水域。因此，整个胶州湾水域的 Cd 水平分布展示了海洋输送 Cd 到胶州湾的湾口外水域、湾口水域以及湾口内水域。

在 10 月，在胶州湾的湾内、湾口和湾外，Cd 的含量都为 0.00μg/L，于是，整个胶州湾水域本身 Cd 含量为 0.00μg/L。这样，海洋水流输入的 Cd 的含量为 0.00～0.48μg/L。

7.3.4　环境本底值的结构

根据杨东方提出的重金属在水域的环境本底值结构[5]，建立了重金属环境本底值的结构模型：

$$H=B+L+M$$

其中，B 为基础本底值(the basic background value)，表示此水域本身所具有的重金属含量；L 为陆地径流的输入量(the input amount in runoff)，表示通过陆地径流输入此水域的重金属含量；M 为海洋水流的输入量(the input amount in marine current)，表示通过海洋水流输入此水域的重金属含量；H 为重金属在此水域的环境本底值(the environmental background value)。

根据环境本底值的结构模型，计算得到重金属 Cd 在胶州湾水域的环境本底值(表 7-3)。

表 7-3　重金属 Cd 在胶州湾水域的环境本底值结构　(单位：μg/L)

环境本底值	基础本底值	陆地径流的输入量	海洋水流的输入量
0.00～0.48	0.00	0.00	0.00～0.48

在胶州湾水域，重金属 Cd 的来源只有海洋自然来源，构成了胶州湾水域重金属 Cd 的环境本底值。海流输入的 Cd 的含量为 0.00～0.48μg/L，于是，胶州湾水域 Cd 的环境本底值为 0.00～0.48μg/L。

7.3.5　水域的迁移过程

从春季 5 月开始，海洋生物大量繁殖，数量迅速增加，到夏季的 8 月，达到了高峰值[6]，且由于浮游生物的繁殖活动，悬浮颗粒物表面形成胶体，此时的吸附力最强，水体中悬浮物和沉积物对 Cd 有较强的吸附能力。悬浮物和沉积物中 Cd 的含量占水体总镉的 90% 以上[7]。在水流和重力作用下，Cd 沿着水流方向向下迁移。根据 Cd 的垂直分布，当输送给胶州湾的 Cd 的含量比较高时，表层含量比底层高；当输送给胶州湾的 Cd 的含量比较低时，表层含量比底层低。这与 HCH 的水域迁移过程相一致[8, 9]。在春季、夏季、秋季，Cd 的表、底层含量都相近。因此，Cd 表、底层含量的季节变化形成了春季、夏季、秋季的一个峰值曲线：在春季，表、底层水体中 Cd 的含量比较低；在夏季，Cd 的含量迅速升高，达到一年中最高；在秋季，Cd 含量迅速下降，达到一年中最低。这样，从夏季初期的 7 月到夏季末期的 9 月，表层水体中 Cd 含量从一年中的最高值(0.48μg/L)降到 0.00μg/L。表明在表层水体中 Cd 的含量大幅度降低，Cd 向下迅速迁移，而没有留在水体中。

7.3.6 水底的迁移过程

在胶州湾的湾外水域，海流沿着 H34、H35 和 H37 站位进入胶州湾水域。于是，在 H34、H35 和 H37 站位，其 Cd 的表层含量比底层含量高，尤其在 7 月，这 3 个站位都呈现出 Cd 表层含量比底层高。表明沿着 H34、H35 和 H37 站位，海洋输送 Cd 到胶州湾的湾口外水域、湾口水域以及湾口内水域。然而，在 H36 和 H82 站位，在春季、夏季、秋季，Cd 的底层含量一直都比表层高。表明在海洋输送的路径周围水域，由于输送的 Cd 迅速、不断地沉降，Cd 的底层含量一直都比表层高。

在春季，在胶州湾底层水体中，Cd 的含量为 0.10～0.32μg/L。在夏季，Cd 的底层含量达到了一年中的最高值(0.35μg/L)，到秋季，Cd 的底层含量降低到 0.11μg/L。表明当没有海洋输送 Cd 时，Cd 的底层含量就会降低，大体与表层含量一致。

Cd 的底层含量的水平分布展示：在 6 月、7 月、9 月和 10 月，Cd 的底层含量是湾外高，湾内低。根据杨东方的水域迁移过程[8, 9]，在胶州湾的湾口外部，有 Cd 的输送来源。表明胶州湾 Cd 含量只有一个来源：湾口外的水域。

7.4 结 论

(1) 在整个胶州湾水域，一年中 Cd 含量都符合国家一类海水水质标准(1.00μg/L)。在 7 月，表层水体中 Cd 含量的变化范围为 0.00～0.48μg/L，包含了全年的变化范围。表明有海洋的自然输送，没有受到人为的 Cd 污染。因此，在整个胶州湾水域，水质没有受到 Cd 的任何污染。

(2) 在胶州湾水域 Cd 只有一个来源：湾口外的水域。整个胶州湾水域的 Cd 水平分布展示了 Cd 含量较高的水域在胶州湾的湾口和湾外。作者认为如海底火山喷发将地壳深处的重金属 Cd 带上海底，经过海洋水流的作用把重金属 Cd 注入海洋，输送到胶州湾的湾口外水域。因此，整个胶州湾水域的 Cd 水平分布展示了海洋输送 Cd 到胶州湾的湾口外水域、湾口水域以及湾口内水域。

(3) 海流输入的 Cd 的含量为 0.00～0.48μg/L，根据环境本底值的结构模型，计算得到重金属 Cd 在胶州湾水域的环境本底值为 0.00～0.48μg/L。

(4) 在来源的迁移过程中，只有海洋输送 Cd 到胶州湾水域。海洋水流输入 Cd 量具有季节变化：在春季，表层水体中 Cd 的含量比较低，为 0.05～0.16μg/L；在夏季，Cd 的含量迅速升高，达到一年中最高，为 0.00～0.48μg/L；在秋季，Cd 的含量迅速下降，达到一年中最低，为 0.00μg/L。Cd 的季节变化形成了春季、夏季、秋季的一个峰值曲线。

(5) Cd 的垂直分布展示了：在春季、夏季、秋季，Cd 的表、底层含量都相近。Cd 的季节变化展示了：Cd 表、底层含量的季节变化都形成了春季、夏季、秋季的一个峰值曲线。Cd 的水域迁移过程展示了：在海流输送 Cd 的过程中，沿着海流进入胶州湾水域的路径，由于输送的 Cd 量的增加，Cd 的表层含量比底层高。然而，在海洋输送的路径周围水域，由于输送的 Cd 迅速、不断地沉降，Cd 的底层含量一直都比表层高。Cd 的底层含量的水平分布展示：在 6 月、7 月、9 月和 10 月，Cd 的底层含量都是湾外高，湾内低。这样，在胶州湾的湾口外部，有 Cd 的输送来源。

1980 年，在胶州湾地区，工农业、养殖业、港口等刚刚起步发展。在胶州湾水域，重金属 Cd 主要来源于自然输送，而没有受到人为的 Cd 污染。并且，在没有人类活动的影响下，在自然状况下，研究结果展示了 Cd 在胶州湾水域的来源、分布和迁移过程，使人类能够清楚地了解 Cd 在自然状况下的迁移规律。

参考文献

[1]Yang D F, Gao Z H, Sun P Y, et al. Silicon limitation on primary production and its destiny in Jiaozhou Bay, China [J]. Chinese Journal of Oceanology, 2005, 24(2): 169-175.

[2]国家海洋局. 海洋监测规范 [M]. 北京: 海洋出版社, 1991.

[3]杨东方, 苗振清. 海湾生态学(上册) [M]. 北京: 海洋出版社, 2010.

[4]杨东方, 高振会. 海湾生态学(下册) [M]. 北京: 海洋出版社, 2010.

[5]杨东方, 陈豫, 王虹, 等. 胶州湾水体镉的迁移过程和环境本底值结构 [J]. 海岸工程, 2010, 29(4): 73-82.

[6]杨东方, 王凡, 高振会, 等. 胶州湾浮游藻类生态现象 [J]. 海洋科学, 2004, 28(6): 71-74.

[7]戴世明, 吕锡武. 镉污染的水处理技术研究进展 [J]. 安全与环境工程, 2006, 13(3): 63-65.

[8]杨东方, 高振会, 曹海荣. 胶州湾水域有机农药六六六分布及迁移 [J]. 海岸工程, 2008(2): 65-71.

[9]杨东方, 高振会, 孙培艳, 等. 胶州湾水域有机农药六六六春、夏季的含量及分布 [J]. 海岸工程, 2009(2): 69-77.

第 8 章　水体镉的环境本底值的结构

随着我国经济的高速发展，工业排放物中的重金属对城市和近岸海洋生态环境造成了污染。镉(Cd)是一种毒性很强的金属元素，它对植物、动物、微生物和人体产生强烈的毒害作用[1,2]。因此，Cd 在水环境中的来源、分布和迁移过程[3,4]，引起了人们的强烈关注。了解近海的 Cd 污染程度和污染源[5,6]，可以为保护海洋环境、维持生态可持续发展提供重要帮助。本章根据 1981 年胶州湾 Cd 的调查资料，探讨在胶州湾海域，Cd 的来源、分布以及迁移，研究胶州湾水域 Cd 的环境基础值、环境本底值、环境本底值的结构和输入量的比例，为 Cd 污染环境的治理和修复提供理论依据。

8.1　背　　景

8.1.1　胶州湾自然环境

胶州湾地理位置为 120°04′～120°23′E，35°58′～36°18′N，在山东半岛南部，面积约为 446km^2，平均水深约 7m，是一个典型的半封闭型海湾。胶州湾入海的河流有大沽河和洋河，其径流量和含沙量较大，河水水文特征有明显的季节性变化[7]。还有海泊河、李村河、娄山河等小河流入胶州湾。

8.1.2　数据来源与方法

本书所使用的 1981 年 4 月、8 月和 11 月胶州湾水体 Cd 的调查资料由国家海洋局北海环境监测中心提供。以 4 月调查的数据代表春季，以 8 月调查的数据代表夏季，以 11 月调查的数据代表秋季。在胶州湾水域，在 4 月，有 31 个站位取水样：H34、A1、A2、A3、A4、A5、A6、A7、A8、B1、B2、B3、B4、B5、C1、C2、C3、C4、C5、C6、C7、C8、D1、D2、D3、D4、D5、D6、D7、D8、D9；在 8 月，有 38 个站位取水样：A1、A2、A3、A4、A5、A6、A7、A8、B1、B2、B3、B4、B5、C1、C2、C3、C4、C5、C6、C7、C8、D1、D2、D3、D4、D5、D6、D7、D8、D9、H34、H35、H36、H37、H38、H39、H40 和 H41；

在 11 月，有 8 个站位取水样：H34、H35、H36、H37、H38、H39、H40 和 H41（图 8-1、图 8-2）。根据水深取水样（大于 10m 时取表层和底层，小于 10m 时只取表层），进行调查采样。按照国家标准方法进行胶州湾水体 Cd 的调查，该方法被收录在国家的《海洋监测规范》中[8]。

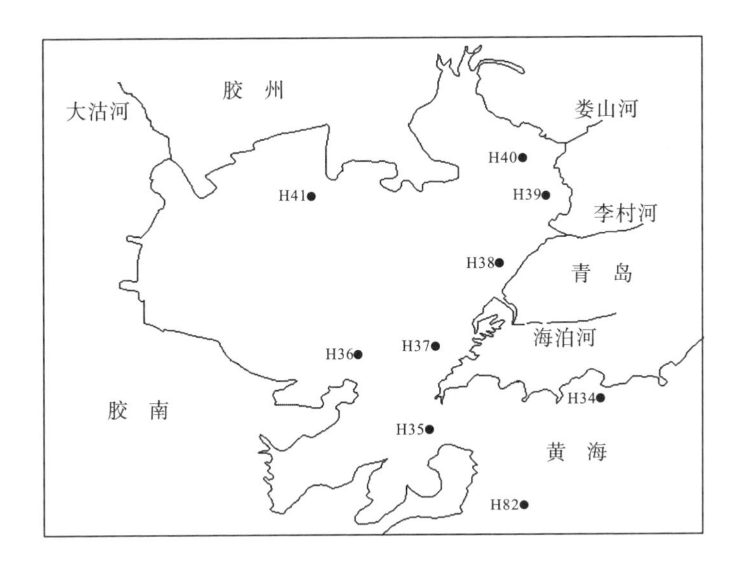

图 8-1　胶州湾 H 点调查站位

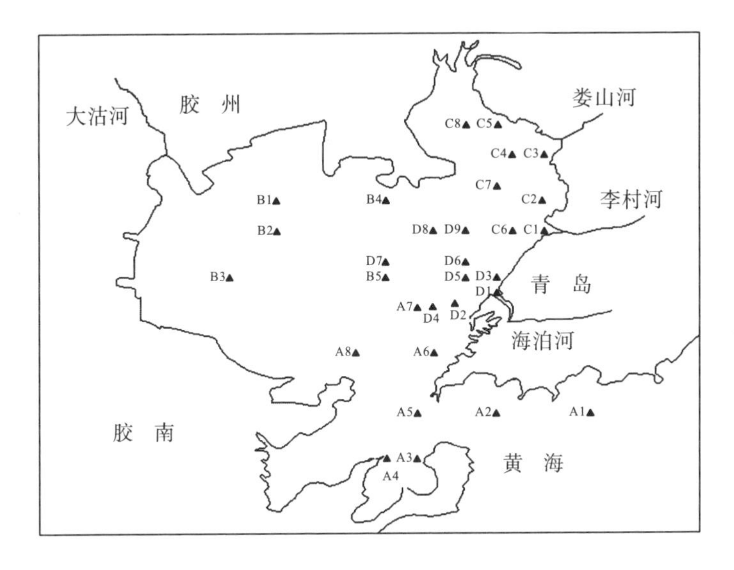

图 8-2　胶州湾 A～D 点调查站位

8.2 本 底 值

8.2.1 环境本底值

海洋中重金属的来源可分为自然来源和人为来源两大类[1, 2]。自然来源如海底火山喷发将地壳深处的重金属带上海底，经过海洋水流的作用把重金属及其化合物注入海洋；地壳岩石风化后通过陆地径流、大气沉降等方式将重金属注入海洋[3, 4]。

在胶州湾水域，海洋中重金属的来源是自然来源。作者将胶州湾水域重金属的自然来源分为陆地径流的输入、海洋水流的输入、大气沉降的输入[5, 6]，即这些输入量和此水域所具有含量组成了胶州湾水域重金属的环境本底值。

根据 1981 年胶州湾水域的调查资料，分析重金属 Cd 在胶州湾水域的含量现状、水平分布、垂直分布和季节变化。研究结果表明，在胶州湾和湾外水域有两个来源：来自大气沉降的输入，其输入的 Cd 的含量为 0.00～0.55μg/L；来自陆地径流的输入，其输入的 Cd 的含量为 0.00～0.40μg/L。于是，在 1981 年，胶州湾水域重金属 Cd 的环境本底值为 0.00～0.55μg/L。

8.2.2 基础本底值

某个水域本身所具有的重金属含量，作者称其为重金属的基础本底值[5, 6]。例如，在胶州湾水域，Cd 含量没有陆地径流的输入，也没有海洋水流的输入，也没有大气沉降的输入，这时，重金属 Cd 的含量就是重金属 Cd 的基础本底值。

在 1981 年秋季，在胶州湾及附近水域，Cd 含量没有陆地径流的输入，也没有海洋水流的输入，也没有大气沉降的输入，而且，从湾的沿岸水域到湾中心水域以及湾外水域，Cd 的含量为 0.00μg/L，因此，在胶州湾水域，重金属 Cd 的基础本底值为 0.00μg/L。

8.3 结构及应用

8.3.1 环境本底值的结构

根据上述分析，作者将环境本底值进一步细化，提出了重金属在水域的环境本底值结构：

环境本底值=基础本底值+陆地径流的输入量+海洋水流的输入量
+大气沉降的输入量

其中，基础本底值(the basic background value)表示此水域本身所具有的重金属含量；陆地径流的输入量(the input amount in runoff)表示通过陆地径流输入此水域的重金属含量；海洋水流的输入量(the input amount in marine current)表示通过海洋水流输入此水域的重金属含量；大气沉降的输入量(the input amount in atmospheric settlement)表示通过大气沉降输入此水域的重金属含量。它们之和构成了重金属在此水域的环境本底值(the environmental background value)。

环境本底值也称为背景值，基础本底值也称为基础背景值。

将作者提出的重金属在水域的环境本底值结构理论应用于胶州湾水域，以 1979 年的重金属 Cd 为例(表 8-1)。

表 8-1　1979 年重金属 Cd 在胶州湾水域的环境本底值结构　(单位：μg/L)

环境本底值	基础本底值	陆地径流的输入量	海洋水流的输入量	大气沉降的输入量
0.01～0. 85	0.01～0.10	0.75～0.84	0.15～0.24	—

向胶州湾水域输入重金属 Cd，陆地径流的输入量与海洋水流的输入量的比值为 3.5～5，即陆地径流输入的重金属 Cd 量是海洋水流输入的重金属 Cd 量的 3.5～5 倍。

将作者提出的重金属在水域的环境本底值结构理论应用于胶州湾水域，以 1980 年的重金属 Cd 为例(表 8-2)。

表 8-2　1980 年重金属 Cd 在胶州湾水域的环境本底值结构　(单位：μg/L)

环境本底值	基础本底值	陆地径流的输入量	海洋水流的输入量	大气沉降的输入量
0.00～0.48	0.00～0.00	—	0.00～0.48	—

上述分析展示了在胶州湾水域，重金属 Cd 的来源只有海洋自然来源，构成了胶州湾水域重金属 Cd 的环境本底值。海洋水流输入的 Cd 的含量为 0.00～0.48μg/L。于是，胶州湾水域 Cd 的环境本底值为 0.00～0.48μg/L。

将作者提出的重金属在水域的环境本底值结构理论应用于胶州湾水域，以 1981 年的重金属 Cd 为例(表 8-3)。

表 8-3　1981 年重金属 Cd 在胶州湾水域的环境本底值结构　(单位：μg/L)

环境本底值	基础本底值	陆地径流的输入量	海洋水流的输入量	大气沉降的输入量
0～0. 55	0.00～0.00	0.00～0.40	—	0.00～0.55

上述分析展示了在胶州湾水域，重金属 Cd 的来源只有海洋自然来源，构成了胶州湾水域重金属 Cd 的环境本底值。陆地径流输入的 Cd 的含量为 0.00～0.40μg/L，大气沉降输入的 Cd 的含量为 0.00～0.55μg/L。于是，胶州湾水域 Cd 的环境本底值为 0.00～0.55μg/L。

8.3.2 输入量及方式

通过1979年、1980年和1981年重金属Cd的数据分析，研究发现在胶州湾水域，重金属Cd的基础本底值为0.00～0.10μg/L，陆地径流重金属Cd的输入量为0.00～0.84μg/L，海洋水流重金属Cd的输入量为0.00～0.48μg/L，大气沉降重金属Cd的输入量为0.00～0.55μg/L。而且，在胶州湾水域的一年中，陆地径流的输入、海洋水流的输入和大气沉降的输入并不是同时存在的。例如，1979年，有陆地径流的输入和海洋水流的输入，没有大气沉降的输入；1980年，只有海洋水流的输入，没有陆地径流的输入和大气沉降的输入；1981年，有陆地径流的输入和大气沉降的输入，没有海洋水流的输入。1981年秋季，在胶州湾水域，既没有陆地径流的输入，也没有海洋水流的输入和大气沉降的输入。

8.4 结　论

(1)一年中整个胶州湾水域没有受到人为的Cd污染，此水域的Cd含量有大自然的输送。

(2)胶州湾水域的Cd含量由水域本身所具有的重金属含量以及陆地径流的输入、海洋水流的输入和大气沉降的输入组成。1979年、1980年和1981年对重金属Cd的研究发现，在胶州湾水域，重金属Cd的基础本底值为0.00～0.10μg/L，陆地径流重金属Cd的输入量为0.00～0.84μg/L，海洋水流重金属Cd的输入量为0.00～0.48μg/L，大气沉降重金属Cd的输入量为0.00～0.55μg/L。

(3)在胶州湾水域的一年中，重金属Cd的输入方式并不是一定要同时存在，即陆地径流的输入、海洋水流的输入和大气沉降的输入并不是一定要同时存在。输入的方式由没有、有1种、有2种、有3种4个存在状况组成。

参 考 文 献

[1]王静凤. 重金属在海产贝类体内的累积及其影响因素的研究 [D]. 青岛: 中国海洋大学, 2004.

[2]贺亮, 范必威. 海洋环境中的重金属及其对海洋生物的影响 [J]. 广州化学, 2006, 31(3): 63-69.

[3]杨东方, 高振会. 海湾生态学(下册) [M]. 北京: 海洋出版社, 2010.

[4]杨东方, 苗振清. 海湾生态学(上册) [M]. 北京: 海洋出版社, 2010.

[5]杨东方, 陈豫, 王虹, 等. 胶州湾水体镉的迁移过程和环境本底值结构 [J]. 海岸工程, 2010, 29(4): 73-82.

[6]杨东方, 陈豫, 常彦祥, 等. 胶州湾水体镉的分布及来源 [J]. 海岸工程, 2013(3): 68-78.

[7]Yang D F, Gao Z H, Sun P Y, et al. Silicon limitation on primary production and its destiny in Jiaozhou Bay, China [J]. Chinese Journal of Oceanology, 2005, 24(2): 169-175.

[8]国家海洋局. 海洋监测规范 [M]. 北京: 海洋出版社, 1991.

第9章　胶州湾水体镉的来源及输入方式

镉(Cd)是一种具有银白色光泽，软性、延展性好，耐腐蚀的稀有金属，加热即会挥发，其蒸汽可与空气中的氧结合形成氧化镉。于是，Cd可以存在于大气中，也可以沉降到陆地上和水体中，也可以沉降到大海中。由于Cd是一种毒性很强的金属元素，它对植物、动物、微生物和人体产生强烈的毒害作用[1, 2]，给环境造成破坏，当然，也给海洋环境造成了污染[3, 4]。因此，了解近海的Cd污染程度和污染源[5, 6]，可以为保护海洋环境、维持生态可持续发展提供重要帮助。本章通过1981年胶州湾Cd的调查资料，探讨在胶州湾海域，Cd的来源、分布以及迁移过程，研究胶州湾水域Cd的含量现状、分布特征和季节变化，为Cd污染环境的治理和修复提供理论依据。

9.1　背　　景

9.1.1　胶州湾自然环境

胶州湾地理位置为120°04′～120°23′E，35°58′～36°18′N，在山东半岛南部，面积约为446km^2，平均水深约7m，是一个典型的半封闭型海湾。胶州湾入海的河流有大沽河和洋河，其径流量和含沙量较大，河水水文特征有明显的季节性变化[7]。还有海泊河、李村河、娄山河等小河流入胶州湾。

9.1.2　数据来源与方法

本书所使用的1981年4月、8月和11月胶州湾水体Cd的调查资料由国家海洋局北海环境监测中心提供。以4月调查的数据代表春季，以8月调查的数据代表夏季，以11月调查的数据代表秋季。在胶州湾水域，在4月，有31个站位取水样：H34、A1、A2、A3、A4、A5、A6、A7、A8、B1、B2、B3、B4、B5、C1、C2、C3、C4、C5、C6、C7、C8、D1、D2、D3、D4、D5、D6、D7、D8、D9；在8月，有38个站位取水样：A1、A2、A3、A4、A5、A6、A7、A8、B1、B2、B3、B4、B5、C1、C2、C3、C4、C5、C6、C7、C8、D1、D2、D3、D4、D5、

D6、D7、D8、D9、H34、H35、H36、H37、H38、H39、H40 和 H41；在 11 月，有 8 个站位取水样：H34、H35、H36、H37、H38、H39、H40 和 H41(图 9-1、图 9-2)。根据水深取水样(大于 10m 时取表层和底层，小于 10m 时只取表层)，进行调查采样。按照国家标准方法进行胶州湾水体 Cd 的调查，该方法被收录在国家的《海洋监测规范》中[8]。

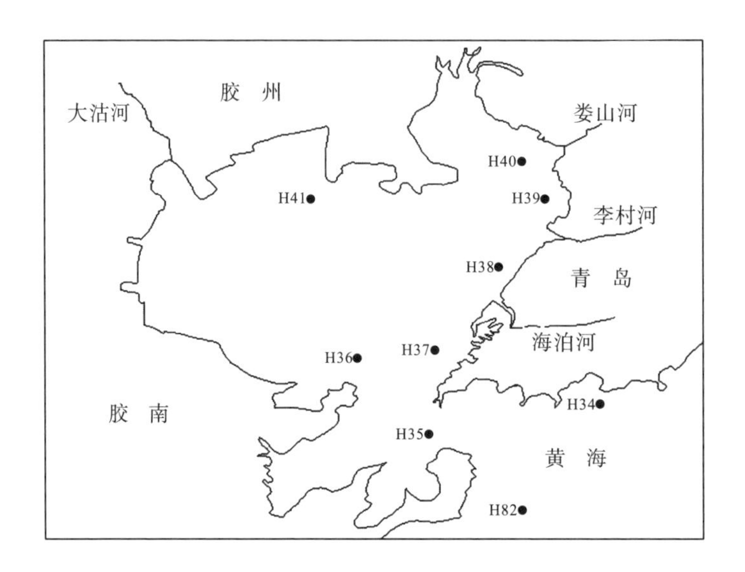

图 9-1 胶州湾 H 点调查站位

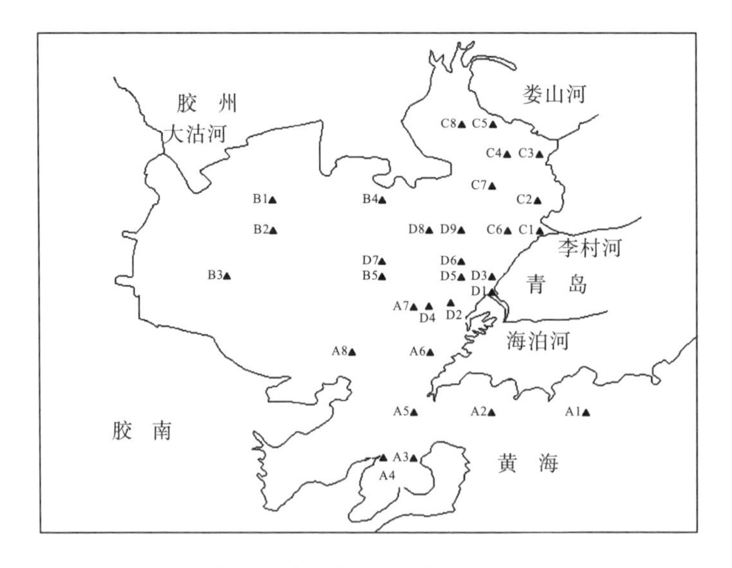

图 9-2 胶州湾 A～D 点调查站位

9.2 水 平 分 布

9.2.1 含量

在春季，Cd 在胶州湾表层水体中的含量为 0～0.55μg/L，在 D4 和 A2 站位 Cd 的含量相对较高，整个水域均达到了国家一类海水水质标准（1.00μg/L）；在夏季，表层水体中 Cd 的含量明显下降，含量为 0.00～0.40μg/L，满足国家一类海水水质标准（1.00μg/L）；在秋季，水体中 Cd 的含量继续下降，其值为 0.00μg/L，远远低于国家一类海水水质标准，水质没有受到任何 Cd 的污染（表 9-1）。

表 9-1　4 月、8 月、11 月胶州湾表层水质

项目	春季	夏季	秋季
海水中 Cd 含量/(μg/L)	0.00～0.55	0.00～0.40	0.00
国家海水标准	一类海水	一类海水	一类海水

9.2.2 表层水平分布

在春季，湾内水体中表层 Cd 的分布状况是在湾中心的 D4 站位，Cd 的含量相对较高，为 0.55μg/L，形成闭合高含量区。Cd 含量从湾中心向周围的水域沿梯度递减（图 9-3）。然而，在远离胶州湾中心的近岸水域，甚至在海泊河、李村河和娄山河之间的近岸水域，Cd 的含量都为 0.00μg/L。而在湾外近岸水域的 A2 站位，Cd 含量相对较高，为 0.14μg/L，从近岸水域沿着梯度向大海方向递减（图 9-3）。

在夏季，在东北部中心水域的 C7 站位，Cd 含量相对较高，为 0.14μg/L，形成闭合高含量区，由中心 0.14μg/L 向周围的水域沿梯度递减到 0.00μg/L（图 9-4）。在西南部近岸水域的 A8 站位处，Cd 含量相对较高，为 0.40μg/L，Cd 含量是从湾的西南部水域 0.40μg/L 向湾的中心沿着梯度递减到 0.00μg/L（图 9-4）。

在秋季，Cd 的含量为 0.00～0.00μg/L。从湾的沿岸水域到湾中心水域以及到湾外水域，Cd 的含量都非常低，没有监测到。

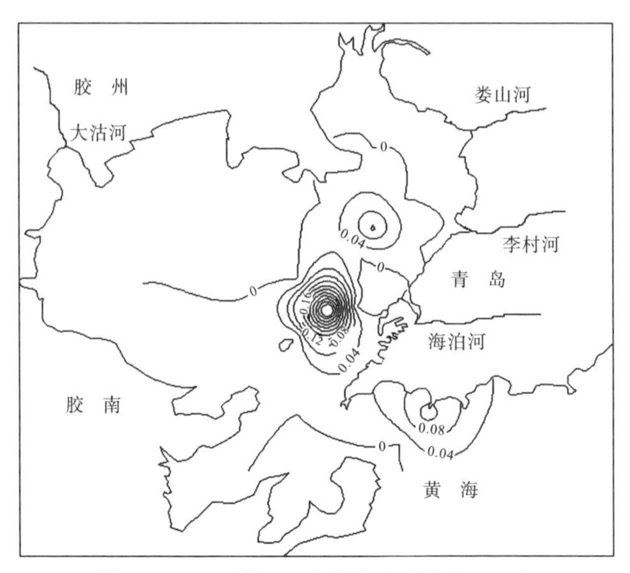

图 9-3 4 月表层 Cd 含量的水平分布(μg/L)

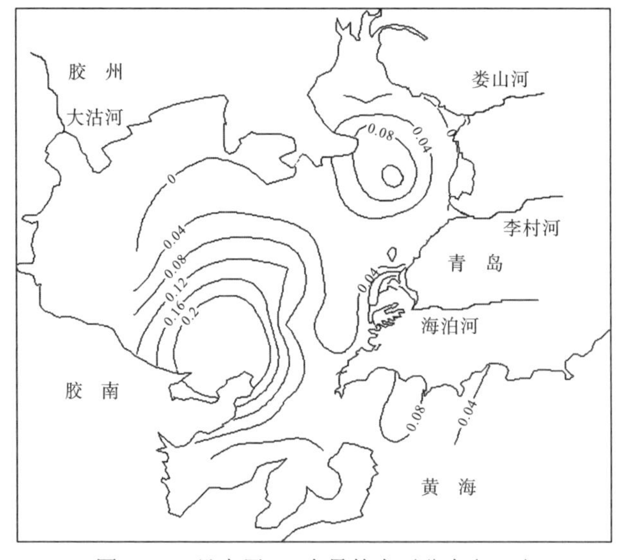

图 9-4 8 月表层 Cd 含量的水平分布(μg/L)

9.2.3 表层季节变化

在春季，整个胶州湾表层水体中 Cd 的含量为 0.00～0.55μg/L，达到了一年中的最高值。然后，Cd 的表层含量下降。在夏季，表层水体中 Cd 的含量为 0.00～0.40μg/L。然后，Cd 的表层含量进一步下降。在秋季，表层水体中 Cd 的含量为 0.00μg/L。Cd 的季节变化形成了春季、夏季、秋季的一个下降曲线。

9.2.4　底层水平分布

在春季，Cd 的底层含量从湾内到湾口再到湾外逐渐递增，从 0.00μg/L 升高到 0.02μg/L（图 9-5）。在夏季，Cd 的底层含量仍是从湾内到湾口再到湾外逐渐递增，从 0.07μg/L 升高到 0.13μg/L（图 9-6）。在秋季，Cd 的底层含量从湾内到湾口再到湾外都为 0.00μg/L。

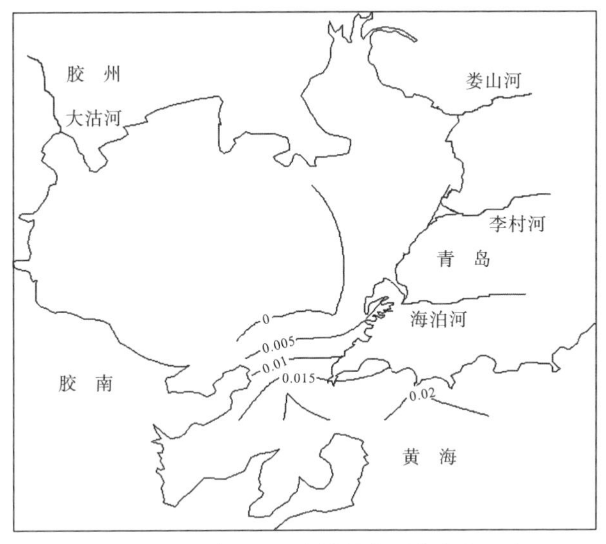

图 9-5　4 月底层 Cd 含量的水平分布（μg/L）

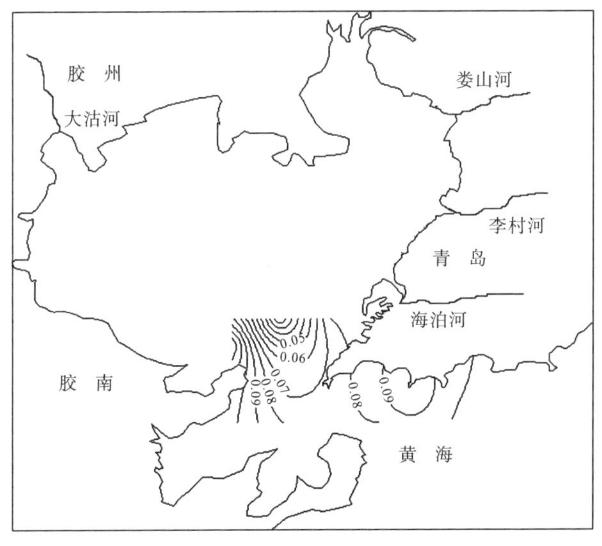

图 9-6　8 月底层 Cd 含量的水平分布（μg/L）

9.2.5 底层季节变化

在春季，在胶州湾底层水体中，Cd 的含量为 0.00～0.02μg/L。在夏季，Cd 的底层含量为 0.07～0.13μg/L，达到了一年中的最高值。然后，Cd 的表层含量下降。在秋季，表层水体中 Cd 的含量为 0.00μg/L，达到了一年中的最低值。Cd 底层含量的季节变化形成了春季、夏季、秋季的一个峰值曲线。

9.2.6 垂直分布

在春季、夏季、秋季，Cd 的表、底层含量都相近。在春季，表层含量为 0.00～0.14μg/L，其对应的底层含量较高，为 0.00～0.02μg/L。在夏季，表层含量为 0.00～0.40μg/L，其对应的底层含量最高，为 0.00～0.13μg/L。在秋季，表层含量为 0.00μg/L，其对应的底层含量最低，为 0μg/L。

9.3 来源及输入方式

9.3.1 水质

在整个胶州湾水域，一年中 Cd 含量的变化范围为 0.00～0.55μg/L，这不仅符合国家一类海水水质标准(1.00μg/L)，而且，远远低于国家一类海水水质标准(1.00μg/L)。在春季，表层水体中 Cd 含量的变化范围为 0.00～0.55μg/L，包含了全年变化范围。表明 Cd 含量非常低，是自然界产生的，没有受到人为的 Cd 污染。因此，在整个胶州湾水域，Cd 含量低于国家一类海水水质标准，水质没有受到任何 Cd 的污染。

9.3.2 来源

在春季，在湾中心的水体中，表层 Cd 的分布形成闭合高含量区(0.55μg/L)。但是，在远离胶州湾中心的近岸水域，以及在海泊河、李村河和娄山河之间的近岸水域，Cd 的含量都为 0.00μg/L。而且，在湾中心的水体中，底层 Cd 的含量也为 0.00μg/L。表明在胶州湾水域，Cd 的高含量既不是来自陆地径流的输入，也不是来自海底海洋水流的输入。那么，只有一个来源，即大气的沉降，并且，大气沉降输入的 Cd 的含量为 0.00～0.55μg/L。在湾外的近岸水域 Cd 含量较高，从近岸水域沿着梯度向大海方向递减。表明在胶州湾的湾外水域 Cd 只有一个来源，即陆地径流的输入。

在夏季，在东北部的中心水域，Cd含量形成闭合高含量区(0.14μg/L)，由中心向周围的水域沿梯度递减到0.00μg/L。表明在此水域，Cd的高含量来自大气沉降的输入，其输入的Cd含量为0.00～0.14μg/L。在西南部的近岸水域，Cd含量形成高含量区(0.40μg/L)，由中心向周围的水域沿梯度递减到 0.00μg/L。表明在此水域，Cd的高含量来自陆地径流的输入，为0.00～0.40μg/L。

在秋季，Cd含量为0μg/L。从湾的沿岸水域到湾中心水域以及到湾外水域，Cd的含量都非常低，没有监测到。表明在整个胶州湾水域以及湾外水域，都没有Cd的输入，因此，在胶州湾及附近水域，Cd含量没有陆地径流的输入，也没有海洋水流的输入和大气沉降的输入。

9.4　结　　论

(1)在整个胶州湾水域，一年中 Cd 含量都达到了国家一类海水水质标准(1.00μg/L)。表明没有受到人为的Cd污染。因此，在整个胶州湾水域，水质没有受到任何Cd的污染。

(2)在胶州湾和湾外水域有两个来源：一个是湾的中心，来自大气沉降的输入，其输入的Cd的含量为0.00～0.55μg/L；另一个是近岸水域，来自陆地径流的输入，其输入的Cd的含量为0.00～0.40μg/L。

(3)在秋季，在胶州湾及附近水域，Cd含量没有陆地径流的输入，也没有海洋水流的输入和大气沉降的输入。

因此，胶州湾水域中Cd主要来源于自然输送，而没有受到人为的Cd污染。

参考文献

[1]贺亮，范必威. 海洋环境中的重金属及其对海洋生物的影响 [J]. 广州化学, 2006, 31(3): 63-69.

[2]王静凤. 重金属在海产贝类体内的累积及其影响因素的研究 [D]. 青岛: 中国海洋大学, 2004.

[3]杨东方，苗振清. 海湾生态学(上册) [M]. 北京: 海洋出版社, 2010.

[4]杨东方，高振会. 海湾生态学(下册) [M]. 北京: 海洋出版社, 2010.

[5]杨东方，陈豫，王虹，等. 胶州湾水体镉的迁移过程和环境本底值结构 [J]. 海岸工程, 2010, 29(4): 73-82.

[6]杨东方，陈豫，常彦祥，等. 胶州湾水体镉的分布及来源 [J]. 海岸工程, 2013(3): 68-78.

[7]Yang D F, Gao Z H, Sun P Y, et al. Silicon limitation on primary production and its destiny in Jiaozhou Bay, China [J]. Chinese Journal of Oceanology, 2005, 24(2): 169-175.

[8]国家海洋局. 海洋监测规范 [M]. 北京: 海洋出版社, 1991.

第 10 章　胶州湾水体镉的无污染

镉(Cd)是一种具有银白色光泽，软性、延展性好，耐腐蚀的稀有金属，而且也是一种毒性很强的金属元素，给环境造成破坏，当然，也给海洋环境造成了污染[1, 2]。因此，了解近海的 Cd 污染程度和污染源[3, 4]，可以为保护海洋环境、维持生态可持续发展提供重要帮助。本章通过 1982 年胶州湾 Cd 的调查资料，探讨在胶州湾海域，Cd 的来源、分布以及迁移过程，研究胶州湾水域 Cd 的含量现状和分布特征，为 Cd 污染环境的治理和修复提供理论依据。

10.1　背　　景

10.1.1　胶州湾自然环境

胶州湾地理位置为 120°04′～120°23′E，35°58′～36°18′N，在山东半岛南部，面积约为 446km^2，平均水深约 7m，是一个典型的半封闭型海湾。胶州湾入海的河流有大沽河和洋河，其径流量和含沙量较大，河水水文特征有明显的季节性变化[5]。还有海泊河、李村河、娄山河等小河流入胶州湾。

10.1.2　数据来源与方法

本书所使用的 1982 年 4 月、6 月、7 月和 10 月胶州湾水体 Cd 的调查资料由国家海洋局北海环境监测中心提供。在 4 月、7 月和 10 月，在胶州湾水域设 5 个站位取水样：083、084、121、122、123；在 6 月，在胶州湾水域设 4 个站位取水样：H37、H39、H40、H41(图 10-1)。分别于 1982 年 4 月、6 月、7 月和 10 月进行 4 次取样，根据水深取水样(大于 10m 时取表层和底层，小于 10m 时只取表层)，进行调查采样。按照国家标准方法进行胶州湾水体 Cd 的调查，该方法被收录在国家的《海洋监测规范》中[6]。

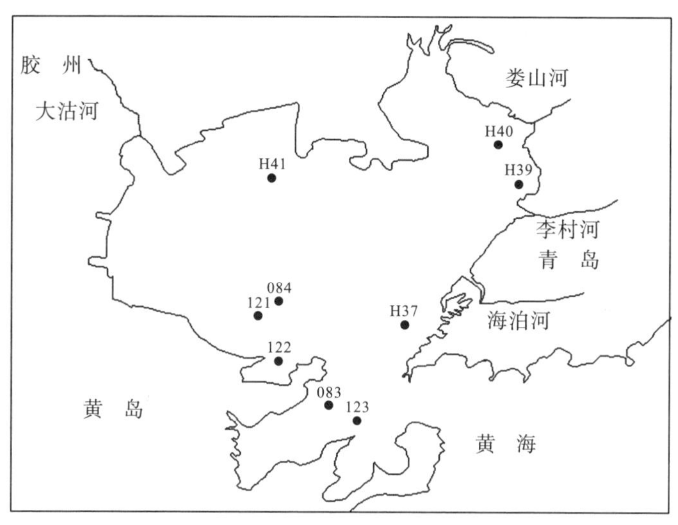

图 10-1　胶州湾调查站位

10.2　水 平 分 布

10.2.1　含量

在 4 月、7 月和 10 月，胶州湾西南沿岸水域 Cd 含量为 0.11～0.53μg/L。在 6 月，胶州湾东部和北部沿岸水域 Cd 含量为 0.11～0.21μg/L。在 4 月、6 月、7 月和 10 月，Cd 在胶州湾水体中的含量为 0.11～0.53μg/L，都没有超过国家一类海水水质标准。表明在 4 月、6 月、7 月和 10 月，胶州湾表层水质在整个水域都符合国家一类海水水质标准(1.00μg/L)(表 10-1)。由于 Cd 含量在胶州湾整个水域都远远低于 1.00μg/L，说明在胶州湾整个水域，水质清洁，没有受到 Cd 的污染。

表 10-1　4 月、6 月、7 月和 10 月胶州湾表层水质

项目	4 月	6 月	7 月	10 月
海水中 Cd 含量/(μg/L)	0.11～0.38	0.11～0.21	0.12～0.52	0.32～0.53
国家海水水质标准	一类海水	一类海水	一类海水	一类海水

10.2.2　表层水平分布

在 4 月、7 月和 10 月，在胶州湾水域设 5 个站位：083、084、121、122、123。这些站位在胶州湾西南沿岸水域(图 10-1)。在 4 月，在西南沿岸水域 121 站位，

Cd 含量相对较高，为 0.38μg/L，以 121 站位为中心形成了 Cd 的高含量区，形成了一系列不同梯度的半个同心圆。Cd 含量从中心的高含量 0.38μg/L 向湾中心水域沿梯度递减到 0.11μg/L（图 10-2）。在 7 月，在西南沿岸水域的 123 站位，Cd 含量相对较高，为 0.52μg/L，以 123 站位为中心形成了 Cd 的高含量区，形成了一系列不同梯度的平行线。Cd 含量从中心的高含量 0.52μg/L 向湾中心水域沿梯度递减到 0.12 μg/L（图 10-3）。在 10 月，在西南沿岸水域的 122 站位，Cd 含量相对较高，为 0.53μg/L，以 122 站位为中心形成了 Cd 的高含量区，形成了一系列不同梯度的半个同心圆。Cd 含量从中心的高含量 0.53μg/L 向湾中心水域或者向湾口水域沿梯度递减到 0.32μg/L（图 10-4）。

在 6 月，在胶州湾水域设 4 个站位：H37、H39、H40、H41，这些站位在胶州湾东部和北部沿岸水域（图 10-1）。在李村河入海口水域的 H39 站位，Cd 的含量达到最高，为 0.21μg/L。表层 Cd 含量的等值线（图 10-5），展示以李村河的入海口水域为中心，形成了一系列不同梯度的半个同心圆。Cd 含量从湾中心的高含量（0.21μg/L）沿梯度递减，从李村河入海口水域的 0.21μg/L 降低到湾中心的 0.16μg/L，说明在胶州湾水体中沿着李村河的河流方向，Cd 含量在不断地递减（图 10-5）。同样，在大沽河入海口水域的 H41 站位，Cd 的含量达到最高，为 0.21 μg/L。表层 Cd 含量的等值线（图 10-5），展示以大沽河的入海口水域为中心，形成了一系列不同梯度的半个同心圆。Cd 含量从湾中心的高含量（0.21μg/L）沿梯度递减，从大沽河入海口水域的 0.21μg/L 降低到湾中心的 0.16μg/L，说明在胶州湾水体中沿着大沽河的河流方向，Cd 含量在不断地递减（图 10-5）。

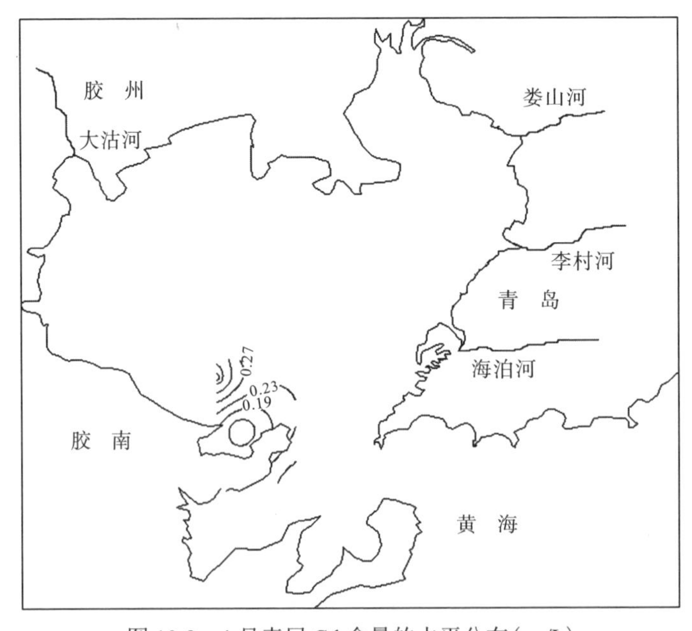

图 10-2 4 月表层 Cd 含量的水平分布（μg/L）

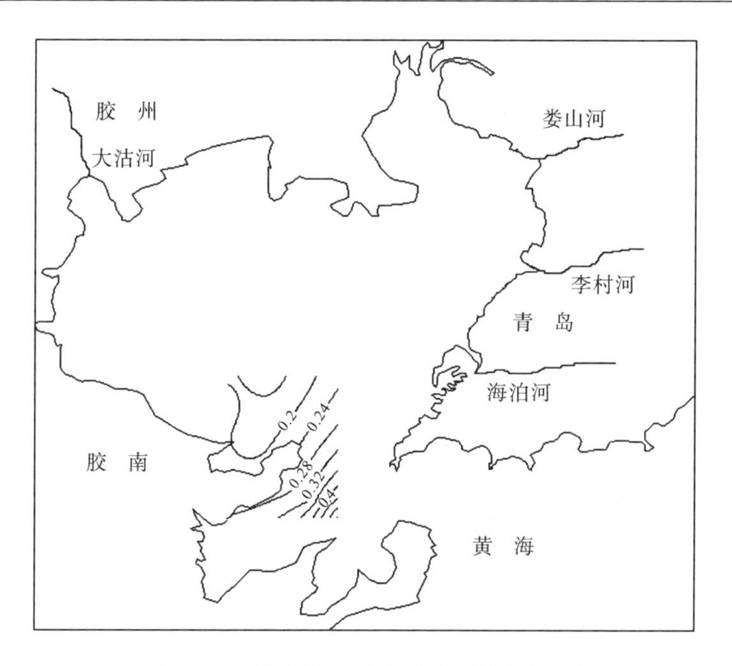

图 10-3　7 月表层 Cd 含量的水平分布(μg/L)

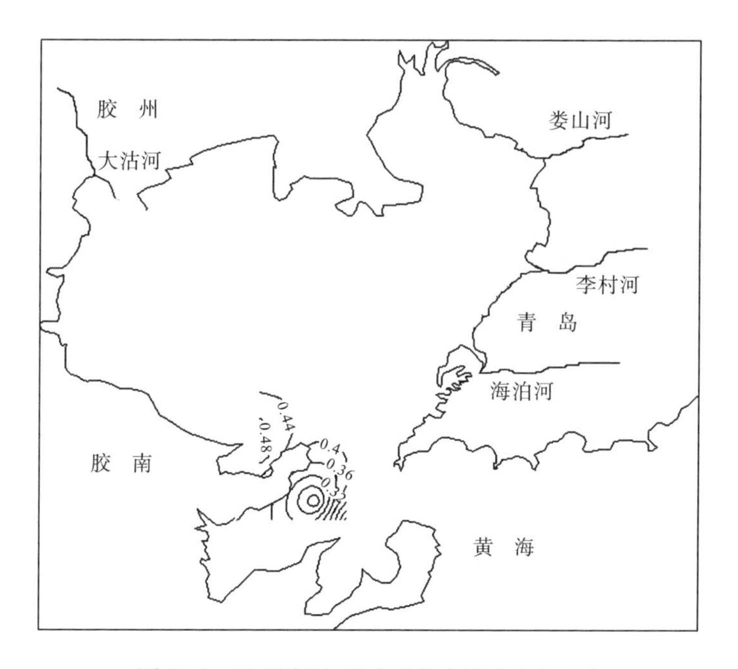

图 10-4　10 月表层 Cd 含量的水平分布(μg/L)

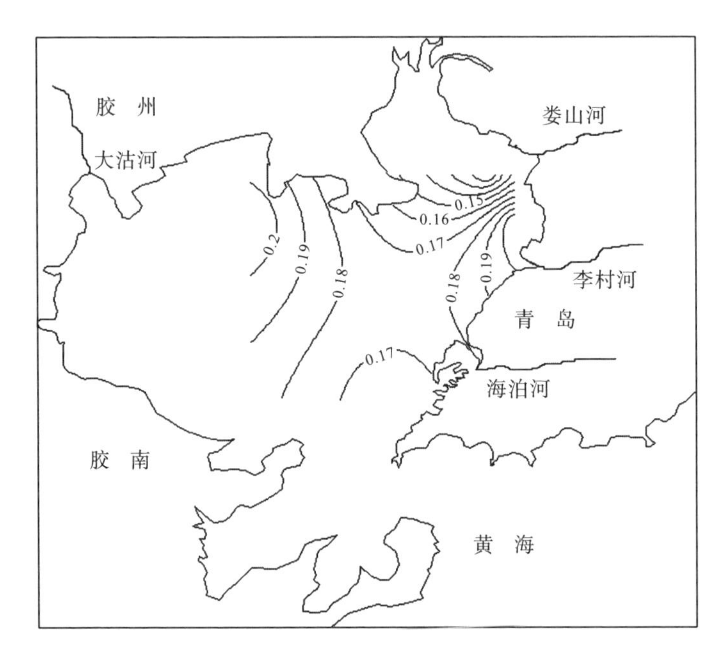

图 10-5 6 月表层 Cd 含量的水平分布(μg/L)

10.3 镉的无污染

10.3.1 水质

在 4 月、7 月和 10 月，胶州湾西南沿岸水域 Cd 含量为 0.11～0.53μg/L，都符合国家一类海水水质标准(1.00μg/L)。在 6 月，胶州湾东部和北部沿岸水域 Cd 含量为 0.11～0.21μg/L，也符合国家一类海水水质标准。表明胶州湾西南沿岸水域比胶州湾东部和北部沿岸水域在 Cd 含量方面相对要高一些。

在 4 月、6 月、7 月和 10 月，Cd 在胶州湾水体中的含量为 0.11～0.53μg/L，都符合国家一类海水水质标准，而且远远低于一类海水水质标准(1.00μg/L)。表明 Cd 含量非常低，没有受到人为的 Cd 污染。因此，在整个胶州湾水域，Cd 含量符合国家一类海水水质标准，水质没有受到任何 Cd 的污染。

10.3.2 来源

在 4 月、7 月和 10 月，在胶州湾西南沿岸水域，形成了 Cd 的高含量区(0.38～0.53μg/L)，并且形成了一系列不同梯度的半个同心圆，沿梯度向周围水域递减到 0.11～0.32μg/L，如向湾中心或者向湾口等水域。表明 Cd 的来源是地表径流的输送。

在 6 月，在李村河的入海口水域，Cd 的含量达到最高，为 0.21μg/L。在胶州湾水体中，沿着李村河的河流方向，Cd 含量在不断地递减，降低到湾中心的 0.16μg/L；同样，在大沽河的入海口水域，Cd 的含量达到最高，为 0.21μg/L。在胶州湾水体中，沿着大沽河的河流方向，Cd 含量在不断地递减，降低到湾中心的 0.16μg/L。表明在胶州湾水域，Cd 的来源是陆地河流的输送。

因此，胶州湾水域 Cd 含量有两个来源：一个是地表径流的输送，另一个是陆地河流的输送。而且地表径流输送的 Cd 含量大于陆地河流的输送，但是，无论是地表径流的输送，还是陆地河流的输送，给胶州湾输送的 Cd 含量都远远小于国家一类海水水质标准 1.00μg/L。

10.4　结　论

(1) 在整个胶州湾水域，一年中 Cd 含量都达到了国家一类海水水质标准 (1.00μg/L)，表明没有受到人为的 Cd 污染。因此，在整个胶州湾水域，水质没有受到任何 Cd 的污染。

(2) 在胶州湾水域 Cd 有两个来源：一个是近岸水域，来自地表径流的输入，其输入的 Cd 含量为 0.11～0.53μg/L；另一个是河流的入海口水域，来自陆地河流的输入，其输入的 Cd 含量为 0.11～0.21μg/L。

因此，胶州湾水域中的 Cd 主要来源于自然输送，而没有受到人为的 Cd 污染。

参考文献

[1]杨东方, 苗振清. 海湾生态学(上册) [M]. 北京: 海洋出版社, 2010.

[2]杨东方, 高振会. 海湾生态学(下册) [M]. 北京: 海洋出版社, 2010.

[3]杨东方, 陈豫, 王虹, 等. 胶州湾水体镉的迁移过程和环境本底值结构 [J]. 海岸工程, 2010, 29(4): 73-82.

[4]杨东方, 陈豫, 常彦祥, 等. 胶州湾水体镉的分布及来源 [J]. 海岸工程, 2013(3): 68-78.

[5]Yang D F, Gao Z H, Sun P Y, et al. Silicon limitation on primary production and its destiny in Jiaozhou Bay, China [J]. Chinese Journal of Oceanology, 2005, 24(2): 169-175.

[6]国家海洋局. 海洋监测规范 [M]. 北京: 海洋出版社, 1991.

第 11 章　胶州湾水域镉的垂直变化过程

镉(Cd)在自然界中常以化合物状态存在，一般含量很低[1]。环境受到 Cd 污染后，Cd 对植物、动物、微生物和人体产生强烈的毒害作用。Cd 也可在生物体内富集，通过食物链进入人体，引起慢性中毒。因此，对 Cd 在水环境中的来源、分布和迁移过程进行研究有助于环境保护和人类健康。本章通过 1982 年胶州湾 Cd 的调查资料，探讨在胶州湾海域，Cd 的水平分布、垂直分布、季节变化以及迁移过程，研究胶州湾水域 Cd 的含量现状和分布特征，为 Cd 污染环境的治理和修复提供理论依据。

11.1　背　　景

11.1.1　胶州湾自然环境

胶州湾地理位置为 120°04′～120°23′E，35°58′～36°18′N，在山东半岛南部，面积约为 446km^2，平均水深约 7m，是一个典型的半封闭型海湾。胶州湾入海的河流有大沽河和洋河，其径流量和含沙量较大，河水水文特征有明显的季节性变化[2]。还有海泊河、李村河、娄山河等小河流入胶州湾。

11.1.2　数据来源与方法

本书所使用的 1982 年 4 月、7 月和 10 月胶州湾水体 Cd 的调查资料由国家海洋局北海环境监测中心提供。在 4 月、7 月和 10 月，在胶州湾水域设 5 个站位取水样：083、084、121、122、123(图 11-1)。分别于 1982 年 4 月、7 月和 10 月进行 4 次取样，根据水深取水样(大于 10m 时取表层和底层，小于 10m 时只取表层)，进行调查采样。按照国家标准方法进行胶州湾水体 Cd 的调查，该方法被收录在国家的《海洋监测规范》中[3]。

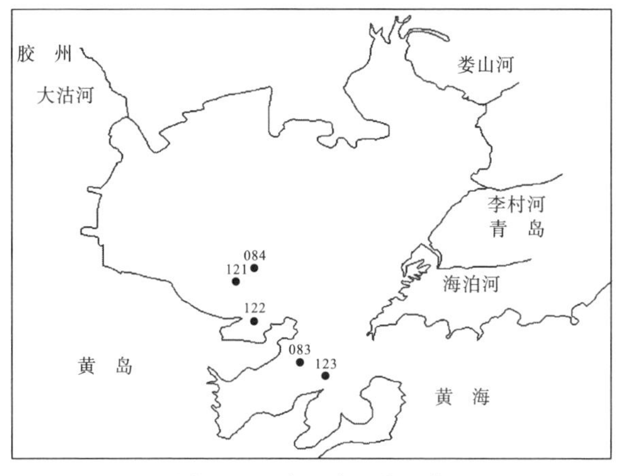

图 11-1　胶州湾调查站位

11.2　水平和垂直分布

11.2.1　底层水平分布

在 4 月、7 月和 10 月，胶州湾西南沿岸底层水域 Cd 含量为 0.13～0.53 μg/L。在胶州湾西南沿岸的底层水域，从西南的近岸到湾口，Cd 含量形成了一系列梯度，沿梯度增加或者减少(图 11-2～图 11-4)。在 4 月，从西南的近岸到湾口，沿梯度从 0.20μg/L 增加到 0.44μg/L (图 11-2)。在 7 月，从西南的近岸到湾口，沿梯度从

图 11-2　4 月底层 Cd 含量的水平分布(μg/L)

0.24μg/L 减少到 0.13μg/L（图 11-3）。在 10 月，从西南的近岸到湾口，沿梯度从 0.53μg/L 减少到 0.21μg/L（图 11-4）。

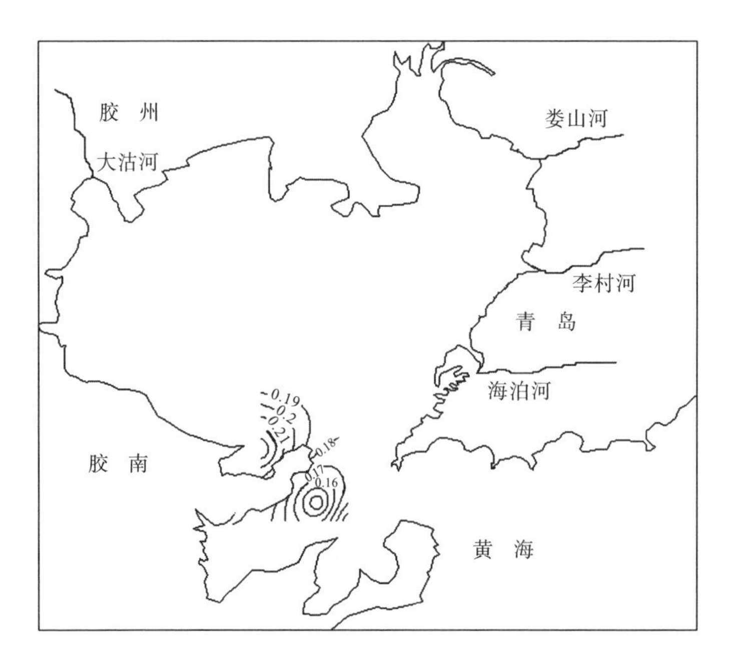

图 11-3 7 月底层 Cd 含量的水平分布(μg/L)

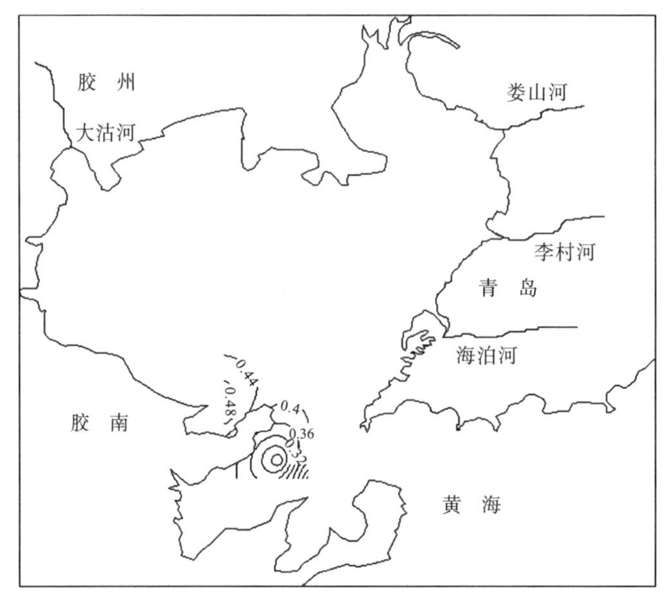

图 11-4 10 月底层 Cd 含量的水平分布(μg/L)

11.2.2　季节分布

11.2.2.1　季节表层分布

在胶州湾西南沿岸水域的表层水体中，在 4 月，Cd 含量为 0.11～0.38μg/L；在 7 月，Cd 含量为 0.12～0.52μg/L；在 10 月，Cd 含量为 0.32～0.53μg/L。表明在 4 月、7 月和 10 月，水体中 Cd 的表层含量变化不大，为 0.11～0.53μg/L，Cd 的表层含量由低到高依次为 4 月、7 月、10 月。故得到水体中 Cd 的表层含量由低到高的季节变化为春季、夏季、秋季。

11.2.2.2　季节底层分布

在胶州湾西南沿岸水域的底层水体中，在 4 月，Cd 含量为 0.20～0.44μg/L；在 7 月，Cd 含量为 0.13～0.24μg/L；在 10 月，Cd 含量为 0.21～0.53μg/L。表明在 4 月、7 月和 10 月，水体中 Cd 的底层含量变化也不大，为 0.13～0.53μg/L，Cd 的底层含量由低到高依次为 7 月、4 月、10 月。因此，得到水体中 Cd 的底层含量由低到高的季节变化为夏季、春季、秋季。

11.2.3　垂直分布

11.2.3.1　含量变化

在胶州湾的西南沿岸水域，从西南的近岸到湾口，Cd 含量变化如下：在 4 月，Cd 的表层含量较低，为 0.11～0.38μg/L，其对应的底层含量较高，为 0.20～0.44μg/L；在 7 月，Cd 的表层含量较高，为 0.12～0.52μg/L，其对应的底层含量较低，为 0.13～0.24μg/L；在 10 月，Cd 的表层含量最高，为 0.32～0.53μg/L，其对应的底层含量最高，为 0.21～0.53μg/L。因此，在 4 月、7 月、10 月，Cd 的表、底层含量都非常相近，其变化范围为 0.11～0.53μg/L。但是，在 4 月和 7 月，Cd 的表层含量与对应的底层含量没有同样的一致性。而在 10 月，Cd 的表层含量最高，对应的底层含量也最高。

11.2.3.2　分布趋势

在胶州湾的西南沿岸水域，从西南的近岸到湾口，Cd 含量变化如下。

在 4 月，在表层，Cd 含量沿梯度降低，从 0.38μg/L 降低到 0.11μg/L。在底层，Cd 含量沿梯度升高，从 0.20μg/L 升高到 0.44μg/L。表明表、底层的水平分布趋势是相反的。

在 7 月，在表层，Cd 含量沿梯度降低，从 0.52μg/L 降低到 0.12μg/L。在底层，

Cd 含量沿梯度降低，从 0.24μg/L 降低到 0.13μg/L。表明表、底层的水平分布趋势是一致的。

在 10 月，在表层，Cd 含量沿梯度降低，从 0.53μg/L 降低到 0.32μg/L。在底层，Cd 含量沿梯度降低，从 0.53μg/L 降低到 0.21μg/L。表明表、底层的水平分布趋势也是一致的。

综上，在胶州湾西南沿岸水域的水体中，在 4 月，表层 Cd 的水平分布与底层分布趋势是相反的。而在 7 月和 10 月，表层 Cd 的水平分布与底层分布趋势是一致的。

11.3 垂直变化过程

11.3.1 季节变化过程

在胶州湾西南沿岸水域的表层水体中，在 4 月，Cd 含量变化从低值（0.38μg/L）开始上升，到 7 月达到高值（0.52μg/L），然后上升得非常慢，到 10 月，达到高峰值（0.53μg/L）。于是，Cd 的表层含量由低到高的季节变化为从春季到夏季和秋季。因此，Cd 含量从春季开始，上升到夏季的高值，然后一直保持到秋季。在 4 月、7 月和 10 月，Cd 来源是地表径流的输送。表明在胶州湾西南沿岸水域的表层水体中，Cd 含量的变化主要由雨量的变化决定。因此，Cd 含量的季节变化中，在夏季，从 7 月到 10 月，相对比较高。但由于是地表径流的输送，故 Cd 含量比国家水质标准低，水质没有受到任何 Cd 的污染。

11.3.2 陆地迁移过程

在胶州湾水域，海洋中重金属 Cd 的来源是自然来源。胶州湾水域 Cd 有两个来源：地表径流的输送和陆地河流的输送。在近岸水域，输送的 Cd 含量为 0.11～0.53μg/L；在河流的入海口水域，输送的 Cd 含量为 0.11～0.21μg/L，而且地表径流输送的 Cd 含量高于陆地河流的输送。自然来源输送的 Cd 含量非常低，低于 0.53μg/L。

11.3.3 水域的迁移过程

从春季 5 月开始，海洋生物大量繁殖，数量迅速增加，到夏季的 8 月，形成了高峰值[4]，且由于浮游生物的繁殖活动，悬浮颗粒物表面形成胶体，此时的吸附力最强，水体中悬浮物和沉积物对 Cd 有较强的吸附能力，在水流和重力作用下，Cd 沿着水流方向向下迁移。因此，在雨季开始前的 4 月，Cd 含量在表、底层的水平分布趋势是相反的；在雨季开始后的 7 月和 10 月，Cd 含量在表、底层的水平分布趋势是一致的。而且在 4 月、7 月和 10 月，Cd 的表、底层含量都相近。这充分揭示了 Cd 在水域的迁移过程。

11.4　结　　论

(1)在 4 月、7 月和 10 月，胶州湾西南沿岸底层水域 Cd 含量为 0.13～0.53μg/L。在胶州湾西南沿岸的底层水域，从西南的近岸到湾口，Cd 含量形成了一系列梯度，沿梯度增加或者减少。

(2)Cd 的表层含量由低到高依次为 4 月、7 月、10 月，故得到水体中 Cd 的表层含量由低到高的季节变化为春季、夏季、秋季。Cd 的底层含量由低到高依次为 7 月、4 月、10 月，因此，得到水体中 Cd 的底层含量由低到高的季节变化为夏季、春季、秋季。

(3)在雨季开始前的 4 月，Cd 含量在表、底层的水平分布趋势是相反的；在雨季开始后的 7 月和 10 月，Cd 含量在表、底层的水平分布趋势是一致的。而且在 4 月、7 月和 10 月，Cd 的表、底层含量都相近。这充分揭示了 Cd 在水域的迁移过程。

胶州湾水域 Cd 的垂直分布和季节变化证实了水体 Cd 的迁移过程，充分展示了胶州湾水域 Cd 的输送过程和迁移过程。

参 考 文 献

[1]杨东方, 高振会, 孙静亚, 等. 胶州湾水域重金属铬的分布及迁移 [J]. 海岸工程, 2008, 27(4): 48-53.

[2]Yang D F, Gao Z H, Sun P Y, et al. Silicon limitation on primary production and its destiny in Jiaozhou Bay, China [J]. Chinese Journal of Oceanology, 2005, 24(2): 169-175.

[3]国家海洋局. 海洋监测规范 [M]. 北京: 海洋出版社, 1991.

[4]杨东方, 王凡, 高振会, 等. 胶州湾浮游藻类生态现象 [J]. 海洋科学, 2004, 28(6): 71-74.

第12章 胶州湾水体镉的不同来源及污染程度

随着工农业的迅速发展，许多含有镉(Cd)的产品不断地涌现，在产品制造和运输过程中，产生了大量含Cd的废水，随着河流的携带，Cd向大海迁移[1, 2]，在这个过程中严重威胁人类健康。因此，研究近海的Cd污染程度和污染源[3-7]，可以为保护海洋环境、维持生态可持续发展提供重要帮助。本章根据1983年的调查资料，对胶州湾水体中Cd的含量、水平分布以及来源进行分析，研究胶州湾水体中Cd的水质、来源和迁移过程，为胶州湾水域Cd污染来源和污染程度进行综合分析提供科学背景，并且为环境的控制和改善提供理论依据。

12.1 背 景

12.1.1 胶州湾自然环境

胶州湾地理位置为120°04′～120°23′E，35°58′～36°18′N，在山东半岛南部，面积约为446km^2，平均水深约7m，是一个典型的半封闭型海湾。胶州湾入海的河流有大沽河和洋河，其径流量和含沙量较大，河水水文特征有明显的季节性变化[8]。还有海泊河、李村河、娄山河等小河流入胶州湾。

12.1.2 数据来源与方法

本书所使用的1983年5月、9月和10月胶州湾水体Cd的调查资料由国家海洋局北海环境监测中心提供。在5月、9月和10月，在胶州湾水域设9个站位取水样：H34、H35、H36、H37、H38、H39、H40、H41、H82(图 12-1)。分别于1983年5月、9月和10月进行3次取样，根据水深取水样(大于10m时取表层和底层，小于10m时只取表层)，进行调查采样。按照国家标准方法进行胶州湾水体Cd的调查，该方法被收录在国家的《海洋监测规范》中[9]。

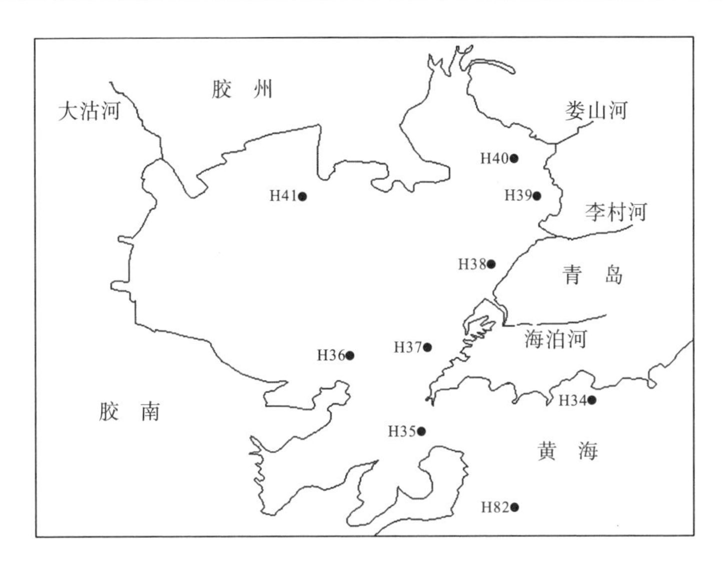

图 12-1　胶州湾调查站位

12.2　水 平 分 布

12.2.1　含量

在 5 月、9 月和 10 月，胶州湾南部沿岸水域 Cd 含量比较高，北部沿岸水域 Cd 含量比较低。在 5 月、9 月和 10 月，Cd 在胶州湾水体中的含量为 0.09～3.33μg/L，都符合国家一类海水水质标准(1.00μg/L)和二类海水水质标准(5.00μg/L)。表明在 Cd 含量方面，在 5 月、9 月和 10 月，在胶州湾整个水域，水质受到 Cd 的轻度污染(表 12-1)。

表 12-1　5 月、9 月和 10 月胶州湾表层水质

项目	5 月	9 月	10 月
海水中 Cd 含量/(μg/L)	0.09～0.41	0.40～3.33	0.10～1.50
国家海水水质标准	一类海水	一、二类海水	一、二类海水

12.2.2　表层水平分布

在 5 月，在胶州湾东部近岸水域的 H37 站位，Cd 的含量达到微高，为 0.20μg/L，以东部近岸水域为中心形成了 Cd 的微高含量区，形成了一系列不同梯度的半个同心圆。Cd 含量从中心的微高含量 0.20μg/L 沿梯度递减到西北部水域的

0.10μg/L(图 12-2)。在胶州湾湾外东部近岸水域的 H34 站位,Cd 的含量达到较高,为 0.41μg/L,以东部近岸水域为中心形成了 Cd 的高含量区,形成了一系列不同梯度的半个同心圆。Cd 含量从中心的高含量 0.41μg/L 沿梯度递减到湾口南部水域的 0.09μg/L(图 12-2)。

在 9 月,在胶州湾湾口内水域的 H36 站位,Cd 含量达到最高,为 3.33μg/L,以 H36 站位为中心形成了 Cd 的高含量区,形成了一系列不同梯度的半个同心圆。Cd 含量从中心的高含量 3.33μg/L 向湾内的北部水域沿梯度递减到 0.40μg/L(图 12-3),同时,向湾外的东部水域沿梯度递减到 0.40μg/L(图 12-3)。

在 10 月,在胶州湾东北部,在娄山河和李村河入海口之间近岸水域的 H39 站位,Cd 的含量达到较高,为 0.80μg/L,以东北部近岸水域为中心形成了 Cd 的高含量区,形成了一系列不同梯度的半个同心圆。Cd 含量从中心的高含量 0.80μg/L 沿梯度递减到湾中心水域的 0.23μg/L(图 12-4)。在胶州湾东部近岸水域的 H37 站位,Cd 的含量达到较高,为 1.50μg/L,以东部近岸水域为中心形成了 Cd 的高含量区,形成了一系列不同梯度的半个同心圆。Cd 含量从中心的高含量 1.50μg/L 沿梯度递减到湾口水域的 0.50μg/L,甚至递减到湾口外侧水域的 0.10μg/L(图 12-4)。

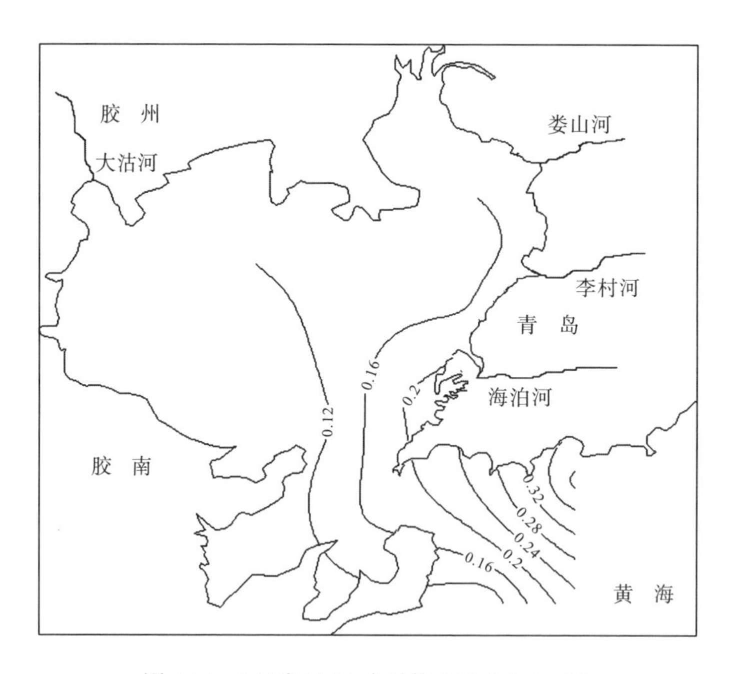

图 12-2 5 月表层 Cd 含量的水平分布(μg/L)

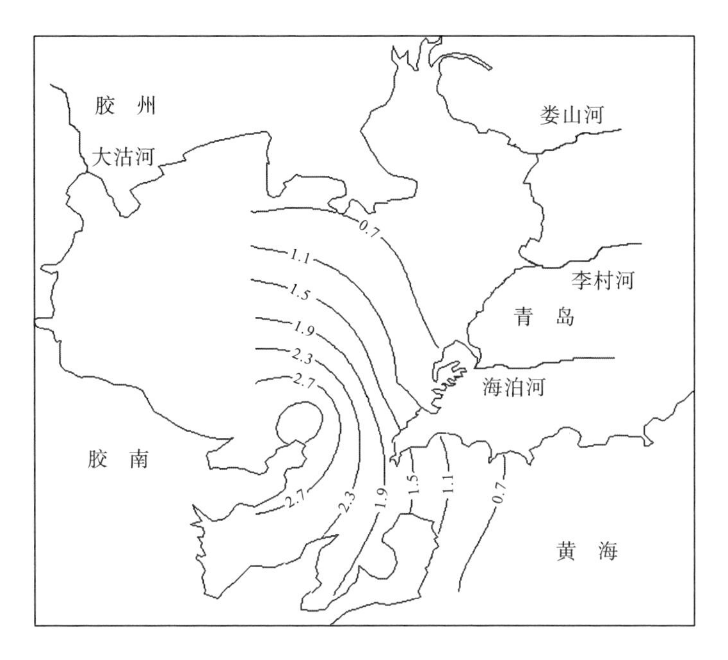

图 12-3　9 月表层 Cd 含量的水平分布(μg/L)

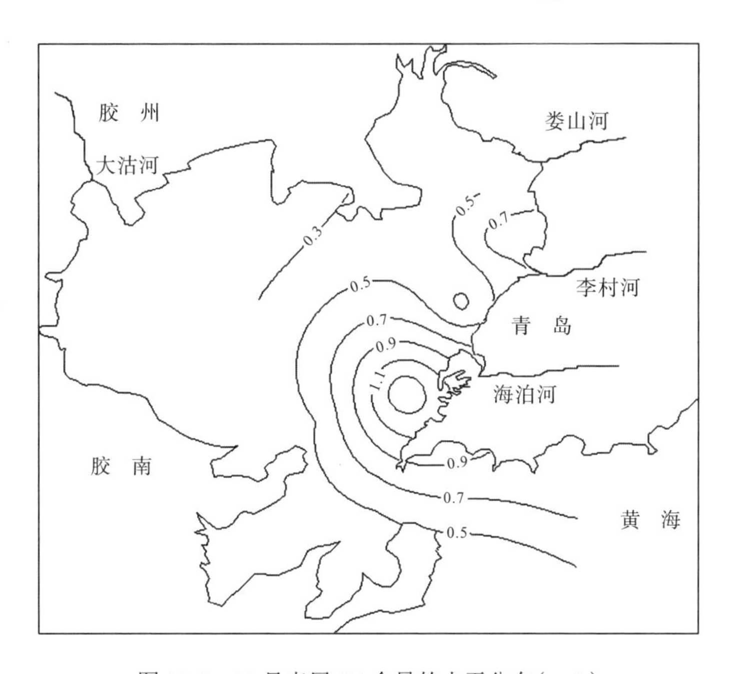

图 12-4　10 月表层 Cd 含量的水平分布(μg/L)

12.3 不同来源及污染程度

12.3.1 水质

在 5 月、9 月和 10 月，Cd 在胶州湾水体中的含量为 0.09～3.33μg/L，都符合国家一类海水水质标准(1.00μg/L)和二类海水水质标准(5.00μg/L)。表明在 Cd 含量方面，在 5 月、9 月和 10 月，在胶州湾水域，水质受到 Cd 的轻度污染。

在 5 月，Cd 在胶州湾水体中的含量为 0.09～0.41μg/L，胶州湾水域没有受到 Cd 的污染。在胶州湾，从湾口到湾内的整个水域，Cd 含量的变化范围为 0.09～0.20μg/L，表明，在 Cd 含量方面，湾内水质清洁，完全没有受到任何 Cd 的污染。在胶州湾外，Cd 含量比较高，为 0.41μg/L，但并未超过国家一类海水水质标准限值，因此，没有受到 Cd 的污染。

在 9 月，Cd 在胶州湾水体中的含量为 0.40～3.33μg/L，胶州湾水域受到 Cd 的污染。在胶州湾的湾口内水域，Cd 含量达到最高，为 3.33μg/L，该水域受到 Cd 的轻度污染比较多。

在 10 月，Cd 在胶州湾水体中的含量为 0.10～1.50μg/L，胶州湾水域受到 Cd 的轻度污染。在胶州湾东北部的近岸水域，Cd 含量比较高，为 0.80μg/L，该水域没有受到 Cd 的污染。在胶州湾东部的近岸水域，Cd 含量比较高，为 1.50μg/L，该水域受到 Cd 的轻度污染。

因此，在 5 月、9 月和 10 月，胶州湾南部沿岸水域 Cd 含量比较高，北部沿岸水域 Cd 含量比较低。在 5 月，在胶州湾整个水域，水质没有受到 Cd 的污染。在 9 月和 10 月，在胶州湾的湾口内水域，水质受到 Cd 的轻度污染。

12.3.2 来源

在 5 月，在胶州湾东部的近岸水域，形成了 Cd 的微高含量区，表明 Cd 的来源是船舶码头的微小含量输送；在胶州湾湾外的东部近岸水域，形成了 Cd 的较高含量区，表明 Cd 的来源是地表径流的较小含量输送。

在 9 月，在胶州湾的湾口水域，形成了 Cd 的高含量区，表明 Cd 的来源是近岸岛尖端的高含量输送。

在 10 月，在胶州湾东北部，在娄山河和李村河入海口之间的近岸水域，形成了 Cd 的较高含量区，表明 Cd 的来源是河流的较高含量输送；在胶州湾东部的近岸水域，形成了 Cd 的高含量区，表明 Cd 的来源是船舶码头的高含量输送。

胶州湾水域 Cd 有 4 个来源，主要为河流的输送、船舶码头的输送、近岸岛尖端的输送和地表径流的输送。河流输送的 Cd 含量为 0.80μg/L，船舶码头输送的

Cd 含量为 1.50μg/L，近岸岛尖端输送的 Cd 含量为 3.33μg/L，地表径流输送的 Cd 的含量为 0.41μg/L。因此，无论地表径流的输送，还是陆地河流的输送，给胶州湾输送的 Cd 含量都小于国家一类海水水质标准(1.00μg/L)。无论是近岸岛尖端的输送，还是船舶码头的输送，给胶州湾输送的 Cd 含量都大于国家一类海水水质标准(1.00μg/L)，符合国家二类海水水质标准(5.00μg/L)。对此，地表径流和陆地河流没有受到 Cd 的污染，而近岸岛尖端和船舶码头受到 Cd 的轻度污染。

12.4　结　　论

在 5 月、9 月和 10 月，Cd 在胶州湾水体中的含量为 0.09～3.33μg/L，都符合国家一类海水水质标准(1.00μg/L)和二类海水水质标准(5.00μg/L)。表明在 Cd 含量方面，在 5 月、9 月和 10 月，在胶州湾整个水域，水质受到 Cd 的轻度污染。胶州湾水域 Cd 有 4 个来源，主要为河流的输送、船舶码头的输送、近岸岛尖端的输送和地表径流的输送。河流输送的 Cd 含量为 0.80μg/L，船舶码头输送的 Cd 含量为 1.50μg/L，近岸岛尖端输送的 Cd 含量为 3.33μg/L，地表径流输送的 Cd 含量为 0.41μg/L。因此，地表径流和陆地河流没有受到 Cd 的污染，而近岸岛尖端和船舶码头受到 Cd 的轻度污染。由此认为，在胶州湾周围的陆地上，还没有受到 Cd 的轻度污染，而在近岸岛尖端和船舶码头受到 Cd 的轻度污染。因此，人类需要谨慎应用和生产 Cd 产品，从来源上有效地控制 Cd 的排放和泄漏，才能够减少 Cd 的污染。

参 考 文 献

[1]杨东方, 苗振清. 海湾生态学(上册) [M]. 北京: 海洋出版社, 2010.

[2]杨东方, 高振会. 海湾生态学(下册) [M]. 北京: 海洋出版社, 2010.

[3]杨东方, 陈豫, 王虹, 等. 胶州湾水体镉的迁移过程和环境本底值结构 [J]. 海岸工程, 2010, 29(4): 73-82.

[4]杨东方, 陈豫, 常彦祥, 等. 胶州湾水体镉的分布及来源 [J]. 海岸工程, 2013(3): 68-78.

[5]Yang D F, Zhu S X, Wang F Y, et al. The distribution and content of Cadmium in Jiaozhou Bay [J]. Applied Mechanics and Materials, 2014, 644-650: 5325-5328.

[6]Yang D F, Wang F Y, Wu Y F, et al. The structure of environmental background value of Cadmium in Jiaozhou Bay waters [J]. Applied Mechanics and Materials, 2014, 644-650:5333-5335.

[7]Yang D F, Chen S T, Li B L, et al. Research on the vertical distribution of Cadmium in Jiaozhou Bay waters [C]. Proceedings of the 2015 International Symposium on Computers and Informatics, 2015: 2667-2674.

[8]Yang D F, Gao Z H, Sun P Y, et al. Silicon limitation on primary production and its destiny in Jiaozhou Bay, China [J]. Chinese Journal of Oceanology, 2005, 24(2): 169-175.

[9]国家海洋局. 海洋监测规范 [M]. 北京: 海洋出版社, 1991.

第13章　胶州湾水域镉的底层分布及聚集过程

镉(Cd)是毒性很强的元素，由于在工农业的大量应用，产生了大量含Cd的废水，不仅对植物、动物有毒害作用，对人类也有巨大的毒害作用。于是，Cd在地表径流、河流中，不断地向大海迁移[1, 2]，在这个过程中造成了近海的Cd污染[3-7]。因此，研究Cd在近海底层的变化过程，可以为保护海洋环境、维持生态可持续发展提供重要帮助。本章通过1983年胶州湾Cd的调查资料，研究胶州湾湾口底层水域Cd的含量、分布以及迁移过程，展示胶州湾湾口底层水域Cd的含量现状和分布特征，为Cd在底层水域的迁移和存在的研究提供科学依据。

13.1　背　　景

13.1.1　胶州湾自然环境

胶州湾地理位置为120°04′～120°23′E，35°58′～36°18′N，在山东半岛南部，面积约为446km^2，平均水深约7m，是一个典型的半封闭型海湾。胶州湾入海的河流有大沽河和洋河，其径流量和含沙量较大，河水水文特征有明显的季节性变化[8, 9]。还有海泊河、李村河、娄山河等小河流入胶州湾。

13.1.2　数据来源与方法

本书所使用的1983年5月、9月和10月胶州湾水体Cd的调查资料由国家海洋局北海环境监测中心提供。在5月、9月和10月，在胶州湾水域设9个站位取水样：H34、H35、H36、H37、H38、H39、H40、H41、H82(图 13-1)。分别于1983年5月、9月和10月进行3次取样，根据水深取水样(大于10m时取表层和底层，小于10m时只取表层)，进行调查采样。按照国家标准方法进行胶州湾水体Cd的调查，该方法被收录在国家的《海洋监测规范》中[10]。

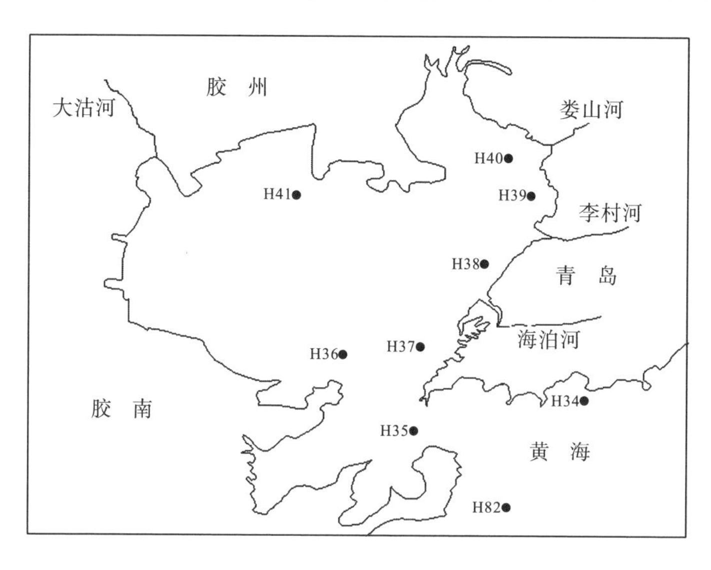

图 13-1　胶州湾调查站位

13.2　底层水平分布

13.2.1　底层含量

在 5 月、9 月和 10 月，在胶州湾的湾口底层水域，Cd 含量的变化范围为 0.03～2.00μg/L，都符合国家一类海水水质标准(1.00μg/L)和二类海水水质标准(5.00μg/L)。表明在 Cd 含量方面，在 5 月、9 月和 10 月，在胶州湾的湾口底层水域，水质受到 Cd 的轻度污染(表 13-1)。

表 13-1　5 月、9 月和 10 月胶州湾底层水质

项目	5 月	9 月	10 月
海水中 Cd 含量/(μg/L)	0.10～0.15	0.67～2.00	0.03～2.00
国家海水水质标准	一类海水	一、二类海水	一、二类海水

13.2.2　底层水平分布

在 5 月，在胶州湾的湾口水域，水体中底层 Cd 的水平分布状况是其含量由东部的湾内向南部的湾外方向递减。在胶州湾东部底层近岸水域的 H37 站位，Cd 的含量达到较高，为 0.15μg/L，以东部近岸水域为中心形成了 Cd 的微高含量区，形成了一系列不同梯度的平行线。Cd 含量从中心的高含量 0.15μg/L 沿梯度递减到湾口水域的 0.10μg/L（图 13-2）。在胶州湾湾口水域的 H35 站位，Cd 含量相对较微高，为 0.14μg/L，以 H35 站位为中心形成了 Cd 的较微高含量区，形成了一系列不同梯度的半个同心圆。Cd 含量从中心的较微高含量 0.14μg/L 向湾内的西部水域沿梯度递减到 0.10μg/L，同时，向湾外的东部水域沿梯度递减到 0.11μg/L（图 13-2）。

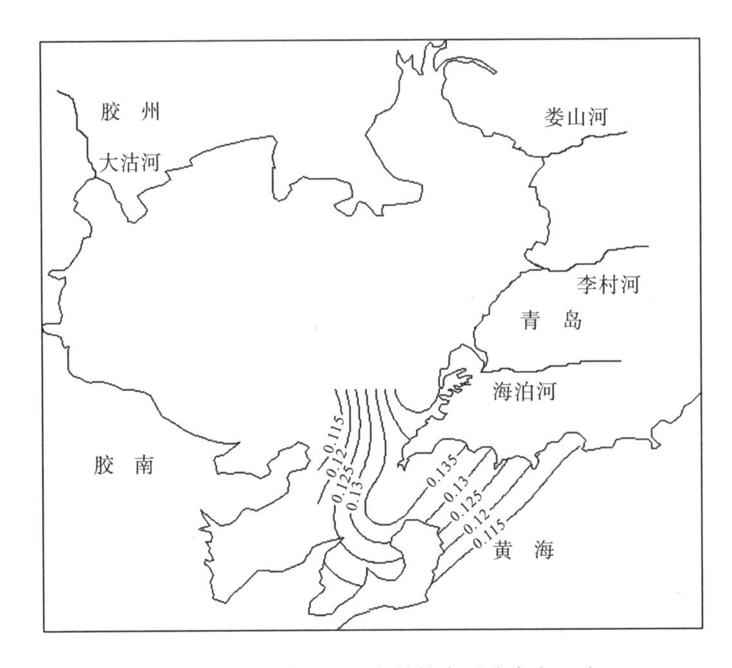

图 13-2 5 月底层 Cd 含量的水平分布（μg/L）

在 9 月，在胶州湾湾外东部近岸水域的 H34 站位，Cd 的含量达到较高，为 2.00μg/L，以东部近岸水域为中心形成了 Cd 的高含量区，形成了一系列不同梯度的平行线。Cd 含量从中心的高含量 2.00μg/L 沿梯度向南部水域递减到 0.67μg/L（图 13-3）。在胶州湾湾口水域的 H35 站位，Cd 含量相对较高，为 1.63μg/L，以 H35 站位为中心形成了 Cd 的较高含量区，形成了一系列不同梯度的半个同心圆。Cd 含量从中心的较高含量 1.63μg/L 向湾内的西部水域沿梯度递减到 0.80μg/L，同时，向湾外的东部水域沿梯度递减到 0.67μg/L（图 13-3）。

在 10 月，在胶州湾湾口水域的 H35 站位，Cd 含量相对较高，为 2.00μg/L，以 H35 站位为中心形成了 Cd 的高含量区，形成了一系列不同梯度的半个同心圆。Cd 含量从中心的高含量 2.00μg/L 向湾内的西北部水域沿梯度递减到 0.50μg/L，同时，向湾外的东南部水域沿梯度递减到 0.03μg/L（图 13-4）。

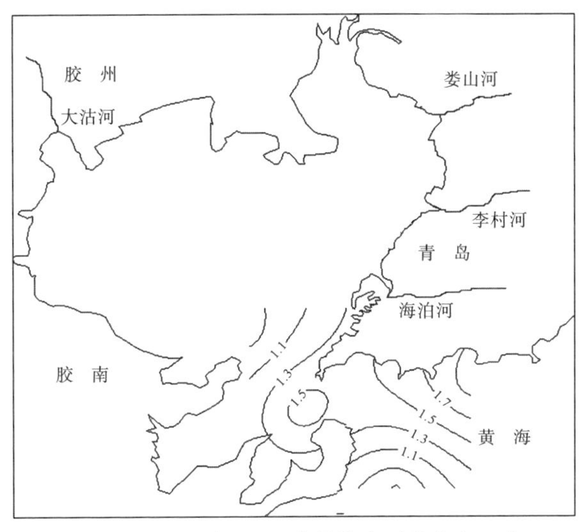

图 13-3　9 月底层 Cd 含量的水平分布(μg/L)

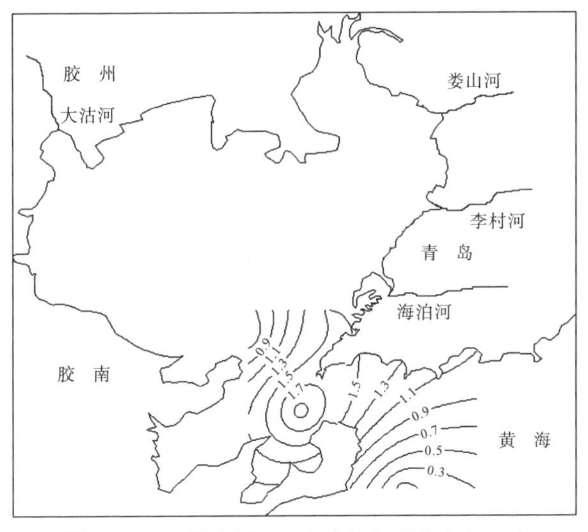

图 13-4　10 月底层 Cd 含量的水平分布(μg/L)

13.3　聚集过程

13.3.1　底层水质

胶州湾水域 Cd 有 4 个来源，主要为河流的输送、船舶码头的输送、近岸岛尖端的输送和地表径流的输送。河流输送的 Cd 含量为 0.80μg/L，船舶码头输送的

Cd 含量为 1.50μg/L，近岸岛尖端输送的 Cd 含量为 3.33μg/L，地表径流输送的 Cd 含量为 0.41μg/L。Cd 首先来到海洋表面，然后从表层穿过水体，来到底层。Cd 经过了垂直水体的效应作用[11]，呈现了 Cd 含量在胶州湾湾口底层水域的变化范围为 0.03～2.00μg/L，符合国家一类海水水质标准（1.00μg/L）和二类海水水质标准（5.00μg/L）。展示了在 Cd 含量方面，在 5 月、9 月和 10 月，在胶州湾的湾口底层水域，水质受到 Cd 的轻度污染。

在 5 月，Cd 在胶州湾湾口底层水体中的含量为 0.10～0.15μg/L，表明在 Cd 含量方面，胶州湾湾口底层水质清洁，完全没有受到任何污染。

在 9 月，Cd 在胶州湾湾口底层水体中的含量为 0.67～2.00μg/L，表明胶州湾湾口底层水质受到 Cd 的轻度污染。

在 10 月，Cd 在胶州湾湾口底层水体中的含量为 0.03～2.00μg/L，表明胶州湾湾口底层水质受到 Cd 的轻度污染。

因此，在 5 月，在胶州湾的湾口底层水域，水质没有受到 Cd 的污染；在 9 月和 10 月，水质受到 Cd 的轻度污染。

13.3.2 聚集过程

胶州湾是一个半封闭的海湾，东西宽 27.8km，南北长 33.3km。胶州湾具有内、外两个狭窄湾口，形成了胶州湾的湾口水域。内湾口位于团岛与黄岛之间；外湾口是连接黄海的通道，位于团岛与薛家岛之间，宽度仅 3.1km。于是，胶州湾的湾口水域具有一条很深的水道，深度达到了 40m 左右。在湾口水道上潮流最强，仅 M_2 分潮流的振幅即达 1m/s，大潮期间观测到的瞬时流速甚至达到 2.01m/s[12]。

在 5 月，在胶州湾东部的近岸水域，Cd 的来源是船舶码头的微小含量输送；在胶州湾湾外的东部近岸水域，Cd 的来源是地表径流的较低含量输送。

在 9 月，在胶州湾的湾口水域，Cd 的来源是近岸岛尖端的高含量输送。

在 10 月，在胶州湾东北部水域，Cd 的来源是河流的较高含量输送；在胶州湾东部的近岸水域，Cd 的来源是船舶码头的高含量输送。

在 5 月、9 月和 10 月，不论 Cd 的来源在胶州湾东北部水域、胶州湾东部的近岸水域、胶州湾的湾口水域、胶州湾湾外的东部近岸水域，都展示了：在胶州湾的湾口水域的 H35 站位，在底层水体中出现 Cd 的较高含量区，在 5 月，在底层水体中以 H35 站位为中心形成了 Cd 的微高含量区（0.14μg/L）；在 9 月，在底层水体中以 H35 站位为中心形成了 Cd 的较高含量区（1.63μg/L）；在 10 月，在底层水体中以 H35 站位为中心形成了 Cd 的高含量区（2.00μg/L）。

因此，在胶州湾的湾口底层水域，在 5 月、9 月和 10 月，都出现了 Cd 的较高含量区。该水域水流速度很快，Cd 较高含量区的出现表明了水体运动将 Cd 聚集的过程。

13.4　结　　论

在 5 月、9 月和 10 月，在胶州湾的湾口底层水域，Cd 含量的变化范围为 0.03～2.00μg/L，符合国家一类海水水质标准（1.00μg/L）和二类海水水质标准（5.00μg/L）。展示了在 Cd 含量方面，在 5 月、9 月和 10 月，在胶州湾的湾口底层水域，水质受到 Cd 的轻度污染。进一步揭示了：在 5 月，在胶州湾的湾口底层水域，水质没有受到 Cd 的污染；在 9 月和 10 月，在胶州湾的湾口底层水域，水质受到 Cd 的轻度污染。

在胶州湾的湾口水域，在 5 月、9 月和 10 月，在水体中的底层都出现了 Cd 的较高含量区（0.14～2.00μg/L），并且形成了一系列不同梯度的半个同心圆，Cd 含量从中心的较高含量向湾内的西部水域沿梯度递减，同时，向湾外的东部水域沿梯度递减。该水域水流速度很快，Cd 较高含量区的出现表明了水体运动将 Cd 聚集的过程。

参 考 文 献

[1]杨东方，苗振清. 海湾生态学（上册）[M]. 北京：海洋出版社, 2010.

[2]杨东方，高振会. 海湾生态学（下册）[M]. 北京：海洋出版社, 2010.

[3]杨东方，陈豫，王虹，等. 胶州湾水体镉的迁移过程和环境本底值结构 [J]. 海岸工程, 2010, 29(4): 73-82.

[4]杨东方，陈豫，常彦祥，等. 胶州湾水体镉的分布及来源 [J]. 海岸工程, 2013(3): 68-78.

[5]Yang D F, Zhu S X, Wang F Y, et al. The distribution and content of Cadmium in Jiaozhou Bay [J]. Applied Mechanics and Materials, 2014, 644-650: 5325-5328.

[6]Yang D F, Wang F Y, Wu Y F, et al. The structure of environmental background value of Cadmium in Jiaozhou Bay waters [J]. Applied Mechanics and Materials, 2014, 644-650:5333-5335.

[7]Yang D F, Chen S T, Li B L, et al. Research on the vertical distribution of Cadmium in Jiaozhou Bay waters [C]. Proceedings of the 2015 International Symposium on Computers and Informatics, 2015: 2667-2674.

[8]杨东方，王凡，高振会，等. 胶州湾浮游藻类生态现象 [J]. 海洋科学, 2004, 28(6): 71-74.

[9]Yang D F, Gao Z H, Sun P Y, et al. Silicon limitation on primary production and its destiny in Jiaozhou Bay, China [J]. Chinese Journal of Oceanology, 2005, 24(2): 169-175.

[10]国家海洋局. 海洋监测规范 [M]. 北京：海洋出版社, 1991.

[11]Yang D F, Wang F Y, He H Z, et al. Vertical water body effect of benzene hexachloride [C]. Proceedings of the 2015 International Symposium on Computers and Informatics, F, 2015.

[12]吕新刚，乔方利，夏长水. 胶州湾潮汐潮流动边界数值模拟 [J]. 海洋学报, 2008, 30(4): 21-29.

第 14 章 胶州湾水域镉的垂直分布及沉降过程

镉(Cd)是毒性很强的元素，随着工农业的迅速发展，许多含有 Cd 的产品不断地涌现，在产品制造和运输过程中，产生了大量含 Cd 的废水，同时，人们在日常生活和工作中，时常接触 Cd。因此，Cd 与人类不仅密切相关，而且在环境中也到处存在。这样，Cd 在地表径流、河流中，不断地向大海迁移，在这个过程中造成了近海的 Cd 污染[1-5]。因此，研究 Cd 在水体中表、底层的变化过程，确定在水体中的迁移过程。因此，本章通过 1983 年胶州湾 Cd 的调查资料，研究胶州湾的湾口表、底层水域，确定表、底层 Cd 含量的季节分布、水平分布趋势、变化范围以及垂直变化，展示胶州湾水域 Cd 含量的季节变化过程、沉降过程和垂直水体的效应作用，为 Cd 在表、底层水域的垂直沉降的研究提供科学依据。

14.1 背　　景

14.1.1 胶州湾自然环境

胶州湾位于山东半岛南部，其地理位置为 120°04′～120°23′E，35°58′～36°18′N，以团岛与薛家岛连线为界，与黄海相通，面积约为 446km^2，平均水深约 7m，是一个典型的半封闭型海湾。胶州湾入海的河流有十几条，其中径流量和含沙量较大的为大沽河和洋河，以及青岛市区的海泊河、李村河和娄山河等河流，这些河流均属季节性河流，河水水文特征有明显的季节性变化[6, 7]。

14.1.2 数据来源与方法

本书所使用的 1983 年 5 月、9 月和 10 月胶州湾水体 Cd 的调查资料由国家海洋局北海环境监测中心提供。在 5 月、9 月和 10 月，在胶州湾水域设 5 个站位取表、底层水样：H34、H35、H36、H37、H82(图 14-1)。分别于 1983 年 5 月、9 月和 10 月进行 3 次取样,根据水深取水样(大于 10m 时取表层和底层，小于 10m 时只取表层)，进行调查采样。按照国家标准方法进行胶州湾水体 Cd 的调查，该方法被收录在国家的《海洋监测规范》中[8]。

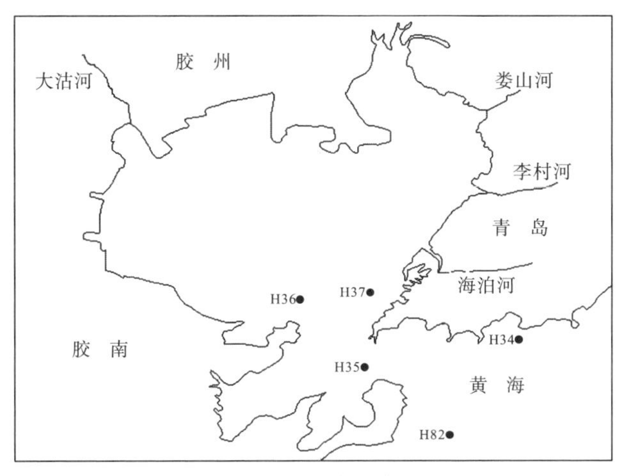

图 14-1　胶州湾调查站位

14.2　水平和垂直分布

14.2.1　表层季节分布

在胶州湾湾口水域的表层水体中，在 5 月，Cd 含量为 0.09～0.41μg/L；在 9 月，Cd 含量为 0.40～3.33μg/L；在 10 月，Cd 含量为 0.10～1.50μg/L。表明在 5 月、9 月和 10 月，水体中 Cd 的表层含量变化不大，为 0.09～3.33μg/L，Cd 的表层含量由低到高依次为 5 月、10 月、9 月。故得到水体中 Cd 的表层含量由低到高的季节变化为春季、秋季、夏季。

14.2.2　底层季节分布

在胶州湾湾口水域的底层水体中，在 5 月，Cd 含量为 0.10～0.15μg/L；在 9 月，Cd 含量为 0.67～2.00μg/L；在 10 月，Cd 含量为 0.03～2.00μg/L。表明在 5 月、9 月和 10 月，水体中 Cd 的底层含量变化也不大，为 0.03～2.00μg/L，Cd 的底层含量由低到高依次为 5 月、10 月、9 月。因此，得到水体中 Cd 的底层含量由低到高的季节变化为春季、秋季、夏季。

14.2.3　表、底层水平分布趋势

在胶州湾的湾口水域，从胶州湾东部接近湾口近岸水域的 H37 站位到湾口水域的 H35 站位，Cd 含量变化如下。

在 5 月，在表层，Cd 含量沿梯度降低，从 0.20μg/L 降低到 0.17μg/L。在底层，Cd 含量沿梯度降低，从 0.15μg/L 降低到 0.14μg/L。表明表、底层的水平分布趋势是一致的。

在 9 月，在表层，Cd 含量沿梯度上升，从 1.10μg/L 上升到 2.00μg/L。在底层，Cd 含量沿梯度上升，从 1.17μg/L 上升到 1.63μg/L。表明表、底层的水平分布趋势是一致的。

在 10 月，在表层，Cd 含量沿梯度降低，从 1.50μg/L 降低到 0.50μg/L。在底层，Cd 含量沿梯度上升，从 1.50μg/L 上升到 2.00μg/L。表明表、底层的水平分布趋势是相反的。

在 5 月和 9 月，在胶州湾湾口水域的水体中，表层 Cd 的水平分布与底层的水平分布趋势是一致的。而在 10 月，在胶州湾湾口水域的水体中，表层 Cd 的水平分布与底层的水平分布趋势是相反的。

14.2.4 表、底层变化范围

在胶州湾的湾口水域，在 5 月，表层 Cd 含量较低(0.09～0.41μg/L)时，其对应的底层 Cd 含量就较低(0.10～0.15μg/L)。在 9 月，表层 Cd 含量达到最高值(0.40～3.33μg/L)时，其对应的底层 Cd 含量就最高(0.67～2.00μg/L)。在 10 月，表层含量达到较高值(0.10～1.50μg/L)时，其对应的底层含量就较高(0.03～2.00μg/L)。而且，Cd 的表层含量变化范围(0.09～3.33μg/L)大于底层(0.03～2.00μg/L)，变化量基本一样。因此，Cd 的表层含量高的，对应的底层含量就高；同样，Cd 的表层含量低时，对应的底层含量就低。

14.2.5 表、底层垂直变化

在 5 月、9 月和 10 月，在 H34、H35、H36、H37、H82 站位，Cd 的表、底层含量相减，其差为-1.50～2.53μg/L。表明 Cd 的表、底层含量都相近。

在 5 月，Cd 的表、底层含量相减，其差为-0.01～0.30μg/L。在湾口内西南部水域的 H36 站位 Cd 含量差为正值，在湾口水域和湾口内东北部水域的 H35、H37 站位 Cd 含量差为正值，在湾外水域的 H34 站位 Cd 含量差为正值。只有在湾外水域的 H82 站位 Cd 含量差为负值。4 个站为正值，1 个站为负值(表 14-1)。

在 9 月，Cd 的表、底层含量相减，其差为-1.50～2.53μg/L。在湾口水域和湾口内水域的 H35、H36 站位 Cd 含量差为正值，湾口内水域的 H37 站位 Cd 含量差为负值，湾口外东北部水域的 H34 站位和湾口外南部水域的 H82 站位 Cd 含量差都为负值。2 个站为正值，3 个站为负值(表 14-1)。

在 10 月，Cd 的表、底层含量相减，其差为-1.50～0.07μg/L。湾口外南部水域的 H82 站位 Cd 含量差为正值。湾口内水域的 H36、H37 站位 Cd 含量差为零值。在湾口水域的 H35 站位和湾口外东北部水域的 H34 站位 Cd 含量差都为负值。1 个站为正值，2 个站为零值，2 个站为负值(表 14-1)。

表 14-1　在胶州湾的湾口水域 Cd 的表、底层含量差

月份	站位				
	H36	H37	H35	H34	H82
5	正值	正值	正值	正值	负值
9	正值	负值	正值	负值	负值
10	零值	零值	负值	负值	正值

14.3　垂 直 迁 移

14.3.1　季节变化过程

在胶州湾湾口水域的表层水体中，在 5 月，Cd 含量变化从最低值 0.41μg/L 开始上升，到 9 月达到高峰值(3.33μg/L)，然后开始下降，到 10 月下降到较高值(1.50μg/L)。于是，Cd 的表层含量由低到高的季节变化为春季、秋季、夏季。因此，Cd 含量从春季的最低值开始，上升到夏季的高峰值，然后下降到秋季的较高值。

在 5 月、9 月和 10 月，胶州湾水域 Cd 有 4 个来源，主要为河流的输送、船舶码头的输送、近岸岛尖端的输送和地表径流的输送。表明在胶州湾湾口水域的表层水体中，Cd 含量的变化主要由河流输送、船舶码头输送、近岸岛尖端输送和地表径流输送的 Cd 的含量变化来决定。经过垂直水体的效应作用[9]，Cd 表层含量的变化决定了 Cd 底层含量的变化。因此，由 Cd 含量的季节变化可知，河流输送、船舶码头输送、近岸岛尖端输送和地表径流输送的 Cd 含量变化决定了 Cd 的表层含量的变化，也决定了 Cd 底层含量的变化。

14.3.2　沉降过程

经过垂直水体的效应作用[9]，Cd 穿过水体后，含量发生了很大的变化。海水中的浮游动植物以及浮游颗粒结合，具有很强的吸附能力，在夏季，海洋生物大量繁殖，数量迅速增加[6]，且由于浮游生物的繁殖活动，悬浮颗粒物表面形成胶体，此时的吸附力最强，吸附了大量的 Cd 离子，并将其带入表层水体，由于重力和水流的作用，Cd 不断地沉降到海底[2]。这展示了 Cd 从表层到底层的沉降过程。

在时间尺度上，在 5 月、9 月和 10 月，Cd 含量随着时间的变化也证实了沉

降过程。根据Cd含量的表、底层季节分布，水体中Cd的表层含量由低到高的季节变化为春季、秋季、夏季。同样，水体中Cd的底层含量由低到高的季节变化为春季、秋季、夏季。表明由于Cd离子被吸附于大量悬浮颗粒物表面，在重力和水流的作用下，Cd不断地沉降到海底。从春季进入夏季时，输送来源提供大量的Cd，于是，水体中Cd的表层含量不断地上升，这时，水体中Cd的底层含量也不断地上升，表明Cd的表层含量上升，且Cd经过水体，沉降到海底，导致底层的Cd含量上升。当夏季来到时，水体中Cd的表层含量达到最高值，这时，水体中Cd的底层含量也达到最高值。从夏季进入秋季时，水体中Cd的表层含量就不断地下降，表明表层的Cd经过水体，沉降到海底。同时，秋季水体中Cd的底层含量维持着夏季底层的高含量，这是由于表层的Cd沉降补充底层的Cd流失。

在空间尺度上，在5月和9月，在胶州湾湾口水域的水体中，表层Cd的水平分布与底层的水平分布趋势是一致的。表明由于Cd离子被吸附于大量悬浮颗粒物表面，在重力和水流的作用下，Cd不断地沉降到海底。于是，Cd含量在表、底层沿梯度的变化趋势是一致的。在9月，水体中Cd的表层含量达到最高值，水体中Cd的底层含量也达到最高值。这样，Cd含量在表、底层沿梯度的变化趋势是一致的。而在10月，在胶州湾湾口水域的水体中，表层Cd的水平分布与底层的水平分布趋势是相反的。表明Cd不断地沉降到海底，虽然Cd表层来源的含量在下降，但是，在海底，由于Cd的不断累积，Cd的底层含量却是相对的在上升。于是，Cd含量在表、底层沿梯度的变化趋势是相反的。随着时间的变化，Cd含量在表、底层变化的一致性和相反性，充分展示了Cd的迅速沉降和累积效应。

在变化尺度上，在胶州湾的湾口水域，在5月、9月和10月，Cd含量在表、底层的变化量基本一样。而且，Cd的表层含量高，对应的底层含量就高；同样，Cd的表层含量低，对应的底层含量就低。Cd迅速、不断地沉降到海底，使得Cd在表、底层的含量变化保持了一致性。

在垂直尺度上，在胶州湾的湾口水域，在5月，Cd的表、底层含量差为-0.01～0.30μg/L。因此，当Cd的表、底层含量很低时，其差值也很小。表明Cd的表、底层含量都相近。在9月，Cd的表、底层含量差为-1.50～2.53μg/L。因此，当Cd的表、底层含量很高时，其差值也很大。在10月，Cd的表、底层含量差为-1.50～0.70μg/L。因此，当Cd的表、底层含量较低时，其差值也较小。在5月、9月和10月，Cd的表、底层含量都相近。这展示了Cd能够从表层很迅速地到达底层，在垂直水体的效应作用下[9]，Cd含量几乎没有多大变化，因此，Cd含量在表、底层保持相近，含量变化具有一致性。

在区域尺度上，在胶州湾的湾口水域，随着时间的变化，Cd的表、底层含量差也发生了变化，这个差值表明了Cd含量在表、底层的变化。当Cd从河流输入后，首先到达表层，然后迅速、不断地沉降到海底，呈现出Cd含量在表、底层的变化。

在 5 月，在湾口内水域、湾口水域和湾口外北部水域，表层的 Cd 含量高于底层；只有在湾口外南部水域，表层的 Cd 含量低于底层的。表明在 5 月，当雨季来到，河流输入了大量的 Cd，首先到达表层，于是，呈现出在湾口内水域、湾口水域和湾口外北部水域，表层的 Cd 含量高于底层。只有在湾口外南部水域，表层的 Cd 含量低于底层。说明从河流输入的 Cd 还没有到达湾口外南部水域。

到 9 月，在湾口内西南水域和湾口水域，表层的 Cd 含量高于底层；而在湾口内东北水域和湾口外水域，表层的 Cd 含量低于底层。表明在 9 月，河流输入的 Cd 在减少，Cd 首先到达表层，只呈现出在湾口内西南水域和湾口水域，表层的 Cd 含量高于底层，而在湾口内东北水域和湾口外水域，表层的 Cd 含量低于底层，呈现出 Cd 的垂直水体效应[9]，Cd 在水体中不断地沉降。

到 10 月，只有在湾口外南部水域，表层的 Cd 含量高于底层；在湾口水域和湾口外北部水域，表层的 Cd 含量低于底层；在湾口内水域，表层和底层的 Cd 含量是一致的。这表明河流输入 Cd 停止后，由于水体的均匀性[10]，Cd 含量在湾口内水域的表层和底层是均匀的。在湾口水域和湾口外北部水域，Cd 在水体中大量沉降。而在湾口外南部水域，Cd 含量非常低，也没有 Cd 的沉降。

在 5 月，雨季来到，河流输入大量的 Cd。在 9 月，河流输入的 Cd 在减少。在 10 月，河流停止输入 Cd。揭示了水体中 Cd 的水平迁移过程和垂直沉降过程：Cd 的河流输入和沉降到海底的过程。因此，呈现出 Cd 含量在水体中的变化过程：在 5 月，Cd 的表层含量高；在 9 月，Cd 的底层含量高；在 10 月，Cd 的表、底层含量一致。

14.4　结　　论

Cd 的表、底层含量由低到高的季节变化为春季、秋季、夏季。Cd 含量的季节变化中，河流输送 Cd 的变化决定了 Cd 表层含量的变化，也决定了 Cd 底层含量的变化。

在时间尺度上，在胶州湾的湾口水域，在 5 月、9 月和 10 月，随着时间的变化，Cd 含量在表、底层的变化是一致的。在任何时间过程中，都展示了 Cd 迅速沉降的过程。

在空间尺度上，在 5 月和 9 月，在胶州湾湾口水域的水体中，表层 Cd 的水平分布与底层的水平分布趋势是一致的。而在 10 月，在胶州湾湾口水域的水体中，表层 Cd 的水平分布与底层的水平分布趋势是相反的。随着时间的变化，Cd 含量在表、底层变化的一致性和相反性，充分展示了 Cd 的迅速沉降和累积效应。

在变化尺度上，在胶州湾的湾口水域，在 5 月、9 月和 10 月，Cd 含量在表、底层的变化量基本一样。这展示了 Cd 迅速、不断地沉降到海底。

在垂直尺度上，在胶州湾的湾口水域，在 5 月、9 月和 10 月，Cd 含量在表、底层保持相近，具有一致性。这展示了 Cd 的垂直水体效应作用。

在区域尺度上，在胶州湾的湾口水域，在 5 月，Cd 的表层含量高；在 9 月，Cd 的底层含量高；在 10 月，Cd 的表、底层含量一致。这充分展示了 Cd 的河流输入和沉降到海底的过程。

在胶州湾的湾口水域，Cd 的垂直分布和季节变化揭示了水体中 Cd 的水平迁移过程和垂直沉降过程。因此，通过胶州湾湾口水域的研究，确定了 Cd 在水体中的迁移过程和垂直水体对 Cd 的效应作用。

参 考 文 献

[1]杨东方, 陈豫, 王虹, 等. 胶州湾水体镉的迁移过程和环境本底值结构 [J]. 海岸工程, 2010, 29(4): 73-82.

[2]杨东方, 陈豫, 常彦祥, 等. 胶州湾水体镉的分布及来源 [J]. 海岸工程, 2013(3): 68-78.

[3]Yang D F, Zhu S X, Wang F Y, et al. The distribution and content of Cadmium in Jiaozhou Bay [J]. Applied Mechanics and Materials, 2014, 644-650: 5325-5328.

[4]Yang D F, Wang F Y, Wu Y F, et al. The structure of environmental background value of Cadmium in Jiaozhou Bay waters [J]. Applied Mechanics and Materials, 2014, 644-650: 5333-5335.

[5]Yang D F, Chen S T, Li B L, et al. Research on the vertical distribution of Cadmium in Jiaozhou Bay waters [C]. Proceedings of the 2015 International Symposium on Computers and Informatics, 2015: 2667-2674.

[6]杨东方, 王凡, 高振会, 等. 胶州湾浮游藻类生态现象 [J]. 海洋科学, 2004, 28(6): 71-74.

[7]Yang D F, Gao Z H, Sun P Y, et al. Silicon limitation on primary production and its destiny in Jiaozhou Bay, China [J]. Chinese Journal of Oceanology, 2005, 24(2): 169-175.

[8]国家海洋局. 海洋监测规范 [M]. 北京: 海洋出版社, 1991.

[9]Yang D F, Wang F Y, He H Z, et al. Vertical water body effect of benzene hexachloride[C]. Proceedings of the 2015 International Symposium on Computers and Informatics, F, 2015.

[10]杨东方, 丁咨汝, 郑琳, 等. 胶州湾水域有机农药 HCH 的分布及均匀性 [J]. 海岸工程, 2011, 30(2): 66-74.

第15章　胶州湾水域镉含量的年份变化

自从1979年工农业迅速发展，许多含有镉(Cd)的产品不断地涌现，在产品制造和运输的过程中，产生了大量含Cd的废水，随着河流的携带，Cd向大海迁移[1-10]，在这个过程中严重威胁人类健康。因此，研究近海的Cd污染程度和水质状况，可以为保护海洋环境、维持生态可持续发展提供重要帮助。本章根据1979～1983年胶州湾的调查资料，研究在这5年期间Cd在胶州湾海域的含量变化，为治理Cd污染的环境提供理论依据。

15.1　背　　景

15.1.1　胶州湾自然环境

胶州湾位于山东半岛南部，其地理位置为120°04′～120°23′E，35°58′～36°18′N，以团岛与薛家岛连线为界，与黄海相通，面积约为446km^2，平均水深约7m，是一个典型的半封闭型海湾(图15-1)。胶州湾入海的河流有十几条，其中径流量和含沙量较大的为大沽河和洋河，以及青岛市区的海泊河、李村河和娄山河等河流，这些河流均属季节性河流，河水水文特征有明显的季节性变化[11, 12]。

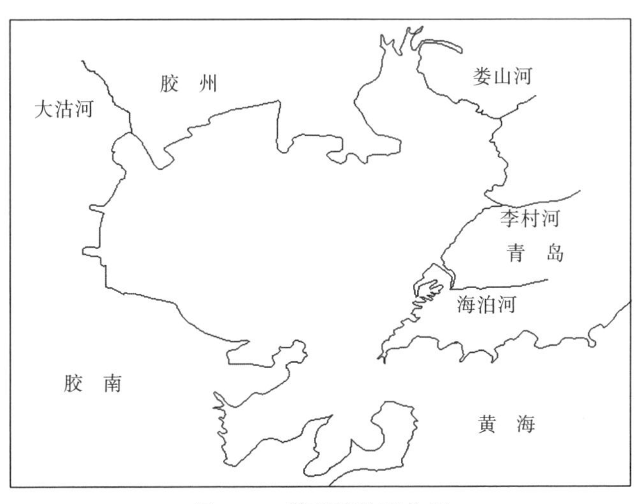

图15-1　胶州湾地理位置

15.1.2 数据来源与方法

本书所使用的调查数据由国家海洋局北海环境监测中心提供。按照国家标准方法进行胶州湾水体 Cd 的调查[1-10]，该方法被收录在国家的《海洋监测规范》中[13]。

在 1979 年 5 月、8 月和 11 月，1980 年 6 月、7 月、9 月和 10 月，1981 年 4 月、8 月和 11 月，1982 年 4 月、6 月、7 月和 10 月，1983 年 5 月、9 月和 10 月，进行胶州湾水体 Cd 的调查[1-10]。其调查站位如图 15-2～图 15-6 所示。

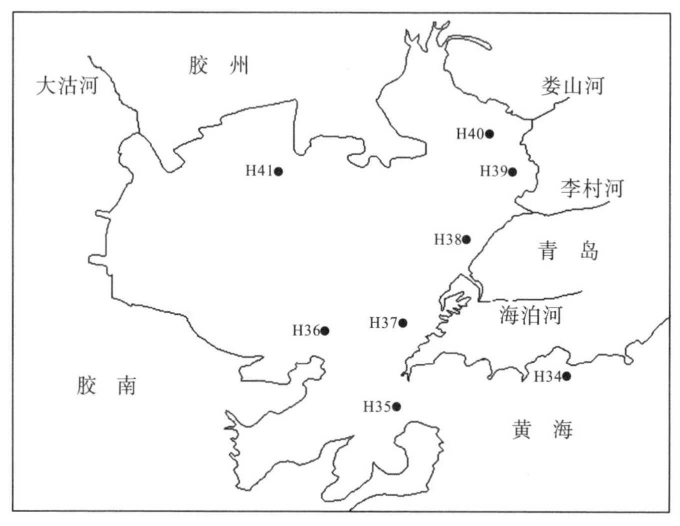

图 15-2 1979 年胶州湾调查站位

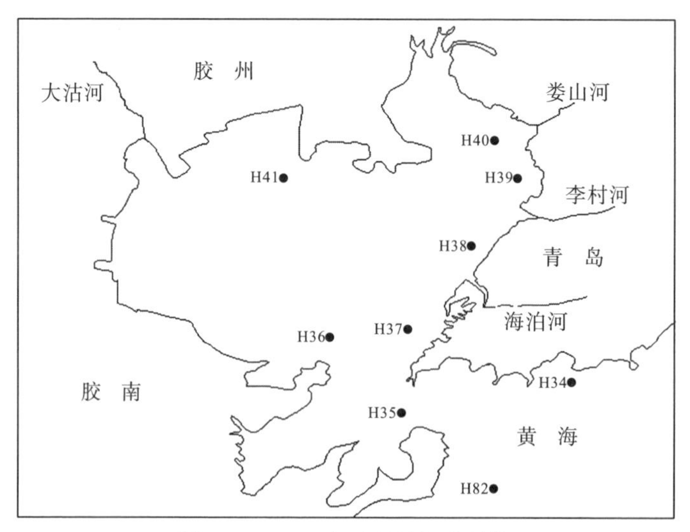

图 15-3 1980 年胶州湾调查站位

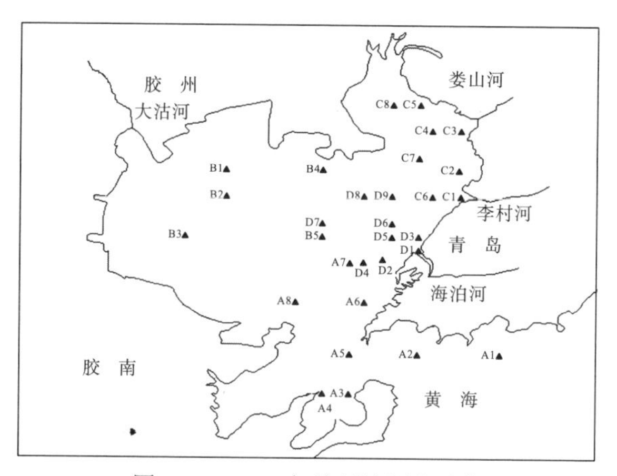

图 15-4　1981 年胶州湾调查站位

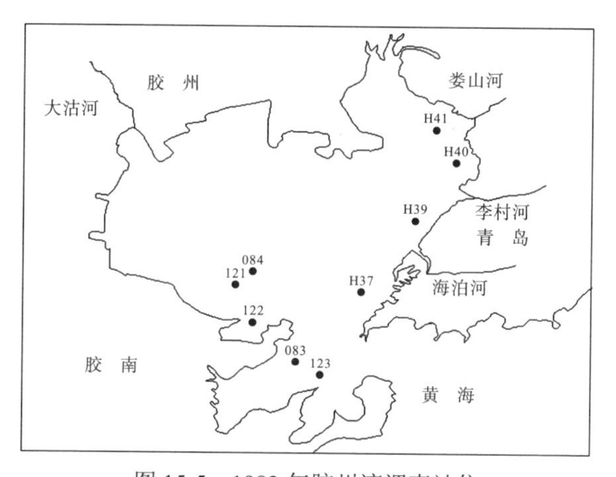

图 15-5　1982 年胶州湾调查站位

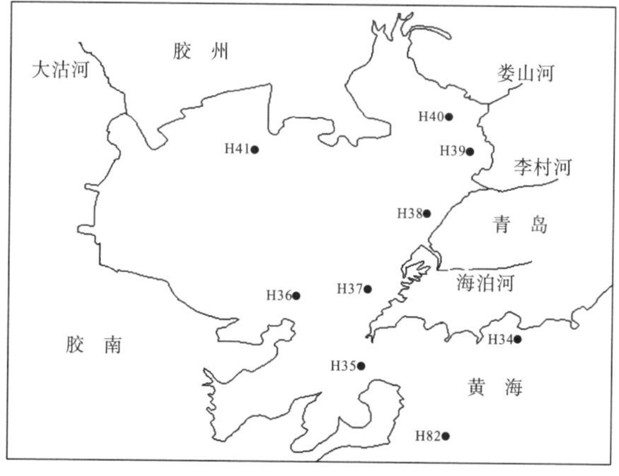

图 15-6　1983 年胶州湾调查站位

15.2 镉的含量及变化

15.2.1 含量

在 1979～1983 年，对胶州湾水体中的 Cd 进行调查，其含量的变化范围见表 15-1。

表 15-1 1979～1983 年胶州湾水体中的 Cd 含量 （单位：μg/L）

年份	4 月	5 月	6 月	7 月	8 月	9 月	10 月	11 月
1979		0.04～0.07			0.01～0.85			0.02～0.25
1980			0.05～0.16	0.00～0.48		0.00～0.24	0.00～0.00	
1981	0.00～0.55				0.00～0.40			0.00～0.00
1982	0.11～0.38		0.11～0.21	0.12～0.52			0.32～0.53	
1983		0.09～0.41				0.40～3.33	0.10～1.50	

15.2.1.1 1979 年

在 5 月、8 月和 11 月，Cd 在胶州湾水体中的含量为 0.01～0.85μg/L，符合国家一类海水水质标准(1.00μg/L)。表明在 Cd 含量方面，在 5 月、8 月和 11 月，在胶州湾水域，水质没有受到 Cd 的任何污染(表 15-1)。

在 5 月，Cd 在胶州湾水体中的含量为 0.04～0.07μg/L，胶州湾水域没有受到 Cd 的任何污染。而且 Cd 含量远远低于国家一类海水水质标准(1.00μg/L)，甚至低于 0.10μg/L，小一个量级。表明此水域的水质，在 Cd 含量方面，不仅达到了国家一类海水水质标准(1.00μg/L)，而且低于 0.10μg/L，水质非常清洁，完全没有受到 Cd 的污染。在整个胶州湾水域，Cd 含量的变化量值为 0.03μg/L，表明此水域中 Cd 的分布是非常均匀的。

在 8 月，Cd 在胶州湾水体中的含量为 0.01～0.85μg/L，胶州湾水域没有受到 Cd 的任何污染。表明在整个胶州湾水域，在 Cd 含量方面，达到了国家一类海水水质标准(1.00μg/L)，水质清洁。在胶州湾东部近岸水域，Cd 含量比较高(0.10～0.85μg/L)，西部近岸水域 Cd 含量比较低(0.01～0.05μg/L)。因此，胶州湾东部近岸水域受到 Cd 含量微小的输入。

在 11 月，Cd 在胶州湾水体中的含量为 0.02～0.25μg/L，胶州湾水域没有受到 Cd 的任何污染。表明在整个胶州湾水域，在 Cd 含量方面，达到了国家一类海水水质标准(1.00μg/L)，水质清洁。在胶州湾的湾内水域，Cd 含量的变化范围为

0.02～0.04μg/L，表明此水域的水质，在 Cd 含量方面，不仅达到了国家一类海水水质标准(1.00μg/L)，而且低于 0.10μg/L，水质非常清洁，完全没有受到 Cd 的污染。在整个胶州湾的湾内水域，Cd 含量的变化量值为 0.02μg/L，表明此水域中 Cd 的分布是非常均匀的。在胶州湾的湾外水域，Cd 含量为 0.25μg/L。表明此水域的水质，在 Cd 含量方面，受到 Cd 含量微小的输入。

在 5 月、8 月和 11 月，在胶州湾的整个水域，Cd 含量非常低，变化范围为 0.01～0.85μg/L，低于国家一类海水水质标准(1.00μg/L)，符合国家一类海水水质标准。因此，在 5 月、8 月和 11 月，在胶州湾的整个水域，水质清洁，完全没有受到 Cd 的污染。

15.2.1.2　1980 年

在 6 月、7 月、9 月和 10 月，在胶州湾整个表层水域 Cd 的含量为 0.00～0.48μg/L，都符合国家一类海水水质标准(1.00μg/L)。表明在 Cd 含量方面，在 6 月、7 月、9 月和 10 月，在胶州湾水域，水质没有受到 Cd 的任何污染(表 15-1)。

6 月，Cd 在胶州湾表层水体中的含量为 0.05～0.16μg/L，胶州湾水域没有受到 Cd 的任何污染。表明在整个胶州湾水域，在 Cd 含量方面，达到了国家一类海水水质标准(1.00μg/L)，水质清洁。在胶州湾东部近岸水域 Cd 含量比较高(0.10～0.16μg/L)，西部近岸水域 Cd 含量比较低(0.05～0.10μg/L)。因此，在胶州湾东部近岸水域受到 Cd 含量微小的输入。

7 月，表层水体中 Cd 的含量明显升高，Cd 在胶州湾表层水体中的含量为 0.00～0.48μg/L。胶州湾水域没有受到 Cd 的任何污染。表明在整个胶州湾水域，在 Cd 含量方面，达到了国家一类海水水质标准(1.00μg/L)，水质清洁。在胶州湾的湾口水域 Cd 含量比较高(0.16～0.48μg/L)，在东北部的近岸水域 Cd 含量比较低(0.00～0.04μg/L)。因此，在胶州湾的湾口水域受到 Cd 含量微小的输入。

9 月，Cd 在胶州湾表层水体中的含量为 0.00～0.24μg/L，胶州湾水域没有受到 Cd 的任何污染。表明在整个胶州湾水域，在 Cd 含量方面，达到了国家一类海水水质标准(1.00μg/L)，水质清洁。在胶州湾的湾口外部水域，表层水体中 Cd 的含量为 0.12～0.24μg/L；在胶州湾的湾内水域，表层水体中 Cd 的含量为 0.00μg/L。因此，在胶州湾的湾内水域，水体中不含有任何 Cd。只有湾外水域，受到海流的输送。

10 月，Cd 在胶州湾表层水体中的含量为 0.00μg/L，整个水域达到了国家一类海水水质标准，胶州湾水域没有受到 Cd 的任何污染。表明在整个胶州湾水域，在 Cd 含量方面，达到了国家一类海水水质标准(1.00μg/L)，水质清洁。因此，在胶州湾的湾内水域和湾外水域，水体中都不含 Cd。

在 6 月、7 月、9 月和 10 月，在胶州湾的整个水域，Cd 含量非常低，变化范围为 0.00～0.48μg/L，都符合国家一类海水水质标准(1.00μg/L)。甚至在这一年中，

Cd含量的最高值为0.48μg/L，也远远优于国家一类海水水质标准，说明水质没有受到 Cd 的任何污染。而且在有些时间段，在胶州湾的湾内水域和湾外水域，水体中都不含有任何Cd。因此，在6月、7月、9月和10月，在胶州湾的整个水域，水质清洁，完全没有受到Cd的任何污染。

15.2.1.3　1981年

在4月、8月和11月，在胶州湾整个表层水域Cd的含量为0.00～0.55μg/L，都符合国家一类海水水质标准(1.00μg/L)。表明在Cd含量方面，在4月、8月和11月，在胶州湾水域，水质清洁，没有受到Cd的任何污染(表15-1)。

4月，Cd在胶州湾表层水体中的含量为0.00～0.55μg/L，胶州湾水域没有受到Cd的任何污染。表明在整个胶州湾水域，在Cd含量方面，达到了国家一类海水水质标准(1.00μg/L)，水质清洁。在胶州湾的湾中心水域，表层水体中Cd的含量为0.55μg/L，而在胶州湾的近岸水域，表层水体中Cd的含量为0.00～0.00μg/L。因此，在胶州湾的近岸水域，水体中不含Cd。只有湾中心水域，Cd含量比较高。

8月，Cd在胶州湾表层水体中的含量为0.00～0.40μg/L，胶州湾水域没有受到Cd的任何污染。表明在整个胶州湾水域，在Cd含量方面，达到了国家一类海水水质标准(1.00μg/L)，水质清洁。在胶州湾的湾西南水域，表层水体中Cd的含量为 0.09～0.40μg/L，而在胶州湾的其他近岸水域，表层水体中 Cd 的含量为0.00μg/L。因此，在胶州湾的近岸水域，水体中不含 Cd。只有湾西南水域，Cd含量比较高。

11月，Cd在胶州湾表层水体中的含量为0.00μg/L，整个水域都达到了国家一类海水水质标准，胶州湾水域没有受到Cd的任何污染。表明在整个胶州湾水域，在Cd含量方面，达到了国家一类海水水质标准(1.00μg/L)，水质清洁。因此，在胶州湾的湾内水域和湾外水域，水体中都不含Cd。

在4月、8月和11月，在胶州湾的整个水域，Cd含量非常低，变化范围为0.00～0.55μg/L，都符合国家一类海水水质标准(1.00μg/L)。甚至在这一年中，Cd含量的最高值为 0.55μg/L，也远远优于国家一类海水水质标准，说明水质没有受到任何 Cd 的污染。而且在有些时间段，在胶州湾的湾内水域和湾外水域，水体中都不含Cd。因此，在4月、8月和11月，在胶州湾的整个水域，水质清洁，完全没有受到Cd的任何污染。

15.2.1.4　1982年

在4月、7月和10月，胶州湾西南沿岸水域Cd含量为0.11～0.53μg/L。在6月，胶州湾东部和北部沿岸水域Cd含量为0.11～0.21μg/L。在4月、6月、7月和10月，Cd在胶州湾水体中的含量为0.11～0.53μg/L，都没有超过国家一类海水水质标准。表明在Cd含量方面，在4月、6月、7月和10月，在整个胶州湾水域，水质清洁，没有受到 Cd 的污染(表 15-1)。

4 月，在胶州湾西南沿岸水体中 Cd 含量为 0.11～0.38μg/L，达到了国家一类海水水质标准(1.00μg/L)。表明在整个胶州湾西南沿岸水域，在 Cd 含量方面，没有受到 Cd 的任何污染，水质清洁。

6 月，在胶州湾东部和北部沿岸水域 Cd 含量为 0.11～0.21μg/L，达到了国家一类海水水质标准(1.00μg/L)。表明在整个胶州湾东部和北部沿岸水域，在 Cd 含量方面，没有受到 Cd 的任何污染，水质清洁。

7 月，在胶州湾西南沿岸水体中 Cd 含量为 0.12～0.52μg/L，达到了国家一类海水水质标准(1.00μg/L)。表明在整个胶州湾西南沿岸水域，在 Cd 含量方面，没有受到 Cd 的任何污染，水质清洁。

10 月，在胶州湾西南沿岸水体中 Cd 含量为 0.32～0.53μg/L，达到了国家一类海水水质标准(1.00μg/L)。表明在整个胶州湾西南沿岸水域，在 Cd 含量方面，没有受到 Cd 的任何污染，水质清洁。

在 4 月、7 月和 10 月，胶州湾西南沿岸水域 Cd 含量为 0.11～0.53μg/L，都符合国家一类海水水质标准(1.00μg/L)。在 6 月，胶州湾东部和北部沿岸水域 Cd 含量为 0.11～0.21μg/L，也符合国家一类海水水质标准。表明在 Cd 含量方面，胶州湾西南沿岸水域比胶州湾东部和北部沿岸水域在Cd的污染程度方面相对要重一些。

在 4 月、6 月、7 月和 10 月，Cd 在胶州湾水体中的含量为 0.11～0.53μg/L，都符合国家一类海水水质标准，而且远远低于国家一类海水水质标准(1.00μg/L)。表明 Cd 含量非常低，没有受到人为的 Cd 污染。因此，在整个胶州湾水域，Cd 含量符合国家一类海水水质标准，水质没有受到 Cd 的任何污染。

15.2.1.5　1983 年

在 5 月、9 月和 10 月，胶州湾南部沿岸水域 Cd 含量比较高，北部沿岸水域 Cd 含量比较低。在 5 月、9 月和 10 月，Cd 在胶州湾水体中的含量为 0.09～3.33μg/L，都符合国家一类海水水质标准(1.00μg/L)和二类海水水质标准(5.00μg/L)。表明在 Cd 含量方面，在 5 月、9 月和 10 月，在整个胶州湾水域，水质受到 Cd 的轻度污染(表 15-1)。

在 5 月、9 月和 10 月，Cd 在胶州湾水体中的含量为 0.09～3.33μg/L，都符合国家一类海水水质标准(1.00μg/L)和二类海水水质标准(5.00μg/L)。表明在 Cd 含量方面，在 5 月、9 月和 10 月，在胶州湾水域，水质受到 Cd 的轻度污染。

在 5 月，Cd 在胶州湾水体中的含量为 0.09～0.41μg/L，胶州湾水域没有受到 Cd 的污染。在胶州湾，从湾口到湾内的整个水域，Cd 含量的变化范围为 0.09～0.20μg/L，表明在 Cd 含量方面，湾内水质清洁，完全没有受到任何 Cd 的污染。在胶州湾外，Cd 含量比较高(0.41μg/L)，也没有受到 Cd 的污染。

在 9 月，Cd 在胶州湾水体中的含量为 0.40～3.33μg/L，胶州湾水域受到 Cd 的污染。在胶州湾的湾口内水域，Cd 含量比较高，最高达到 3.33μg/L，该水域受到 Cd 的轻度污染比较多。

在 10 月，Cd 在胶州湾水体中的含量为 0.10～1.50μg/L，胶州湾水域受到 Cd 的轻度污染。在胶州湾东北部的近岸水域，Cd 含量比较高，为 0.80μg/L，该水域没有受到 Cd 的污染。在胶州湾东部的近岸水域，Cd 含量比较高，为 1.50μg/L，该水域受到 Cd 的轻度污染。

因此，在 5 月、9 月和 10 月，胶州湾南部沿岸水域 Cd 含量比较高，北部沿岸水域 Cd 含量比较低。在 5 月，在胶州湾的整个水域，水质没有受到 Cd 的污染。在 9 月和 10 月，在胶州湾的湾口内水域，水质受到 Cd 的轻度污染。

15.2.2 年份变化

在 4 月，1981～1982 年，在胶州湾水体中 Cd 含量高值在下降，而低值在上升。在 5 月，1979～1983 年，在胶州湾水体中 Cd 含量高值和低值都在上升。在 6 月，1980～1982 年，在胶州湾水体中 Cd 含量高值和低值都在上升。同样，在 7 月，1980～1982 年，在胶州湾水体中 Cd 含量高值和低值都在上升。在 8 月，1979～1981 年，在胶州湾水体中 Cd 含量高值和低值都在下降。在 9 月，1980～1983 年，在胶州湾水体中 Cd 含量高值和低值都在大幅度地上升。在 10 月，1980～1983 年，在胶州湾水体中 Cd 含量高值和低值都在上升。在 11 月，1979～1981 年，在胶州湾水体中 Cd 含量高值和低值都在下降。

1979～1983 年，在胶州湾水体中，在 5 月、6 月、7 月、9 月和 10 月 Cd 含量都在上升，尤其在 9 月 Cd 含量有大幅度的上升。在 4 月，Cd 含量的高值在下降，而低值在上升。在 8 月和 11 月 Cd 含量的高值和低值都在下降。因此，在一年的 8 个月份中，Cd 含量几乎有 6 个月份都在上升，2 个月份在下降。

15.2.3 季节变化

以每年 4 月、5 月、6 月代表春季，7 月、8 月、9 月代表夏季，10 月、11 月、12 月代表秋季。在 1979～1983 年期间，在胶州湾水体中 Cd 含量在春季比较低（0.00～0.55μg/L），在夏季很高（0.00～3.33μg/L），在秋季比较高（0.00～1.50μg/L）。在胶州湾水体中 Cd 含量在夏季很高，秋季较高，春季较低。在春季、夏季和秋季，在胶州湾水体中 Cd 含量的低值都达到最低值 0.00μg/L，表明在春季、夏季和秋季，都曾经有某一段时间在胶州湾水体中不含 Cd。

1979 年 8 月，表层水体中 Cd 含量的变化范围（0.01～0.85 μg/L）包含了全年变化范围；1980 年 7 月，表层水体中 Cd 含量的变化范围（0.00～0.48μg/L）包含了全年变化范围；1981 年 4 月，表层水体中 Cd 含量的变化范围(0.00～0.55μg/L)包含了全年变化范围。因此，在 1979～1981 年期间，Cd 含量都非常低，在胶州湾水体中 Cd 含量没有季节变化。

在 1982 年，Cd 含量稍有上升，在胶州湾水体中 Cd 含量在春季比较低，夏季和秋季含量相对较高。

在 1983 年，Cd 含量大幅度上升，在胶州湾水体中 Cd 含量在春季比较低，在夏季很高，在秋季较高。

在 1979～1983 年期间，在整个胶州湾水域，随着 Cd 含量的不断上升，Cd 含量的变化从没有季节变化到逐渐出现季节变化。

15.3　镉的年份变化

15.3.1　水质

以每年 4 月、5 月、6 月代表春季，7 月、8 月、9 月代表夏季，10 月、11 月、12 月代表秋季。在 1979～1983 年期间，在春季，水体中 Cd 的含量一直维持在国家一类海水水质标准；在夏季和秋季，水体中 Cd 的含量从国家一类海水水质标准降低到一、二类海水水质标准。表明 Cd 的含量随着时间的变化，在夏季、秋季 Cd 的输入在增加，而在春季 Cd 的输入一直保持不变(表 15-2)。因此，在 1979～1983 年期间，在早期的夏季、秋季胶州湾没有受到 Cd 的任何污染，而到了晚期，夏季、秋季胶州湾受到 Cd 的轻度污染；在春季，1979～1983 年，胶州湾一直没有受到 Cd 的任何污染，在 Cd 含量方面，水质非常清洁。

表 15-2　春季、夏季、秋季胶州湾表层水质

年份	春季	夏季	秋季
1979	一类	一类	一类
1980	一类	一类	一类
1981	一类	一类	一类
1982	一类	一类	一类
1983	一类	一、二类	一、二类

15.3.2　含量变化

在 1979～1983 年期间，在前四年中，胶州湾水体中 Cd 含量的高值一直在 0.00～0.85μg/L 区间内摆动，到了第五年，Cd 含量的高值上升的幅度比较大

(图 15-7)。表明前四年在胶州湾水体中 Cd 一直受到自然界的输送。到了第五年，胶州湾水体中 Cd 开始受到人类活动的输送。

在 1979～1983 年期间，在前三年，胶州湾水体中 Cd 含量的低值一直在 0.00～0.05μg/L 区间内摆动，到了后两年，Cd 含量的低值大于 0.09μg/L。表明在胶州湾水体中，Cd 含量环境背景值在提高。整个胶州湾水域输入的 Cd 在累积增长。

因此，在 1979～1983 年期间，在胶州湾水体中 Cd 含量的变化展示了，最初，在 Cd 含量方面，整个胶州湾的水体是非常清洁的。在前三年期间，向胶州湾水域不断地输入 Cd，于是，在后两年，在胶州湾水域累积的 Cd 在增长。在前四年，胶州湾水体中 Cd 一直受到自然界的输送。到了第五年，胶州湾水体中 Cd 开始受到人类活动的输送。

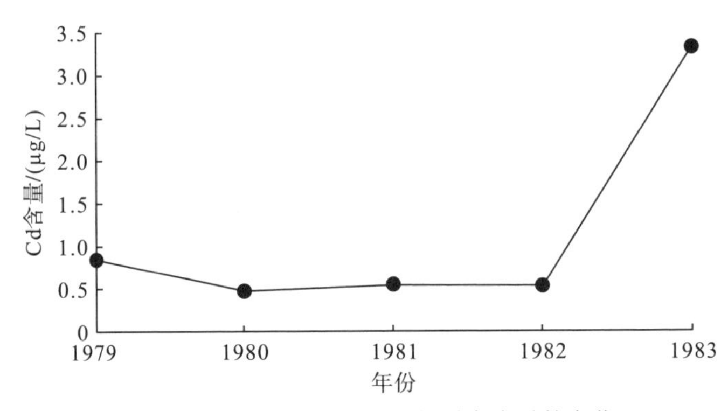

图 15-7 胶州湾水体中 Cd 的最高含量的变化

15.4 结 论

在 1979～1983 年期间，Cd 含量发生了很大的变化。

在水质的尺度上，在早期的夏季、秋季，胶州湾没有受到 Cd 的任何污染，而到了晚期，夏季、秋季胶州湾受到 Cd 的轻度污染。在春季，胶州湾一直保持着没有受到 Cd 的任何污染，在 Cd 含量方面，水质非常清洁。因此，1979～1983 年，输入胶州湾的 Cd 在逐渐增加，水质在逐渐变差。

在月份的尺度上，在 1979～1983 年期间，在胶州湾水体中，在 5 月、6 月、7 月、9 月和 10 月 Cd 含量都在上升，尤其在 9 月 Cd 含量有大幅度上升。在 4 月，Cd 含量的高值在下降，而低值在上升。在 8 月和 11 月，Cd 含量的高值和低值都在下降。

在季节的尺度上，在 1979～1981 年期间，Cd 含量都非常低，在胶州湾水体中 Cd 含量没有季节变化。在 1982～1983 年期间，Cd 含量大幅度上升，在胶州湾水体中 Cd 含量在春季比较低，在夏季很高，在秋季较高。因此，在 1979～1983 年期间，在整个胶州湾水域，随着 Cd 含量的不断上升，Cd 含量的变化从没有季节变化到逐渐出现季节变化。

在年际的尺度上，在 1979～1983 年期间，在胶州湾水体中 Cd 含量的变化展示了，最初，在 Cd 含量方面，整个胶州湾的水体是非常清洁的。在前三年，向胶州湾水域不断地输入 Cd，于是，在后两年，在胶州湾水域累积的 Cd 在增长。在前四年，胶州湾水体中 Cd 一直受到自然界的输送。到了第五年，胶州湾水体中 Cd 开始受到人类活动的输送。这样，向胶州湾水域输入 Cd，从最初自然界的输送转换为人类活动的输送。

在经济迅速发展的过程中，Cd 在工农业和日常生活中也得到广泛的应用。在自然环境中，非常清洁的水域，逐渐受到 Cd 的输入，水体中 Cd 含量环境背景值在提高。于是，整个水域 Cd 含量都在上升。

参考文献

[1]杨东方, 陈豫, 王虹, 等. 胶州湾水体镉的迁移过程和环境本底值结构 [J]. 海岸工程, 2010, 29(4): 73-82.

[2]杨东方, 陈豫, 常彦祥, 等. 胶州湾水体镉的分布及来源 [J]. 海岸工程, 2013(3): 68-78.

[3]Yang D F, Zhu S X, Wang F Y, et al. The distribution and content of Cadmium in Jiaozhou Bay [J]. Applied Mechanics and Materials, 2014, 644-650: 5325-5328.

[4]Yang D F, Wang F Y, Wu Y F, et al. The structure of environmental background value of Cadmium in Jiaozhou Bay waters [J]. Applied Mechanics and Materials, 2014, 644-650: 5333-5335.

[5]Yang D F, Chen S T, Li B L, et al. Research on the vertical distribution of Cadmium in Jiaozhou Bay waters [C]. Proceedings of the 2015 International Symposium on Computers and Informatics, 2015: 2667-2674.

[6]Yang D F, Zhu S X, Wang F Y, et al. Distribution and aggregation process of Cd in Jiaozhou Bay [J]. Advances in Computer Science Research, 2015, 2352:194-197.

[7]Yang D F, Zhu S X, Wang F Y, et al. Spatial-temporal variations of Cd in Jiaozhou Bay [J]. Advances in Engineering Research, 2016, Part B:403-407.

[8]Yang D F, Yang X, Wang M, et al. The slight impacts of marine current to Cd contents in bottom waters in Jiaozhou Bay[C]. Proceedings of the International Conference on Machinery, 2016.

[9]Yang D F, Yang D, Zhu S, et al. Pollution level and source of Hg in Jiaozhou Bay 1987 [J]. Advances in Engineering Research, 2016, Part B:412-415.

[10]Yang D F, Wang F Y, Sun Z H, et al. Research on vertical distribution and settling process of Cd in Jiaozhou Bay [J]. Advances in Engineering Research, 2015, 40: 776-781.

[11]杨东方, 王凡, 高振会, 等. 胶州湾浮游藻类生态现象 [J]. 海洋科学, 2004, 28(6): 71-74.

[12]Yang D F, Gao Z H, Sun P Y, et al. Silicon limitation on primary production and its destiny in Jiaozhou Bay, China [J]. Chinese Journal of Oceanology, 2005, 24(2): 169-175.

[13]国家海洋局. 海洋监测规范 [M]. 北京: 海洋出版社, 1991.

第 16 章　胶州湾水域镉来源变化过程

随着经济的高速发展，镉(Cd)对环境的影响日益增大。Cd 被广泛应用到工业、农业和交通行业，而且日常生活用品中 Cd 也得到了普遍的使用，在工厂、企业和生活居住区等环境中都有大量的 Cd 存在。这样，人类的活动带来了大量的 Cd，Cd 经过河流的输送，向大海迁移[1-10]。本章根据 1979～1983 年胶州湾的调查资料，研究在这五年期间 Cd 在胶州湾水域的水平分布和污染源变化，为治理 Cd 污染的环境提供理论依据。

16.1　背　　景

16.1.1　胶州湾自然环境

胶州湾位于山东半岛南部，其地理位置为 120°04′～120°23′E，35°58′～36°18′N，以团岛与薛家岛连线为界，与黄海相通，面积约为 446km^2，平均水深约 7m，是一个典型的半封闭型海湾(图 16-1)。胶州湾入海的河流有十几条，其中径流量和含沙量较大的为大沽河和洋河，以及青岛市区的海泊河、李村河和娄山河等河流，这些河流均属季节性河流，河水水文特征有明显的季节性变化[11, 12]。

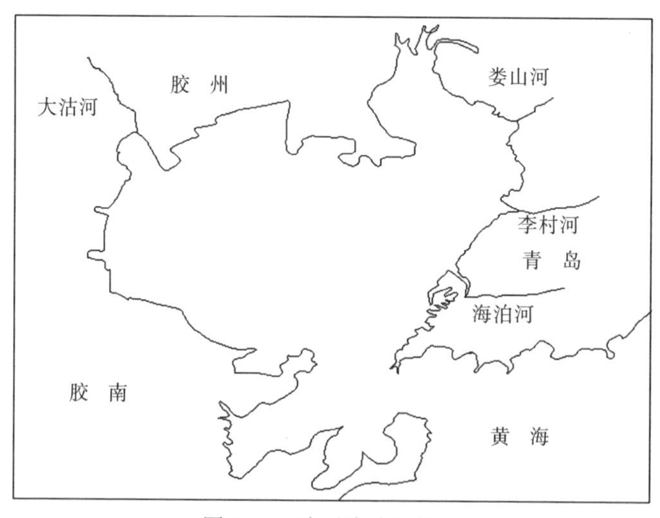

图 16-1　胶州湾地理位置

16.1.2　数据来源与方法

本书所使用的调查数据由国家海洋局北海环境监测中心提供。按照国家标准方法进行胶州湾水体 Cd 的调查[1-10]，该方法被收录在国家的《海洋监测规范》中[13]。

在 1979 年 5 月、8 月和 11 月，1980 年 6 月、7 月和 9 月，1981 年 4 月、8 月和 11 月，1982 年 4 月、6 月、7 月和 10 月，1983 年 5 月、9 月和 10 月，进行胶州湾水体 Cd 的调查[1-10]。

16.2　水 平 分 布

16.2.1　1979 年 5 月、8 月和 11 月 Cd 含量的水平分布

在 5 月，在胶州湾东北部，在李村河入海口的近岸水域，形成了 Cd 的高含量区，展示了一系列不同梯度的半个同心圆。Cd 含量从中心的高含量 0.07μg/L 沿梯度递减到湾南部湾口内侧水域的 0.04μg/L（图 16-2）。在 8 月，在胶州湾湾内东部，在李村河和海泊河入海口之间的近岸水域，形成了 Cd 的高含量区，展示了一系列不同梯度的半个同心圆。Cd 含量从中心的高含量 0.85μg/L 向四周沿梯度递减到 0.01μg/L。在 11 月，在胶州湾湾外的东部近岸水域，形成了 Cd 的高含量区，展示了一系列不同梯度的平行线。Cd 含量从中心的高含量 0.25μg/L 沿梯度递减到胶州湾湾内东部近岸水域的 0.02μg/L。

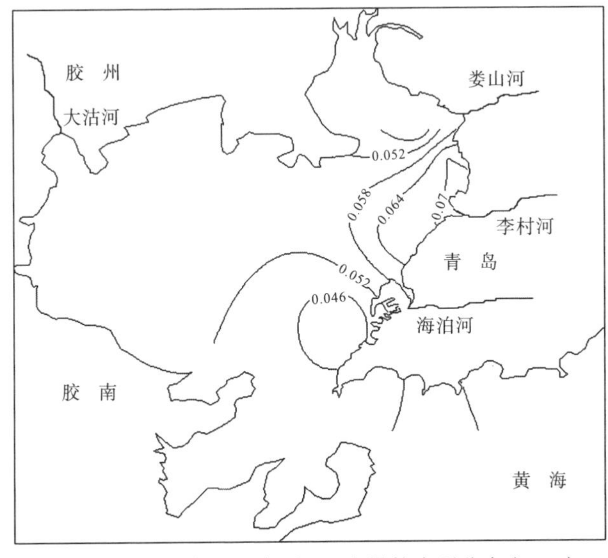

图 16-2　1979 年 5 月表层 Cd 含量的水平分布（μg/ L）

16.2.2 1980 年 6 月、7 月和 9 月 Cd 含量的水平分布

在 6 月，在海泊河和湾口之间的近岸水域，形成了 Cd 的高含量区，展示了一系列不同梯度的半个同心圆。Cd 的含量从此水域向整个湾扩展递减，Cd 含量沿梯度从 0.16μg/L 降低到 0.05μg/L。在 7 月，在湾口水域，形成了 Cd 的高含量区，展示了一系列不同梯度的同心圆。Cd 的含量从湾口水域的 0.48μg/L 向湾内和湾外进行扩展递减为 0.00μg/L（图 16-3）。在 9 月，在湾外水域，形成了 Cd 的高含量区，展示了一系列不同梯度的平行线。从胶州湾湾外水域的 0.12～0.24μg/L 沿梯度降低到湾口和湾内水域的 0.00μg/L。

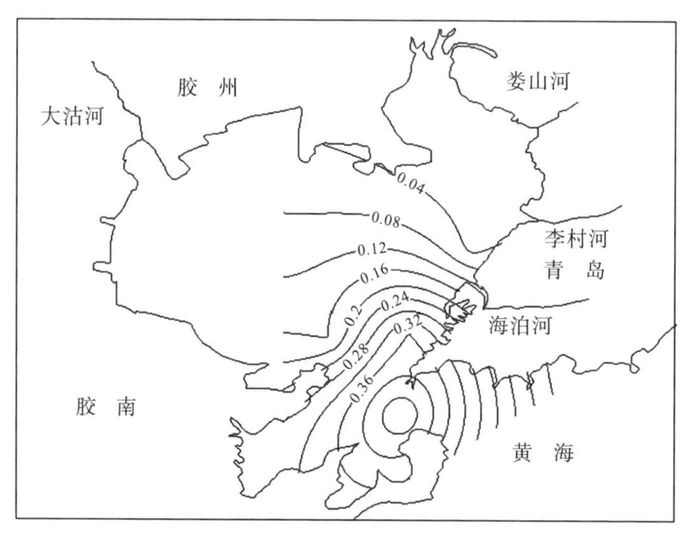

图 16-3 1980 年 7 月表层 Cd 含量的水平分布（μg/L）

16.2.3 1981 年 4 月、8 月和 11 月 Cd 含量的水平分布

在 4 月，在湾中心水域，形成了 Cd 的闭合高含量区，展示了一系列不同梯度的同心圆，Cd 含量从湾中心水域的 0.55μg/L 向周围水域递减为 0.00μg/L。而在湾外的近岸水域，形成了 Cd 的高含量区，展示了一系列不同梯度的半个同心圆，Cd 含量从近岸水域（0.14 μg/L）沿梯度向大海方向递减（图 16-4）。在 8 月，在东北部的中心水域，形成 Cd 的闭合高含量区，Cd 含量由中心 0.14μg/L 向周围水域沿梯度递减到 0.00μg/L。在西南部的近岸水域，形成了 Cd 的高含量区，展示了一系列不同梯度的半个同心圆，Cd 含量变化是从湾的西南部水域 0.40μg/L 向湾的中心沿着梯度递减到 0.00μg/L。在 11 月，Cd 的含量为 0.00μg/L。从湾的沿岸水域到湾中心水域以及到湾外水域，Cd 的含量都非常低。

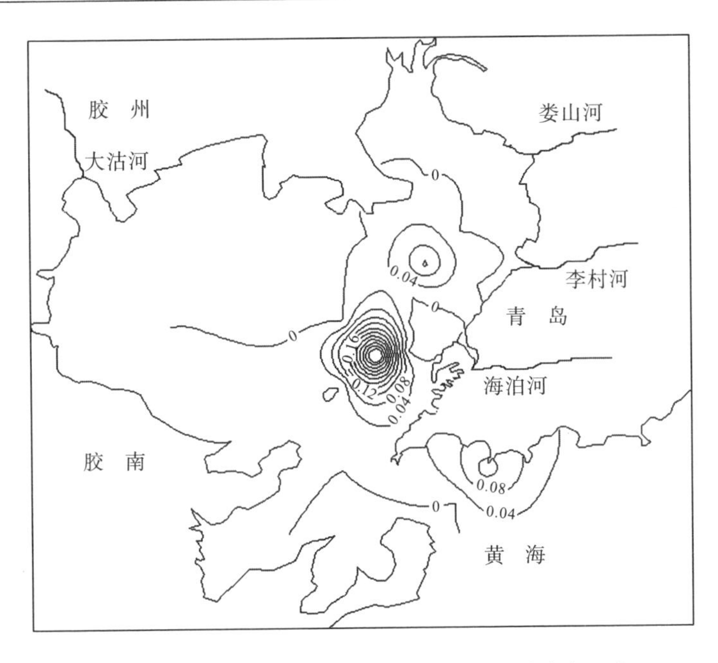

图 16-4　1981 年 4 月表层 Cd 含量的水平分布(μg/L)

16.2.4　1982 年 4 月、6 月、7 月和 10 月 Cd 含量的水平分布

在 4 月，在西南沿岸水域，形成了 Cd 的高含量区，展示了一系列不同梯度的半个同心圆。Cd 含量从中心的高含量 0.38μg/L 向湾中心水域沿梯度递减到 0.11 μg/L。在 7 月，在西南沿岸水域，形成了 Cd 的高含量区，展示了一系列不同梯度的平行线。Cd 含量从中心的高含量 0.52μg/L 向湾中心水域沿梯度递减到 0.12μg/L。在 10 月，西南沿岸水域形成了 Cd 的高含量区，展示了一系列不同梯度的半个同心圆。Cd 含量从中心的高含量 0.53μg/L 向湾中心水域或者向湾口水域沿梯度递减到 0.32μg/L。

在 6 月，在李村河入海口的水域，形成了 Cd 的高含量区，展示了一系列不同梯度的半个同心圆，Cd 含量从李村河入海口水域的 0.21μg/L 沿梯度降低到湾中心的 0.16μg/L，说明在胶州湾水体中沿着李村河的河流方向，Cd 含量在不断地递减(图 16-5)。同样，在大沽河的入海口水域，形成了 Cd 的高含量区，展示了一系列不同梯度的半个同心圆。Cd 含量从大沽河入海口水域的 0.21μg/L 沿梯度降低到湾中心的 0.16μg/L，说明在胶州湾水体中沿着大沽河的河流方向，Cd 含量在不断地递减(图 16-5)。

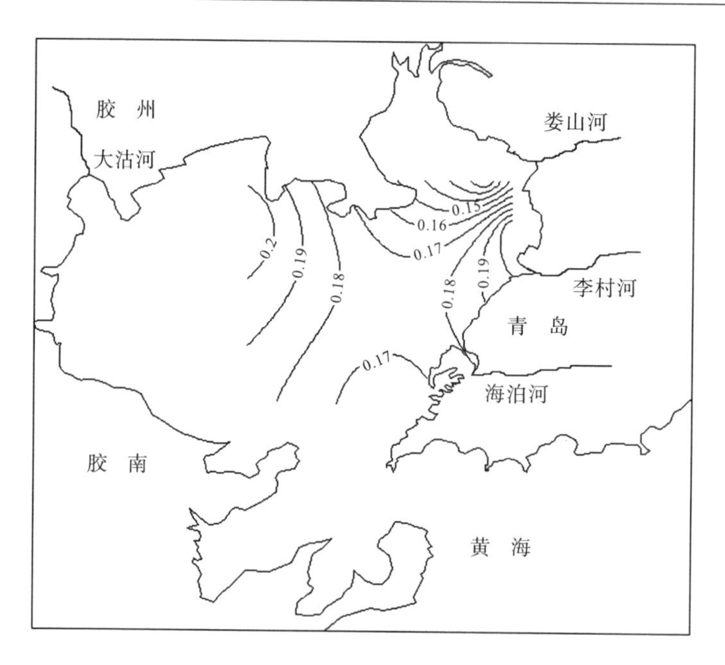

图 16-5 1982 年 6 月表层 Cd 含量的水平分布(μg/L)

16.2.5 1983 年 5 月、9 月和 10 月 Cd 含量的水平分布

在 5 月，在胶州湾东部的近岸水域，形成了 Cd 的微高含量区，形成了一系列不同梯度的半个同心圆。Cd 含量从中心的微高含量 0.20μg/L 沿梯度递减到西北部水域的 0.10μg/L。在胶州湾湾外的东部近岸水域，形成了 Cd 的高含量区，形成了一系列不同梯度的半个同心圆。Cd 含量从中心的高含量 0.41μg/L 沿梯度递减到湾口南部水域的 0.09μg/L。在 9 月，在胶州湾的湾口内水域，形成了 Cd 的高含量区，形成了一系列不同梯度的半个同心圆。Cd 含量从中心的高含量 3.33μg/L 向湾内的北部水域沿梯度递减到 0.40μg/L，同时，向湾外的东部水域沿梯度递减到 0.40μg/L。在 10 月，在胶州湾东北部，在娄山河和李村河入海口之间的近岸水域，形成了 Cd 的高含量区，形成了一系列不同梯度的半个同心圆。Cd 含量从中心的高含量 0.80μg/L 沿梯度递减到湾中心水域的 0.23μg/L(图 16-6)。在胶州湾东部的近岸水域，形成了 Cd 的高含量区，形成了一系列不同梯度的半个同心圆。Cd 含量从中心的高含量 1.50μg/L 沿梯度递减到湾口水域的 0.50μg/L，甚至递减到湾口外侧水域的 0.10μg/L(图 16-6)。

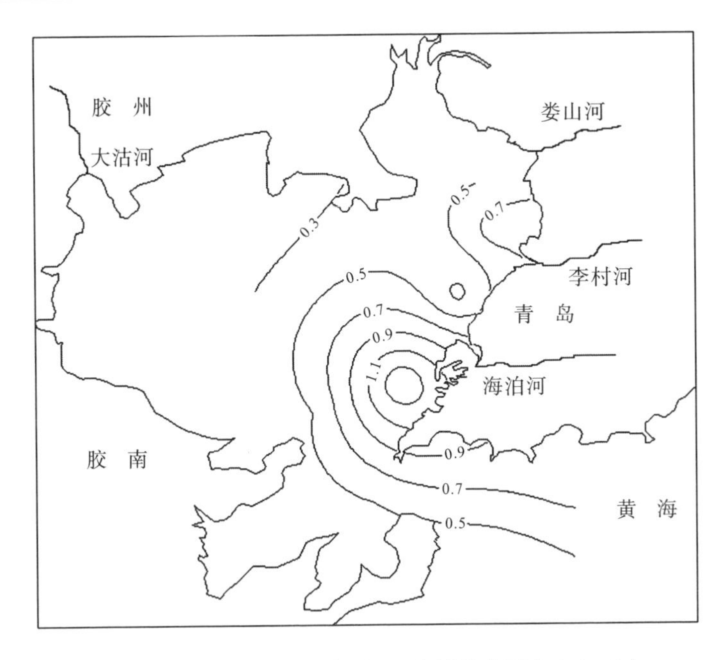

图 16-6　1983 年 10 月表层 Cd 含量的水平分布(μg/L)

16.3　镉 的 来 源

16.3.1　来源的位置

在 1979～1983 年期间，每一年中胶州湾均出现了 Cd 含量最高值的位置，展示了向胶州湾输送 Cd 的来源和大小。

16.3.1.1　1979 年

在 1979 年 5 月，在李村河入海口的近岸水域，形成了 Cd 的高含量区(0.07μg/L)，表明 Cd 的来源是河流输送。

在 1979 年 8 月，在李村河和海泊河入海口之间的近岸水域，形成了 Cd 的高含量区(0.85μg/L)，表明 Cd 的来源是河流输送。

在 1979 年 11 月，在胶州湾的湾外，形成了 Cd 的高含量区(0.25μg/L)，表明 Cd 的污染源是外海海流的输送。

16.3.1.2　1980 年

在 1980 年 6 月，在海泊河和湾口之间的近岸水域，形成了 Cd 的高含量区(0.16μg/L)，表明 Cd 的来源是船舶码头的输送。

在 1980 年 7 月，在胶州湾的湾口水域，形成了 Cd 的高含量区（0.48μg/L），表明 Cd 的来源是近岸岛尖端的高含量输送。

在 1980 年 9 月，在胶州湾的湾外，形成了 Cd 的高含量区（0.12～0.24μg/L），表明 Cd 的来源是外海海流的输送。

16.3.1.3 1981 年

在 1981 年 4 月，在湾中心水域，形成了 Cd 的闭合高含量区（0.55μg/L），表明 Cd 的来源是大气沉降。

在 1981 年 8 月，在东北部的中心水域，形成了 Cd 的闭合高含量区（0.14μg/L），这表明 Cd 的来源是大气沉降。在西南部近岸水域，形成了 Cd 的高含量区（0.40μg/L），表明 Cd 的来源是地表径流。

在 1981 年 11 月，从湾的沿岸水域到湾中心水域及湾外水域，Cd 的含量都非常低，表明在整个胶州湾水域，没有 Cd 的任何来源。

16.3.1.4 1982 年

在 1982 年 4 月，在西南沿岸水域，形成了 Cd 的高含量区（0.38μg/L），表明 Cd 的来源是胶州湾近岸地表径流的输送。

在 1982 年 7 月，在西南沿岸水域，形成了 Cd 的高含量区（0.52μg/L），表明 Cd 的来源是胶州湾近岸地表径流的输送。

在 1982 年 10 月，在西南沿岸水域，形成了 Cd 的高含量区（0.53μg/L），表明 Cd 的来源是胶州湾近岸地表径流的输送。

在 1982 年 6 月，在李村河入海口的水域，形成了 Cd 的高含量区（0.21μg/L），表明 Cd 的来源是胶州湾河流的输送；在大沽河入海口的水域，形成了 Cd 的高含量区（0.21μg/L），表明 Cd 的来源是胶州湾河流的输送。

16.3.1.5 1983 年

在 1983 年 5 月，在胶州湾东部的近岸水域，形成了 Cd 的微高含量区（0.20μg/L），表明 Cd 的来源是船舶码头的微量输送；在胶州湾湾外的东部近岸水域，形成了 Cd 的较高含量区（0.41μg/L），表明 Cd 的来源是地表径流的较小量输送。

在 1983 年 9 月，在胶州湾的湾口水域，形成了 Cd 的高含量区（3.33μg/L），表明 Cd 的来源是近岸岛尖端的高含量输送。

在 1983 年 10 月，在胶州湾东北部，在娄山河和李村河入海口之间的近岸水域，形成了 Cd 的较高含量区（0.80μg/L），表明 Cd 的来源是河流的较高含量输送；在胶州湾东部的近岸水域，形成了 Cd 的高含量区（1.50μg/L），表明 Cd 的来源是船舶码头的高含量输送。

16.3.2　来源的范围

在 1979～1983 年期间，胶州湾水域 Cd 有 6 个来源，主要为外海海流的输送、河流的输送、近岸岛尖端的输送、大气沉降的输送、地表径流的输送和船舶码头的输送。这 6 种途径给胶州湾整个水域带来了 Cd，其 Cd 含量为 0.07～3.33μg/L，于是，胶州湾整个水域 Cd 含量的水平分布展示，在河流的入海口、湾中心、湾口、沿岸、码头和湾外都出现了 Cd 的高含量区，形成了一系列不同梯度，从中心沿梯度降低，扩展到胶州湾整个水域。

16.3.3　来源的变化过程

在 1979～1983 年期间，胶州湾水域 Cd 有 6 个来源，主要为外海海流的输送、河流的输送、近岸岛尖端的输送、大气沉降的输送、地表径流的输送和船舶码头的输送(表 16-1)。

外海海流输送的 Cd 含量为 0.12～0.25μg/L。1979～1980 年，外海海流输送的 Cd 含量的高值为 0.24～0.25μg/L，都远远低于 1.00μg/L，Cd 含量都符合国家一类海水水质标准(1.00μg/L)。表明外海海流没有受到 Cd 的任何污染，而且，两年才向胶州湾水域输送低含量 Cd。在 1979～1983 年期间，外海海流向胶州湾水域输送的 Cd 含量比较低。在前两年出现外海海流向胶州湾水域输送 Cd。随着胶州湾水域 Cd 含量的上升，就再也没有出现外海海流向胶州湾水域输送 Cd 的情况。

河流输送的 Cd 含量为 0.07～0.85μg/L。在 1979～1983 年，河流输送的 Cd 含量几乎一直没有变化，Cd 含量都符合国家一类海水水质标准(1.00μg/L)。表明在 1979～1983 年，河流没有受到 Cd 的任何污染，向胶州湾水域输送的 Cd 含量比较低。于是，在 1979～1983 年期间，河流一直向胶州湾水域输送 Cd，河流没有受到 Cd 的任何污染，向胶州湾水域输送的 Cd 含量一直比较低。

近岸岛尖端输送的 Cd 含量为 0.48～3.33μg/L。在 1979 年、1981 年和 1982 年，没有发现来自近岸岛尖端的 Cd。在 1980 年和 1983 年，出现了来自近岸岛尖端输送的 Cd，含量为 0.48～3.33μg/L，Cd 含量都符合国家一、二类海水水质标准。表明在 1979 年、1981 年和 1982 年，近岸岛尖端没有 Cd，也没有向胶州湾水域输送 Cd。在 1980 年，近岸岛尖端开始向胶州湾水域输送比较少量的 Cd，近岸岛尖端没有受到 Cd 的任何污染。到 1983 年，近岸岛尖端受到 Cd 的轻度污染，向胶州湾水域输送的 Cd 比较多。于是，在 1979～1982 年期间，有三年近岸岛尖端没有 Cd，有一年有少量的 Cd 出现，一直到 1983 年，近岸岛尖端才开始受到 Cd 含量的轻度污染，近岸岛尖端从没有 Cd 的污染转变为受到 Cd 的轻度污染，向胶州湾水域输送的 Cd 从没有转变为比较多。

大气沉降输送的Cd含量为0.14～0.55μg/L。在1979～1980年和1982～1983年，没有发现来自大气沉降的Cd。在1981年，出现了来自大气沉降输送的Cd，含量为0.14～0.55μg/L，Cd含量都符合国家一类海水水质标准。表明在1979～1980年和1982～1983年，大气沉降没有Cd，也没有向胶州湾水域输送任何Cd。只有在1981年，大气沉降含有Cd，向胶州湾水域输送的Cd比较少。表明在1979～1983年的5年间，只有1981年才出现大气沉降向胶州湾水域输送Cd，大气沉降输送Cd的频率非常低，而且大气沉降输送Cd的程度也非常低，含量为0.14～0.55μg/L。

地表径流输送的Cd含量为0.38～0.53μg/L。在1979～1980年，没有发现来自地表径流的Cd。在1981～1983年，出现了来自地表径流输送的Cd，含量为0.38～0.53μg/L，Cd含量都符合国家一类海水水质标准。表明在1979～1983年期间，在前二年地表径流没有Cd，一直到后三年，地表径流才开始输送比较少的Cd，地表径流从没有Cd的污染转变为具有Cd，向胶州湾水域输送的Cd从没有转变为比较少。在1981年出现了大气沉降向胶州湾水域输送Cd，在这之前，没有地表径流输送Cd。在这之后，地表径流开始输送Cd，如在1982年和1983年。在1981年，大气沉降输送的Cd含量为0.14～0.55μg/L，在1981～1983年，地表径流输送的Cd含量为0.38～0.53μg/L，表明大气沉降输送的Cd(0.14～0.55μg/L)来到陆地上，Cd含量高值得到了一些稀释，而Cd含量低值得到了一些累积，于是，地表径流输送的Cd含量为0.38～0.53μg/L。

船舶码头输送的Cd含量为0.16～1.50μg/L。在1979～1983年期间，有三年都没有发现来自船舶码头的Cd。只有在1981年，出现了来自船舶码头的输送Cd，含量为0.16μg/L，Cd含量都符合国家一类海水水质标准。到了1983年，出现了船舶码头输送的Cd，含量为0.20～1.50μg/L，Cd含量符合国家二类海水水质标准。表明在1979～1983年的5年间，只有两年出现船舶码头向胶州湾水域输送Cd。在1981年，船舶码头向胶州湾水域输送的Cd比较少，到了1983年，船舶码头向胶州湾水域输送的Cd比较多。展示了船舶码头从没有Cd的污染转变为受到Cd的轻度污染，向胶州湾水域输送的Cd从没有转变为比较多。由此认为，随着海上交通繁忙，船只增加，Cd的排放也在迅速增加。

在1979～1983年期间，一直有河流向胶州湾水域输送Cd，但河流输送的Cd一直都比较少。在最初两年，有外海海流的输送，而且输送的Cd一直都很少，由于外海海流输送的Cd太少，随着水域Cd含量的上升，就无法显示外海海流输送的Cd含量。到了第三年(1981年)，出现了来自大气沉降的输送，从第三年开始，到第四年和第五年，出现了地表径流的输送，其输送的Cd含量与大气沉降输送的Cd含量的变化范围是一致的。近岸岛尖端输送的Cd从没有，到比较低，然后到比较高。同样，船舶码头输送的Cd从没有到比较低，然后到比较高。因此，在1979～1983年期间，外海海流的输送、河流的输送、近岸岛尖端的输送、大气沉降的输送、地表径流的输送和船舶码头的输送展示了随着时间的变化，环境领域 Cd 含量在不断地上升(表 16-1)。人类活动所产生的 Cd 几乎没有对河流产生很大的影响，只是对环境影响的途径变得多样化，如近岸岛尖端的输送、大气沉降的输送、地表径流的输送和船舶码头的输送等。

表 16-1　胶州湾不同来源的 Cd 含量　(单位：μg/L)

年份	不同来源					
	外海海流	地表径流	河流	船舶码头	近岸岛尖端	大气沉降
1979	0.25		0.07～0.85			
1980	0.12～0.24			0.16	0.48	
1981		0.40				0.14～0.55
1982		0.38～0.53	0.21			
1983		0.41	0.80	0.20～1.50	3.33	

16.4　结　　论

在 1979～1983 年期间，胶州湾水域 Cd 有 6 个来源，主要为外海海流的输送、河流的输送、近岸岛尖端的输送、大气沉降的输送、地表径流的输送和船舶码头的输送。这 6 种途径给胶州湾整个水域带来了 Cd，其含量变化范围为 0.07～3.33μg/L。随着时间的变化，胶州湾水域 Cd 的污染源发生了很大变化。

外海海流输送的 Cd 含量为 0.12～0.25μg/L。在 1979～1983 年期间，外海海流向胶州湾水域输送的 Cd 含量比较低。在前两年出现外海海流向胶州湾水域输送 Cd。随着胶州湾水域 Cd 含量的上升，就再也没有出现外海海流向胶州湾水域输送 Cd 的情况。

河流输送的 Cd 含量为 0.07～0.85μg/L。在 1979～1983 年期间，河流一直向胶州湾水域输送 Cd，河流没有受到 Cd 的任何污染，向胶州湾水域输送的 Cd 含量一直比较低。

近岸岛尖端输送的 Cd 含量为 0.48～3.33μg/L。在 1979～1982 年期间，有三年近岸岛尖端没有 Cd，有一年有低的 Cd 含量出现，一直到 1983 年，近岸岛尖端才开始受到 Cd 的轻度污染，近岸岛尖端从没有 Cd 的污染转变为受到 Cd 的轻度污染，向胶州湾水域输送的 Cd 含量从没有转变为比较高。

大气沉降输送的 Cd 含量为 0.14～0.55μg/L。在 1979～1983 年的 5 年间，只有 1981 年出现大气沉降向胶州湾水域输送 Cd，大气沉降输送 Cd 的频率非常低，而且大气沉降输送 Cd 的程度也非常低，含量为 0.14～0.55μg/L。

地表径流输送的 Cd 含量为 0.38～0.53μg/L。在 1979～1983 年期间，在前二年地表径流没有 Cd，一直到后三年，地表径流才开始输送比较低的 Cd，地表径流从没有Cd的污染转变为有Cd，向胶州湾水域输送的Cd从没有转变为比较低。有了大气沉降向胶州湾水域输送Cd之后，就出现了地表径流开始输送Cd。

船舶码头输送的Cd含量为0.16～1.50μg/L。在1979～1983年的5年期间，只有两年出现船舶码头向胶州湾水域输送Cd。在1981年，船舶码头向胶州湾水域输送的Cd含量比较低，到了1983年船舶码头向胶州湾水域输送的Cd含量比较高。展示了船舶码头从没有Cd的污染转变为受到Cd的轻度污染，向胶州湾水域输送的Cd含量从没有转变为比较高。由此认为，随着海上交通繁忙，船只增加，Cd的排放也在迅速增加。

因此，在1979～1983年期间，外海海流的输送、河流的输送、近岸岛尖端的输送、大气沉降的输送、地表径流的输送和船舶码头的输送展示了随着时间的变化，环境领域Cd含量在不断地上升。人类活动所产生的Cd几乎没有对河流产生很大的影响，只是对环境影响的输送途径变得多样化，如近岸岛尖端的输送、大气沉降的输送、地表径流的输送和船舶码头的输送等。

参考文献

[1]杨东方，陈豫，王虹，等. 胶州湾水体镉的迁移过程和环境本底值结构 [J]. 海岸工程, 2010, 29(4): 73-82.

[2]杨东方，陈豫，常彦祥，等. 胶州湾水体镉的分布及来源 [J]. 海岸工程, 2013(3): 68-78.

[3]Yang D F, Zhu S X, Wang F Y, et al. The distribution and content of Cadmium in Jiaozhou Bay [J]. Applied Mechanics and Materials, 2014, 644-650: 5325-5328.

[4]Yang D F, Wang F Y, Wu Y F, et al. The structure of environmental background value of Cadmium in Jiaozhou Bay waters [J]. Applied Mechanics and Materials, 2014, 644-650: 5333-5335.

[5]Yang D F, Chen S T, Li B L, et al. Research on the vertical distribution of Cadmium in Jiaozhou Bay waters [C]. Proceedings of the 2015 International Symposium on Computers and Informatics, 2015: 2667-2674.

[6]Yang D F, Zhu S X, Wang F Y, et al. Distribution and aggregation process of Cd in Jiaozhou Bay [J]. Advances in Computer Science Research, 2015, 2352:194-197.

[7]Yang D F, Zhu S X, Wang F Y, et al. Spatial-temporal variations of Cd in Jiaozhou Bay [J]. Advances in Engineering Research, 2016, Part B:403-407.

[8]Yang D F, Yang X, Wang M, et al. The slight impacts of marine current to Cd contents in bottom waters in Jiaozhou Bay[J]. Advances in Engineering Research, 2016, Part B: 412-415.

[9]Yang D F, Yang D, Zhu S, et al. Pollution level and source of Hg in Jiaozhou Bay 1987 [J]. Materials Engineering and Information Technology Application, 2015: 558-561.

[10]Yang D F, Wang F Y, Sun Z H, et al. Research on vertical distribution and settling process of Cd in Jiaozhou Bay [J]. Advances in Engineering Research, 2015, 40: 776-781.

[11]杨东方，王凡，高振会，等. 胶州湾浮游藻类生态现象 [J]. 海洋科学, 2004, 28(6): 71-74.

[12]Yang D F, Gao Z H, Sun P Y, et al. Silicon limitation on primary production and its destiny in Jiaozhou Bay, China [J]. Chinese Journal of Oceanology, 2005, 24(2): 169-175.

[13]国家海洋局. 海洋监测规范 [M]. 北京：海洋出版社, 1991.

第17章　胶州湾水域镉从来源到水域的迁移过程

随着工农业的发展，在许多领域重金属镉得到广泛的应用，含镉类产品众多，包括杀虫剂、电池、农药、半导体材料、电焊材料、聚氯乙烯(PVC)、电视机、计算机、照相材料、光电材料、杀菌剂等。这样，人类活动将含有镉的化合物排放到海洋，造成了海洋环境的污染。在自然界，海底火山喷发将地壳深处的重金属带至海底，海洋水流的作用把重金属及其化合物注入海洋。因此，研究 Cd 在胶州湾水域的存在状况、季节变化和迁移过程[1-12]，对 Cd 影响环境的探索有着非常重要的意义。

本章根据 1979～1983 年胶州湾的调查资料，研究 Cd 含量在胶州湾海域的季节变化和来源变化，确定 Cd 含量受到自然界的存在量和人类活动的影响，展示胶州湾水域 Cd 含量的陆地迁移过程、大气迁移过程、海洋迁移过程，为 Cd 在胶州湾水域的来源、迁移和季节变化的研究提供科学依据。

17.1　背　　景

17.1.1　胶州湾自然环境

胶州湾位于山东半岛南部，其地理位置为 120°04′～120°23′E，35°58′～36°18′N，以团岛与薛家岛连线为界，与黄海相通，面积约为 446km^2，平均水深约 7m，是一个典型的半封闭型海湾(图 17-1)。胶州湾入海的河流有十几条，其中径流量和含沙量较大的为大沽河和洋河，以及青岛市区的海泊河、李村河和娄山河等河流，这些河流均属季节性河流，河水水文特征有明显的季节性变化[13, 14]。

17.1.2　数据来源与方法

本书所使用的调查数据由国家海洋局北海环境监测中心提供。按照国家标准方法进行胶州湾水体Cd的调查[1-8, 11, 12]，该方法被收录在国家的《海洋监测规范》中 [15]。

在 1979 年 5 月、8 月和 11 月，1980 年 6 月、7 月、9 月和 10 月，1981 年 4 月、8 月和 11 月，1982 年 4 月、6 月、7 月和 10 月，1983 年 5 月、9 月和 10 月，进行胶州湾水体 Cd 的调查[1-12]。以 4 月、5 月和 6 月为春季，以 7 月、8 月和 9 月为夏季，以 10 月、11 月和 12 月为秋季。

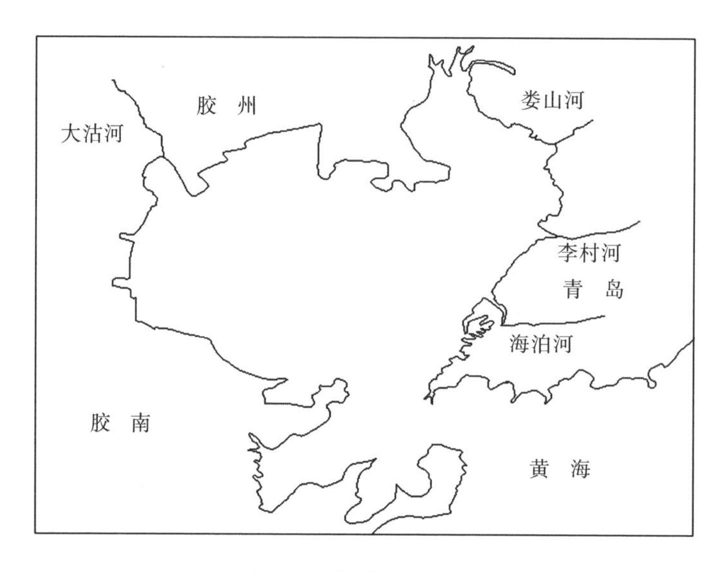

图 17-1 胶州湾地理位置

17.2 季节分布及输入量

17.2.1 季节分布

17.2.1.1 1979 年

在胶州湾水域的表层水体中，在春季的 5 月，Cd 的含量最低，为 0.04～0.07μg/L。在夏季的 8 月，Cd 的含量迅速上升，达到一年中最高，为 0.01～0.85μg/L。在秋季的 11 月，Cd 的含量迅速下降，此时 Cd 的含量是一年中比较低的，为 0.02～0.25μg/L。Cd 的季节变化形成了春季、夏季、秋季的一个峰值曲线。

17.2.1.2 1980 年

在春季的 6 月，表层水体中 Cd 的含量比较低，为 0.05～0.16μg/L。随着夏季的到来，表层水体中 Cd 的含量明显上升，在 7 月和 9 月，Cd 的含量迅速上升，达到一年中最高，为 0.00～0.48μg/L。在秋季的 10 月，Cd 的含量迅速下降，达到一年中最低，为 0.00μg/L。Cd 的季节变化形成了春季、夏季、秋季的一个峰值曲线。

17.2.1.3　1981 年

在春季，整个胶州湾表层水体中 Cd 的含量为 0.00～0.55μg/L，达到了一年中的最高值。然后，Cd 的表层含量下降。在夏季，表层水体中 Cd 的含量为 0.00～0.40 μg/L。然后，Cd 的表层含量进一步下降。在秋季，表层水体中 Cd 的含量为 0.00μg/L。Cd 的季节变化形成了春季、夏季、秋季的一个下降曲线。

17.2.1.4　1982 年

在胶州湾西南沿岸水域的表层水体中，在 4 月，Cd 的含量为 0.11～0.38 μg/L；在 7 月，Cd 的含量为 0.12～0.52μg/L；在 10 月，Cd 的含量为 0.32～0.53μg/L。表明在 4 月、7 月和 10 月，水体中 Cd 的表层含量变化不大(0.11～0.53μg/L)，Cd 的表层含量由低到高依次为 4 月、7 月、10 月。故得到水体中 Cd 的表层含量由低到高的季节变化为春季、夏季、秋季。

17.2.1.5　1983 年

在胶州湾湾口水域的表层水体中，在 5 月，Cd 的含量为 0.09～0.41μg/L；在 9 月，Cd 的含量为 0.40～3.33μg/L；在 10 月，Cd 的含量为 0.10～1.50μg/L。表明在 5 月、9 月和 10 月，水体中 Cd 的表层含量变化不大(0.09～3.33μg/L)，Cd 的表层含量由低到高依次为 5 月、10 月、9 月。故得到水体中 Cd 的表层含量由低到高的季节变化为春季、秋季、夏季。

17.2.2　季节的输入量

17.2.2.1　1979 年

在 1979 年 5 月，Cd 的来源是河流的输送，含量为 0.07μg/L。
在 1979 年 8 月，Cd 的来源是河流的输送，含量为 0.85μg/L。
在 1979 年 11 月，Cd 的来源是外海海流的输送，含量为 0.25μg/L。

17.2.2.2　1980 年

在 1980 年 6 月，Cd 的来源是船舶码头的输送，含量为 0.16μg/L。
在 1980 年 7 月，Cd 的来源是近岸岛尖端的高含量输送，含量为 0.48μg/L。
在 1980 年 9 月，Cd 的来源是外海海流的输送，含量为 0.12～0.24μg/L。
在 1980 年 10 月，在整个胶州湾水域，没有 Cd 的任何来源。

17.2.2.3 1981年

在1981年4月，Cd的来源是大气沉降，含量为0.55μg/L。

在1981年8月，Cd的来源是大气沉降，含量为0.14μg/L；来自地表径流的输送，含量为0.40μg/L。

在1981年11月，在整个胶州湾水域，没有Cd的任何来源。

17.2.2.4 1982年

在1982年4月，Cd的来源是胶州湾近岸地表径流的输送，含量为0.38μg/L。

在1982年7月，Cd的来源是胶州湾近岸地表径流的输送，含量为0.52μg/L。

在1982年10月，Cd的来源是胶州湾近岸地表径流的输送，含量为0.53μg/L。

在1982年6月，Cd的来源是胶州湾的河流的输送，含量为0.21μg/L。

17.2.2.5 1983年

在1983年5月，Cd的来源是船舶码头的微小量输送，含量为0.20μg/L；地表径流的较小量输送，含量为0.41μg/L。

在1983年9月，Cd的来源是近岸岛尖端的高含量输送，含量为3.33μg/L。

在1983年10月，Cd的来源是河流的较高含量输送，含量为0.80μg/L；船舶码头的高含量输送，含量为1.50μg/L。

17.3 从来源到水域的迁移过程

17.3.1 季节变化

在春季、夏季、秋季的季节变化过程中，水体中Cd含量的高低都是依赖Cd来源的输入量大小。这样，在1979～1983年期间，在每一年中，胶州湾季节Cd含量展示了向胶州湾输送Cd的来源和输送量。因此，水体中Cd含量的季节变化都是由Cd来源的输入量决定的。

在1979～1983年期间，在胶州湾水体中，Cd有6个来源，主要为外海海流的输送(0.12～0.25μg/L)、河流的输送(0.07～0.85μg/L)、近岸岛尖端的输送(0.48～3.33μg/L)、大气沉降的输送(0.14～0.55μg/L)、地表径流的输送(0.38～0.53μg/L)和船舶码头的输送(0.16～1.50μg/L)(图17-2)。因此，水体中Cd含量的季节变化就是由这6个Cd来源决定的。

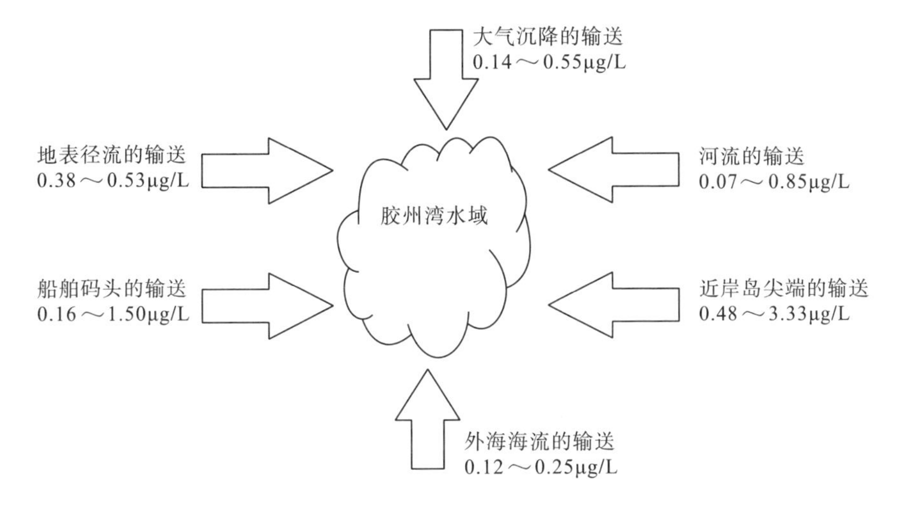

图 17-2　1979～1983 年胶州湾水域 Cd 的 6 个来源

17.3.2　陆地迁移过程

17.3.2.1　输送的来源

含 Cd 的产品众多，包括杀虫剂、电池、农药、半导体材料、电焊材料、聚氯乙烯(PVC)、电视机、计算机、照相材料、光电材料、杀菌剂等，Cd 产品已遍及工业、农业、国防、交通运输和人们日常生活的各个领域。

在生产和运输含 Cd 产品的过程中，向大气、陆地和大海大量排放 Cd。在空气、土壤、地表、河流等任何地方都有 Cd 的残留物，Cd 以各种不同的化学产品和污染物质的形式存在。而且 Cd 的残留物经过地面水和地下水汇集到河流中，最后迁移到海洋的水体中。

17.3.2.2　河流的输送

河流输送的 Cd 含量为 0.07～0.85μg/L。在 1979～1983 年，河流输送的 Cd 的含量几乎一直没有变化，河流没有受到 Cd 的任何污染，向胶州湾水域输送的 Cd 含量比较低。因此，在 1979～1983 年期间，河流一直向胶州湾水域输送 Cd，河流没有受到 Cd 的任何污染，向胶州湾水域输送的 Cd 一直比较少。

自然地表水 Cd 含量通常在 0.01～3μg/L 之间，因此，向胶州湾水域输送 Cd 的河流没有受到人类活动的影响，输送的 Cd 来源于自然界存在的 Cd。

17.3.2.3　模型框图

在 1979～1983 年期间，在胶州湾水体中 Cd 含量的季节变化，是由陆地迁移过程所影响之一。Cd 的陆地迁移过程包括三个阶段：Cd 在自然界的存在、Cd

析出于土壤和地表、河流把 Cd 输入到海洋的近岸水域。这可用模型框图来表示（图 17-3）。Cd 含量的陆地迁移过程通过模型框图来确定，就能分析知道 Cd 经过的路径和留下的轨迹。对此，这个模型框图展示：Cd 在陆地存在，从地表和土壤中析出，经过河流的输送到达海洋。这样，就进一步展示了河流的 Cd 含量主要是由自然界的存在量决定的。因此，河流从自然界带来的 Cd 就是胶州湾水体中 Cd 含量变化的影响因素之一。

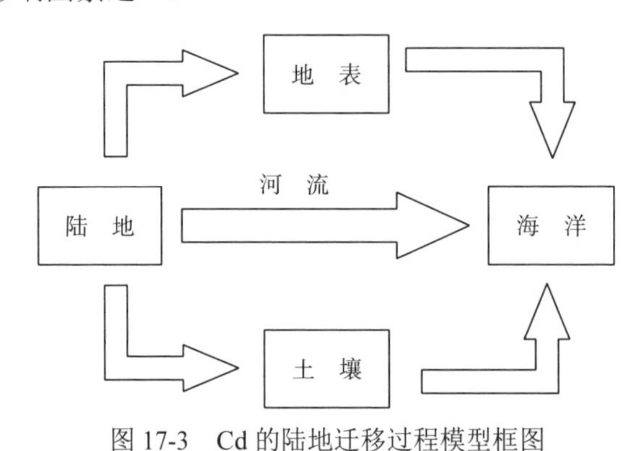

图 17-3 Cd 的陆地迁移过程模型框图

17.3.3 大气迁移过程

17.3.3.1 输送的来源

镉在地壳中的含量比锌少得多，常常少量赋存于锌矿中。由于金属镉比锌更易挥发，因此在用高温冶炼锌时，它比锌更早逸出，不易被人们觉察。大气排放镉包含火山爆发、风力扬尘、森林火灾、植物排放、海浪飞溅等自然过程释放。这样，大气沉降输送 Cd 到陆地的地表和海洋的表面。到了地面的 Cd 经过地表水被带到海洋的水体中。

17.3.3.2 大气沉降的输送

大气沉降输送的 Cd 含量为 0.14～0.55μg/L。在 1979～1980 年和 1982～1983 年，没有发现来自大气沉降的 Cd。只有在 1981 年，出现了来自大气沉降输送的 Cd，含量为 0.14～0.55μg/L。从 1979～1983 年的 5 年间，只有 1981 年出现大气沉降向胶州湾水域输送 Cd，大气沉降输送 Cd 的频率非常低，而且大气沉降输送 Cd 的程度也非常低，含量为 0.14～0.55μg/L。

17.3.3.3 地表径流的输送

地表径流输送的 Cd 含量为 0.38～0.53μg/L。在 1979～1980 年，都没有发现来自地表径流的 Cd。在 1981～1983 年，出现了来自地表径流输送的 Cd，含量为

0.38～0.53μg/L。因此，在 1979～1983 年期间，在前三年地表径流没有 Cd，一直到后两年，地表径流才开始输送比较低的 Cd 含量。

17.3.3.4　大气沉降对地表径流的影响

在 1981 年出现了大气沉降向胶州湾水域输送 Cd，在这之前，没有地表径流输送 Cd。在这之后，地表径流开始输送 Cd，如在 1982 年和 1983 年。在 1981 年，大气沉降输送的 Cd 含量为 0.14～0.55μg/L，在 1982 年和 1983 年，出现了地表径流输送的 Cd，含量为 0.38～0.53μg/L，表明大气沉降输送的 Cd(0.14～0.55μg/L)来到陆地上，Cd 含量高值得到了一些稀释，而 Cd 含量低值得到了一些累积，于是，呈现出地表径流输送的 Cd 含量为 0.38～0.53μg/L。

17.3.3.5　模型框图

在 1979～1983 年期间，大气迁移是影响胶州湾水体中 Cd 含量季节变化的因素之一，Cd 的大气迁移过程出现两个途径：一是大气中 Cd 直接沉降到海洋；二是大气中 Cd 沉降到陆地的地表上，然后地表径流把 Cd 输入到海洋的近岸水域。这可用模型框图来表示(图 17-4)。Cd 的大气迁移过程通过模型框图来确定，就能分析知道 Cd 经过的路径和留下的轨迹。对此，模型框图展示了：Cd 在大气中存在，从大气直接沉降到海洋；从大气沉降到陆地的地表，经过地表径流的输送，Cd 从陆地到海洋。这样，就进一步地展示了大气的 Cd 含量主要是由自然界的存在量决定的。因此，大气从自然界带来的 Cd 含量是胶州湾水体中 Cd 含量变化的影响因素之一。

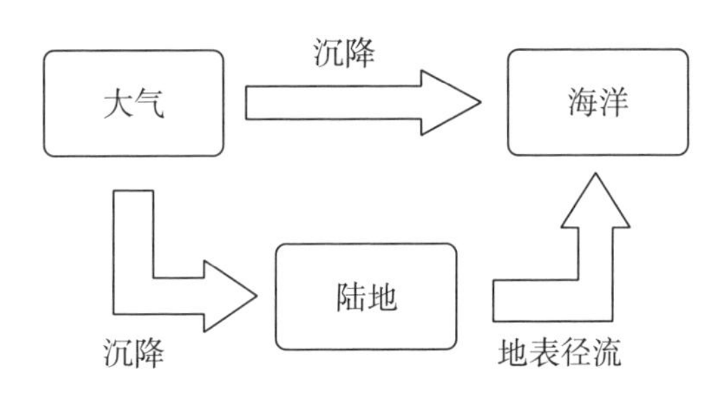

图 17-4　Cd 的大气迁移过程模型框图

17.3.4　海洋迁移过程

17.3.4.1　输送的来源

随着工农业的发展，重金属镉在许多领域得到广泛的应用，如在颜料、涂层、电镀，以及塑料生产的过程中，甚至在可充电的镍镉电池的生产中。因此，人类的活动将含有镉的化合物排放到海洋，造成了海洋环境的污染。在自然界，海底火山喷发将地壳深处的重金属带至海底，海洋水流的作用把重金属及其化合物注入海洋。随着海上交通的逐渐发达，海上的船舰数量在不断增加。在船舰上，由于有大量的涂层、电镀层和颜料，于是，船舰上就含有大量的Cd，当船舰在海上行驶和停靠码头时，就给水域带来了Cd。

17.3.4.2 外海海流的输送

外海海流输送的Cd含量为0.12～0.25μg/L。1979～1980年，外海海流输送的Cd含量的高值为0.24～0.25μg/L，外海海流没有受到Cd的任何污染，而且，只有这两年才向胶州湾水域输送低含量的Cd。在1979～1983年期间，外海海流向胶州湾水域输送的Cd含量比较低。在前两年出现外海海流向胶州湾水域输送Cd。随着胶州湾水域Cd含量的上升，就再也没有出现外海海流向胶州湾水域输送Cd的情况。

17.3.4.3 近岸岛尖端的输送

近岸岛尖端输送的Cd含量为0.48～3.33μg/L。在1979年、1981年和1982年，没有发现来自近岸岛尖端的Cd。在1980年和1983年，出现了近岸岛尖端输送的Cd，含量为0.48～3.33μg/L。表明在1979年、1981年和1982年，近岸岛尖端没有Cd，也没有向胶州湾水域输送Cd。在1980年，近岸岛尖端开始向胶州湾水域输送比较少的Cd，近岸岛尖端没有受到Cd的任何污染。到了1983年，近岸岛尖端受到Cd的轻度污染，向胶州湾水域输送的Cd含量比较高。于是，在1979～1982年期间，有三年近岸岛尖端没有Cd，有一年才有低含量的Cd出现，一直到1983年，近岸岛尖端才开始受到Cd的轻度污染，近岸岛尖端从没有Cd的污染转变为受到Cd的轻度污染，向胶州湾水域输送的Cd含量从没有转变为比较高。

17.3.4.4 船舶码头的输送

船舶码头输送的Cd含量为0.16～1.50μg/L。在1979～1983年期间，有三年都没有发现来自船舶码头的Cd。在1981年，出现了船舶码头输送的Cd，含量为0.16μg/L。到了1983年，出现了船舶码头输送的Cd，含量为0.20～1.50μg/L。表明在1979～1983年的5年间，只有两年出现船舶码头向胶州湾水域输送Cd的情况。在1981年，船舶码头向胶州湾水域输送的Cd含量比较低，到了1983年，船舶码头向胶州湾水域输送的Cd含量比较高。由此认为，随着海上交通繁忙，船只增加，Cd的排放也在迅速增加。

17.3.4.5 模型框图

在1979～1983年期间，海洋迁移过程是影响胶州湾水体中Cd含量季节变化的因素之一，Cd的海洋迁移过程出现3个途径：一是在海洋水域中高含量Cd通过外海海流输送到低含量 Cd 的海洋水域；二是近岸岛尖端把 Cd 输入到海洋的近岸水域；三是在船舶码头附近的海洋水域，船舰在海上行驶和停靠码头，就会给水域带来 Cd，这可用模型框图来表示(图 17-5)。Cd 含量的海洋迁移过程通过模型框图来确定，就能分析知道 Cd 经过的路径和留下的轨迹。对此，模型框图展示了：海洋水域的高含量 Cd 通过外海海流输送到低含量 Cd 的海洋水域；Cd 在近岸岛尖端存在，直接排放到海洋；船舰在海上往来行驶和停靠码头，就会给海洋水域带来 Cd。这样，就进一步地展示了海洋的 Cd 含量是由自然界的存在量和人类活动决定的。因此，海洋从自然界带来的 Cd 和人类活动带来的 Cd 是影响胶州湾水体中 Cd 含量变化的因素。

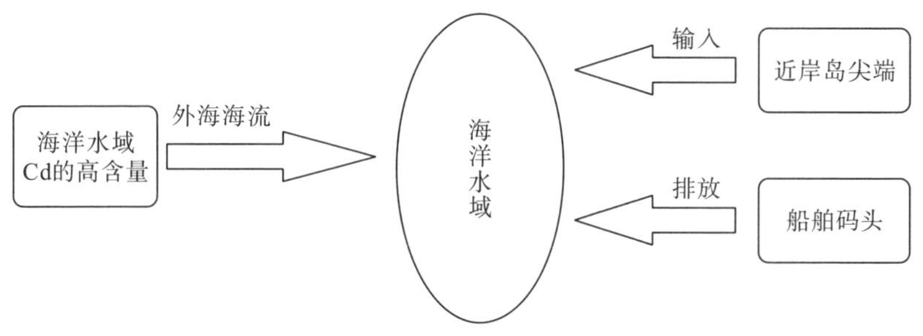

图 17-5　Cd 的海洋迁移过程模型框图

17.4　结　论

在春季、夏季、秋季的季节变化过程中，水体中 Cd 含量的高低都是依赖 Cd 来源的输入量大小。这样，在 1979～1983 年期间，在每一年中，胶州湾季节输入的 Cd 展示了向胶州湾输送 Cd 的来源和输入量的大小。因此，水体中 Cd 含量的季节变化都是由 Cd 来源的输入量决定的。

在 1979～1983 年期间，在胶州湾水体中，胶州湾水域 Cd 有 6 个来源，主要为外海海流的输送(0.12～0.25μg/L)、河流的输送(0.07～0.85μg/L)、近岸岛尖端的输送(0.48～3.33μg/L)、大气沉降的输送(0.14～0.55μg/L)、地表径流的输送(0.38～0.53μg/L)和船舶码头的输送(0.16～1.50μg/L)。因此，水体中 Cd 含量的季节变化就是由这 6 个 Cd 来源决定的。

在 1979～1983 年期间，在胶州湾水体中 Cd 含量的季节变化，是由陆地迁移过程、大气迁移过程、海洋迁移过程所决定的。Cd 的陆地迁移过程出现 3 个阶段：Cd 在自然界存在、Cd 析出于土壤和地表、河流把 Cd 输入到海洋的近岸水域。Cd 的大气迁移过程出现两个途径：一是大气中 Cd 直接沉降到海洋；二是大气中 Cd 沉降到陆地的地表上，然后地表径流把 Cd 输入到海洋的近岸水域。Cd 的海洋迁移过程出现 3 个途径：一是在海洋水域中高含量 Cd 通过外海海流输送到低含量Cd的海洋水域；二是近岸岛尖端把Cd输入到海洋的近岸水域；三是在船舶码头附近的海洋水域，船舰在海上行驶和停靠码头，就会给水域带来Cd。

作者提出各种模型框图，展示了Cd的陆地迁移过程、大气迁移过程、海洋迁移过程，确定Cd经过的路径和留下的轨迹，揭示河流的Cd含量是由自然界的存在量决定的，大气中的Cd含量也是由自然界的存在量决定的，海洋的Cd含量是由自然界的存在量和人类活动决定的。因此，在胶州湾水体中Cd含量的变化表明了河流和大气都没有受到人类活动的影响，只有海洋的Cd含量受到人类活动的影响。

参考文献

[1]杨东方，苗振清. 海湾生态学(上册) [M]. 北京：海洋出版社, 2010.

[2]杨东方，高振会. 海湾生态学(下册) [M]. 北京：海洋出版社, 2010.

[3]杨东方，陈豫，王虹，等. 胶州湾水体镉的迁移过程和环境本底值结构 [J]. 海岸工程, 2010, 29(4): 73-82.

[4]杨东方，陈豫，常彦祥，等. 胶州湾水体镉的分布及来源 [J]. 海岸工程, 2013(3): 68-78.

[5]Yang D F, Zhu S X, Wang F Y, et al. The distribution and content of Cadmium in Jiaozhou Bay [J]. Applied Mechanics and Materials, 2014, 644-650: 5325-5328.

[6]Yang D F, Wang F Y, Wu Y F, et al. The structure of environmental background value of Cadmium in Jiaozhou Bay waters [J]. Applied Mechanics and Materials, 2014, 644-650: 5333-5335.

[7]Yang D F, Chen S T, Li B L, et al. Research on the vertical distribution of Cadmium in Jiaozhou Bay waters [C]. Proceedings of the 2015 International Symposium on Computers and Informatics, 2015: 2667-2674.

[8]Yang D F, Zhu S X, Wang F Y, et al. Distribution and aggregation process of Cd in Jiaozhou Bay [J]. Advances in Computer Science Research, 2015, 2352:194-197.

[9]Yang D F, Zhu S X, Wang F Y, et al. Spatial-temporal variations of Cd in Jiaozhou Bay [J]. Advances in Engineering Research, 2016, Part B:403-407.

[10]Yang D F, Yang X, Wang M, et al. The slight impacts of marine current to Cd contents in bottom waters in Jiaozhou Bay [J]. Advances in Engineering Research, 2016, Part B: 412-415.

[11]Yang D F, Yang D, Zhu S, et al. Pollution level and source of Hg in Jiaozhou Bay 1987 [J]. Materials Engineering and Information Technology Application, 2015: 558-561.

[12]Yang D F, Wang F Y, Sun Z H, et al. Research on vertical distribution and settling process of Cd in Jiaozhou Bay [J]. Advances in Engineering Research, 2015, 40:776-781.

[13]杨东方，王凡，高振会，等. 胶州湾浮游藻类生态现象 [J]. 海洋科学, 2004, 28(6): 71-74.

[14]Yang D F, Gao Z H, Sun P Y, et al. Silicon limitation on primary production and its destiny in Jiaozhou Bay, China [J]. Chinese Journal of Oceanology, 2005, 24(2): 169-175.

[15]国家海洋局. 海洋监测规范 [M]. 北京：海洋出版社, 1991.

第 18 章　胶州湾水域镉的水域沉降过程

镉(Cd)是具有延展性、质地软的带蓝色光泽的银白色金属元素。Cd 具有电离势较高、不易氧化的特点，金属 Cd 主要从硫化物的锌矿石中提取，主要工业用途为制造抗腐蚀、耐磨、易熔的特殊合金材料、电镀材料和电池等。Cd 经过陆地迁移过程、大气迁移过程和海洋迁移过程，进入海洋水域[1-12]。因此，研究海洋水体中 Cd 含量的底层分布变化，对于了解 Cd 含量对环境造成持久性的污染有着非常重要的意义。

根据 1979～1983 年胶州湾水域的调查资料，研究 Cd 在胶州湾水域的存在状况[1-12]。在 1979～1983 年期间，在胶州湾水体中 Cd 来自自然界的输送和人类活动的输送。经过陆地迁移过程、大气迁移过程和海洋迁移过程，Cd 被输入到海洋的近岸水域。本章根据 1979～1983 年胶州湾的调查资料，研究 Cd 在胶州湾海域底层的含量变化和分布变化，为治理 Cd 在水体中的沉降污染提供理论依据。

18.1　背　　景

18.1.1　胶州湾自然环境

胶州湾位于山东半岛南部，其地理位置为 120°04′～120°23′E，35°58′～36°18′N，以团岛与薛家岛连线为界，与黄海相通，面积约为 446km^2，平均水深约 7m，是一个典型的半封闭型海湾(图 18-1)。胶州湾入海的河流有十几条，其中径流量和含沙量较大的为大沽河和洋河，青岛市区的海泊河、李村河和娄山河等河流，这些河流均属季节性河流，河水水文特征有明显的季节性变化[13, 14]。

18.1.2　数据来源与方法

本书所使用的调查数据由国家海洋局北海环境监测中心提供。按照国家标准方法进行胶州湾水体 Cd 的调查[3-12]，该方法被收录在国家的《海洋监测规范》中[15]。

在 1979 年 5 月、8 月和 11 月，1980 年 6 月、7 月、9 月和 10 月，1981 年 4 月、8 月和 11 月，1982 年 4 月、7 月和 10 月，1983 年 5 月、9 月和 10 月，进行

胶州湾水体 Cd 的调查[3-12]。以 4 月、5 月和 6 月为春季，以 7 月、8 月和 9 月为夏季，以 10 月、11 月和 12 月为秋季。

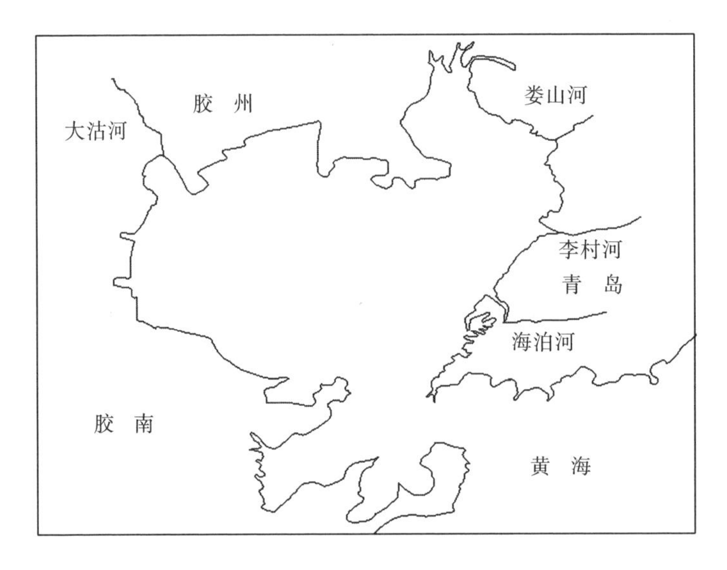

图 18-1 胶州湾地理位置

18.2 底层含量及分布

18.2.1 底层含量

在 1979～1983 年，对胶州湾水体底层的 Cd 含量进行调查，其底层含量的变化范围见表 18-1。

18.2.1.1 1979 年

在胶州湾的湾口底层水域，在 5 月，胶州湾水域 Cd 含量为 0.03～0.07μg/L，符合国家一类海水水质标准(1.00μg/L)；在 8 月，胶州湾水域 Cd 含量为 0.03～0.09μg/L，符合国家一类海水水质标准；在 11 月，胶州湾水域 Cd 含量为 0.01～0.02μg/L，符合国家一类海水水质标准。因此，在 5 月、8 月和 11 月，在胶州湾的湾口底层水域，Cd 在胶州湾水体中的含量为 0.01～0.09μg/L，符合国家一类海水水质标准。表明在 5 月、8 月和 11 月，在胶州湾的湾口底层水域，Cd 含量比较低，水质清洁，完全没有受到 Cd 的污染(表 18-1)。

18.2.1.2　1980 年

在胶州湾的湾口底层水域，在 6 月，胶州湾水域 Cd 含量为 0.10～0.32μg/L，符合国家一类海水水质标准(1.00μg/L)；在 7 月，胶州湾水域 Cd 含量为 0.00～0.35μg/L，符合国家一类海水水质标准；在 9 月，胶州湾水域 Cd 含量为 0.00～0.17μg/L，符合国家一类海水水质标准；在 10 月，胶州湾水域 Cd 含量为 0.00～0.11μg/L，符合国家一类海水水质标准。因此，在 6 月、7 月、9 月和 10 月，在胶州湾的湾口底层水域，Cd 在胶州湾水体中的含量为 0.00～0.35μg/L，符合国家一类海水水质标准。表明在 6 月、7 月、9 月和 10 月，在胶州湾的湾口底层水域，Cd 含量比较低，水质清洁，完全没有受到 Cd 的污染(表 18-1)。

18.2.1.3　1981 年

在胶州湾的湾口底层水域，在 4 月，胶州湾水域 Cd 含量为 0.00～0.02μg/L，符合国家一类海水水质标准(1.00μg/L)；在 8 月，胶州湾水域 Cd 含量为：0.00～0.13μg/L，符合国家一类海水水质标准；在 11 月，胶州湾水域 Cd 含量为 0.00μg/L，符合国家一类海水水质标准。因此，在 4 月、8 月和 11 月，在胶州湾的湾口底层水域，Cd 在胶州湾水体中的含量为 0.00～0.13μg/L，符合国家一类海水水质标准。表明在 4 月、8 月和 11 月，在胶州湾的湾口底层水域，Cd 含量比较低，水质清洁，完全没有受到 Cd 的污染(表 18-1)。

18.2.1.4　1982 年

在 4 月，在胶州湾西南沿岸底层水域，Cd 含量的变化范围为 0.20～0.44μg/L，符合国家一类海水水质标准(1.00μg/L)；在 7 月，在胶州湾西南沿岸底层水域，Cd 含量的变化范围为 0.13～0.24μg/L，符合国家一类海水水质标准；在 10 月，在胶州湾西南沿岸底层水域，Cd 含量的变化范围为 0.21～0.53μg/L，符合国家一类海水水质标准。因此，在 4 月、7 月和 10 月，在胶州湾西南沿岸底层水域，Cd 在胶州湾水体中的含量为 0.13～0.53μg/L，符合国家一类海水水质标准。表明在 4 月、7 月和 10 月，在胶州湾西南沿岸底层水域，Cd 含量比较低，水质清洁，完全没有受到 Cd 的污染(表 18-1)。

18.2.1.5　1983 年

在 5 月，在胶州湾的湾口底层水域，Cd 含量的变化范围为 0.10～0.15μg/L，符合国家一类海水水质标准(1.00μg/L)；在 9 月，在胶州湾的湾口底层水域，Cd 含量的变化范围为 0.67～2.00μg/L，符合国家二类海水水质标准(5.00μg/L)；在 10 月，在胶州湾的湾口底层水域，Cd 含量的变化范围为 0.03～2.00μg/L，符合国家二类海水水质标准。因此，在 5 月、9 月和 10 月，在胶州湾的湾口底层水域，

Cd 含量的变化范围为 0.03～2.00μg/L，超过了国家一类海水水质标准，符合国家二类海水水质标准。表明在 5 月、9 月和 10 月，整个胶州湾水域水质符合国家二类海水水质标准，在胶州湾的湾口底层水域，Cd 含量比较高，水质受到 Cd 的轻度污染(表 18-1)。

表 18-1 4～11 月 Cd 在胶州湾底层水体中的含量 (单位：μg/L)

年份	4 月	5 月	6 月	7 月	8 月	9 月	10 月	11 月
1979		0.03～0.07			0.03～0.09			0.01～0.02
1980			0.10～0.32	0.00～0.35		0.00～0.17	0.00～0.11	
1981	0.00～0.02				0.00～0.13			0.00～0.00
1982	0.20～0.44			0.13～0.24			0.21～0.53	
1983		0.10～0.15				0.67～2.00	0.03～2.00	

18.2.2 底层分布

18.2.2.1 1979 年

在 5 月、8 月和 11 月，在胶州湾的湾口底层水域，从湾口外侧到湾口，再到湾口内侧，在胶州湾湾口水域的 H34、H35、H36 站位，Cd 含量有底层的调查。Cd 含量在底层的水平分布如下。

在 5 月，在胶州湾的湾口底层水域，从湾口内侧到湾口，再到湾口外侧，在胶州湾湾内的西南部近岸水域，Cd 的含量达到较高，为 0.07μg/L，以西南部近岸水域为中心形成了 Cd 的高含量区，形成了一系列不同梯度的平行线。Cd 含量从湾内的高含量区(0.07μg/L)向东部到湾口外侧水域沿梯度递减为 0.03μg/L(图 18-2)。

在 8 月，在胶州湾的湾口底层水域，从湾口内侧到湾口，再到湾口外侧，在胶州湾湾内的西南部近岸水域，Cd 的含量达到较高，为 0.09μg/L，以西南部近岸水域为中心形成了 Cd 的高含量区，形成了一系列不同梯度的平行线。Cd 含量从湾内的高含量区(0.09μg/L)向东部到湾口外侧水域沿梯度递减为 0.03μg/L。

在 11 月，在胶州湾的湾口底层水域，从湾口外侧到湾口内侧，在胶州湾湾外的东部近岸水域，Cd 的含量达到较高，为 0.02μg/L，以湾外的东部近岸水域为中心形成了 Cd 的高含量区，形成了一系列不同梯度的平行线。Cd 含量从湾口外侧的高含量区(0.02μg/L)向西部到湾口内侧水域沿梯度递减为 0.01μg/L。

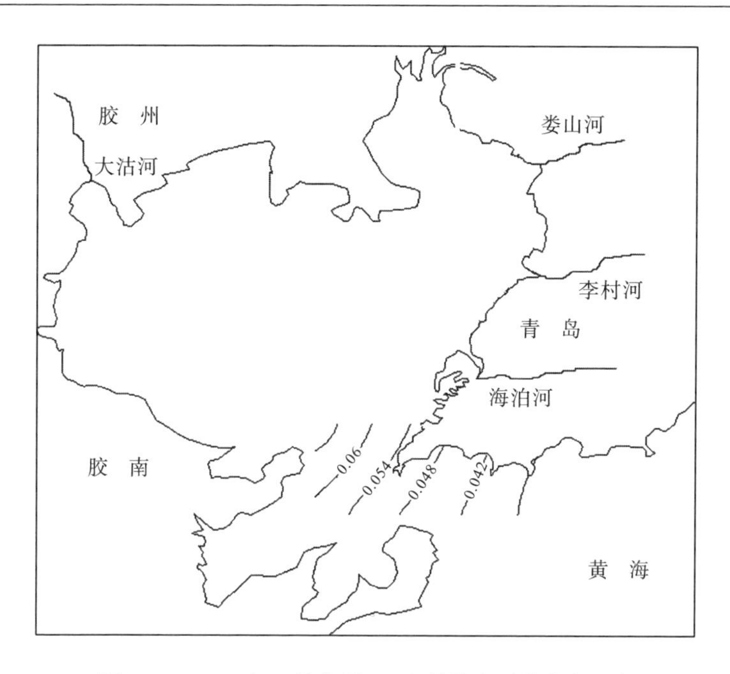

图 18-2　1979 年 5 月底层 Cd 含量的水平分布(μg/L)

18.2.2.2　1980 年

在 6 月、7 月、9 月和 10 月，在胶州湾的湾口底层水域，从湾口外侧到湾口，再到湾口内侧，在胶州湾湾口水域的 H34、H35、H36、H37 和 H82 站位，Cd 含量有底层的调查。Cd 含量在底层的水平分布如下。

在 6 月，Cd 的底层含量为湾外高湾内低，从湾口外侧到湾口内侧，在胶州湾湾外的南部近岸水域，Cd 的含量达到较高，为 0.32μg/L，以湾外的南部近岸水域为中心形成了 Cd 的高含量区，形成了一系列不同梯度的平行线。Cd 含量从湾口外侧的高含量区(0.32μg/L)向西部到湾口内侧水域沿梯度递减为 0.10μg/L(图 18-3)。

在 7 月，Cd 的底层含量为湾外高湾内低，从湾口外侧到湾口内侧，在胶州湾湾外的南部近岸水域，Cd 的含量达到较高，为 0.35μg/L，以湾外的南部近岸水域为中心形成了 Cd 的高含量区，形成了一系列不同梯度的平行线。Cd 含量从湾口外侧的高含量区(0.35μg/L)向西部到湾口内侧水域沿梯度递减为 0.00μg/L。

在 9 月，Cd 的底层含量为湾外高湾内低，从湾口外侧到湾口内侧，在胶州湾湾外的南部近岸水域，Cd 的含量达到较高，为 0.17μg/L，以湾外的南部近岸水域为中心形成了 Cd 的高含量区，形成了一系列不同梯度的平行线。Cd 含量从湾口外侧的高含量区(0.17μg/L)向西部到湾口内侧水域沿梯度递减为 0.00μg/L。

在 10 月，Cd 的底层含量为湾外高湾内低，从湾口外侧到湾口内侧，在胶州湾湾外的南部近岸水域，Cd 的含量达到较高，为 0.11μg/L，以湾外的南部近岸水域为中心形成了 Cd 的高含量区，形成了一系列不同梯度的平行线。Cd 含量从湾口外侧的高含量区(0.11μg/L)向西部到湾口内侧水域沿梯度递减为 0.00μg/L。

因此，在 6 月、7 月、9 月和 10 月，底层 Cd 含量的水平分布为湾外高湾内低。

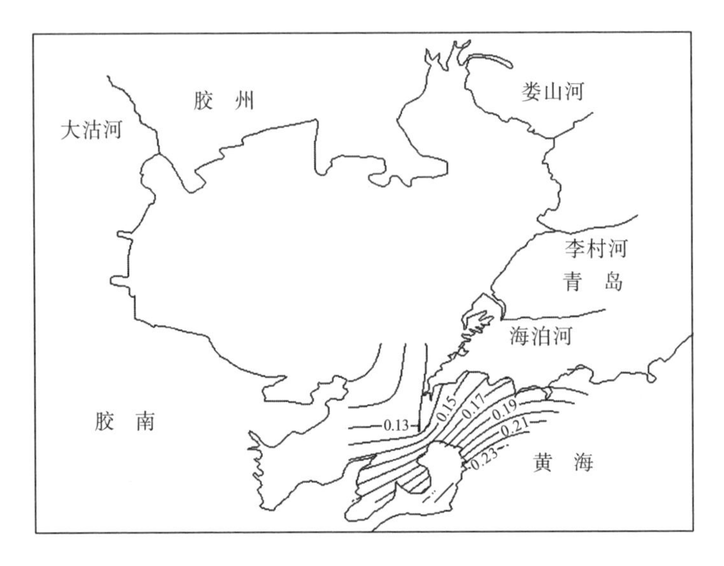

图 18-3 1980 年 6 月底层 Cd 含量的水平分布(μg/L)

18.2.2.3 1981 年

在 4 月、8 月和 11 月，在胶州湾湾口底层水域的 A1、A2、A3、A5、A6、A8、B5 站位，Cd 含量有底层的调查。其中 A1、A2 站位构成湾口外侧底层水域，A3、A5 站位构成湾口底层水域，A6、A8、B5 站位构成湾口内侧底层水域，这 7 个站位构成了胶州湾的湾口底层水域，即从湾口外侧到湾口，再到湾口内侧。

在 4 月，Cd 的底层含量为湾外高湾内低，从湾口外侧到湾口内侧，在胶州湾的湾外水域，Cd 的含量达到较高，为 0.02μg/L，以湾外水域为中心形成了 Cd 的高含量区，形成了一系列不同梯度的平行线。Cd 含量从湾口外侧的高含量区 0.02μg/L 向西部到湾口内侧水域沿梯度递减为 0.00μg/L(图 18-4)。

在 8 月，在湾口内侧水域 Cd 的底层含量为湾西南的近岸高湾中心低。在湾西南的近岸水域，Cd 含量较高，为 0.13μg/L，以湾口内侧的湾西南近岸水域为中心形成了 Cd 的高含量区，形成了一系列不同梯度的平行线。Cd 含量从湾口内侧的湾西南近岸水域的高含量 0.13μg/L 到中心水域沿梯度递减为 0.00μg/L。

在 8 月，Cd 的底层含量为湾外高湾内低，从湾口外侧到湾口内侧，在胶州湾的湾外水域，Cd 的含量达到较高，为 0.07μg/L，以湾外水域为中心形成了 Cd 的高含量区，形成了一系列不同梯度的平行线。Cd 含量从湾口外侧的高含量区(0.07μg/L)向西部到湾口内侧水域沿梯度递减为 0.00μg/L。

在 11 月，在胶州湾的湾口底层水域，从湾口外侧到湾口，再到湾口内侧，Cd 含量都为 0.00μg/L。

图 18-4　1981 年 4 月底层 Cd 含量的水平分布(μg/L)

18.2.2.4　1982 年

在 4 月、7 月和 10 月，在胶州湾西南沿岸水域的 083、084、122 和 123 站位，Cd 含量有底层的调查。从西南的近岸到湾口，从 122 站位到 083 站位，Cd 含量在底层的水平分布如下。

在 4 月、7 月和 10 月，胶州湾西南沿岸底层水域 Cd 含量为 0.13～0.53 μg/L。在胶州湾西南沿岸的底层水域，从西南的近岸到湾口，Cd 含量形成了一系列梯度，并沿梯度增加或者减少(图 18-5)。在 4 月，从西南的近岸到湾口，沿梯度从 0.20μg/L 增加到 0.44μg/L。在 7 月，从西南的近岸到湾口，沿梯度从 0.24μg/L 减少到 0.13μg/L(图 18-5)。在 10 月，从西南的近岸到湾口，沿梯度从 0.53μg/L 减少到 0.21μg/L。

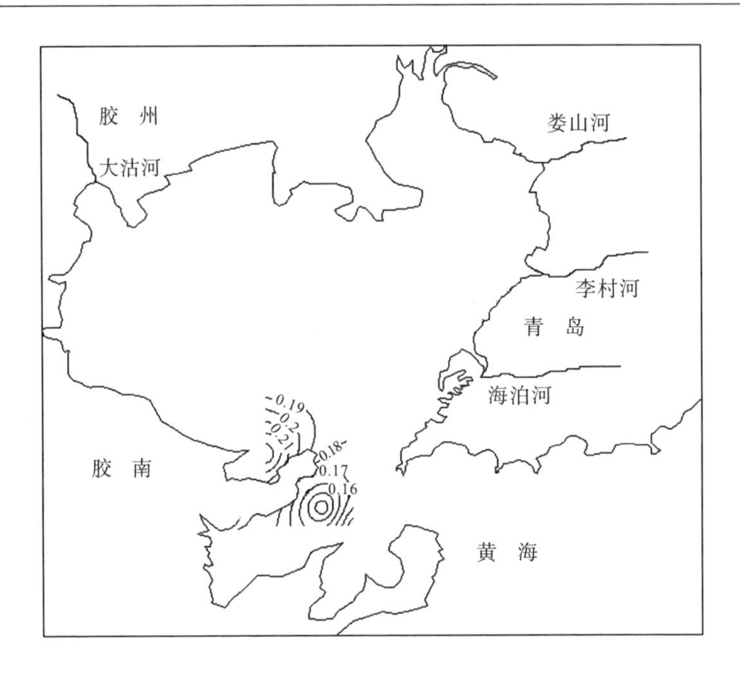

图 18-5 1982 年 7 月底层 Cd 含量的水平分布(μg/L)

18.2.2.5 1983 年

在 5 月，在胶州湾的湾口水域，水体中底层 Cd 的水平分布状况是其含量由东部的湾内向南部的湾外方向递减。在胶州湾东部的底层近岸水域，形成了 Cd 的微高含量区(0.15μg/L)，展示了一系列不同梯度的平行线。Cd 含量从东部湾内的微高含量(0.15μg/L)沿梯度递减到湾口水域的 0.10μg/L。在胶州湾的湾口水域，形成了 Cd 的较微高含量区，展示了一系列不同梯度的半个同心圆。Cd 含量从中心的较微高含量(0.14μg/L)向湾内的西部水域沿梯度递减到 0.10μg/L，同时，向湾外的东部水域沿梯度递减到 0.11μg/L。

在 9 月，在胶州湾湾外的东部近岸水域，形成了 Cd 的高含量区(2.00μg/L)，形成了一系列不同梯度的平行线。Cd 含量从湾外东部近岸水域的高含量(2.00μg/L)沿梯度向南部水域递减到 0.67μg/L。在胶州湾的湾口水域，形成了 Cd 的较高含量区(1.63μg/L)，形成了一系列不同梯度的半个同心圆。Cd 含量从湾口水域的较高含量(1.63μg/L)向湾内的西部水域沿梯度递减到 0.80μg/L，同时，向湾外的东部水域沿梯度递减到 0.67μg/L。

在 10 月，在胶州湾的湾口水域，形成了 Cd 的高含量区(2.00μg/L)，形成了一系列不同梯度的半个同心圆。Cd 含量从湾口水域的高含量(2.00μg/L)向湾内的西北部水域沿梯度递减到 0.50μg/L，同时，向湾外的东南部水域沿梯度递减到 0.03μg/L(图 18-6)。

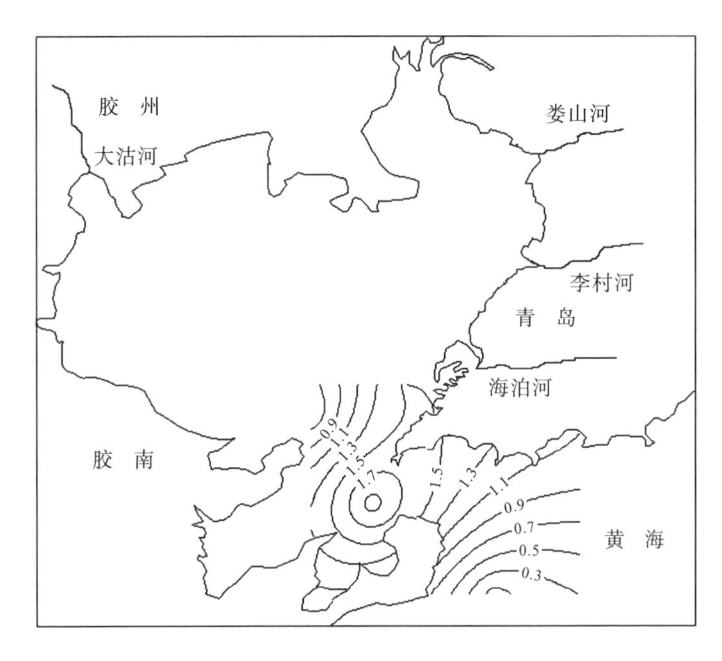

图 18-6　1983 年 10 月底层 Cd 含量的水平分布(μg/L)

18.3　沉 降 过 程

18.3.1　月份变化

4～11 月，在胶州湾水体中底层 Cd 含量的变化范围为 0.00～2.00μg/L，符合国家一、二类海水水质标准。表明在 Cd 含量方面，4～8 月和 11 月，在胶州湾的底层水域，水质清洁，完全没有受到 Cd 的污染。在 9 月和 10 月，在胶州湾的底层水域，水质受到 Cd 的轻度污染。

在胶州湾的底层水域，4～11 月，每个月 Cd 含量高值的变化范围为 0.00～2.00μg/L，每个月 Cd 含量低值的变化范围为 0.00～0.67μg/L（图 18-7）。那么，每个月 Cd 含量高值变化的差是 2.00−0.00=2.00μg/L，而每个月 Cd 含量低值变化的差是 0.67−0.00= 0.67μg/L。作者发现每个月 Cd 含量高值变化范围比较大，而低值变化范围比较小，说明 Cd 经过垂直水体的效应作用[9, 13, 14]，呈现出在胶州湾的底层水域 Cd 含量的低值变化范围比较稳定，变化比较小。

在胶州湾的底层水域，4～8 月和 11 月，每个月 Cd 含量高值都小于 0.50μg/L，都符合国家一类海水水质标准(1.00μg/L)。只有 9 月和 10 月 Cd 含量高值都大于 1.00μg/L，都符合国家二类海水水质标准(5.00μg/L)。揭示了 4～11 月，其中有 6 个月，水质都没有受到 Cd 的污染，每个月 Cd 含量高值都小于国家一类海水水质标准的二分之一；其中有 2 个月，水质受到 Cd 的轻度污染。

在胶州湾的底层水域，在 10 月，1980～1983 年，随着时间变化，Cd 含量大幅度上升。在 5 月，1979～1983 年，随着时间变化，Cd 含量逐渐上升。

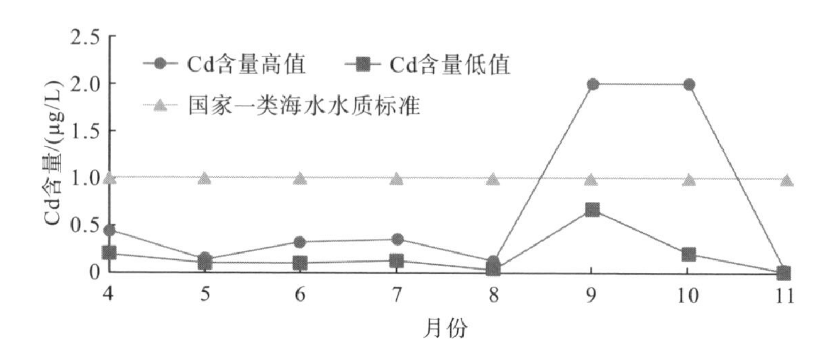

图 18-7 底层的 Cd 含量随着月份的变化

18.3.2 季节变化

以每年 4 月、5 月、6 月代表春季，7 月、8 月、9 月代表夏季，10 月、11 月、12 月代表秋季。在 1979～1983 年期间，在胶州湾水体中 Cd 含量在春季较低（0.00～0.44μg/L），在夏季和秋季较高（0.00～2.00μg/L）。因此，在胶州湾的底层水域，水体中 Cd 的底层含量由低到高的季节变化为春季、夏季、秋季。展示了在胶州湾的底层水域，Cd 含量随着一年的季节变化在逐渐上升。

18.3.3 水域沉降过程

胶州湾海域底层水体中 Cd 含量的分布变化，展示了 Cd 的沉降过程。

Cd 是具有延展性、质地软的带蓝色光泽的银白色金属元素，Cd 具有电离势较高、不易氧化的特点，金属 Cd 主要从硫化物的锌矿石中提取，主要工业用途为制造抗腐蚀、耐磨、易熔的特殊合金材料、电镀材料和电池等。Cd 经过陆地迁移过程、大气迁移过程和海洋迁移过程，进入海洋水域，绝大部分经过重力沉降、生物沉降、化学作用等迅速由水相转入固相，最终转入沉积物中。从春季的 5 月开始，海洋生物大量繁殖，数量迅速增加，到夏季的 8 月，达到了高峰值[13]，且由于浮游生物的繁殖活动，悬浮颗粒物表面形成胶体，此时的吸附力最强，吸附了大量的 Cd，大量的 Cd 随着悬浮颗粒物迅速沉降到海底。这样，在春季、夏季和秋季，Cd 输入到海洋，颗粒物质和生物体将 Cd 从表层带到底层。

于是，Cd 经过了水平水体的效应作用、垂直水体的效应作用及水体的效应作用[16-18]，形成了胶州湾底层水域的高含量区。

在 1979 年，在胶州湾湾内的西南部近岸水域，Cd 含量从胶州湾的湾口内侧水域到湾口外侧底层水域沿梯度递减。同年，胶州湾的湾口外侧水域为 Cd 的高含量区，Cd 含量从胶州湾的湾口外侧水域到湾口内侧水域沿梯度递减。这样，在 1979 年，就有两个高含量区：胶州湾的湾口内侧水域和湾口外侧水域。

在 1980 年，湾外的底层水域为 Cd 的高含量区，Cd 含量从湾口外侧的高含量区向西部到湾口内侧水域沿梯度递减。这样，在 1980 年，只有一个湾外的底层水域为 Cd 的高含量区。

在 1981 年，湾口内侧的西南近岸水域为 Cd 的高含量区，Cd 含量从湾口内侧的西南近岸水域到湾口内侧中心水域沿梯度递减；湾外的底层水域也为 Cd 的高含量区，Cd 含量从湾口外侧向西部到湾口内侧水域沿梯度递减。因此，在 1981 年，有两个 Cd 高含量区：湾口内侧西南近岸底层水域和湾外底层水域。

在 1982 年，湾中心为 Cd 的高含量区，Cd 含量从东北的湾中心到西南的近岸底层水域沿梯度递减。同年，西南的近岸底层水域为 Cd 的高含量区，Cd 含量从西南的近岸底层水域到东北的湾中心沿梯度递减。这样，在 1982 年，就有两个 Cd 高含量区：东北的湾中心底层水域和西南的近岸底层水域。

在 1983 年，在胶州湾的湾口底层水域，在 5 月，以东部的湾内近岸水域为中心形成了 Cd 的高含量区，Cd 含量从东部的湾内近岸水域沿梯度递减到南部的湾外水域。同月，胶州湾的湾口底层水域为 Cd 的高含量区，Cd 含量从胶州湾的湾口水域到湾内的西部水域沿梯度递减，同时，向湾外的东部水域沿梯度递减。这样，在 1983 年 5 月，就有两个 Cd 高含量区：东部的湾内近岸水域和湾口底层水域。

在 1983 年，在胶州湾的湾口底层水域，在 9 月，Cd 含量从湾外东部近岸水域的高含量(2.00μg/L)沿梯度向南部水域递减。同月，胶州湾的湾口底层水域为 Cd 的高含量区，Cd 含量从胶州湾的湾口水域到湾内的西部水域沿梯度递减，同时，向湾外的东部水域沿梯度递减。这样，在 1983 年 9 月，就有两个 Cd 高含量区：湾外东部近岸水域和湾口底层水域。

在 1983 年，在胶州湾的湾口底层水域，在 10 月，胶州湾的湾口底层水域为 Cd 的高含量区，Cd 含量从胶州湾的湾口水域到湾内的西部水域沿梯度递减，同时，向湾外的东部水域沿梯度递减。这样，在 1983 年 10 月，只有一个 Cd 高含量区：湾口底层水域。

因此，在 1983 年，在胶州湾的湾口底层水域，在 5 月，有两个 Cd 高含量区：东部的湾内近岸水域和湾口底层水域。在 9 月，有两个 Cd 高含量区：湾外东部近岸水域和湾口底层水域。在 10 月，只有一个 Cd 高含量区：湾口底层水域。于是，在 1983 年，在胶州湾的湾口底层水域，5 月有两个 Cd 高含量区，9 月有两个 Cd 高含量区，10 月有一个 Cd 高含量区，而且，在 5 月、9 月和 10 月，有一个共同的 Cd 高含量区：湾口底层水域。

18.3.4 水域沉降起因

在 1979 年，有两个 Cd 的高含量区：胶州湾的湾口内侧水域和湾口外侧水域。表明在河流的输送(0.07～0.85μg/L)、外海海流的输送(0.25μg/L)下，经过水平水体的效应作用、垂直水体的效应作用及水体的效应作用[16-18]，胶州湾底层水域 Cd 的高含量区是湾口内侧水域和湾口外侧水域。因此，河流的输送、外海海流的输送是两个不断的和强有力的输送。

在 1980 年，只有一个湾外的底层水域为 Cd 的高含量区。表明在外海海流的输送(0.12～0.24μg/L)下，经过水平水体的效应作用、垂直水体的效应作用及水体的效应作用[16-18]，胶州湾底层水域 Cd 的高含量区是湾外的底层水域。对于 Cd 含量的其他输送来源，在胶州湾底层水域没有任何显示迹象。因此，外海海流的输送是一个不断的和强有力的输送。

在 1981 年，有两个 Cd 的高含量区：湾口内侧西南近岸底层水域和湾外底层水域。表明在地表径流的输送(0.40μg/L)下，经过水平水体的效应作用、垂直水体的效应作用及水体的效应作用[16-18]，胶州湾底层水域 Cd 的高含量区是湾口内侧西南近岸水域和湾外水域。对于 Cd 的其他输送来源，在胶州湾底层水域没有任何显示迹象。因此，地表径流的输送是一个强有力的输送。

在 1982 年，有两个 Cd 的高含量区：东北的湾中心底层水域和西南的近岸底层水域。表明在河流的输送(0.21μg/L)、地表径流的输送(0.38～0.53μg/L)下，经过水平水体的效应作用、垂直水体的效应作用及水体的效应作用[16-18]，胶州湾底层水域 Cd 的高含量区是东北的湾中心底层水域和西南的近岸底层水域。对于 Cd 的其他输送来源，在胶州湾底层水域没有任何显示迹象。因此，河流的输送、地表径流的输送是两个不断的和强有力的输送。

在 1983 年，有 3 个 Cd 的高含量区：东部的湾内近岸水域、湾外东部近岸水域和湾口底层水域。表明在近岸岛尖端的输送(3.33μg/L)、地表径流的输送(0.41μg/L)、河流的输送(0.80μg/L)和船舶码头的输送(0.20～1.50μg/L)下，经过水平水体的效应作用、垂直水体的效应作用及水体的效应作用[16-18]，胶州湾底层水域 Cd 的高含量区是东部的湾内近岸水域、湾外东部近岸水域和湾口底层水域。对于 Cd 的其他输送来源，在胶州湾底层水域没有任何显示迹象。因此，近岸岛尖端的输送、地表径流的输送和船舶码头的输送是三个不断的和强有力的输送。

在 1979～1983 年期间，向胶州湾输送 Cd 的各种来源展示了 Cd 在迅速地沉降，并且在底层具有累积的过程。在第一年，有两个来源将 Cd 经过水体沉降到海底，决定了 Cd 含量的高沉降区域。在第二、三年，有单一来源将 Cd 经过水体沉降到海底，决定了 Cd 的高沉降区域。到第四年，有两个来源将 Cd 经过水体沉降到海底。到第五年，有四个来源将 Cd 经过水体沉降到海底。这个过程揭示了，随着时间的变化，输送 Cd 的量在逐渐增加，输送 Cd 的来源也在逐渐增加，使海底留下 Cd 的高沉降区域在逐渐增加，高沉降区域的 Cd 含量逐渐上升(表 18-2)。

表 18-2　胶州湾水体的 Cd 来源及沉降

来源及沉降	1979 年	1980 年	1981 年	1982 年	1983 年
Cd 的来源	河流的输送和外海海流的输送	外海海流的输送	外海海流的输送	河流的输送和地表径流的输送	近岸岛尖端的输送、地表径流的输送、河流的输送和船舶码头的输送
来源输送 Cd 的含量/(μg/L)	0.07～0.85 和 0.25	0.12～0.24	0.40	0.21 和 0.38～0.53	3.33、0.41、0.80 和 0.20～1.50
高沉降区域	湾内的底层水域和湾外的底层水域	湾外的底层水域	湾口内侧西南近岸水域和湾外的底层水域	东北的湾中心底层水域和西南的近岸底层水域	东部的湾内近岸水域、湾外东部近岸水域和湾口底层水域
高沉降区域Cd含量/(μg/L)	0.02～0.09	0.11～0.35	0.02～0.13	0.24～0.53	0.15～2.00

18.4　结　　论

在 1979～1983 年期间，4～11 月，在胶州湾水体中底层 Cd 含量的变化范围为 0.00～2.00μg/L，符合国家一、二类海水水质标准。表明在 Cd 含量方面，4～8 月和 11 月，在胶州湾的底层水域，水质清洁，完全没有受到 Cd 的任何污染。在 9 月和 10 月，在胶州湾的底层水域，水质受到 Cd 的轻度污染。在胶州湾的底层水域，在 10 月，在 1980～1983 年，随着时间变化，Cd 含量在大幅度地上升。在 5 月，在 1979～1983 年，随着时间变化，Cd 含量在逐渐上升。

在 1979～1983 年期间，向胶州湾输送 Cd 的各种来源展示了 Cd 在迅速地沉降，并且在底层具有累积的过程。在第一年，有两个来源将 Cd 经过水体沉降到海底，决定了 Cd 的高沉降区域。在第二、三年，有单一来源将 Cd 经过水体沉降到海底，决定了 Cd 的高沉降区域。到第四年，有两个来源将 Cd 经过水体沉降到海底。到第五年，有四个来源将 Cd 经过水体沉降到海底。这个过程揭示了，随着时间的变化，输送 Cd 的量在逐渐增加，输送 Cd 的来源也在逐渐增加，使海底留下 Cd 的高沉降区域在逐渐增加，高沉降区域的 Cd 含量在逐渐上升。因此，沉降过程的特征说明了在 1979～1983 年期间，在时间和空间尺度上，表层输送 Cd 的量、输送 Cd 的来源、Cd 的高沉降区域、高沉降区域的 Cd 含量都在增加。以上展示了不仅自然界输送的 Cd 在增加，而且人类活动输送的 Cd 也在增加。

参考文献

[1]杨东方, 苗振清. 海湾生态学(上册) [M]. 北京: 海洋出版社, 2010.

[2]杨东方, 高振会. 海湾生态学(下册) [M]. 北京: 海洋出版社, 2010.

[3]杨东方, 陈豫, 王虹, 等. 胶州湾水体镉的迁移过程和环境本底值结构 [J]. 海岸工程, 2010, 29(4): 73-82.

[4]杨东方, 陈豫, 常彦祥, 等. 胶州湾水体镉的分布及来源 [J]. 海岸工程, 2013(3): 68-78.

[5]Yang D F, Zhu S X, Wang F Y, et al. The distribution and content of Cadmium in Jiaozhou Bay [J]. Applied Mechanics and Materials, 2014, 644-650: 5325-5328.

[6]Yang D F, Wang F Y, Wu Y F, et al. The structure of environmental background value of Cadmium in Jiaozhou Bay waters [J]. Applied Mechanics and Materials, 2014, 644-650: 5333-5335.

[7]Yang D F, Zhu S X, Wang F Y, et al. Distribution and aggregation process of Cd in Jiaozhou Bay [J]. Advances in Computer Science Research, 2015, 2352:194-197.

[8]Yang D F, Zhu S X, Wang F Y, et al. Spatial-temporal variations of Cd in Jiaozhou Bay [J]. Advances in Engineering Research, 2016, Part B:403-407.

[9] Yang D F, Yang X, Wang M, et al. The slight impacts of marine current to Cd contents in bottom waters in Jiaozhou Bay [J]. Advances in Engineering Research, 2016, Part B: 412-415.

[10] Yang D F, Yang D, Zhu S, et al. Pollution level and source of Cd in Jiaozhou Bay [J]. Materials Engineering and Information Technology Application, 2015: 558-561.

[11]Yang D F, Wang F Y, Sun Z H, et al. Research on vertical distribution and settling process of Cd in Jiaozhou Bay [J]. Advances in Engineering Research, 2015, 40:776-781.

[12]Yang D F, Chen S T, Li B L, et al. Research on the vertical distribution of Cadmium in Jiaozhou Bay waters [C]. Proceedings of the 2015 International Symposium on Computers and Informatics, 2015: 2667-2674.

[13]杨东方, 王凡, 高振会, 等. 胶州湾浮游藻类生态现象 [J]. 海洋科学, 2004, 28(6): 71-74.

[14]Yang D F, Gao Z H, Sun P Y, et al. Silicon limitation on primary production and its destiny in Jiaozhou Bay, China [J]. Chinese Journal of Oceanology, 2005, 24(2): 169-175.

[15]国家海洋局. 海洋监测规范 [M]. 北京: 海洋出版社, 1991.

[16]Yang D F, Wang F Y, Zhao X L, et al. Horizontal waterbody effect of hexachlorocyclohexane [J]. Sustainable Energy and Environment Protection, 2015: 191-195.

[17] Yang D F, Wang F Y, He H Z, et al. Vertical water body effect of benzene hexachloride[C]. Proceedings of the 2015 International Symposium on Computers and Informatics, 2015: 2655-2660.

[18]Yang D F, Wang F Y, Yang X Q, et al. Water' s effect of benzene hexachloride [J]. Advances in Computer Science Research, 2015, 2352:198-204.

第19章　胶州湾水域镉的水域迁移趋势过程

镉(Cd)是具有延展性、质地软的带蓝色光泽的银白色金属元素。在自然界中，Cd在地壳中的含量比锌少得多，常常少量赋存于锌矿中。Cd是显著的亲铜元素和分散元素，与锌的地球化学性质很相似，两者有着共同的地球化学行为，但Cd比锌具有更强的亲硫性、分散性和亲石性。而且金属Cd比锌更易挥发，在用高温冶炼锌时，它比锌更早逸出，不易被人们觉察。说明Cd在水域迁移过程中，一直具有不稳定的化学性质。因此，研究海洋水体中表、底层Cd含量的水平分布趋势[1-12]，了解Cd在水体中的迁移过程有着非常重要的意义。根据1979～1983年胶州湾水域的调查资料，作者提出了Cd的水域迁移趋势过程和其模型框图，展示Cd经过的路径和留下的轨迹，并且预测表、底层Cd含量的水平分布趋势，为治理Cd污染的环境提供理论依据。

19.1　背　　景

19.1.1　胶州湾自然环境

胶州湾位于山东半岛南部，其地理位置为120°04′～120°23′E，35°58′～36°18′N，以团岛与薛家岛连线为界，与黄海相通，面积约为446km^2，平均水深约7m，是一个典型的半封闭型海湾(图19-1)。胶州湾入海的河流有十几条，其中径流量和含沙量较大的为大沽河和洋河，以及青岛市区的海泊河、李村河和娄山河等河流，这些河流均属季节性河流，河水水文特征有明显的季节性变化[13, 14]。

19.1.2　数据来源与方法

本书所使用的调查数据由国家海洋局北海环境监测中心提供。按照国家标准方法进行胶州湾水体Cd的调查[3-12]，该方法被收录在国家的《海洋监测规范》中[15]。

在1979年5月、8月和11月，1980年6月、7月、9月和10月，1981年4月、8月和11月，1982年4月、7月和10月，1983年5月、9月和10月，进行胶州湾水体Cd的调查[3-12]。以4月、5月和6月为春季，以7月、8月和9月为夏季，以10月、11月和12月为秋季。

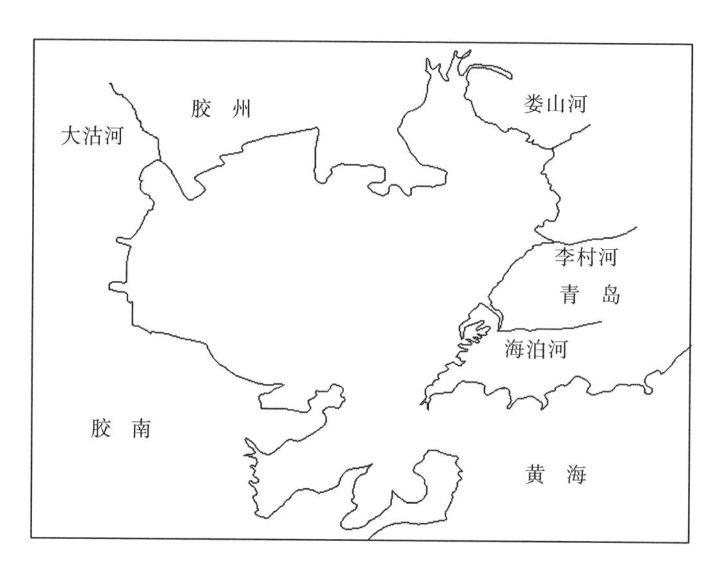

图19-1 胶州湾地理位置

19.2 水平分布趋势

在1979～1983年，对胶州湾水体表、底层的Cd含量进行调查，展示了表、底层含量的水平分布趋势。

19.2.1 1979年

在胶州湾的湾口水域，从胶州湾湾口外侧水域的H34站位到湾口水域的H35站位，Cd含量的水平分布如下。

在5月，在表层，Cd含量沿梯度下降，从0.06μg/L下降到0.05μg/L。在底层，Cd含量沿梯度上升，从0.03μg/L上升到0.05μg/L。表明表、底层含量的水平分布趋势是相反的。

在8月，在表层，Cd含量沿梯度下降，从0.06μg/L下降到0.03μg/L。在底层，Cd含量沿梯度上升，从0.03μg/L上升到0.09μg/L。表明表、底层含量的水平分布趋势是相反的。

在 11 月，在表层，Cd 含量沿梯度下降，从 0.25μg/L 下降到 0.02μg/L。在底层，Cd 含量沿梯度保持不变，为 0.02μg/L。表明表层含量的水平分布趋势是下降的，而底层含量的水平分布趋势是保持不变的。

在 5 月和 8 月，在胶州湾湾口水域的水体中，表层 Cd 含量的水平分布与底层的水平分布趋势是相反的。在 11 月，表层含量的水平分布趋势是下降的，而底层含量的水平分布趋势是保持不变的(表 19-1)。

表 19-1　1979 年在胶州湾水域 Cd 含量的表、底层水平分布趋势

月份	表层	底层	趋势
5	下降	上升	相反
8	下降	上升	相反
11	下降	不变	不一样

19.2.2　1980 年

在胶州湾的湾口水域，从胶州湾湾口外侧水域的 H34 站位到湾口水域的 H35 站位，Cd 含量的水平分布如下。

在 6 月，在表层，Cd 含量沿梯度上升，从 0.06μg/L 上升到 0.12μg/L。在底层，Cd 含量沿梯度下降，从 0.18μg/L 下降到 0.13μg/L。表明表、底层 Cd 含量的水平分布趋势是相反的。

在 7 月，在表层，Cd 含量沿梯度上升，从 0.08μg/L 上升到 0.48μg/L。在底层，Cd 含量沿梯度上升，从 0.07μg/L 上升到 0.31μg/L。表明表、底层 Cd 含量的水平分布趋势是一致的。

在 9 月，在表层，Cd 含量沿梯度下降，从 0.24μg/L 下降到 0.00μg/L。在底层，Cd 含量沿梯度下降，从 0.13μg/L 下降到 0.00μg/L。表明表、底层 Cd 含量的水平分布趋势是一致的。

在 10 月，在表层，Cd 含量沿梯度保持不变，为 0.00μg/L。在底层，Cd 含量沿梯度下降，从 0.11μg/L 下降到 0.08μg/L。表明表层 Cd 含量的水平分布趋势是保持不变的，而底层 Cd 含量的水平分布趋势是下降的。

在 6 月，在胶州湾湾口水域的水体中，表层 Cd 含量的水平分布与底层含量的水平分布趋势是相反的；在 7 月和 9 月，在胶州湾湾口水域的水体中，表层 Cd 含量的水平分布与底层含量的水平分布趋势是一致的；在 10 月，在胶州湾湾口水域的水体中，表层 Cd 含量的水平分布趋势是保持不变的，而底层 Cd 含量的水平分布趋势是下降的(表 19-2)。

表 19-2 1980 年在胶州湾水域 Cd 含量的表、底层水平分布趋势

月份	表层	底层	趋势
6	上升	下降	相反
7	上升	上升	一致
9	下降	下降	一致
10	不变	下降	不一样

19.2.3 1981 年

在胶州湾的湾口水域，从胶州湾湾口外侧水域的 A2 站位到湾口水域的 A5 站位，Cd 含量的水平分布如下。

在 4 月，在表层，Cd 含量沿梯度下降，从 0.14μg/L 下降到 0.00μg/L。在底层，Cd 含量沿梯度保持不变，为 0.02μg/L。表明表层 Cd 含量的水平分布趋势是下降的，而底层 Cd 含量的水平分布趋势是保持不变的。

在 8 月，在表层，Cd 含量沿梯度下降，从 0.08μg/L 下降到 0.07μg/L。在底层，Cd 含量沿梯度下降，从 0.10μg/L 下降到 0.07μg/L。表明表、底层 Cd 含量的水平分布趋势是一致的。

在 11 月，在表层，Cd 含量沿梯度保持不变，为 0.00μg/L。在底层，Cd 含量沿梯度保持不变，为 0.00μg/L。表明表、底层 Cd 含量的水平分布趋势是保持不变的。

在胶州湾湾口水域的水体中，在 4 月，表层含量的水平分布趋势是下降的，而底层含量的水平分布趋势是保持不变的。在 8 月，表层 Cd 含量的水平分布与底层含量的水平分布趋势是一致的。在 11 月，表、底层 Cd 含量的水平分布趋势是保持不变的(表 19-3)。

表 19-3 1981 年在胶州湾水域 Cd 含量的表、底层水平分布趋势

月份	表层	底层	趋势
4	下降	不变	不一样
8	下降	下降	一致
11	不变	不变	一致

19.2.4 1982 年

在胶州湾的西南沿岸水域，从西南近岸的 122 站位到东北湾中心的 084 站位，Cd 含量的水平分布如下。

在 4 月，在表层，Cd 含量沿梯度上升，从 0.11μg/L 上升到 0.27μg/L。在底层，

Cd 含量沿梯度下降，从 0.30μg/L 下降到 0.20μg/L。表明表、底层 Cd 含量的水平分布趋势是相反的。

在 7 月，在表层，Cd 含量沿梯度下降，从 0.18μg/L 下降到 0.12μg/L。在底层，Cd 含量沿梯度下降，从 0.24μg/L 下降到 0.18μg/L。表明表、底层 Cd 含量的水平分布趋势是一致的。

在 10 月，在表层，Cd 含量沿梯度下降，从 0.53μg/L 下降到 0.42μg/L。在底层，Cd 含量沿梯度下降，从 0.53μg/L 下降到 0.42μg/L。表明表、底层 Cd 含量的水平分布趋势是一致的。

因此，在 4 月，在胶州湾西南沿岸水域的水体中，表层 Cd 含量的水平分布与底层 Cd 含量的分布趋势是相反的。在 7 月和 10 月，在胶州湾西南沿岸水域的水体中，表层 Cd 含量的水平分布与底层含量的分布趋势是一致的(表 19-4)。

表 19-4　1982 年在胶州湾水域 Cd 含量的表、底层水平分布趋势

月份	表层	底层	趋势
4	上升	下降	相反
7	下降	下降	一致
10	下降	下降	一致

19.2.5　1983 年

在胶州湾的湾口水域，从胶州湾湾口外侧水域的 H34 站位到湾口水域的 H35 站位，Cd 含量的水平分布如下。

在 5 月，在表层，Cd 含量沿梯度下降，从 0.41μg/L 下降到 0.17μg/L。在底层，Cd 含量沿梯度上升，从 0.11μg/L 上升到 0.14μg/L。表明表、底层 Cd 含量的水平分布趋势是相反的。

在 9 月，在表层，Cd 含量沿梯度上升，从 0.50μg/L 上升到 2.00μg/L。在底层，Cd 含量沿梯度下降，从 2.00μg/L 下降到 1.63μg/L。表明表、底层 Cd 含量的水平分布趋势是相反的。

在 10 月，在表层，Cd 含量沿梯度下降，从 0.88μg/L 下降到 0.50μg/L。在底层，Cd 含量沿梯度上升，从 1.00μg/L 上升到 2.00μg/L。表明表、底层 Cd 含量的水平分布趋势是相反的。

在 5 月、9 月和 10 月，在胶州湾湾口水域的水体中，表层 Cd 含量的水平分布与底层 Cd 含量的水平分布趋势是相反的(表 19-5)。

表 19-5 1983 年在胶州湾水域 Cd 含量的表、底层水平分布趋势

月份	表层	底层	趋势
5	下降	上升	相反
9	上升	下降	相反
10	下降	上升	相反

19.3 水域迁移的趋势过程

19.3.1 来源

在 1979～1983 年期间，胶州湾水域 Cd 有 6 个来源[3-12]，主要为外海海流的输送(0.12～0.25μg/L)、河流的输送(0.07～0.85μg/L)、近岸岛尖端的输送(0.48～3.33μg/L)、大气沉降的输送(0.14～0.55μg/L)、地表径流的输送(0.38～0.53μg/L)和船舶码头的输送(0.16～1.50μg/L)。

在时间尺度上，在整个胶州湾水域，Cd 最初来自自然界，随着时间的变化，Cd 不仅来自自然界同时也来自人类活动，这样，水体中的 Cd 含量上升到高峰值。然后，通过 Cd 在水域的沉降过程，Cd 从表层穿过水体，来到底层。于是，表层 Cd 含量下降到低谷值。

在空间尺度上，向胶州湾水域输入的 Cd 含量是随着来源的入海口变化的，也就是随着与来源的入海口的距离而变化[3-12]。因此，外海海流的输送、河流的输送、近岸岛尖端的输送、大气沉降的输送、地表径流的输送和船舶码头的输送，将 Cd 输入到胶州湾的水域。

19.3.2 水域迁移过程

Cd 是具有延展性、质地软的带蓝色光泽的银白色金属元素。在自然界中，Cd 在地壳中的含量比锌少得多，常常少量赋存于锌矿中。Cd 是显著的亲铜元素和分散元素，与锌的地球化学性质很相似，两者有着共同的地球化学行为，但 Cd 比锌具更强的亲硫性、分散性和亲石性。而且金属 Cd 比锌更易挥发，在用高温冶炼锌时，它比锌更早逸出，不易被人们觉察。说明 Cd 在水域迁移的过程中，一直具有不稳定的化学性质。

在胶州湾水域，Cd 随着来源量的大小和经过距离的变化进行迁移，在水体效应的作用下，Cd 含量在表、底层的水平分布趋势发生了变化。

19.3.2.1 1979 年

在 1979 年，在胶州湾的湾口水域，表、底层 Cd 含量的水平分布趋势表明 Cd 的沉降过程。在 5 月，Cd 刚刚开始进入胶州湾的水体中，表层 Cd 含量比较高，由于表层 Cd 才开始沉降，底层 Cd 含量还比较低。于是，在表层 Cd 含量沿梯度下降，而底层 Cd 含量沿梯度上升。这样，表、底层 Cd 含量的水平分布趋势是相反的。在 8 月，表层 Cd 经过了大量的沉降，底层的 Cd 含量就比较高，于是，表层 Cd 含量沿梯度进一步下降，而底层 Cd 含量沿梯度进一步上升。这样，表、底层 Cd 含量的水平分布趋势是相反的。在 11 月，Cd 含量的来源是外海海流的输送，于是，表层 Cd 含量的水平分布趋势是下降的，而底层 Cd 含量的水平分布趋势是保持不变的。

19.3.2.2 1980 年

在 1980 年，在胶州湾的湾口水域，表、底层 Cd 含量的水平分布趋势表明 Cd 的沉降过程。在 6 月，表层 Cd 经过了大量的沉降，底层的 Cd 含量就比较高，于是，表层 Cd 含量沿梯度上升，而底层 Cd 含量沿梯度下降。这样，表、底层 Cd 含量的水平分布趋势是相反的。在 7 月，随着表层 Cd 含量的继续上升，以及表层 Cd 迅速沉降，使得底层 Cd 含量与表层 Cd 含量一样，沿梯度上升。这样，表、底层 Cd 含量的水平分布趋势是一致的。在 9 月，表层 Cd 含量开始下降，以及表层 Cd 迅速沉降，使得底层 Cd 含量与表层 Cd 含量一样，沿梯度下降。这样，表、底层 Cd 含量的水平分布趋势是一致的。在 10 月，表层 Cd 含量一直下降直到为零，而底层 Cd 含量与 9 月的 Cd 含量一样，沿梯度下降。表明表层 Cd 含量的水平分布趋势是保持不变的，而底层 Cd 含量的水平分布趋势是下降的。

19.3.2.3 1981 年

在 1981 年，在胶州湾的湾口水域，表、底层 Cd 含量的水平分布趋势表明 Cd 的沉降过程。在 4 月，Cd 刚刚开始进入胶州湾的水体中，表层 Cd 含量比较高，由于表层 Cd 才开始沉降，底层 Cd 含量还没有受到影响。于是，表层 Cd 含量沿梯度下降，而底层 Cd 含量沿梯度保持不变。这样，表层 Cd 含量的水平分布趋势是下降的，而底层 Cd 含量的水平分布趋势是保持不变的。在 8 月，随着表层 Cd 的迅速沉降，底层 Cd 含量在累积上升，使得底层 Cd 含量与表层 Cd 含量一样，沿梯度下降。这样，表、底层 Cd 含量的水平分布趋势是一致的。在 11 月，表层 Cd 含量一直在沉降，于是，表层 Cd 含量一直下降到没有，而底层 Cd 含量也下降到没有。这样，表、底层 Cd 含量的水平分布趋势是保持不变的。

19.3.2.4 1982 年

在 1982 年，在胶州湾的西南沿岸水域，表、底层 Cd 含量的水平分布趋势表明 Cd 的沉降过程。在 4 月，表层 Cd 经过了大量的沉降，底层的 Cd 含量就比较高，于是，表层 Cd 含量沿梯度上升，而底层 Cd 含量沿梯度下降。这样，表、底层 Cd 含量的水平分布趋势是相反的。在 7 月，随着表层 Cd 一直沉降，使得底层 Cd 含量与表层 Cd 含量一样，沿梯度下降。这样，表、底层 Cd 含量的水平分布趋势是一致的。在 10 月，随着表层 Cd 的迅速沉降，底层 Cd 含量在累积上升，使得底层 Cd 含量与表层 Cd 含量一样，沿梯度下降。这样，表、底层 Cd 含量的水平分布趋势是一致的，而且表、底层 Cd 含量的起始值与结束值都是一样的。表明表层 Cd 经过了大量的沉降，同时，表层 Cd 具有迅速沉降的特征。

19.3.2.5 1983 年

在 1983 年，在胶州湾的湾口水域，表、底层 Cd 含量的水平分布趋势表明 Cd 的沉降过程。在 5 月，Cd 刚刚开始进入胶州湾的水体中，表层 Cd 含量比较高，由于表层 Cd 才开始沉降，底层 Cd 含量还比较低。于是，在表层 Cd 含量沿梯度下降，而底层 Cd 含量沿梯度上升。这样，表、底层 Cd 含量的水平分布趋势是相反的。在 9 月，表层 Cd 经过了大量的沉降，底层的 Cd 含量就比较高，于是，在表层 Cd 含量沿梯度上升，而底层 Cd 含量沿梯度下降。这样，表、底层 Cd 含量的水平分布趋势是相反的。在 10 月，经过了持久、大量的沉降，表层 Cd 含量开始下降，而底层 Cd 含量开始升高，于是，在表层 Cd 含量沿梯度下降，而底层 Cd 含量沿梯度上升。这样，表、底层 Cd 含量的水平分布趋势是相反的。

19.3.3 水域迁移的趋势特征

在 1979～1983 年期间，表层 Cd 含量的水平分布与底层 Cd 含量的水平分布趋势揭示了 Cd 具有迅速沉降的特征，并且具有海底的累积。Cd 的水域迁移趋势过程出现 7 个阶段(表 19-6)。

(1) Cd 开始沉降。当表层 Cd 含量比较高，底层 Cd 含量比较低时，Cd 刚刚进入胶州湾的水体中，开始沉降。表层 Cd 含量比较高，Cd 的沉降是迅速的，但是由于表层 Cd 才开始沉降，底层 Cd 含量还比较低。这样，展示了表、底层 Cd 含量的水平分布趋势是相反的。

(2) Cd 大量沉降。当表层 Cd 含量比较高，底层 Cd 含量比较高时，Cd 已经进行了大量的沉降。由于表层 Cd 含量比较高，Cd 又不断地沉降，加上经过海底的累积，于是，底层 Cd 含量就比较高，同时，Cd 的沉降是迅速的。这样，展示了表、底层 Cd 含量水平分布趋势是一致的。

(3) Cd 进一步大量沉降。当表层 Cd 含量进一步上升，底层 Cd 含量也进一步上升时，Cd 已经进行了大量的沉降。由于表层 Cd 含量比较高，Cd 又不断地沉降，加上经过海底的累积，于是，底层的 Cd 含量就比较高，同时，Cd 的沉降是迅速的。这样，展示了表、底层 Cd 含量的水平分布趋势是一致的。

(4) Cd 开始减少沉降。当表层 Cd 含量比较低，底层 Cd 含量比较高时，Cd 已经没有多少沉降了。表层 Cd 含量非常低，底层 Cd 含量比较高。这是表层 Cd 经过沉降和海底底层 Cd 累积形成的。这样，展示了表、底层 Cd 含量的水平分布趋势是相反的。

(5) Cd 均匀沉降。只有海流的输送带来 Cd 时，底层 Cd 含量保持不变，同时，表层的 Cd 含量也非常低。这样，展示了表层含量的水平分布趋势是下降的，而底层含量的水平分布趋势是保持不变的。

(6) Cd 停止沉降。当表层没有 Cd 含量，底层 Cd 含量比较低时，Cd 已经没有沉降了。表层 Cd 含量保持不变，底层 Cd 含量也非常低。这样，展示了表层含量的水平分布趋势是保持不变的，而底层含量的水平分布趋势是下降的。

(7) Cd 完全停止沉降。当表层没有 Cd 含量时，Cd 已经没有沉降了。这时，底层也没有 Cd 含量了。表层 Cd 含量保持不变，底层 Cd 含量也保持不变。这样，展示了表、底层含量的水平分布趋势是一致的。

表 19-6　在胶州湾水域 Cd 含量的表、底层水平分布趋势过程

阶段	沉降	表层	底层	趋势
第一阶段	Cd 开始沉降	Cd 含量高	Cd 含量低	相反
第二阶段	Cd 大量沉降	Cd 含量高	Cd 含量高	一致
第三阶段	Cd 进一步大量沉降	Cd 含量更高	Cd 含量更高	一致
第四阶段	Cd 开始减少沉降	Cd 含量低	Cd 含量高	相反
第五阶段	Cd 均匀沉降	Cd 含量低	Cd 含量保持不变	不一样
第六阶段	Cd 停止沉降	没有 Cd 含量	Cd 含量非常低	不一样
第七阶段	Cd 完全停止沉降	没有 Cd 含量	没有 Cd 含量	一致

19.3.4　水域迁移趋势的模型框图

在 1979～1983 年期间，表、底层 Cd 含量的水平分布趋势展示了 Cd 的水域迁移趋势过程。这个过程揭示了从表层 Cd 开始沉降到停止沉降的变化中，Cd 具有迅速沉降的特征，同时还具有海底的累积，并且 Cd 含量在表层可以消失，在底层也可以消失。这个过程分为 7 个阶段：①Cd 开始沉降；②Cd 大量沉降；③Cd 进一步大量沉降；④Cd 开始减少沉降；⑤Cd 均匀沉降；⑥Cd 停止沉降；⑦Cd 完全停止沉降。对此，作者提出了 Cd 的水域迁移趋势过程的模型框图(图

19-2)。通过此模型框图来确定 Cd 的水域迁移趋势过程，就能分析知道 Cd 经过的路径和留下的轨迹。因此，这个模型框图展示了：表、底层 Cd 含量的变化和分布趋势变化决定 Cd 在表、底层水域迁移的过程。

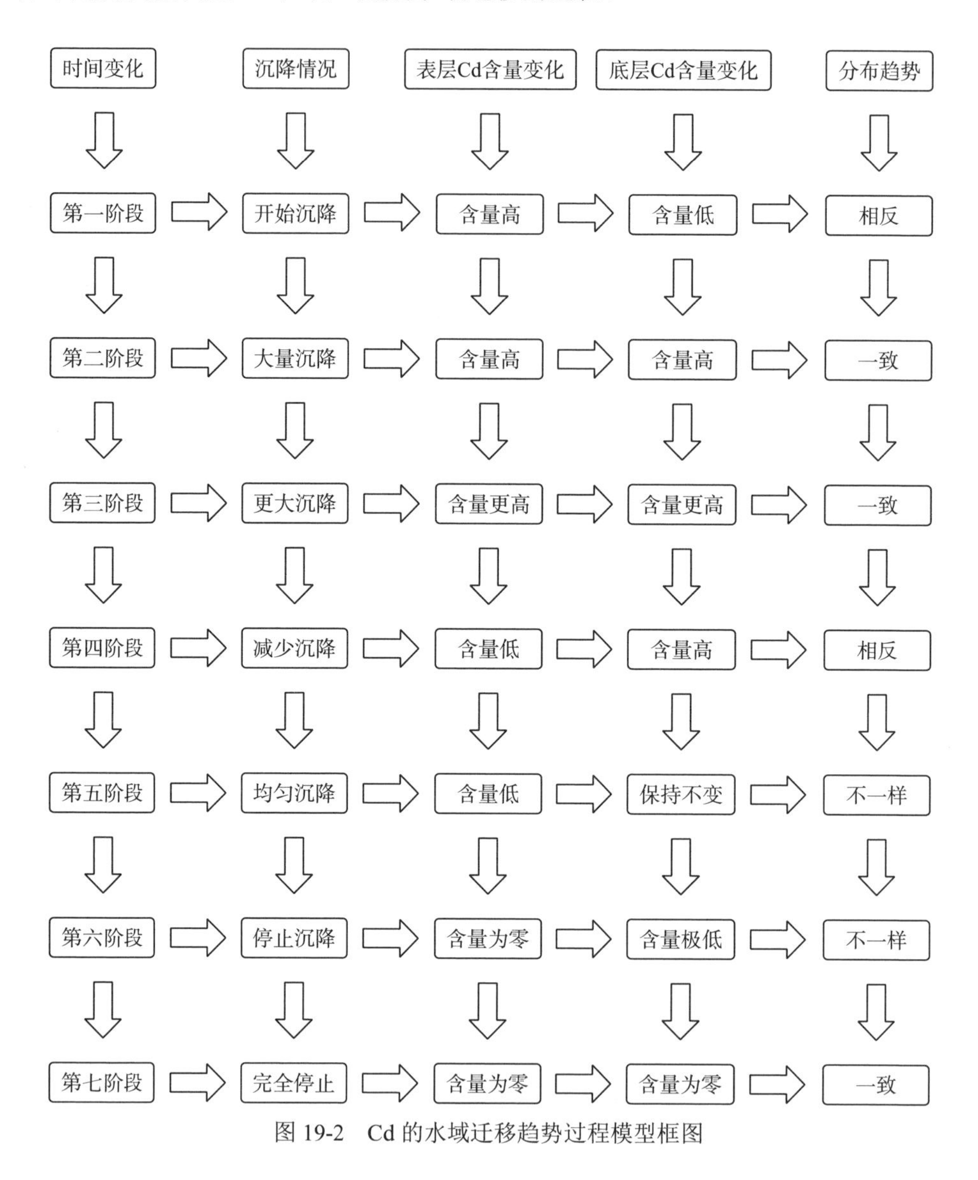

图 19-2 Cd 的水域迁移趋势过程模型框图

19.4 结 论

在 1979～1983 年期间，表、底层 Cd 含量的水平分布趋势展示了 Cd 的水域迁移趋势过程。这个过程揭示了从表层 Cd 开始沉降到停止沉降的变化中，Cd 具有迅速沉降的特征，同时还具有海底的累积，并且 Cd 含量在表层可以消失，在底层也可以消失。

Cd 的水域迁移趋势过程出现 7 个阶段。

(1)Cd 开始沉降。当表层 Cd 含量比较高，底层 Cd 含量比较低时，Cd 刚刚进入胶州湾的水体中，开始沉降。表层 Cd 含量比较高，Cd 的沉降是迅速的，但是由于表层 Cd 才开始沉降，底层 Cd 含量还比较低。这样，展示了表、底层 Cd 含量的水平分布趋势是相反的。

(2)Cd 大量沉降。当表层 Cd 含量比较高，底层 Cd 含量比较高时，Cd 已经进行了大量的沉降。由于表层 Cd 含量比较高，Cd 又不断地沉降，加上经过海底的累积，于是，底层 Cd 含量就比较高，同时，Cd 的沉降是迅速的。这样，展示了表、底层 Cd 含量的水平分布趋势是一致的。

(3)Cd 进一步大量沉降。当表层 Cd 含量进一步上升，底层 Cd 含量也进一步上升时，Cd 已经进行了大量的沉降。由于表层 Cd 含量比较高，Cd 又不断地沉降，加上经过海底的累积，于是，底层的 Cd 含量就比较高，同时，Cd 的沉降是迅速的。这样，展示了表、底层 Cd 含量的水平分布趋势是一致的。

(4)Cd 开始减少沉降。当表层 Cd 含量比较低，底层 Cd 含量比较高时，Cd 已经没有多少沉降了。表层的 Cd 含量非常低，底层的 Cd 含量比较高。这是表层 Cd 经过沉降和海底底层 Cd 累积形成的。这样，展示了表、底层 Cd 含量的水平分布趋势是相反的。

(5)Cd 均匀沉降。只有海流的输送带来 Cd 时，底层 Cd 含量保持不变，同时，底层 Cd 含量也非常低。这样，展示了表层含量的水平分布趋势是降低的，而底层含量的水平分布趋势是保持不变的。

(6)Cd 停止沉降。当表层没有 Cd 含量，底层 Cd 含量比较低时，Cd 已经没有沉降了。表层 Cd 含量保持不变，底层 Cd 含量也非常低。这样，展示了表层含量的水平分布趋势是保持不变的，而底层含量的水平分布趋势是降低的。

(7)Cd 完全停止沉降。当表层没有 Cd 含量时，Cd 已经没有沉降了。这时，底层也没有 Cd 含量了。表层的 Cd 含量保持不变，底层的 Cd 含量也保持不变。这样，展示了表、底层含量的水平分布趋势是保持不变的。

作者提出了 Cd 的水域迁移趋势过程，充分表明了时空变化的 Cd 迁移趋势，强有力地确定了在时间和空间的变化过程中，表层 Cd 含量的变化趋势、底层 Cd 含量的变化趋势及表、底层 Cd 含量的变化趋势的相关性。并且提出了 Cd 的水域迁移趋势过程模型框图，说明了 Cd 经过的路径和留下的轨迹，预测了表、底层 Cd 含量的水平分布趋势。

参考文献

[1]杨东方，苗振清. 海湾生态学(上册) [M]. 北京：海洋出版社, 2010.

[2]杨东方，高振会. 海湾生态学(下册) [M]. 北京：海洋出版社, 2010.

[3]杨东方，陈豫，王虹，等. 胶州湾水体镉的迁移过程和环境本底值结构 [J]. 海岸工程, 2010, 29(4): 73-82.

[4]杨东方，陈豫，常彦祥，等. 胶州湾水体镉的分布及来源 [J]. 海岸工程, 2013(3): 68-78.

[5]Yang D F, Zhu S X, Wang F Y, et al. The distribution and content of Cadmium in Jiaozhou Bay [J]. Applied Mechanics and Materials, 2014, 644-650: 5325-5328.

[6]Yang D F, Wang F Y, Wu Y F, et al. The structure of environmental background value of Cadmium in Jiaozhou Bay waters [J]. Applied Mechanics and Materials, 2014, 644-650: 5333-5335.

[7]Yang D F, Chen S T, Li B L, et al. Research on the vertical distribution of Cadmium in Jiaozhou Bay waters [C]. Proceedings of the 2015 International Symposium on Computers and Informatics, 2015: 2667-2674.

[8]Yang D F, Zhu S X, Wang F Y, et al. Distribution and aggregation process of Cd in Jiaozhou Bay [J]. Advances in Computer Science Research, 2015, 2352:194-197.

[9]Yang D F, Zhu S X, Wang F Y, et al. Spatial-temporal variations of Cd in Jiaozhou Bay [J]. Advances in Engineering Research, 2016, Part B:403-407.

[10] Yang D F, Yang X, Wang M, et al. The slight impacts of marine current to Cd contents in bottom waters in Jiaozhou Bay [J]. Advances in Engineering Research, 2016, Part B: 412-415.

[11] Yang D F, Yang D, Zhu S, et al. Pollution level and source of Cd in Jiaozhou Bay [J]. Materials Engineering and Information Technology Application, 2015: 558-561.

[12]Yang D F, Wang F Y, Sun Z H, et al. Research on vertical distribution and settling process of Cd in Jiaozhou Bay [J]. Advances in Engineering Research, 2015, 40: 776-781.

[13]杨东方，王凡，高振会，等. 胶州湾浮游藻类生态现象 [J]. 海洋科学, 2004, 28(6): 71-74.

[14]Yang D F, Gao Z H, Sun P Y, et al. Silicon limitation on primary production and its destiny in Jiaozhou Bay, China [J]. Chinese Journal of Oceanology, 2005, 24(2): 169-175.

[15]国家海洋局. 海洋监测规范 [M]. 北京：海洋出版社, 1991.

第 20 章　胶州湾水域镉的水域垂直迁移过程

镉(Cd)是带有蓝色光泽的银白色金属，具有延展性和质地软等优良特性，Cd 的产品众多，有杀虫剂、电池、农药、半导体材料、电焊材料、聚氯乙烯(PVC)、电视机、计算机、照相材料、光电材料、杀菌剂等，广泛应用于冶金、化工、铸铁及高精端科技等领域。在这些领域中，生产过程和运输产品都对环境产生 Cd 的排放。外海海流的输送、河流的输送、近岸岛尖端的输送、大气沉降的输送、地表径流的输送和船舶码头的输送导致 Cd 进入海洋水体，Cd 在水体效应的作用下，进入海底的沉积物中[1-17]。因此，研究海洋水体中表、底层 Cd 含量的变化及垂直分布，对于了解 Cd 在水体中的迁移过程有着非常重要的意义。根据 1979～1983 年胶州湾水域的调查资料，作者提出了 Cd 的绝对沉降量、相对沉降量和绝对累积量、相对累积量。并且计算得到 Cd 的沉降量和累积量，同时，作者提出 Cd 的水域迁移过程和其模型框图，展示 Cd 的水域垂直迁移过程及在过程中的沉降特征，为治理 Cd 污染的环境提供理论依据。

20.1　背　　景

20.1.1　胶州湾自然环境

胶州湾位于山东半岛南部，其地理位置为 120°04′～120°23′E，35°58′～36°18′N，以团岛与薛家岛连线为界，与黄海相通，面积约为 446km^2，平均水深约 7m，是一个典型的半封闭型海湾(图 20-1)。胶州湾入海的河流有十几条，其中径流量和含沙量较大的为大沽河和洋河，青岛市区的海泊河、李村河和娄山河等河流，这些河流均属季节性河流，河水水文特征有明显的季节性变化[18, 19]。

20.1.2　数据来源与方法

本书所使用的调查数据由国家海洋局北海环境监测中心提供。按照国家标准方法进行胶州湾水体 Cd 的调查[3-12]，该方法被收录在国家的《海洋监测规范》中[20]。

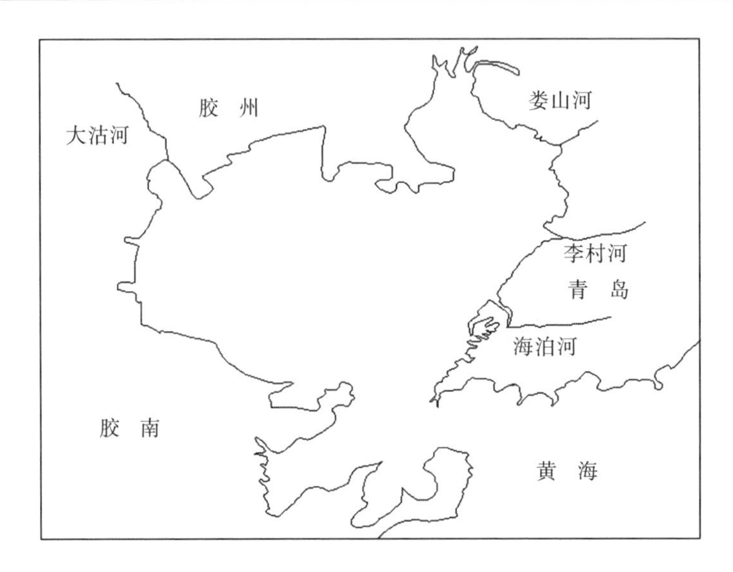

图 20-1 胶州湾地理位置

在 1979 年 5 月、8 月和 11 月，1980 年 6 月、7 月、9 月和 10 月，1981 年 4 月、8 月和 11 月，1982 年 4 月、7 月和 10 月，1983 年 5 月、9 月和 10 月，进行胶州湾水体 Cd 的调查[3-12]。以 4 月、5 月和 6 月为春季，以 7 月、8 月和 9 月为夏季，以 10 月、11 月和 12 月为秋季。

20.2 垂直分布

在 1979～1983 年，对胶州湾水体表、底层中的 Cd 含量进行调查，展示了表、底层 Cd 含量的变化范围及垂直变化过程。

20.2.1 1979 年

20.2.1.1 表、底层含量的变化范围

在 5 月、8 月和 11 月，在胶州湾湾口水域的 H34、H35、H36 站位来确定 Cd 含量在表、底层的变化范围。

在 5 月，表层含量较低(0.05～0.06μg/L)时，其对应的底层含量就较低(0.03～0.07μg/L)。而且，Cd 表层含量的变化范围(0.05～0.06μg/L)小于底层(0.03～0.07μg/L)，变化量基本一样。因此，Cd 的表层含量低的，对应的底层含量就低。

在 8 月，表层含量较低(0.01～0.06μg/L)时，其对应的底层含量就较低

(0.03～0.09μg/L)。而且，Cd 表层含量的变化范围(0.01～0.06μg/L)小于底层(0.03～0.09μg/L)，变化量基本一样。因此，Cd 的表层含量低的，对应的底层含量就低。

在 11 月，表层含量较高(0.02～0.25μg/L)时，其对应的底层含量还是较低(0.01～0.02μg/L)。而且，Cd 表层含量的变化范围(0.02～0.25μg/L)远远大于底层(0.01～0.02μg/L)，变化量基本一样。因此，Cd 的表层含量较高，对应的底层含量较低。

在 5 月、8 月和 11 月，在胶州湾的湾口水域，无论表层 Cd 含量是高还是低，其对应的底层含量都低。

20.2.1.2　表、底层含量的垂直变化

在 5 月、8 月和 11 月，在胶州湾湾口水域的 H34、H35、H36 站位，Cd 的表、底层含量相减，其差为-0.08～0.23μg/L。表明 Cd 的表、底层含量都相近。

在 5 月，Cd 的表、底层含量相减，其差为-0.02～0.03μg/L。在湾口内侧水域的 H36 站位含量差为负值，在湾口水域的 H35 站位为零值，在湾口外侧水域的 H34 站位为正值。1 个站为正值，1 个站为零值，1 个站为负值(表 20-1)。

在 8 月，Cd 的表、底层含量相减，其差为-0.08～0.03μg/L。在湾口内侧水域的 H36 站位含量差为负值，在湾口水域的 H35 站位为负值，在湾口外侧水域的 H34 站位为正值。1 个站为正值，2 个站为负值(表 20-1)。

在 11 月，Cd 的表、底层含量相减，其差为 0.00～0.23μg/L。在湾口内侧水域的 H36 站位含量差为正值，在湾口水域的 H35 站位为零值，在湾口外侧水域的 H34 站位也为正值。2 个站为正值，1 个站为零值(表 20-1)。

表 20-1　在胶州湾的湾口水域 Cd 的表、底层含量差

月份	站位		
	H36	H35	H34
5	负值	零值	正值
8	负值	负值	正值
11	正值	零值	正值

20.2.2　1980 年

20.2.2.1　表、底层含量的变化范围

在 6 月、7 月、9 月和 10 月，在胶州湾湾口水域的 H34、H35、H36、H37、H82 站位，来确定 Cd 含量在表、底层的变化范围。

在 6 月，表层含量较低(0.06～0.16μg/L)时，其对应的底层含量就较低(0.10～0.32μg/L)。而且，Cd 的表层含量的变化范围(0.06～0.16μg/L)小于底层(0.10～

0.32μg/L)，变化量基本一样。因此，Cd 的表层含量低的，对应的底层含量就低。

在 7 月，表层含量较高(0.08～0.48μg/L)时，其对应的底层含量就较高(0.00～0.35μg/L)。而且，Cd 的表层含量的变化范围(0.08～0.48μg/L)大于底层(0.00～0.35μg/L)，变化量基本一样。因此，Cd 的表层含量高的，对应的底层含量就高。

在 9 月，表层含量较低(0.00～0.24μg/L)时，其对应的底层含量就较低(0.00～0.17μg/L)。而且，Cd 的表层含量的变化范围(0.00～0.24μg/L)大于底层(0.00～0.17μg/L)，变化量基本一样。因此，Cd 的表层含量低的，对应的底层含量就低。

在 10 月，表层含量很低(0.00～0.00μg/L)时，其对应的底层含量就很低(0.00～0.11μg/L)。而且，Cd 的表层含量的变化范围(0.00～0.00μg/L)小于底层(0.00～0.11μg/L)，变化量基本一样。因此，Cd 的表层含量很低的，对应的底层含量就很低。

20.2.2.2 表、底层含量的垂直变化

在 6 月、7 月、9 月和 10 月，在胶州湾湾口水域的 H34、H35、H36、H37、H82 站位，Cd 的表、底层含量相减，其差为-0.22～0.36μg/L。表明 Cd 的表、底层含量都相近。

在 6 月，Cd 的表、底层含量相减，其差为-0.22～0.03μg/L。在湾口内侧北部水域的 H37 站位含量差为正值，在湾口内侧南部水域的 H36 站位为零值，在湾口水域的 H35 站位为负值，在湾口外侧北部水域的 H34 站位为负值，在湾口外侧南部水域的 H82 站位为负值。1 个站为正值，1 个站为零值，3 个站为负值(表 20-2)。

在 7 月，Cd 的表、底层含量相减，其差为-0.15～0.36μg/L。在湾口内侧北部水域的 H37 站位含量差为正值，在湾口内侧南部水域的 H36 站位为负值，在湾口水域的 H35 站位为正值，在湾口外侧北部水域的 H34 站位为正值，在湾口外侧南部水域的 H82 站位为负值。3 个站为正值，2 个站为负值(表 20-2)。

在 9 月，Cd 的表、底层含量相减，其差为-0.16～0.11μg/L。在湾口内侧北部水域的 H37 站位含量差为零值，在湾口内侧南部水域的 H36 站位为负值，在湾口水域的 H35 站位为零值，在湾口外侧北部水域的 H34 站位为正值，在湾口外侧南部水域的 H82 站位为负值。1 个站为正值，2 个站为零值，2 个站为负值(表 20-2)。

在 10 月，Cd 的表、底层含量相减，其差为-0.11～0.00μg/L。在湾口内侧北部水域的 H37 站位含量差为零值，在湾口内侧南部水域的 H36 站位为负值，在湾口水域的 H35 站位为负值，在湾口外侧北部水域的 H34 站位为负值，在湾口外侧南部水域的 H82 站位为负值。1 个站为零值，4 个站为负值(表 20-2)。

表 20-2　在胶州湾的湾口水域 Cd 的表、底层含量差

月份	站位				
	H37	H36	H35	H34	H82
6	正值	零值	负值	负值	负值
7	正值	负值	正值	正值	负值
9	零值	负值	零值	正值	负值
10	零值	负值	负值	负值	负值

20.2.3　1981 年

20.2.3.1　表、底层含量的变化范围

在 4 月、8 月和 11 月，在胶州湾湾口水域的 A1、A2、A3、A5、A6、A8 站位确定 Cd 含量在表、底层的变化范围。其中 A1、A2 站位构成湾口外侧水域，A3、A5 站位构成湾口水域，A6、A8 构成湾口内侧水域。

在 4 月，表层含量较低(0.00～0.14μg/L)时，其对应的底层含量就较低(0.00～0.02μg/L)。而且，Cd 的表层含量的变化范围(0.00～0.14μg/L)大于底层(0.00～0.02μg/L)，变化量基本一样。因此，Cd 的表层含量低的，对应的底层含量就低。

在 8 月，表层含量较高(0.00～0.40μg/L)时，其对应的底层含量就较高(0.00～0.13μg/L)。而且，Cd 的表层含量的变化范围(0.00～0.40μg/L)大于底层(0.00～0.13μg/L)，变化量基本一样。因此，Cd 的表层含量高的，对应的底层含量就高。

在 11 月，表层含量很低(0.00～0.00μg/L)时，其对应的底层含量就很低(0.00～0.00μg/L)。而且，Cd 的表层含量的变化范围(0.00～0.00μg/L)和底层(0.00～0.00μg/L)一样，变化量基本一样。因此，Cd 的表层含量很低的，对应的底层含量就很低。

20.2.3.2　表、底层含量的垂直变化

在 4 月、8 月和 11 月，在胶州湾湾口水域的 A1、A2、A3、A5、A6、A8 站位确定 Cd 含量在表、底层的垂直变化。其中 A1、A2 站位构成湾口外侧水域，A3、A5 站位构成湾口水域，A6、A8 构成湾口内侧水域，Cd 的表、底层含量相减，其差为-0.08～0.27μg/L。表明 Cd 的表、底层含量都相近。

在 4 月，Cd 的表、底层含量相减，其差为-0.02～0.12μg/L。在湾口内侧西南部水域的 A8 站位含量差为正值，在湾口内侧东部水域的 A6 站位为正值，在湾口南部水域的 A3 站位为负值，在湾口北部水域的 A5 站位为负值，在湾口外侧西部水域的 A2 站位为正值，在湾口外侧东部水域的 A1 站位为负值。3 个站为正值，3 个站为负值(表 20-3)。

在 8 月，Cd 的表、底层含量相减，其差为-0.08～0.27μg/L。在湾口内侧西南部水域的 A8 站位含量差为正值，在湾口内侧东部水域的 A6 站位为负值，在湾口南部水域的 A3 站位为正值，在湾口北部水域的 A5 站位为零值，在湾口外侧西部水域的 A2 站位为负值，在湾口外侧东部水域的 A1 站位为负值。2 个站为正值，1 个站为零值，3 个站为负值(表 20-3)。

在 11 月，Cd 的表、底层含量相减，其差为 0.00μg/L。在湾口内侧、湾口、湾口外侧水域的所有站位含量差都为零值。6 个站为零值(表 20-3)。

表 20-3 在胶州湾的湾口水域 Cd 的表、底层含量差

月份	站位					
	A8	A6	A5	A3	A2	A1
4	正值	正值	负值	负值	正值	负值
8	正值	负值	零值	正值	负值	负值
11	零值	零值	零值	零值	零值	零值

20.2.4 1982 年

20.2.4.1 表、底层含量的变化范围

在 4 月、7 月和 10 月，在胶州湾西南沿岸水域的 083、084、122、123 站位确定 Cd 含量在表、底层的变化范围。

在 4 月，Cd 的表层含量较低(0.11～0.38μg/L)，其对应的底层含量较低(0.20～0.44μg/L)。而且，Cd 的表层含量的变化范围(0.11～0.38μg/L)小于底层(0.20～0.44μg/L)，变化量基本一样。因此，Cd 的表层含量较低，对应的底层含量就较低。

在 7 月，Cd 的表层含量较高(0.12～0.52μg/L)时，其对应的底层含量较低(0.13～0.24μg/L)。而且，Cd 的表层含量的变化范围(0.12～0.52μg/L)大于底层(0.13～0.24μg/L)，变化量基本一样。因此，Cd 的表层含量较高，对应的底层含量较低。

在 10 月，Cd 的表层含量较高(0.32～0.53μg/L)时，其对应的底层含量较高(0.21～0.53μg/L)。而且，Cd 的表层含量的变化范围(0.32～0.53μg/L)与底层的(0.21～0.53μg/L)一样大，变化量基本一样。因此，Cd 的表层含量较高的，对应的底层含量较高。

20.2.4.2 表、底层含量的垂直变化

在 4 月、7 月和 10 月，在胶州湾西南沿岸水域的 083、084、122 和 123 站位，Cd 的表、底层含量相减，其差为-0.19～0.32μg/L。表明 Cd 的表、底层含量都相近。

在 4 月，Cd 的表、底层含量相减，其差为-0.19～0.07μg/L。在湾口水域的 083 站位含量差为负值，在湾口内西南部近岸水域的 122 站位为负值，在湾口内西南部水域的 084 站位为正值。1 个站为正值，2 个站为负值(表 20-4)。

在 7 月，Cd 的表、底层含量相减，其差为-0.06～0.32μg/L。在湾口近岸水域的 123 站位含量差为正值，在湾口内西南部近岸水域的 122 站位为负值，在湾口水域的 083 站位为正值，在湾口内西南部水域的 084 站位为负值。2 个站为正值，2 个站为负值(表 20-4)。

在 10 月，Cd 的表、底层含量相减，其差为-0.11～0.11μg/L。在湾口近岸水域的 123 站位含量差为负值，在湾口内西南部近岸水域的 122 站位为零值，在湾口水域的 083 站位为正值，在湾口内西南部水域的 084 站位为零值。1 个站为正值，1 个站为负值，2 个站为零值(表 20-4)。

表 20-4　在胶州湾的湾口水域 Cd 的表、底层含量差

月份	站位			
	122	084	123	083
4	负值	正值		负值
7	负值	负值	正值	正值
10	零值	零值	负值	正值

20.2.5　1983 年

20.2.5.1　表、底层含量的变化范围

在 5 月、9 月和 10 月，在胶州湾湾口水域的 H34、H35、H36、H37、H82 站位确定 Cd 含量在表、底层的变化范围。

在 5 月，表层含量较低(0.09～0.41μg/L)时，其对应的底层含量就较低(0.10～0.15μg/L)。而且，Cd 的表层含量的变化范围(0.09～0.41μg/L)大于底层(0.10～0.15μg/L)，变化量基本一样。因此，Cd 的表层含量低的，对应的底层含量就低。

在 9 月，表层含量较高(0.40～3.33μg/L)时，其对应的底层含量就较高(0.67～2.00μg/L)。而且，Cd 的表层含量的变化范围(0.40～3.33μg/L)大于底层(0.67～2.00μg/L)，变化量基本一样。因此，Cd 的表层含量高的，对应的底层含量就高。

在 10 月，表层含量较高(0.10～1.50μg/L)时，其对应的底层含量就较高(0.03～2.00μg/L)。而且，Cd 的表层含量的变化范围(0.10～1.50μg/L)小于底层(0.03～2.00μg/L)，变化量基本一样。因此，Cd 的表层含量较高的，对应的底层含量就较高。

因此，Cd 的表层含量的变化范围(0.09～3.33μg/L)大于底层(0.03～

2.00μg/L），变化量基本一样。Cd 的表层含量高的，对应的底层含量就高；同样，Cd 的表层含量低的，对应的底层含量就低。

20.2.5.2 表、底层含量的垂直变化

在 5 月、9 月和 10 月，在胶州湾水域的 H34、H35、H36、H37、H82 站位，Cd 的表、底层含量相减，其差为-1.50～2.53μg/L。表明 Cd 的表、底层含量都相近。

在 5 月，Cd 的表、底层含量相减，其差为-0.01～0.30μg/L。在湾口内西南部水域的 H36 站位含量差为正值，在湾口水域和湾口内的东北部水域的 H35、H37 站位为正值，在湾口外水域的 H34 为正值，只有在湾口外水域的 H82 站位为负值。4 个站为正值，1 个站为负值(表 20-5)。

在 9 月，Cd 的表、底层含量相减，其差为-1.50～2.53μg/L。在湾口内西南部水域和湾口水域的 H36、H35 站位含量差为正值，湾口内的东北部水域的 H37 站位为负值，湾口外的东北部水域 H34 和湾口外的南部水域的 H82 站位都为负值。2 个站为正值，3 个站为负值(表 20-5)。

在 10 月，Cd 的表、底层含量相减，其差为-1.50～0.07μg/L。湾口外南部水域的 H82 站位含量差为正值，湾口内水域的 H36、H37 站位为零值，在湾口水域的 H35 站位和湾口外的东北部水域 H34 站位都为负值。1 个站为正值，2 个站为零值，2 个站为负值(表 20-5)。

表 20-5 在胶州湾的湾口水域 Cd 的表、底层含量差

月份	站位				
	H36	H37	H35	H34	H82
5	正值	正值	正值	正值	负值
9	正值	负值	正值	负值	负值
10	零值	零值	负值	负值	正值

20.3 水域垂直迁移过程

20.3.1 来源

在 1979～1983 年期间，胶州湾水域 Cd 有 6 个来源[3-12]，主要为外海海流的输送(0.12～0.25μg/L)、河流的输送(0.07～0.85μg/L)、近岸岛尖端的输送(0.48～3.33μg/L)、大气沉降的输送(0.14～0.55μg/L)、地表径流的输送(0.38～0.53μg/L)和船舶码头的输送(0.16～1.50μg/L)。

在时间尺度上，在整个胶州湾水域，Cd 最初来自自然界，随着时间的变化，Cd 不仅来自自然界，同时也来自人类活动，这样，在水体中的 Cd 含量增加到高峰值。然后，通过 Cd 在水域的沉降过程，Cd 从表层穿过水体，到达底层。于是，表层 Cd 含量下降到低谷值。

在空间尺度上，向胶州湾水域输入的 Cd 含量随着来源的入海口变化，也就是随着与来源的入海口的距离大小而变化[3-12]。因此，外海海流的输送、河流的输送、近岸岛尖端的输送、大气沉降的输送、地表径流的输送和船舶码头的输送，将 Cd 输入到胶州湾的水域。

这样，在水体效应的作用下[18-20]，Cd 含量在表、底层发生了变化。因此，外海海流的输送、河流的输送、近岸岛尖端的输送、大气沉降的输送、地表径流的输送和船舶码头的输送，将 Cd 输入到胶州湾的水域，然后经过海流和潮汐的作用，表明了 Cd 的水域垂直迁移过程。

20.3.2　水域的沉降量和累积量

在 1979～1983 年期间，在胶州湾水体中，表、底层 Cd 含量的变化范围的差，其正负值不超过 1.50μg/L(表 20-6)，表明 Cd 含量的表、底层的变化量基本一样。而且 Cd 的表层含量高的，对应其底层含量就高；同样，Cd 的表层含量比较低时，对应的底层含量就低。这展示了 Cd 沉降是迅速的，而且是大量的，沉降量与含量的高低一致。例如，1983 年，表层 Cd 含量高值为 3.33μg/L，底层 Cd 含量高值为 2.00μg/L，表、底层含量高值相差 1.33μg/L；表层 Cd 含量低值为 0.10μg/L，底层 Cd 含量低值为 0.03μg/L，表、底层含量低值相差 0.07μg/L，证实了无论表层 Cd 含量是高值还是低值，Cd 沉降是迅速的，保持了表、底层含量的一致性。同时，也证实了当表层 Cd 含量高时，其沉降量就大；当表层 Cd 含量低时，其沉降量就小，表、底层 Cd 含量始终具有一致性，这样，沉降量与含量的高低一致。表层 Cd 含量的变化范围展示了 Cd 的绝对沉降量和相对沉降量。

在 1979～1983 年期间，Cd 的绝对沉降量为 0.23～3.23μg/L，Cd 的相对沉降量为 79.2%～100.0%。在 1979 年，表层的 Cd 含量非常低，变化范围为 0.02～0.25μg/L，其相对沉降量为 92.0%。在 1983 年，表层的 Cd 含量非常高，变化范围为 0.10～3.33μg/L，其相对沉降量为 96.9%。这样，无论表层的 Cd 含量是多么低或者多么高，Cd 的相对沉降量均为 92.0%～96.9%，确定了 Cd 的相对沉降量是非常稳定的。在 1980～1981 年期间，Cd 的相对沉降量都为 100.0%，揭示了 Cd 的沉降是迅速的、彻底的。在 1981～1983 年期间，Cd 的相对沉降量最低为 79.2%，确定了 Cd 的最低相对沉降量也是非常高的。展示了 Cd 易沉降和易挥发的特征。

在 1979～1983 年期间，Cd 的绝对累积量为 0.08～1.97μg/L，Cd 的相对累积量为 75.4%～100.0%。在 1981 年，底层的 Cd 含量非常低，变化范围为 0.00～

0.13μg/L，其相对累积量为100.0%。在1983年，底层的Cd含量非常高，变化范围为0.03～2.00μg/L，其相对累积量为98.5%。这样，无论底层的Cd含量多么低或者多么高，Cd的相对累积量均为98.5%～100.0%，确定了Cd的相对累积量是非常稳定的。同样，在1979～1983年期间，1980年、1981年和1983年，Cd的相对累积量大于等于98.5%，确定了Cd的相对累积量是非常稳定的。在1980年和1981年，Cd的相对累积量都为100.0%，揭示了Cd的积累是稳定的、完整的。在1981～1983年期间，Cd的相对沉降量最低为75.4%，确定了Cd的最低相对累积量也是非常高的。展示了Cd易累积和易沉积的特征。

表20-6 在胶州湾水域表、底层Cd含量的变化范围

参数	年份				
	1979	1980	1981	1982	1983
表层含量的变化范围/(μg/L)	0.02～0.25	0.00～0.48	0.00～0.40	0.11～0.53	0.10～3.33
底层含量的变化范围/(μg/L)	0.01～0.09	0.00～0.35	0.00～0.13	0.13～0.53	0.03～2.00
表、底层含量差/(μg/L)	0.01～0.16	0.00～0.13	0.00～0.27	−0.02～0.00	0.07～1.33
绝对沉降量/(μg/L)	0.23	0.48	0.40	0.42	3.23
相对沉降量/%	92.0	100.0	100.0	79.2	96.9
绝对累积量/(μg/L)	0.08	0.35	0.13	0.40	1.97
相对累积量/%	88.8	100.0	100.0	75.4	98.5

20.3.3 水域迁移过程

在胶州湾水域，随着时间的变化，Cd的表、底层含量差也发生了变化，这个差值表明了Cd含量在表、底层的变化，展示了Cd的水域垂直迁移过程。

(1)在1979年，在胶州湾的湾口水域，在5月、8月和11月，在湾外水域Cd的含量的表层值大于底层。表明在一年中，在湾口外侧水域Cd含量的来源比较高，也就是外海海流的输送比较高。在5月和8月，在湾口内西南部水域Cd含量的表层值小于底层。表明在湾口内西南部水域Cd含量的沉降比较高。这是由于在湾内河流输入胶州湾的Cd含量比较高，于是，湾内Cd的沉降比较高，而在湾外Cd的沉降就比较低。在8月，在湾口水域Cd含量的表层值小于等于底层。表明在湾口水域，由于海流的流速比较大，Cd在此水域比较均匀，只有在8月，来源输送的Cd含量比较高时，Cd在此水域才有大量沉降。

(2)在1980年，在6月、7月、9月和10月，在胶州湾的湾口水域。

首先从时间变化的尺度来观察沉降。

在湾口内侧北部水域，在 6 月、7 月，Cd 含量表层值大于底层，表明 Cd 的来源是船舶码头的输送。在 9 月和 10 月，Cd 含量表层值与底层是一样的，表明 Cd 含量在此水域是比较均匀的。

在湾口内侧南部水域，在 6 月，Cd 含量是比较均匀的。在 7 月、9 月和 10 月，Cd 含量表层值都小于底层，表明 Cd 在此水域的沉降比较高。

在湾口水域，在 7 月，来源输送的 Cd 含量很高时，表层 Cd 含量大于底层；在 9 月，来源输送的 Cd 含量比较高时，Cd 含量表层值等于底层；在 6 月和 10 月，来源输送的 Cd 含量比较低时，Cd 含量表层值小于底层。来源提供的 Cd 含量从低到高，再从高到低的变化，展示了 Cd 含量在表、底层的变化过程：由 Cd 含量表层值小于底层，转变为 Cd 含量表层值等于底层，到 Cd 含量表层值大于底层；然后，由 Cd 含量表层值大于底层，转变为 Cd 含量表层值等于底层，到 Cd 含量表层值小于底层。

同样，在湾口外侧北部水域，在一年中，来源提供的 Cd 含量从低到高，再从高到低的变化，展示了 Cd 含量在表、底层的变化过程。

在湾口外侧南部水域，在 6 月、7 月、9 月和 10 月，Cd 含量表层值始终小于底层。表明在湾口外侧南部水域，在一年中，Cd 的沉降始终非常高。在这个区域我们就可以寻找到 Cd 的高沉降区。

其次从空间变化的尺度来观察沉降。

在 6 月，Cd 含量来源于湾内，只有在湾口内侧北部水域，表层 Cd 含量大于底层，在湾口内侧南部水域，表层 Cd 含量等于底层，其他水域，表层 Cd 含量都小于底层。展示了 Cd 含量随着表层来源从高到低的变化，到海底 Cd 含量从低到高的变化，充分揭示了 Cd 由近及远的沉降过程。

在 7 月，在湾口内侧北部水域、在湾口水域和在湾口外侧北部水域，表层 Cd 含量大于底层。在湾口内侧南部水域和在湾口外侧南部水域，表层 Cd 含量小于底层。展示了 Cd 含量来源于北部，随着从北部到南部的变化，Cd 含量呈现出在表层从高到低的变化，在底层从低到高的变化，充分揭示了 Cd 由近及远的沉降过程。

在 9 月，来源于北部的 Cd 在减少时，在湾口内侧北部水域和在湾口水域，表层 Cd 含量等于底层。只有在湾口外侧北部水域，表层 Cd 含量依然大于底层。而在湾口内侧南部水域和在湾口外侧南部水域，表层 Cd 含量小于底层。同样，充分揭示了 Cd 含量由近及远的沉降过程。而且，进一步阐明了当 Cd 含量从高到低变化时，表、底层 Cd 含量一致。

在 10 月，几乎没有来源于北部的 Cd 时，在湾口内侧北部水域，表层 Cd 含量等于底层。而其他水域，表层 Cd 含量都小于底层。强有力地揭示了 Cd 的完全沉降。

(3)在 1981 年，在 4 月、8 月和 11 月，在胶州湾的湾口水域。

首先从时间变化的尺度来观察沉降。

在湾口内侧西南部水域，在 4 月和 8 月，表层 Cd 含量大于底层。到了 11 月，表层 Cd 含量与底层一致。表明了在 4 月和 8 月，湾内来源提供了大量的 Cd，到了 11 月，表、底层 Cd 含量下降到零。

在湾口内侧东部水域和在湾口外侧西部水域，在 4 月，表层 Cd 含量大于底层。到了 8 月，表层 Cd 含量小于底层。到了 11 月，表层 Cd 含量与底层一致。表明在 4 月，湾内来源提供了大量的 Cd。到了 8 月，大量的 Cd 经过沉降，在海底累积。到了 11 月，表、底层 Cd 含量下降到零。

在湾口南部水域，在 4 月，表层 Cd 含量小于底层。到了 8 月，表层 Cd 含量大于底层。到了 11 月，表层 Cd 含量与底层一致。表明在 4 月，湾内来源提供了 Cd，到了湾口南部水域经过沉降，在海底累积。到了 8 月，湾内来源提供了大量的 Cd，一直到达湾口南部表层水域。到了 11 月，表、底层 Cd 含量下降到零。

在湾口北部水域，在 4 月，表层 Cd 含量小于底层。到了 8 月，表层 Cd 含量与底层一致。到了 11 月，表层 Cd 含量与底层一致。表明在 4 月，湾内来源提供了 Cd，到了湾口南部水域经过沉降，在海底累积。到了 8 月，湾内来源提供了 Cd，Cd 含量在此水域是比较均匀的。到了 11 月，表、底层 Cd 含量下降到零。

在湾口外侧东部水域，在 4 月，表层 Cd 含量小于底层。到了 8 月，表层 Cd 含量小于底层。到了 11 月，表层 Cd 含量与底层一致。表明在 4 月，湾内来源提供了 Cd，到了湾口外侧东部水域经过沉降，在海底累积。到了 8 月，Cd 经过进一步沉降，在海底有大量的沉积。到了 11 月，表、底层 Cd 含量下降到零。

其次从空间变化的尺度来观察沉降。

在 4 月，在湾口内侧西南部水域、在湾口内侧东部水域和在湾口外侧西部水域，表层 Cd 含量大于底层。在湾口南部水域、在湾口北部水域和在湾口外侧东部水域，表层 Cd 含量小于底层。展示了 Cd 来源于湾内，在湾口内侧水域 Cd 含量呈现出在表层大于底层。Cd 从湾内经过沉降到达湾口，在湾口南部、北部水域，表层 Cd 含量都小于底层。展示了 Cd 含量从湾内到湾口的沉降迁移过程。同时，也展示了 Cd 来源于湾口外侧西部水域。在湾口外侧西部水域 Cd 含量呈现出在表层大于底层。随着 Cd 从湾口外侧西部水域经过沉降到达湾口外侧东部水域，表明了 Cd 从湾口外侧的西部到东部的沉降迁移过程。

在 8 月，在湾口内侧西南部水域和湾口南部水域，表层 Cd 含量大于底层。展示了 Cd 含量来源于湾口内侧和湾口的南部水域，在湾口的西南部和南部水域 Cd 含量呈现出在表层大于底层。在湾口内侧东部水域以及在湾口外侧的西部水域和东部水域，表层 Cd 含量都小于底层。表明了 Cd 来源于湾口的西南部和南部，然后，Cd 向湾内东部和湾外东部沉降迁移。于是，在湾口内侧东部水域以及在湾口外侧的东、西部水域，Cd 含量呈现出在表层小于底层。揭示了 Cd 从湾口的西南部和南部到湾内东部和湾外东部的沉降迁移过程。在这个迁移过程中，Cd 经过湾口北部水域，此水域海流的流速很快，呈现出表、底层 Cd 含量的混合均匀。

在 11 月，在胶州湾的湾口内侧水域、湾口水域和湾口外侧水域，表、底层都没有 Cd 含量，Cd 消失得无踪无影。作者认为，这是 Cd 在表层的完全、彻底的沉降，导致了表层 Cd 含量为零。经过海底的沉积和掩埋，底层 Cd 含量为零。

(4)在 1982 年，在 4 月、7 月和 10 月，在胶州湾的西南沿岸水域。

首先从时间变化的尺度来观察沉降。

在湾口内西南部近岸水域，在 4 月，表层 Cd 含量小于底层。到了 7 月，表层 Cd 含量小于底层。到了 10 月，表层 Cd 含量与底层一致。表明在 4 月，湾内来源提供了 Cd，到了湾口内西南部近岸水域经过沉降，在海底累积。到了 7 月，Cd 经过进一步沉降，在海底有大量的沉积。到了 10 月，表层含量与底层一样，Cd 含量在此水域是比较均匀的。因此，在湾口内西南部近岸水域，当来源提供了大量的 Cd 时，在此水域就出现了大量的 Cd 沉降；当来源提供的 Cd 减少时，在此水域就出现了 Cd 含量在表、底层均匀的情况。

在湾口内西南部水域，在 4 月，表层 Cd 含量大于底层。到了 7 月，表层 Cd 含量小于底层。到了 10 月，表层 Cd 含量与底层一致。表明在 4 月，湾内来源提供了大量的 Cd，表层 Cd 含量就比较高。到了 7 月，Cd 经过一段时间的沉降，在海底有大量的沉积，底层 Cd 含量就比较高。到了 10 月，表层含量与底层一样，Cd 含量在此水域是比较均匀的。因此，在湾口内西南部水域，最初，来源提供了大量的 Cd，然后在此水域就出现了大量的 Cd 沉降，当来源提供的 Cd 减少时，在此水域就出现了 Cd 含量在表、底层均匀的情况。

在湾口近岸水域，在 7 月，表层 Cd 含量大于底层。到了 10 月，表层 Cd 含量小于底层。表明在 7 月，湾内来源提供了大量的 Cd，表层 Cd 含量就比较高。到了 10 月，Cd 经过一段时间的沉降，在海底有大量的沉积，底层 Cd 含量就比较高。因此，在湾口近岸水域，最初，来源提供了大量的 Cd，然后在此水域就出现了大量的 Cd 沉降。

在湾口水域，在 4 月，表层 Cd 含量小于底层。到了 7 月，表层 Cd 含量大于底层。到了 10 月，表层 Cd 含量大于底层。表明在 4 月，来源提供的 Cd 在此水域就比较低，而在底层的 Cd 累积量比较高，底层 Cd 含量就比较高。到了 7 月，来源提供的 Cd 含量在此水域比较高，而在湾口水域，海流的流速比较高，底层的 Cd 含量很低，这样，表层 Cd 含量就比较高。到了 10 月，同样状态，表层 Cd 含量就比较高。

其次从空间变化的尺度来观察沉降。

在 4 月，在湾口内西南部水域，表层 Cd 含量大于底层。在湾口内西南部近岸水域和湾口水域，表层 Cd 含量小于底层。展示了 Cd 含量来源于湾内，在湾口内西南部水域 Cd 含量呈现出在表层大于底层。Cd 从湾内经过沉降到达湾口，在湾口内西南部近岸水域和湾口水域，表层 Cd 含量都小于底层。表明了 Cd 从湾内到湾口的沉降迁移过程。

在 7 月，在湾口近岸水域和湾口水域，表层 Cd 含量大于底层。在湾口内西南部近岸水域和湾口内西南部水域，表层 Cd 含量小于底层。展示了 Cd 来源于湾口水域，呈现出在表层大于底层。Cd 经过沉降到达湾口内西南部水域，在此水域表层 Cd 含量都小于底层。表明了 Cd 从湾口到湾口内西南部的沉降迁移过程。

在 10 月，在湾口水域，表层 Cd 含量大于底层。在湾口近岸水域，表层 Cd 含量小于底层。在湾口内西南部近岸水域和湾口内西南部水域，表层 Cd 含量与底层一致。表明 Cd 来源于湾口水域，呈现出在表层大于底层。Cd 经过沉降到达湾口近岸水域，在此水域表层 Cd 含量都小于底层。表明了 Cd 从湾口到湾口近岸的沉降迁移过程。而在湾口内西南部近岸水域和湾口内西南部水域，呈现出表、底层 Cd 含量均匀的情况。

(5) 在 1983 年，在 5 月、9 月和 10 月，在胶州湾的湾口水域。

首先从时间变化的尺度来观察沉降。

在湾口内西南部水域，在 5 月，表层 Cd 含量大于底层。到了 9 月，表层 Cd 含量大于底层。到了 10 月，表层 Cd 含量与底层一致。表明在 5 月，湾内来源提供了大量的 Cd 含量，表层 Cd 含量就比较高。到了 9 月，来源还是提供了大量的 Cd，表层 Cd 含量就比较高。到了 10 月，来源提供的 Cd 在减少，Cd 含量的表层值与底层一样，在此水域 Cd 含量是比较均匀的。

在湾口内东北部水域，在 5 月，表层 Cd 含量大于底层。到了 9 月，表层 Cd 含量小于底层。到了 10 月，表层 Cd 含量与底层一致。表明在 5 月，湾内来源提供了大量的 Cd，表层 Cd 含量就比较高。到了 9 月，Cd 经过一段时间的沉降，在海底有大量的沉积，底层 Cd 含量就比较高。到了 10 月，表层含量与底层一样，Cd 含量在此水域是比较均匀的。因此，在湾口内东北部水域，最初，来源提供了大量的 Cd，然后在此水域就出现了大量的 Cd 沉降，当来源提供的 Cd 减少时，在此水域就出现了 Cd 含量在表、底层均匀的情况。

在湾口水域，在 5 月，表层 Cd 含量大于底层。到了 9 月，表层 Cd 含量大于底层。到了 10 月，表层 Cd 含量小于底层。表明在 5 月，湾内来源提供了大量的 Cd，表层 Cd 含量就比较高。到了 9 月，来源还是提供了大量的 Cd，表层 Cd 含量就比较高。到了 10 月，Cd 经过一段时间的沉降，在海底有大量的沉积，底层 Cd 含量就比较高。因此，在湾口水域，最初，来源提供了大量的 Cd，然后在此水域就出现了大量的 Cd 沉降。

在湾口外的东北部水域，在 5 月，表层 Cd 含量大于底层。到了 9 月，表层 Cd 含量小于底层。到了 10 月，表层 Cd 含量小于底层。表明在 5 月，湾内来源提供了大量的 Cd，表层 Cd 含量就比较高。到了 9 月，Cd 经过一段时间的沉降，在海底有大量的沉积，底层 Cd 含量就比较高。到了 10 月，Cd 经过进一步的沉降，在海底有大量的沉积，底层 Cd 含量就比较高。因此，在湾口外的东北部水域，最初，来源提供了大量的 Cd，然后在此水域就出现了大量的 Cd 沉降，而且进一步在沉降。

在湾口外的南部水域，在 5 月，表层 Cd 含量小于底层。到了 9 月，表层 Cd 含量小于底层。到了 10 月，表层 Cd 含量大于底层。这表明在 5 月，湾内来源几乎没有提供 Cd，表层 Cd 含量就比较低。到了 9 月，湾内来源还没有提供 Cd，表层 Cd 含量依然比较低。到了 10 月，提供的 Cd 才来到湾口外的南部水域。因此，在湾口外的南部水域，从 5 月到 9 月，来源几乎没有提供 Cd，一直到 10 月，才将 Cd 输送到湾口外的南部水域。

其次从空间变化的尺度来观察沉降。

在 5 月，在湾口内水域、湾口水域和湾口外的东北部水域，表层 Cd 含量大于底层。在湾口外的南部水域，表层 Cd 含量小于底层。展示了 Cd 含量来源于湾内，从湾口内水域到湾口水域，再到湾口外的东北部水域，都呈现出在表层大于底层。到了湾口外的南部水域，Cd 才出现了大量的沉降，表层 Cd 含量都小于底层。表明了 Cd 从湾内到湾口再到湾口外南部的沉降迁移过程。

在 9 月，在湾口内西南部水域和湾口水域，表层 Cd 含量大于底层。在湾口内的东北部水域、湾口外的东北部水域和湾口外的南部水域，表层 Cd 含量小于底层。展示了 Cd 含量来源于湾内，在湾口内西南部水域和湾口水域都呈现出在表层大于底层。可是在湾口内的东北部水域和湾口外的东北部水域、湾口外的南部水域，Cd 经过一段时间的沉降，在海底有大量的沉积，表层 Cd 含量都小于底层。表明了 Cd 从湾内到湾口外的沉降迁移过程。

在 10 月，在湾口内水域，表层 Cd 含量与底层一致。在湾口水域和湾口外的东北部水域，表层 Cd 含量小于底层。在湾口外的南部水域，表层 Cd 含量大于底层。展示了湾内来源已经不提供 Cd 含量，在湾口内水域，呈现出表、底层 Cd 含量的混合均匀。在湾口水域和湾口外的东北部水域，Cd 经过一段时间的沉降，在海底有大量的沉积，表层 Cd 含量都小于底层。在湾口外的南部水域，底层的 Cd 含量在逐渐消失，呈现出表层 Cd 含量大于底层。

20.3.4　水域迁移模型框图

在 1979～1983 年期间，在胶州湾水体中 Cd 含量的垂直分布，是由水域迁移过程所决定的。Cd 的水域迁移过程出现 3 个阶段：从来源把 Cd 输入到胶州湾水域、把 Cd 输入到胶州湾水域的表层、Cd 从表层沉降到底层。这可用模型框图来表示(图 20-2)。Cd 的水域迁移过程通过模型框图来确定，就能分析知道 Cd 经过的路径和留下的轨迹。模型框图展示了：表、底层 Cd 含量的变化决定水域迁移的过程。在胶州湾水体中 Cd 含量的垂直分布呈现了表、底层 Cd 含量的变化，这样的变化过程分为 6 种状态：①来源提供大量的 Cd，这时，Cd 的表层含量大于底层；②来源进一步提供大量的 Cd，这时，Cd 的表层含量依然大于底层；③来源继续提供 Cd，但是 Cd 经过一段时间的沉降，在海底有大量的沉积，这时，Cd 的表层含量与底层一致；④来源减少提供 Cd，但是 Cd 经过一段时间的沉降，在海底有大量的沉积，这时，Cd 的表层含量小于底层；⑤来源已经停止提供 Cd，已经没有 Cd 的表层含量，由于 Cd 经过一段时间的沉降，在海底有大量的沉积，这时，Cd 的表层含量小于底层；⑥来源已经停止提供 Cd，已经没有 Cd 的表层含量，在海底的大量沉积也逐渐消失，底层 Cd 含量也没有了，于是，Cd 的表层含量与底层一致。

在胶州湾水域，Cd 含量随着来源的高低和经过距离的变化进行迁移。表、底层的 Cd 含量变化揭示了 Cd 的水域迁移过程：Cd 含量的表、底层变化是由来源 Cd 输送量的大小和经过迁移距离的远近所决定的，如六六六、汞、铬的迁移机制所展示的一样[13, 14]。

图 20-2 Cd 的水域迁移过程模型框图

20.3.5 水域垂直迁移的特征

在 1979～1983 年期间，表、底层的 Cd 含量变化揭示了 Cd 含量的表、底层含量具有一致性以及 Cd 具有高沉降，其沉降量的多少与含量的高低相一致。表、底层 Cd 含量的变化范围展示了 Cd 经过不断的沉降，在海底具有累积作用。Cd 的表、底层垂直变化展示了 Cd 的表、底层含量都相近，而且 Cd 具有迅速沉降的特征，并且具有海底的累积。说明经过不断的沉降，Cd 在海底的累积作用是很重要的，导致 Cd 含量在底层的增幅非常大。当来源停止提供 Cd 时，随着 Cd 不断的沉降，Cd 的表层含量就逐渐为零了。当 Cd 的表层含量为零时，Cd 的沉降也就停止了，Cd 的底层含量就逐渐为零了。这些都是 Cd 水域迁移过程的特征。

20.4 结　　论

在 1979～1983 年期间，外海海流的输送、河流的输送、近岸岛尖端的输送、大气沉降的输送、地表径流的输送和船舶码头的输送，将 Cd 输入到胶州湾水域，然后经过海流和潮汐的作用，展示了 Cd 的水域垂直迁移过程。

在 1979～1983 年期间，胶州湾水体中，表、底层 Cd 含量的变化范围的差值不超过 1.50μg/L，表明 Cd 含量的表、底层变化量基本一样。而且 Cd 的表层含量高的，对应其底层含量就高；同样，Cd 的表层含量比较低时，对应的底层含量就低。展示了 Cd 的沉降是迅速的，而且沉降是大量的，沉降量与含量的高低相一致。

在 1979～1983 年期间，Cd 的绝对沉降量为 0.23～3.23μg/L，Cd 的相对沉降量为 79.2%～100.0%，确定了 Cd 的相对沉降量是非常稳定的。在 1980～1981 年期间，Cd 的相对沉降量都为 100.0%，揭示了 Cd 的沉降是迅速、彻底的。在 1981～1983 年期间，Cd 的相对沉降量最低为 79.2%，确定了 Cd 的最低相对沉降量也是非常高的。展示了 Cd 易沉降和易挥发的特征。

在 1979～1983 年期间，Cd 的绝对累积量为 0.08～1.97μg/L，Cd 的相对累积量为 75.4%～100.0%，确定了 Cd 的相对累积量是非常稳定的。在 1979～1983 年期间，1980 年、1981 年和 1983 年，Cd 的相对累积量大于等于 98.5%，确定了 Cd 的相对累积量是非常稳定的。在 1980 年和 1981 年，Cd 的相对累积量都为 100.0%，揭示了 Cd 的积累是稳定的、完整的。在 1981～1983 年期间，Cd 的相对沉降量最低为 75.4%，确定了 Cd 的最低相对累积量也是非常高的。展示了 Cd 易累积和易沉积的特征。

在 1979～1983 年期间，在胶州湾水体中 Cd 含量的垂直分布，是由水域迁移过程所决定的。Cd 的水域迁移过程出现 3 个阶段：从来源把 Cd 输入到胶州湾水域、把 Cd 输入到胶州湾水域的表层、Cd 从表层沉降到底层。在胶州湾水体中 Cd 含量的垂直分布呈现出表、底层 Cd 含量的变化，这样的变化过程可用 6 种状态来进行阐明。在胶州湾水域，Cd 含量随着来源的高低和经过距离的变化进行迁移。表、底层的 Cd 含量变化揭示了 Cd 的垂直迁移过程：Cd 含量的表、底层变化是由河口来源的 Cd 输送量的大小和经过迁移距离的远近所决定的，如六六六、汞、铬的迁移机制所展示的一样。因此，Cd 含量的表、底层变化量以及 Cd 含量的表、底层垂直变化都充分展示了：Cd 具有迅速沉降的特征，而且沉降量的多少与含量的高低相一致。Cd 经过了不断的沉降，在海底具有累积作用。当来源停止提供 Cd 时，Cd 的表层含量就逐渐没有了，Cd 的沉降也就停止了，Cd 的底层含量就逐渐没有了，在整个水体中 Cd 就会消失得无影无踪。这些特征揭示了 Cd 的水域迁移过程。

参考文献

[1]杨东方, 苗振清. 海湾生态学(上册) [M]. 北京: 海洋出版社, 2010.

[2]杨东方, 高振会. 海湾生态学(下册) [M]. 北京: 海洋出版社, 2010.

[3]杨东方, 陈豫, 王虹, 等. 胶州湾水体镉的迁移过程和环境本底值结构 [J]. 海岸工程, 2010, 29(4): 73-82.

[4]杨东方, 陈豫, 常彦祥, 等. 胶州湾水体镉的分布及来源 [J]. 海岸工程, 2013(3): 68-78.

[5]Yang D F, Zhu S X, Wang F Y, et al. The distribution and content of Cadmium in Jiaozhou Bay [J]. Applied Mechanics and Materials, 2014, 644-650: 5325-5328.

[6]Yang D F, Wang F Y, Wu Y F, et al. The structure of environmental background value of Cadmium in Jiaozhou Bay waters [J]. Applied Mechanics and Materials, 2014, 644-650: 5333-5335.

[7]Yang D F, Chen S T, Li B L, et al. Research on the vertical distribution of Cadmium in Jiaozhou Bay waters [C]. Proceedings of the 2015 International Symposium on Computers and Informatics, 2015: 2667-2674.

[8] Yang D F, Yang D, Zhu S, et al. Pollution level and source of Cd in Jiaozhou Bay [J]. Materials Engineering and Information Technology Application, 2015: 558-561.

[9]Yang D F, Zhu S X, Wang F Y, et al. Distribution and aggregation process of Cd in Jiaozhou Bay [J]. Advances in Computer Science Research, 2015, 2352:194-197.

[10]Yang D F, Wang F Y, Sun Z H, et al. Research on vertical distribution and settling process of Cd in Jiaozhou Bay [J]. Advances in Engineering Research, 2015, 40:776-781.

[11]Yang D F, Zhu S X, Wang F Y, et al. Spatial-temporal variations of Cd in Jiaozhou Bay [J]. Advances in Engineering Research, 2016, Part B:403-407.

[12] Yang D F, Yang X, Wang M, et al. The slight impacts of marine current to Cd contents in bottom waters in Jiaozhou Bay [J]. Advances in Engineering Research, 2016, Part B: 412-415.

[13]Yang D F, Wang F Y, He H Z, et al. Vertical water body effect of benzene hexachloride[C]. Proceedings of the 2015 International Symposium on Computers and Informatics, F, 2015.

[14]Yang D F, Wang F Y, Zhao X L, et al. Horizontal waterbody effect of hexachlorocyclohexane [J]. Sustainable Energy and Environment Protection, 2015: 191-195.

[15]Yang D F, Wang F Y, Yang X Q, et al. Water' s effect of benzene hexachloride [J]. Advances in Computer Science Research, 2015, 2352:198-204.

[16]杨东方, 苗振清, 徐焕志, 等. 有机农药六六六对胶州湾海域水质的影响——水域迁移过程 [J]. 海洋开发与管理, 2013, 30(1): 46-50.

[17]Yang D, Wang F, Zhu S, et al. Aquatic transfer mechanism of mercury in Jiaozhou Bay [J]. Applied Mechanics, 2014, 651-653:1415-1418.

[18]Yang D F, Gao Z H, Sun P Y, et al. Silicon limitation on primary production and its destiny in Jiaozhou Bay, China [J]. Chinese Journal of Oceanology, 2005, 24(2): 169-175.

[19]杨东方, 王凡, 高振会, 等. 胶州湾浮游藻类生态现象 [J]. 海洋科学, 2004, 28(6): 71-74.

[20]国家海洋局. 海洋监测规范 [M]. 北京: 海洋出版社, 1991.

第21章　胶州湾水域镉迁移的规律、过程及形成的理论

随着世界各个国家的发展，尤其是发达国家，经过了工农业的迅猛发展，城市化不断扩展，在这个过程中，工业废水和生活污水中产生了镉(Cd)，人类经常使用的产品中也存在 Cd。Cd 及其化合物属于剧毒物质，导致人类和动物遭受疾病折磨，甚至大量死亡。

Cd 主要通过呼吸道和消化道进入人体，会导致人类免疫、生殖、神经等许多系统受到损害。而且，Cd 在人体中具有富集和积蓄作用，潜伏期可长达 10～30 年。Cd 主要累积在肝、肾、胰腺、甲状腺和骨骼中，不会自然消失，经过数年甚至数十年慢性积累后，人体将会出现显著的 Cd 中毒症状，这样就会引起贫血、高血压、神经痛、骨质松软、肾炎和分泌失调等病症，影响人的正常活动。

Cd 在我们的日常生活中不可缺失，由于长期大量的使用，又因 Cd 的化学性质稳定，不易分解，长期残留于环境中，对环境和人类健康产生持久性的毒害作用[1-10]。因此，研究水体中 Cd 含量的迁移规律，对 Cd 含量在水体中的迁移过程的研究有着非常重要的意义。

本章根据 1979～1983 年胶州湾水域的调查资料，在空间上，研究 Cd 每年在胶州湾水域的存在状况[3-17]；在时间上，研究 5 年间 Cd 含量在胶州湾水域的变化过程[3-17]。因此，本章通过研究 Cd 含量对胶州湾水域水质的影响，展示了 Cd 含量在胶州湾水域的迁移规律、过程和理论，为治理 Cd 污染的环境提供理论依据。

21.1　背　　景

21.1.1　胶州湾自然环境

胶州湾位于山东半岛南部，其地理位置为 120°04′～120°23′E，35°58′～36°18′N，以团岛与薛家岛连线为界，与黄海相通，面积约为 $446km^2$，平均水深约 7m，是一个典型的半封闭型海湾(图 21-1)。胶州湾入海的河流有十几条，其中径流量和含沙量较大的为大沽河和洋河，以及青岛市区的海泊河、李村河和娄

山河等河流，这些河流均属季节性河流，河水水文特征有明显的季节性变化[18, 19]。

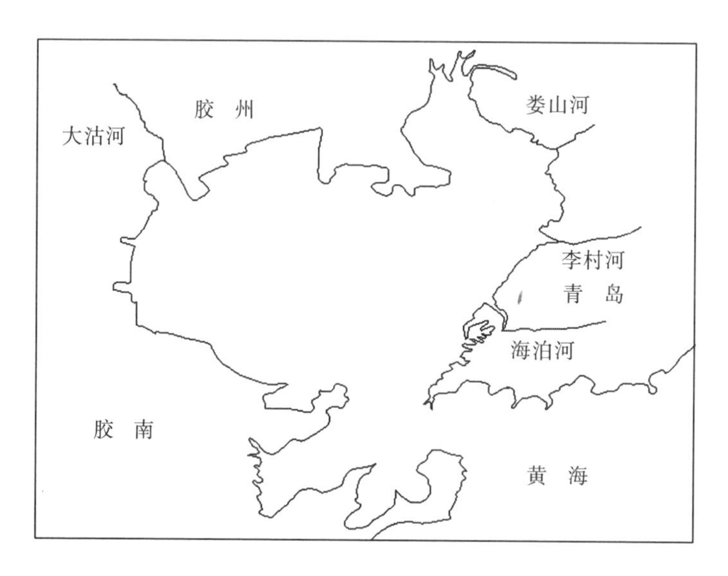

图 21-1 胶州湾地理位置

21.1.2 数据来源与方法

本书所使用的调查数据由国家海洋局北海环境监测中心提供。按照国家标准方法进行胶州湾水体 Cd 的调查[3-17]，该方法被收录在国家的《海洋监测规范》中[20]。

在 1979 年 5 月、8 月和 11 月，1980 年 6 月、7 月、9 月和 10 月，1981 年 4 月、8 月和 11 月，1982 年 4 月、7 月和 10 月，1983 年 5 月、9 月和 10 月，进行胶州湾水体 Cd 的调查[3-17]。以 4 月、5 月和 6 月为春季，以 7 月、8 月和 9 月为夏季，以 10 月、11 月和 12 月为秋季。

21.2 研 究 结 果

21.2.1 1979 年研究结果

根据 1979 年 5 月、8 月和 11 月胶州湾水域的调查资料，研究了胶州湾水域 Cd 的含量、表层水平分布。结果表明，Cd 在胶州湾水体中的含量为 0.01～0.85μg/L，都符合国家一类海水水质标准(1.00μg/L)。在胶州湾水域，水质没有受到任何 Cd 的污染。在 5 月，Cd 含量低于 0.10μg/L，水质非常清洁，而且在海水的水体中 Cd 含量是非常均匀的。在 8 月，在胶州湾东部近岸水域 Cd 含量比较高，而在西部近岸水域比较低。在 11 月，在 Cd 含量方面，在胶州湾的湾内水域，水质非常清洁，又非常均匀；在胶州湾的湾外水域，受到 Cd 的微小污染。从 5 月到 8 月，再到 11 月，胶州湾水域 Cd 的来源量变化过程为，从河流输送低含量 Cd 到河流输送高含量 Cd，再变化到河流不输送 Cd。从 5 月到 8 月，再到 11 月，胶州湾水域 Cd 的来源方式变化过程为，从没有来源的输送到河流的输送，再转换到外海海流的输送。胶州湾水域 Cd 有两个来源，为河流的输送和外海海流的输送。来自河流输送的 Cd 含量为 0.85μg/L，来自外海海流输送的 Cd 含量为 0.25μg/L。揭示了在没有受到人类影响的情况下，在 Cd 含量方面，河流、外海的水质都是非常清洁的。

根据 1979 年 5 月、8 月和 11 月胶州湾水域的调查资料，研究了胶州湾水域 Cd 含量的水平分布、来源量的变化以及均匀性的变化。结果表明，在空间尺度上，在 5 月和 11 月，Cd 含量在水体中的分布是均匀的；在 8 月，Cd 含量在水体中的分布是不均匀的。在时间尺度上，由 5 月的 Cd 含量均匀分布转变为 8 月的 Cd 含量不均匀分布；由 8 月的 Cd 含量不均匀分布转变为 11 月的 Cd 含量均匀分布。展示了随着时间的变化，水体中 Cd 含量由均匀到不均匀，再到均匀的变化过程。在一个水体中，当输入增强时，物质含量就出现了从均匀转变为不均匀。当输入减少时，物质含量就出现了从不均匀转变为均匀。因此，在这个过程中，输入量决定了物质含量在水体中的不均匀性，海水潮汐和海流的作用决定了物质含量在水体中的均匀性。

作者提出了物质含量的环境动态值的定义及结构模型，并且确定了该模型的各个变量：物质含量的基础本底值、物质含量的环境本底值、物质含量的输入值以及物质含量的环境动态值。于是，根据 1979 年 5 月、8 月和 11 月胶州湾水域的调查资料，应用作者提出的物质含量的环境动态值的定义及结构模型，计算结果表明，在胶州湾水域，Cd 含量的基础本底值为 0.02～0.04μg/L，Cd 含量的环境本底值为 0.01～0.04μg/L，Cd 含量的河流输入值为 0.07～0.85μg/L，Cd 含量的海流输入值为 0.25μg/L，Cd 含量在胶州湾水域的环境动态值为 0.01～0.85μg/L。这样，就确定了胶州湾水域 Cd 含量的变化过程及变化趋势。

根据 1979 年胶州湾水域的调查资料，研究重金属 Cd 在胶州湾的湾口底层水域的含量现状和水平分布。结果表明，在 5 月、8 月和 11 月，在胶州湾的湾口底层水域，Cd 含量为 0.01～0.09μg/L，符合国家一类海水水质标准。表明在 Cd 含量方面，在 5 月、8 月和 11 月，在胶州湾的湾口底层水域，水质清洁，没有受到 Cd 的任何污染。因此，在垂直水体的效应作用下，在 Cd 含量方面，在胶州湾的湾口底层水域，水质清洁，也没有受到 Cd 的任何污染。在 5 月和 8 月，在胶州湾的湾口底层水域，在湾口内侧，Cd 具有高沉降。在 11 月，在胶州湾的湾口底层水域，在湾口外侧，Cd 具有高沉降。作者提出了 Cd 的沉降机制，确定了在底层水域 Cd 含量的变化。作者认为表层 Cd 的来源距离及大小决定了 Cd 在底层水域的沉降量。

根据 1979 年胶州湾水域的调查资料，研究在胶州湾的湾口表、底层水域 Cd 含量的水平分布趋势、变化范围以及垂直变化过程。结果表明，在 5 月、8 月和 11 月，在胶州湾的湾口水域，表层 Cd 含量非常低，呈现出 Cd 含量在表、底层沿梯度的变化趋势是相反的或者是不一样的；呈现出 Cd 含量的表、底层变化范围是一致的，而且 Cd 的表、底层含量都是相接近的。根据垂直水体效应原理和水平水体效应原理，在 5 月，Cd 含量有累积效应和稀释效应。在 8 月，Cd 含量的高低值只有累积效应。在 11 月，Cd 含量的高低值只有稀释效应。进一步通过计算得到：在 5 月，较高的 Cd 含量稍微有所损失，较低的 Cd 含量有少许积累。在 8 月，无论 Cd 含量是高还是低，Cd 含量均有少许积累。在 11 月，无论 Cd 含量是高还是低，Cd 含量均稍微有所损失。作者提出了 Cd 的动态沉降变化过程，充分揭示了在胶州湾的湾口水域，随着时空的变化和 Cd 的来源转换，Cd 的迁移过程和变化趋势。

通过 1979 年 5 月、8 月和 11 月胶州湾水域 Cd 含量的水平变化，研究表明，在胶州湾的湾内水域，向胶州湾输送 Cd 的唯一来源是河流的输送。在 5 月、8 月和 11 月，河流输送的 Cd 含量是不同的。根据河流输送的不同 Cd 含量，应用物质含量的水平相对损失速度模型，计算得到，在胶州湾的湾内水域，Cd 含量的水平绝对损失速度值和 Cd 含量的水平相对损失速度值，展示了胶州湾水体中 3 种不同类型的 Cd 含量模式，这样，输送的 3 种不同 Cd 含量就确定了胶州湾水体中 3 种不同类型的 Cd 含量模式。因此，来源输送的物质含量变化决定水体中物质含量的水平绝对损失速度的变化和水平相对损失速度的变化。

21.2.2 1980 年研究结果

根据 1980 年胶州湾水域的调查资料，分析了重金属 Cd 在胶州湾水域的表、底层水平分布、垂直分布和季节变化以及来源。研究结果表明，在整个胶州湾水域，一年中 Cd 含量的变化范围为 0.00～0.48μg/L，都符合国家一类海水水质标准(1.00μg/L)。在整个胶州湾水域，水质没有受到任何 Cd 的污染。在胶州湾水域 Cd 只有一个输送来源：湾口外的水域，整个胶州湾水域 Cd 含量的表层水平分布展示了海流输送 Cd 到胶州湾的湾口外、湾口以及湾口内的水域。海流输入的 Cd 的含量为 0.00～0.48μg/L，胶州湾水域 Cd 含量的环境本底值为 0.00～0.48μg/L。Cd 含量的垂直分布展示了：在春季、夏季、秋季，Cd 的表、底层含量都相近；Cd 表、底层含量的季节变化形成了春季、夏季、秋季的一个峰值曲线。Cd 底层含量的水平分布展示了：在 6 月、7 月、9 月和 10 月，Cd 的底层含量都是湾外高湾内低。而且，在海流输送 Cd 的过程中，沿着海流进入胶州湾水域的路径，Cd 的表层含量比底层高，在海洋输送的路径周围水域，Cd 的表层含量一直都比底层低。

21.2.3　1981 年研究结果

根据 1979 年、1980 年和 1981 年胶州湾水域的调查资料，研究了胶州湾水域 Cd 的含量、来源。结果表明，整个胶州湾水域一年中没有受到人为的 Cd 污染，而是此水域的 Cd 有大自然的输送。作者提出了重金属在水域的环境本底值结构理论，并且应用于胶州湾水域。胶州湾水域的 Cd 含量由水域本身所具有的重金属含量以及陆地径流的输入、海洋水流的输入和大气沉降的输入组成。1979 年、1980 年和 1981 年研究发现，在胶州湾水域，重金属 Cd 的基础本底值为 0.00～0.10μg/L，陆地径流重金属 Cd 的输入量为 0.00～0.84μg/L，海洋水流重金属 Cd 的输入量为 0.00～0.48μg/L，大气沉降重金属 Cd 的输入量为 0.00～0.55μg/L。一年中在胶州湾水域，重金属 Cd 的输入方式由多种状况组成。

根据 1981 年胶州湾水域的调查资料，分析重金属 Cd 在胶州湾水域的含量现状、水平分布、垂直分布和季节变化。研究结果表明，在整个胶州湾水域，一年中 Cd 含量都达到了国家一类海水水质标准(1.00μg/L)，水质没有受到任何 Cd 的污染。在胶州湾和湾外水域 Cd 有两个来源：大气沉降的输入，其输入的 Cd 含量为 0.00～0.55μg/L；陆地径流的输入，其输入的 Cd 含量为 0.00～0.40μg/L。而在秋季，在胶州湾及附近水域，Cd 既没有陆地径流的输入，也没有海洋水流的输入和大气沉降的输入。

21.2.4　1982 年研究结果

根据 1982 年胶州湾水域的调查资料，分析重金属 Cd 在胶州湾水域的含量现状和水平分布。研究结果表明，在整个胶州湾水域，一年中 Cd 含量为 0.11～0.53μg/L，都达到了国家一类海水水质标准(1.00μg/L)，水质没有受到任何 Cd 的污染。在胶州湾水域 Cd 有两个来源：地表径流的输入和陆地河流的输入。在近岸水域，输入的 Cd 含量为 0.11～0.53μg/L；在河流的入海口水域，输入的 Cd 含量为 0.11～0.21μg/L，而且地表径流输送的 Cd 含量大于陆地河流。

根据 1982 年胶州湾水域的调查资料，分析重金属 Cd 在胶州湾水域的垂直分布和季节变化。研究结果表明，在 4 月、7 月和 10 月，胶州湾西南沿岸底层水域 Cd 含量为 0.13～0.53μg/L。在胶州湾西南沿岸水域的表层水体中，Cd 的表层含量由低到高的季节变化为春季、夏季、秋季，Cd 的底层含量由低到高的季节变化为夏季、春季、秋季。在雨季开始前的 4 月，Cd 含量在表、底层的水平分布趋势是相反的；在雨季开始后的 7 月和 10 月，Cd 含量在表、底层的水平分布趋势是一致的。而且在 4 月、7 月和 10 月，Cd 的表、底层含量都相近。这些垂直分布充分揭示了 Cd 在水域的迁移过程。

21.2.5 1983 年研究结果

根据 1983 年 5 月、9 月和 10 月胶州湾水域的调查资料，研究了胶州湾水域 Cd 的含量、表层水平分布。结果表明，Cd 在胶州湾水体中的含量为 0.09～3.33μg/L，都符合国家二类海水水质标准(5.00μg/L)，在胶州湾整个水域，水质受到 Cd 的轻度污染。胶州湾水域 Cd 有 4 个来源，主要为河流的输送、船舶码头的输送、近岸岛尖端的输送和地表径流的输送。来自河流输送的 Cd 含量为 0.80μg/L，来自船舶码头输送的 Cd 含量为 1.50μg/L，来自近岸岛尖端输送的 Cd 含量为 3.33μg/L，来自地表径流输送的 Cd 含量为 0.41μg/L。因此，地表径流和陆地河流没有受到 Cd 的污染，而近岸岛尖端和船舶码头受到 Cd 的轻度污染。由此认为，在胶州湾的周围陆地上，还没有受到 Cd 的轻度污染，而在近岸岛尖端和船舶码头受到 Cd 的轻度污染。

根据 1983 年胶州湾水域的调查资料，分析重金属 Cd 在胶州湾水域的垂直分布和季节变化。研究结果表明，在 5 月、9 月和 10 月，胶州湾湾口底层水域 Cd 含量为 0.03～2.00μg/L。在 5 月，在胶州湾的湾口底层水域，水质没有受到 Cd 的污染；在 9 月和 10 月，在胶州湾的湾口底层水域，水质受到 Cd 的轻度污染。在胶州湾的湾口水域，在 5 月、9 月和 10 月，在水体中的底层都出现了 Cd 的较高含量区(0.14～2.00μg/L)，并且形成了一系列不同梯度的半个同心圆，Cd 含量从中心的较高含量向湾内的西部水域沿梯度递减，同时，向湾外的东部水域沿梯度递减。在此水域，水流的速度很快，Cd 的较高含量区的出现表明水体运动具有将 Cd 聚集的过程。

根据 1983 年胶州湾水域的调查资料，研究在胶州湾的湾口表、底层水域，表、底层 Cd 含量的季节分布、水平分布趋势、变化范围以及垂直变化。结果表明，在胶州湾湾口水域，Cd 的表、底层含量由低到高的季节变化为春季、秋季、夏季。Cd 含量的季节变化中，河流输送 Cd 的变化决定了 Cd 表层含量的变化，也决定了 Cd 底层含量的变化。在胶州湾的湾口水域，在 5 月、9 月和 10 月，在时间、空间、变化、垂直、区域尺度上，揭示了以下规律：随着时间的变化，Cd 含量在表、底层的变化是一致的；Cd 含量在表、底层沿梯度的变化趋势具有一致性和相反性；Cd 含量在表、底层的变化量基本一样；Cd 含量在表、底层保持了相近，具有一致性；表、底层 Cd 含量对比变化。充分展示了：Cd 迅速沉降的过程、Cd 的迅速沉降和累积效应、Cd 迅速和不断地沉降到海底、Cd 的垂直水体效应作用、Cd 含量的河流输入和沉降到海底的过程。

21.3　产生消亡过程

21.3.1　含量的年份变化

根据 1979～1983 年胶州湾水域的调查资料，研究 Cd 在胶州湾水域的含量、年份变化和季节变化。结果表明，在 1979～1983 年期间，在早期的夏季、秋季胶州湾没有受到 Cd 的任何污染，到了晚期的夏季、秋季胶州湾受到 Cd 的轻度污染。在春季，胶州湾一直没有受到 Cd 的任何污染，在 Cd 含量方面，水质非常清洁。因此，1979～1983 年，胶州湾 Cd 的输入在逐渐增加，水质在逐渐变差。在一年的 8 个月份中，Cd 含量几乎有 6 个月份都在增加，2 个月份在减少。在整个胶州湾水域，随着 Cd 含量的不断上升，Cd 含量的变化展示了从没有季节变化到逐渐出现季节变化的过程。最初在胶州湾的非常清洁的水域，逐渐受到了 Cd 的输入，水体中 Cd 含量环境背景值在提高。进一步，整个水域 Cd 含量都在上升。这样，向胶州湾水域输入 Cd，从最初自然界的输送转换为人类活动的输送。

21.3.2　来源变化过程

根据 1979～1983 年胶州湾水域的调查资料，分析 Cd 在胶州湾水域的水平分布和污染源变化，确定在胶州湾水域 Cd 含量污染源的位置、范围及变化过程。研究结果表明，在 1979～1983 年期间，胶州湾水域 Cd 有 6 个来源，主要为外海海流的输送(0.12～0.25μg/L)、河流的输送(0.07～0.85μg/L)、近岸岛尖端的输送(0.48～3.33μg/L)、大气沉降的输送(0.14～0.55μg/L)、地表径流的输送(0.38～0.53μg/L)和船舶码头的输送(0.16～1.50μg/L)。这 6 种途径给胶州湾整个水域带来了 Cd，Cd 含量的变化范围为 0.07～3.33μg/L。随着时间的变化，环境领域 Cd 含量在不断地上升。人类活动所产生的 Cd 几乎没有对河流产生很大的影响，只是对环境产生影响的输送途径变得多样化。

21.3.3　从来源到水域的迁移过程

根据 1979～1983 年胶州湾水域的调查资料，分析在胶州湾水域 Cd 含量的季节变化和来源变化。研究结果表明，在春季、夏季、秋季的季节变化过程中，水体中 Cd 含量的高低都是依赖 Cd 来源输入量的大小。胶州湾水域 Cd 有 6 个来源：外海海流(0.12～0.25μg/L)、河流(0.07～0.85μg/L)、近岸岛尖端(0.48～3.33μg/L)、大气沉降(0.14～0.55μg/L)、地表径流(0.38～0.53μg/L)和船舶码头(0.16～

1.50μg/L)。因此，水体中 Cd 含量的季节变化就是由这 6 个 Cd 来源决定的。在1979～1983 年期间，在胶州湾水体中 Cd 含量的季节变化，是由陆地迁移过程、大气迁移过程、海洋迁移过程所决定的。作者提出各种模型框图，展示了 Cd 的陆地迁移过程、大气迁移过程、海洋迁移过程，确定 Cd 经过的路径和留下的轨迹，揭示河流的 Cd 含量由自然界的存在量决定，大气中的 Cd 含量也由自然界的存在量决定，海洋中的 Cd 含量由自然界的存在量和人类活动决定。

21.3.4 沉降过程

根据 1979～1983 年胶州湾水域的调查资料，分析在胶州湾水域 Cd 的底层含量变化和底层分布变化。研究结果表明，在 1979～1983 年期间，在胶州湾的底层水体中，从 4 月到 11 月，Cd 含量的变化范围为 0.00～2.00μg/L，符合国家一、二类海水水质标准。表明在 Cd 含量方面，从 4 月到 8 月和 11 月，在胶州湾的底层水域，水质清洁，完全没有受到 Cd 的任何污染。在 9 月和 10 月，在胶州湾的底层水域，水质受到 Cd 的轻度污染。在 1979～1983 年期间，向胶州湾输送 Cd 的各种来源展示了 Cd 在迅速地沉降，并且在底层具有累积的过程。在第一年，有两个来源将 Cd 经过水体沉降到海底，决定了 Cd 的高沉降区域。在第二、三年，有单一来源将 Cd 经过水体沉降到海底，决定了 Cd 的高沉降区域。到第四年，有两个来源将 Cd 经过水体沉降到海底。到了第五年，有三个来源将 Cd 经过水体沉降到海底。这个过程揭示了，随着时间的变化，Cd 的输送量在逐渐增加，输送 Cd 的来源也在逐渐增加，使海底留下 Cd 的高沉降区域在逐渐增加，高沉降区域的 Cd 含量也在逐渐上升。

21.3.5 水域迁移趋势过程

根据 1979～1983 年胶州湾水域的调查资料，研究表、底层 Cd 含量的水平分布趋势，作者提出 Cd 的水域迁移趋势过程。这个过程分为 7 个阶段：①Cd 开始沉降；②Cd 大量沉降；③Cd 进一步大量沉降；④Cd 开始减少沉降；⑤Cd 均匀沉降；⑥Cd 停止沉降；⑦Cd 完全停止沉降。这个过程揭示了 Cd 从表层开始沉降到停止沉降的变化中，具有迅速沉降的特征，同时还具有海底的累积，并且 Cd 含量在表层就可以消失，在底层也可以消失。这充分表明了时空变化的 Cd 迁移趋势。Cd 的水域迁移趋势过程强有力地确定了：在时间和空间的变化过程中，表层的 Cd 含量变化趋势、底层的 Cd 含量变化趋势及表、底层的 Cd 含量变化趋势的相关性。作者提出了 Cd 含量的水域迁移趋势过程模型框图，说明 Cd 经过的路径和留下的轨迹，预测表、底层 Cd 含量的水平分布趋势。

21.3.6　水域垂直迁移过程

根据 1979～1983 年胶州湾水域的调查资料，研究在胶州湾水域表、底层 Cd 含量的变化及其垂直分布。结果表明，在 1979～1983 年期间，在胶州湾水体中，表、底层 Cd 含量的变化范围的差值不超过 1.50μg/L，表明 Cd 含量的表、底层变化量基本一样。而且 Cd 的表层含量高的，对应其底层含量就高；同样，Cd 的表层含量比较低时，对应的底层含量就低。展示了 Cd 的沉降是迅速的，而且沉降是大量的，沉降量与含量的高低相一致。作者提出了物质含量的沉降量和累积量模型，能够计算物质含量的绝对沉降量、相对沉降量和绝对累积量、相对累积量。并且计算得到，Cd 含量的绝对沉降量为 0.23～3.23μg/L，Cd 含量的相对沉降量为 79.2%～100.0%；Cd 含量的绝对累积量为 0.08～1.97μg/L，Cd 含量的相对累积量为 75.4%～100.0%。随着时间变化，Cd 含量的相对沉降量和相对累积量都是非常稳定且非常高的。Cd 含量的相对沉降量揭示了 Cd 的沉降是迅速的、彻底的，具有易沉降和易挥发的特征。Cd 含量的相对累积量揭示了 Cd 的积累是稳定的、完整的，具有易累积和易沉积的特征。作者确定了 Cd 含量的表、底层变化是由来源的 Cd 输送量的大小和经过迁移距离的远近所决定的，并且提出了 Cd 的水域迁移过程中出现的 3 个阶段和 6 种状态。因此，Cd 含量的表、底层变化量以及 Cd 含量的表、底层垂直变化都充分展示了：Cd 具有迅速沉降的特征，而且沉降量的多少与含量的高低相一致；Cd 经过了不断的沉降，在海底具有累积作用；如果来源停止提供 Cd，则在整个水体中 Cd 就会消失得无影无踪。这些特征揭示了 Cd 的水域垂直迁移过程。

21.4　迁 移 规 律

21.4.1　空间迁移

1979～1983 年对胶州湾海域水体中 Cd 含量的调查分析[3-16]，展示了每年的研究结果具有以下规律：

(1) 胶州湾水域中的 Cd 主要来源于外海海流的输送、河流的输送、近岸岛尖端的输送、大气沉降的输送、地表径流的输送和船舶码头的输送。

(2) 在一年中，水体中 Cd 含量经历了由均匀到不均匀，再由不均匀到均匀的变化过程。

(3) 人类活动所产生的 Cd 几乎没有对河流产生很大的影响，只是对环境产生影响的输送途径变得多样化。

(4)随着时间的变化，环境领域 Cd 含量在不断地上升。

(5)Cd 含量在表、底层的变化量基本一样，Cd 含量在表、底层的变化保持了一致性。

(6)Cd 含量在表、底层保持了相近，具有一致性。

(7)在时空变化过程中，来源输送的 Cd，都是从表层穿过水体，来到底层。

(8)Cd 的来源和特殊的地形地貌决定了 Cd 的高沉降区域。

(9)在表层水体中 Cd 含量随着远离来源在不断地下降，同样，在表层水体中 Cd 含量随着来源含量的减少在不断地下降。

(10)在胶州湾水体中 Cd 含量的季节变化，是由陆地迁移过程、大气迁移过程、海洋迁移过程所决定的。

(11)河流和大气的 Cd 含量是由自然界的存在量决定的，海洋的 Cd 含量是由自然界的存在量和人类活动决定的。

(12)随着时间的变化，Cd 的输送量在逐渐增加，输送 Cd 的来源也在逐渐增加，使海底留下 Cd 的高沉降区域在逐渐增加，高沉降区域的 Cd 含量在逐渐上升。

(13)Cd 具有迅速沉降的特征，而且沉降量的多少与含量的高低相一致。

(14)Cd 经过了不断的沉降，在海底具有累积作用。

(15)Cd 含量展示了出现、消失、又出现、又消失的反复循环的过程。

(16)从表层 Cd 开始沉降到停止沉降的变化中，Cd 具有迅速沉降的特征，同时还具有海底的累积，并且 Cd 含量在表层可以消失，在底层也可以消失。

(17)随着时间变化，Cd 含量的相对沉降量和相对累积量都是非常稳定且非常高的。

(18)Cd 的沉降是迅速的、彻底的，具有易沉降和易挥发的特征。

(19)Cd 的积累是稳定的、完整的，具有易累积和易沉积的特征。

(20)Cd 含量的表、底层变化是由来源 Cd 输入量的大小和经过迁移距离的远近所决定的。

(21)如果来源停止提供 Cd，则在整个水体中 Cd 就会消失得无影无踪。

因此，随着空间的变化，以上研究结果揭示了水体中 Cd 的迁移规律。

21.4.2 时间迁移

1979～1983 年对胶州湾海域水体中 Cd 含量的调查分析[3-16]，展示了 5 年间的研究结果：在 1979～1983 年，在胶州湾水体中 Cd 含量在一年期间的变化非常大。在早期的夏季、秋季胶州湾没有受到 Cd 的任何污染，到了晚期的夏季、秋季胶州湾受到 Cd 的轻度污染。在春季，胶州湾一直没有受到 Cd 的任何污染，在 Cd 含量方面，水质非常清洁。最初在胶州湾的非常清洁的水域，逐渐受到了 Cd 含量的输入，水体中 Cd 含量环境背景值在提高。进一步，整个水域 Cd 含量都在上升。这样，向胶州湾水域输入 Cd，从最初自然界的输送转换为人类活动的输送。随着时间的变化，环境领域 Cd 含量在不断地上升。人类活动所产生的 Cd 几乎没有对河流产生很大的影响，只是对环境产生影响的输送途径变得多样化，展示了 Cd 污染源的变化过程。在胶州湾水体中 Cd 含量变化是由陆地迁移过程、大气迁移过程、海洋迁移过程所决定的，确定 Cd 经过的路径和留下的轨迹。从来源到水域的迁移过程揭示了河流的 Cd 含量是由自然界的存在量决定的，大气的 Cd 含量也是由自然界的存在量决定的，海洋的 Cd 含量是由自然界的存在量和人类活动决定的。Cd 含量的沉降过程揭示了随着时间的变化，Cd 的输送在逐渐增加，输送 Cd 来源也在逐渐增加，使海底留下 Cd 的高沉降区域在逐渐增加，高沉降区域的 Cd 含量在逐渐上升。通过 Cd 的水域迁移趋势过程，揭示从表层 Cd 开始沉降到停止沉降的变化中，Cd 具有迅速沉降的特征，同时还具有海底的累积，并且 Cd 含量在表层可以消失，在底层也可以消失。充分表明时空变化的 Cd 迁移趋势，展示了 Cd 经过的路径和留下的轨迹，预测表、底层 Cd 含量的水平分布趋势。Cd 含量的垂直迁移过程，揭示了 Cd 具有迅速沉降的特征，而且沉降量的多少与含量的高低相一致；Cd 经过不断的沉降，在海底具有累积作用；如果来源停止提供 Cd，则在整个水体中 Cd 就会消失得无影无踪。Cd 的迁移过程，阐明了 Cd 含量的变化和分布的规律及原因。

因此，随着时间的变化，以上研究结果揭示了水体中 Cd 的迁移过程。

21.5　物质的迁移规律理论

21.5.1　物质含量的均匀性理论

在空间尺度上，当没有 Cd 的输入时，在水体中 Cd 含量的分布是均匀的；当有 Cd 的输入时，在水体中 Cd 含量的分布是不均匀的。在时间尺度上，最初，没有 Cd 的输入，在水体中 Cd 含量的分布是均匀的。接着，开始有 Cd 的输入，在水体中就出现了 Cd 含量的分布是不均匀的。然后，Cd 的输入停止了，在水体中就又出现了 Cd 含量的分布是均匀的。展示了最初 Cd 含量由均匀分布转变为不均匀分布。然后，Cd 含量由不均匀分布转变为均匀分布。因此，随着时间的变化，水体中 Cd 含量展示了由均匀到不均匀，再到均匀的变化过程。

在一个水体中，当物质含量输入增强时，物质含量在水体中从均匀转变为不均匀。当物质含量输入减少时，物质含量从不均匀转变为均匀。因此，在这个过程中，物质含量的输入量决定了物质含量在水体中的不均匀性，海洋的潮汐和海流的作用决定了物质含量在水体中的均匀性。因此，作者提出了物质在水体中的均匀性变化过程。作者认为，海洋潮汐、海流的作用使一切物质在水体中具有均匀性，并且使一切物质在水体中向均匀性的趋势进行扩散运动。

21.5.2 物质含量的环境动态理论

作者提出了物质含量的环境动态值的定义及结构模型，并且确定了该模型的各个变量：物质含量的基础本底值、物质含量的环境本底值、物质含量的输入值以及物质含量的环境动态值。于是，就可以确定物质含量在水域中的变化过程、变化区域及结构变量，为制定物质含量在水域中的标准以及划分物质含量在水域中的变化程度都提供了科学依据。在胶州湾水域，Cd 含量的基础本底值、Cd 含量的环境本底值以及 Cd 含量的输入值，构成了 Cd 含量在胶州湾水域的环境动态值。这样，就确定了胶州湾水域 Cd 含量的变化过程及变化趋势。因此，根据作者提出的物质含量的环境动态值的定义及结构模型，就可以制定物质含量在水域中的标准以及划分物质含量在水域中的变化程度。

21.5.3 物质含量的水平损失量理论

作者提出了物质含量的水平损失速度模型，以及物质含量的水平绝对损失速度和物质含量的水平相对损失速度的定义和计算。该模型揭示了物质含量在水平面上迁移的过程中单位距离的损失量。物质含量的水平绝对损失速度表明单位距离的绝对损失量，物质含量的水平相对损失速度表明单位距离的相对损失量。由此，作者提出了物质水平损失量的规律：对于同一种物质和同一种水体，这个单位距离的相对损失量是稳定的、恒定的，那么物质含量的水平相对损失速度对于同一物质和水体是相同的、相近的。

根据物质含量的模型，计算结果表明，在 1979 年，在胶州湾的湾内水域，在 5 月，河流输送的 Cd 的含量比较低，Cd 含量的水平绝对损失速度值为杨东方数 0.4478，Cd 含量的水平相对损失速度值为杨东方数 6.39。在 8 月，河流输送的 Cd 含量比较高，Cd 含量的水平绝对损失速度值为杨东方数 12.24，Cd 含量的水平相对损失速度值为杨东方数 14.4。在 11 月，河流输送的 Cd 的含量为零时，Cd 含量的水平绝对损失速度值为杨东方数 0.14，Cd 含量的水平相对损失速度值为杨东方数 3.5。表明来源输送的物质含量比较低时，Cd 含量的水平绝对和相对损失速度值就比较低；来源输送的物质含量比较高时，Cd 含量的水平绝对和相对损失速度值就比较高；来源输送的物质含量为零时，Cd 含量的水平绝对和相对损失速度值最低。因此，来源输送的物质含量变化决定了水体中物质含量的水平绝对和相对损失速度的变化。这也证实了作者提出的物质水平损失量的规律。

根据物质含量的水平损失速度模型，通过水体两点的物质含量，就可以计算得到水体中任何一点的物质含量在胶州湾的湾内水域，以来源输送的物质不同含量，根据物质含量的水平损失速度模型，来确定物质含量的水平绝对损失速度和水平相对损失速度。这样，来源输送的不同物质含量就可以决定水体中的不同含量模式。因此，根据作者提出的物质含量的水平损失速度模型，就可以计算物质含量在水域中的值以及该物质含量在水域中的变化过程。

21.5.4 物质从来源到水域的迁移理论

作者提出了物质从来源到水域的迁移理论，在胶州湾水体中物质含量的变化过程，是由陆地迁移过程、大气迁移过程、海洋迁移过程所决定的。并且通过作者提出的各种模型框图，展示了物质的陆地迁移过程、大气迁移过程和海洋迁移过程，确定了物质经过的路径和留下的轨迹。通过作者提出的物质从来源到水域的迁移理论可知，在胶州湾水体中物质含量的高低都是由输送物质来源的多少以及物质来源的输入量大小决定的。

根据 1979～1983 年胶州湾水域的调查资料，物质从来源到水域的迁移理论揭示了河流的 Cd 含量是由自然界的存在量决定的，大气的 Cd 含量也是由自然界的存在量决定的，海洋的 Cd 含量是由自然界的存在量和人类活动决定的。

根据 1979～1983 年胶州湾水域的调查资料，在胶州湾水域 Cd 含量的变化是由来源的多少和来源输入量的变化确定的。在胶州湾水域，Cd 有 6 个来源及输入量：外海海流（0.12～0.25μg/L）、河流（0.07～0.85μg/L）、近岸岛尖端（0.48～3.33μg/L）、大气沉降（0.14～0.55μg/L）、地表径流（0.38～0.53μg/L）和船舶码头（0.16～1.50μg/L）。

物质从来源到水域的迁移理论展示了，在一个水体中，通过这个水体的物质含量的高低和水平分布，确定这个水体的物质的来源以及各个来源的物质输入量。这样，就可以得到这个水体的物质含量的变化过程。因此，根据作者提出的物质从来源到水域的迁移理论，就可以得到物质含量在水域中的变化过程以及该物质含量在水域中的变化原因。

21.5.5 物质的水域沉降迁移理论

通过胶州湾水域物质的底层含量变化和底层分布变化，作者提出了物质的水域沉降迁移理论，该理论包括物质含量的水平水体效应、垂直水体效应及水体效应的理论。物质经过重力沉降、生物沉降、化学作用等迅速由水相转入固相，最终转入沉积物中。从春季的 5 月开始，海洋生物大量繁殖，数量迅速增加，到夏季的 8 月，形成了高峰值，且由于浮游生物的繁殖活动，悬浮颗粒物表面形成胶体，此时的吸附力最强，吸附了大量的物质，大量的物质随着悬浮颗粒物迅速沉降到海底。这样，在春季、夏季和秋季，物质输入到海洋，颗粒物质和生物体将物质从表层带到底层。于是，物质经过了水平水体的效应作用、垂直水体的效应作用及水体的效应作用，形成了在胶州湾底层水域的高含量区。

应用作者提出的物质的水域沉降迁移理论，研究得到：在 1979～1983 年期间，向胶州湾输送 Cd 的各种来源展示了 Cd 在迅速地沉降，并且在底层具有累积的过程。这个过程揭示了，随着时间的变化，Cd 的输送量在逐渐增加，输送 Cd 的来源也在逐渐增加，使海底留下 Cd 的高沉降区域在逐渐增加，高沉降区域的 Cd 含量在逐渐上升。

21.5.6 物质的水域迁移趋势理论

研究表、底层物质含量的水平分布趋势，作者提出物质的水域迁移趋势过程。这个过程分为 7 个阶段：①物质开始沉降；②物质大量沉降；③物质进一步大量沉降；④物质开始减少沉降；⑤物质均匀沉降；⑥物质停止沉降；⑦物质完全停止沉降。这个过程揭示了从表层物质开始沉降到停止沉降的变化中，物质具有迅速沉降的特征，同时还具有海底的累积，并且物质含量在表层就可以消失，在底层也可以消失。充分表明时空变化的物质迁移趋势。物质的水域迁移趋势过程强有力地确定了：在时间和空间的变化过程中，表层的物质含量变化趋势、底层的物质含量变化趋势及表、底层的物质含量变化趋势的相关性。并且作者提出物质的水域迁移趋势过程模型框图，说明物质经过的路径和留下的轨迹，预测表、底层物质含量的水平分布趋势。

21.5.7 物质的水域垂直迁移理论

根据在胶州湾水域表、底层物质含量的变化及垂直分布，作者提出了物质的水域垂直迁移理论。该理论以作者提出的物质的垂直迁移模型为核心，包括绝对沉降量、相对沉降量和绝对累积量、相对累积量，定量化地展示了物质的水域垂直迁移过程，揭示了随着时间的变化，物质含量的相对沉降量和相对累积量都是非常稳定且非常高的。物质含量的相对沉降量揭示了物质含量的沉降是迅速的、彻底的，具有易沉降和易挥发的特征。物质含量的相对累积量揭示了物质含量的积累是稳定的、完整的，具有易累积和易沉积的特征。由此确定了物质含量在表、底层的变化是由河口来源的物质输入量的大小和经过迁移距离的远近所决定的，表明了物质的水域迁移过程中出现的 3 个阶段和 6 种状态。

因此，通过物质的垂直迁移模型，计算得到，Cd 含量的绝对沉降量为 0.23～3.23μg/L，Cd 含量的相对沉降量为 79.2%～100.0%；Cd 含量的绝对累积量为 0.08～1.97μg/L，Cd 含量的相对累积量为 75.4%～100.0%。由此阐明了物质的水域垂直迁移过程的主要特征：Cd 具有迅速沉降的特征，而且沉降量的多少与含量的高低相一致；Cd 经过不断的沉降，在海底具有累积作用；如果来源停止提供 Cd，则在整个水体中 Cd 就会消失得无影无踪。

21.6　结　论

根据 1979～1983 年胶州湾水域调查资料，在空间尺度上，通过每年 Cd 含量的数据分析，从含量、水平分布、垂直分布、季节分布、区域分布、结构分布和趋势分布的角度，研究 Cd 在胶州湾海域的来源、水质、分布以及迁移状况，得到了许多迁移规律的结果。

根据 1979～1983 年胶州湾水域的调查资料，在时间尺度上，通过对这 5 年 Cd 含量数据的探讨，研究 Cd 含量在胶州湾水域的变化过程，得到了以下研究结果：①含量的年份变化；②来源变化过程；③从来源到水域的迁移过程；④沉降过程；⑤水域迁移趋势过程；⑥水域垂直迁移过程。以上展示了随着时间变化，Cd 在胶州湾水域的动态迁移过程和变化趋势。

根据 1979～1983 年胶州湾水域调查资料，通过对镉(Cd)在水体中的迁移过程的研究，作者提出了物质理论：①物质含量的均匀性理论；②物质含量的环境动态理论；③物质含量的水平损失量理论；④物质从来源到水域的迁移理论；⑤物质的水域沉降迁移理论；⑥物质的水域迁移趋势理论；⑦物质的水域垂直迁移理论。展示了物质在水体中的动态迁移过程所形成的理论。

这些规律、过程和理论不仅为研究 Cd 在水体中的迁移提供了理论依据，也为其他物质在水体中的迁移研究给予了启迪。

火山爆发、风力扬尘、森林火灾等自然过程，会向大气排放 Cd；工业三废、农药化肥、固体废物等人类活动过程，会向陆地排放 Cd；矿山开发、工业排污和生活排污等人类活动过程，会向水体排放 Cd。这样，对于水体的 Cd 含量来说，其来源是陆地迁移、大气迁移和海洋迁移。于是，这些来源确定了胶州湾水体中 Cd 含量的变化过程。

一方面，Cd 污染生物，在一切生物体内累积，而且，通过食物链的传递，进行富集放大，最后连人类自身都受到 Cd 毒性的危害。另一方面，Cd 污染环境，经过陆地迁移过程、大气迁移过程和海洋迁移过程，污染陆地、江、河、湖泊和海洋，最后污染人类生活的环境，危害人类的健康，造成各种生物急、慢性中毒，畸形、癌变，甚至大批死亡。因此，人类不能为了自己的利益，既危害了地球上其他生命，又危害到自身的生命。人类要减少对赖以生存的地球排放 Cd，要顺应自然规律，才能够健康可持续地生活。

参 考 文 献

[1]杨东方, 苗振清. 海湾生态学(上册) [M]. 北京: 海洋出版社, 2010.

[2]杨东方, 高振会. 海湾生态学(下册) [M]. 北京: 海洋出版社, 2010.

[3]杨东方, 陈豫, 王虹, 等. 胶州湾水体镉的迁移过程和环境本底值结构 [J]. 海岸工程, 2010, 29(4): 73-82.

[4]杨东方, 陈豫, 常彦祥, 等. 胶州湾水体镉的分布及来源 [J]. 海岸工程, 2013(3): 68-78.

[5]Yang D F, Zhu S X, Wang F Y, et al. The distribution and content of Cadmium in Jiaozhou Bay [J]. Applied Mechanics and Materials, 2014, 644-650: 5325-5328.

[6]Yang D F, Wang F Y, Wu Y F, et al. The structure of environmental background value of Cadmium in Jiaozhou Bay waters [J]. Applied Mechanics and Materials, 2014, 644-650: 5333-5335.

[7]Yang D F, Chen S T, Li B L, et al. Research on the vertical distribution of Cadmium in Jiaozhou Bay waters [C]. Proceedings of the 2015 International Symposium on Computers and Informatics, 2015: 2667-2674.

[8] Yang D F, Yang D, Zhu S, et al. Pollution level and source of Cd in Jiaozhou Bay [J]. Materials Engineering and Information Technology Application, 2015: 558-561.

[9]Yang D F, Zhu S X, Wang F Y, et al. Distribution and aggregation process of Cd in Jiaozhou Bay [J]. Advances in Computer Science Research, 2015, 2352:194-197.

[10]Yang D F, Wang F Y, Sun Z H, et al. Research on vertical distribution and settling process of Cd in Jiaozhou Bay [J]. Advances in Engineering Research, 2015, 40:776-781.

[11]Yang D F, Zhu S X, Wang Z K, et al. Spatial-temporal changes of Cd in Jiaozhou Bay [J]. Computer Life, 2016, 4(5): 446-450.

[12] Yang D F, Yang X, Wang M, et al. The slight impacts of marine current to Cd contents in bottom waters in Jiaozhou Bay [J]. Advances in Engineering Research, 2016, Part B: 412-415.

[13]Yang D F, Wang F Y, Zhu S X, et al. Homogeneity of Cd contents in Jiaozhou Bay waters [J]. Advances in Engineering Research, 2016, 65:298-302.

[14]Yang D F, Qu X C, Chen Y, et al. Sedimentation mechanism of Cd in Jiaozhou Bay waters [J]. Advances in Engineering Research, 2016, Part D: 993-997.

[15]Yang D F, Yang D F, Zhu S X, et al. Sedimentation process and vertical distribution of Cd in Jiaozhou Bay [J]. Advances in Engineering Research, 2016, Part D: 998-1002.

[16]Yang D F, Wang Z K, Zhu S X, et al. The influence of marine current to Cd in Jiaozhou Bay [J]. World Scientific Research Journal, 2016, 2(1): 38-42.

[17]Yang D F, Yang D F, Zhu S X, et al. Spatial-termporal variatiom of Cd in Jiaozhon Bay [J] Advances in Engineering Research, 2016, Part B: 403-407.

[18]杨东方, 王凡, 高振会, 等. 胶州湾浮游藻类生态现象 [J]. 海洋科学, 2004, 28(6): 71-74.

[19]Yang D F, Gao Z H, Sun P Y, et al. Silicon limitation on primary production and its destiny in Jiaozhou Bay, China [J]. Chinese Journal of Oceanology, 2005, 24(2): 169-175.

[20]国家海洋局. 海洋监测规范 [M]. 北京: 海洋出版社, 1991.

第 22 章　胶州湾水体中镉的水质清洁

随着工农业的迅速发展，许多含有镉(Cd)的产品不断地涌现，在产品制造和运输的过程中，产生了大量含 Cd 的废水，随着河流的携带，Cd 向大海迁移[1, 2]，当环境受到 Cd 污染后，Cd 可在生物体内富集，通过食物链进入人体引起慢性中毒。Cd 在迁移过程中严重威胁人类健康。因此，研究近海的 Cd 污染程度和污染源[3-7]，为保护海洋环境、维持生态可持续发展提供重要帮助。本章根据 1984 年的调查资料，对胶州湾水体中 Cd 的含量、水平分布以及来源进行分析，研究胶州湾水体中 Cd 的水质、来源背景和来源量，为对胶州湾水域 Cd 的来源和污染程度进行综合分析提供科学背景，并且为 Cd 含量的控制和环境的改善提供理论依据。

22.1　背　　景

22.1.1　胶州湾自然环境

胶州湾位于山东半岛南部，其地理位置为 120°04′～120°23′E，35°58′～36°18′N，以团岛与薛家岛连线为界，与黄海相通，面积约为 446km^2，平均水深约 7m，是一个典型的半封闭型海湾。胶州湾入海的河流有十几条，其中径流量和含沙量较大的为大沽河和洋河，以及青岛市区的海泊河、李村河和娄山河等河流，这些河流均属季节性河流，河水水文特征有明显的季节性变化[8, 9]。

22.1.2　数据来源与方法

本书所使用的 1984 年 7 月、8 月和 10 月胶州湾水体 Cd 的调查资料由国家海洋局北海环境监测中心提供。在 7 月、8 月和 10 月，在胶州湾水域设 6 个站位取表、底层水样：2031、2032、2033、2034、2035、2047(图 22-1)。分别于 1984 年 7 月、8 月和 10 月进行 3 次取样，根据水深取水样(大于 10m 时取表层和底层，小于 10m 时只取表层)，进行调查采样。按照国家标准方法进行胶州湾水体 Cd 的调查，该方法被收录在国家的《海洋监测规范》中[10]。

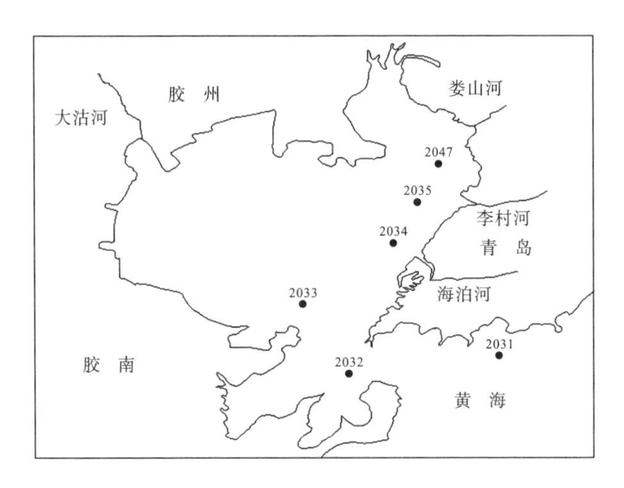

图 22-1　胶州湾调查站位

22.2　表层含量及水平分布

22.2.1　含量

在 7 月，胶州湾水域 Cd 含量为 0.06～0.17μg/L，符合国家一类海水水质标准。在 8 月，胶州湾水域 Cd 含量为 0.10～0.11μg/L，符合国家一类海水水质标准。在 10 月，胶州湾水域 Cd 含量为 0.08～0.20μg/L，符合国家一类海水水质标准。因此，在 7 月、8 月和 10 月，Cd 在胶州湾水体中的含量为 0.06～0.20μg/L，符合国家一类海水水质标准。表明在 7 月、8 月和 10 月，在胶州湾整个水域，水质没有受到 Cd 的任何污染，水质清洁(表 22-1)。

表 22-1　7 月、8 月和 10 月胶州湾表层水质

项目	7 月	8 月	10 月
海水中 Cd 含量/(μg/L)	0.06～0.17	0.10～0.11	0.08～0.20
国家海水水质标准	一类海水	一类海水	一类海水

22.2.2　表层水平分布

在 7 月，在胶州湾湾外东部近岸水域的 2031 站位，Cd 含量达到较高，为 0.17μg/L，以湾外的东部近岸水域为中心形成了 Cd 的高含量区，形成了一系列不同梯度的平行线。Cd 含量从中心的高含量 0.17μg/L 沿梯度递减到湾口水域的 0.16μg/L，甚至到湾内水域的 0.06μg/L(图 22-2)。

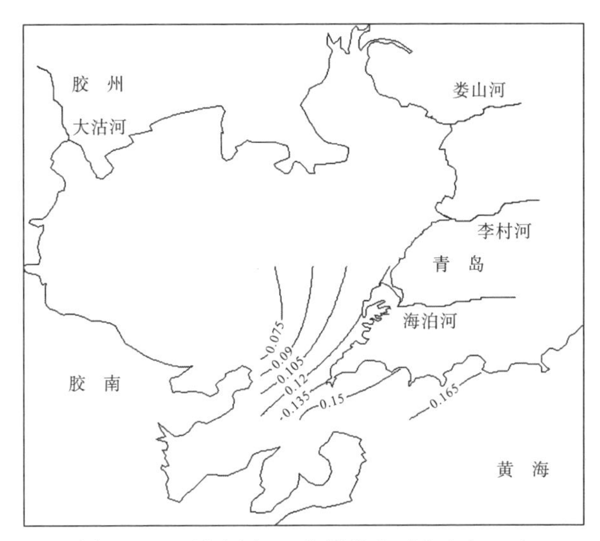

图 22-2　7 月表层 Cd 含量的水平分布(μg/L)

在 8 月，在胶州湾东北部，在李村河入海口近岸水域的 2035 站位，Cd 的含量达到较高，为 0.11μg/L，以东北部近岸水域为中心形成了 Cd 的高含量区，形成了一系列不同梯度的平行线。Cd 含量从中心的高含量 0.11μg/L 沿梯度递减到娄山河入海口近岸水域的 0.10μg/L。

在 10 月，在胶州湾湾外东部近岸水域的 2031 站位，Cd 的含量达到较高，为 0.20μg/L，以湾外的东部近岸水域为中心形成了 Cd 的高含量区，形成了一系列不同梯度的平行线。Cd 含量从中心的高含量 0.20μg/L 沿梯度递减到湾口水域的 0.12μg/L，甚至到湾内东北部娄山河入海口近岸水域的 0.08μg/L(图 22-3)。

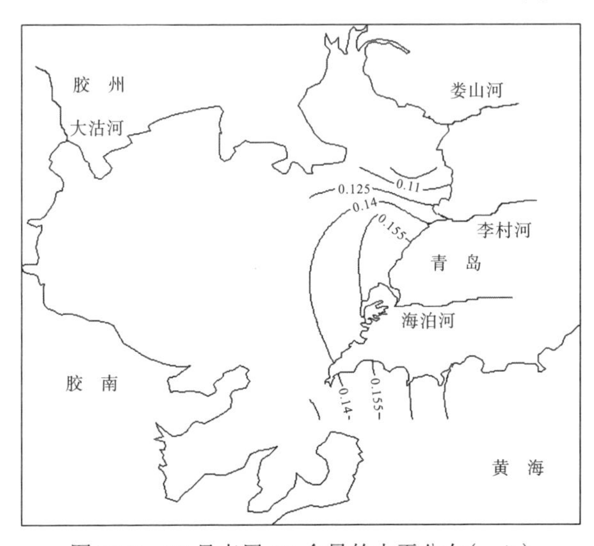

图 22-3　10 月表层 Cd 含量的水平分布(μg/L)

22.3 来源变化过程

22.3.1 水质

在 7 月、8 月和 10 月，Cd 在胶州湾水体中的含量为 0.06～0.20μg/L，都符合国家一类海水水质标准(1.00μg/L)。表明在 7 月、8 月和 10 月，在胶州湾水域，水质清洁，完全没有受到 Cd 的污染。

在 7 月，Cd 在胶州湾水体中的含量为 0.06～0.17μg/L，胶州湾水域没有受到 Cd 的污染。在胶州湾，从湾口到湾内的整个水域，Cd 含量的变化范围为 0.06～0.11μg/L，表明湾内水质清洁，完全没有受到 Cd 的污染，而且 Cd 含量非常低。在胶州湾的湾外，Cd 含量达到比较高，为 0.17μg/L，水质也没有受到 Cd 的污染。

在 8 月，Cd 在胶州湾水体中的含量为 0.10～0.11μg/L，胶州湾水域没有受到 Cd 的任何污染。在胶州湾，从娄山河入海口的近岸水域到李村河入海口的近岸水域，Cd 含量的变化范围为 0.10～0.11μg/L，表明湾内水质，在 Cd 含量方面，符合国家一类海水水质标准，水质没有受到 Cd 的任何污染，而且 Cd 含量非常低。

在 10 月，Cd 在胶州湾水体中的含量为 0.08～0.20μg/L，胶州湾水域没有受到 Cd 的任何污染。在胶州湾，从湾口水域一直到娄山河入海口的近岸水域，Cd 含量的变化范围为 0.12～0.08μg/L，表明在湾口水域一直到娄山河入海口的近岸水域，在 Cd 含量方面，符合国家一类海水水质标准，水质没有受到 Cd 的任何污染，而且 Cd 含量非常低。而在湾外水域，Cd 含量达到比较高，为 0.20μg/L，在 Cd 含量方面，水质符合国家一类海水水质标准，没有受到 Cd 的污染。

因此，在 7 月、8 月和 10 月，胶州湾湾内水域 Cd 含量比较低，湾外水域 Cd 含量比较高。在 7 月、8 月和 10 月，在胶州湾水域，水质清洁，完全没有受到 Cd 的任何污染。尤其在湾内，Cd 含量非常低。

22.3.2 来源

在 7 月，在胶州湾湾外的东部近岸水域，形成了 Cd 的高含量区(0.17μg/L)。在胶州湾水体中，从外海海域通过湾口，沿着从湾外到湾内的海流方向，Cd 含量在不断地下降，表明在胶州湾水域，Cd 的来源是外海海流的输送，其 Cd 含量为 0.17μg/L。

在 8 月，在胶州湾东北部的水体中，在娄山河和李村河入海口之间的近岸水域，形成了 Cd 含量区(0.10～0.11μg/L)，表明在这个水域 Cd 是没有来源的。

在 10 月，在胶州湾湾外的东部近岸水域，形成了 Cd 的高含量区(0.20μg/L)。

在胶州湾水体中，从外海海域通过湾口，沿着从湾外到湾内的海流方向，Cd 含量在不断地下降，表明在胶州湾水域，Cd 的来源是外海海流的输送，其 Cd 含量为 0.20μg/L。

胶州湾水域 Cd 只有一个来源，是外海海流的输送。来自外海海流输送的 Cd，含量为 0.17～0.20μg/L。外海海流给胶州湾输送的 Cd 含量，都远远小于国家一类海水水质标准(1.00μg/L)，因此，外海海流没有受到任何 Cd 的污染。

22.4　结　　论

在 7 月、8 月和 10 月，Cd 在胶州湾水体中的含量为 0.06～0.20μg/L，都符合国家一类海水水质标准(1.00μg/L)。表明在 7 月、8 月和 10 月，在胶州湾的整个水域，水质清洁，完全没有受到 Cd 的污染。

胶州湾水域 Cd 只有一个来源，是外海海流的输送。来自外海海流输送的 Cd，含量为 0.17～0.20μg/L。因此，胶州湾及周围的河流和地表都没有受到 Cd 的任何污染。由此认为，在胶州湾的周围陆地上，还没有受到 Cd 的任何污染，而且，在胶州湾水域也没有受到 Cd 的任何污染(0.06～0.12μg/L)。对此，人类发现这个水域，在 Cd 含量方面，水质清洁，是干净的水域，人类需要认真长期地保护。在外海，外海海流给胶州湾输送的 Cd 含量为 0.17～0.20μg/L，我们需要密切监测和特别关注外海 Cd 含量的变化。

参考文献

[1]杨东方，高振会．海湾生态学(下册) [M]．北京：海洋出版社，2010.

[2]杨东方，苗振清．海湾生态学(上册) [M]．北京：海洋出版社，2010.

[3]杨东方，陈豫，王虹，等．胶州湾水体镉的迁移过程和环境本底值结构 [J]．海岸工程，2010，29(4)：73-82.

[4]杨东方，陈豫，常彦祥，等．胶州湾水体镉的分布及来源 [J]．海岸工程，2013(3)：68-78.

[5]Yang D F, Wang F Y, Wu Y F, et al. The structure of environmental background value of Cadmium in Jiaozhou Bay waters [J]. Applied Mechanics and Materials, 2014, 644-650: 5333-5335.

[6]Yang D F, Zhu S X, Wang F Y, et al. The distribution and content of Cadmium in Jiaozhou Bay [J]. Applied Mechanics and Materials, 2014, 644-650: 5325-5328.

[7]Yang D F, Chen S T, Li B L, et al. Research on the vertical distribution of Cadmium in Jiaozhou Bay waters [C]. Proceedings of the 2015 International Symposium on Computers and Informatics, 2015: 2667-2674.

[8]杨东方，王凡，高振会，等．胶州湾浮游藻类生态现象 [J]．海洋科学，2004，28(6)：71-74.

[9]Yang D F, Gao Z H, Sun P Y, et al. Silicon limitation on primary production and its destiny in Jiaozhou Bay, China [J]. Chinese Journal of Oceanology, 2005, 24(2): 169-175.

[10]国家海洋局．海洋监测规范 [M]．北京：海洋出版社，1991.

第 23 章　外海海流给胶州湾底层水域留下的镉

镉(Cd)被广泛地应用在工、农业生产中，产生了大量含 Cd 的废水，随着河流的携带，Cd 向大海迁移[1, 2]。在胶州湾水域，Cd 主要来自外海海流的输送[3-7]。因此，本章通过 1984 年胶州湾 Cd 的调查资料，研究胶州湾的湾口底层水域，确定 Cd 的含量、分布以及迁移过程，展示胶州湾底层水域 Cd 的含量现状和分布特征，明确外海海流的输送给胶州湾底层留下的 Cd 含量，为 Cd 在底层水域的存在及迁移的研究提供科学依据。

23.1　背　　景

23.1.1　胶州湾自然环境

胶州湾位于山东半岛南部，其地理位置为 120°04′～120°23′E，35°58′～36°18′N，以团岛与薛家岛连线为界，与黄海相通，面积约为 446km^2，平均水深约 7m，是一个典型的半封闭型海湾。胶州湾入海的河流有十几条，其中径流量和含沙量较大的为大沽河和洋河，以及青岛市区的海泊河、李村河和娄山河等河流，这些河流均属季节性河流，河水水文特征有明显的季节性变化[8, 9]。

23.1.2　数据来源与方法

本书所使用的 1984 年 7 月和 10 月胶州湾水体 Cd 的调查资料由国家海洋局北海环境监测中心提供。在 7 月和 10 月，在胶州湾水域设 6 个站位取表、底层水样：2031、2032、2033、2034、2035、2047(图 23-1)。分别于 1984 年 7 月和 10 月进行 2 次取样，根据水深取水样(大于 10m 时取表层和底层，小于 10m 时只取表层)，进行调查采样。按照国家标准方法进行胶州湾水体 Cd 的调查，该方法被收录在国家的《海洋监测规范》中[10]。

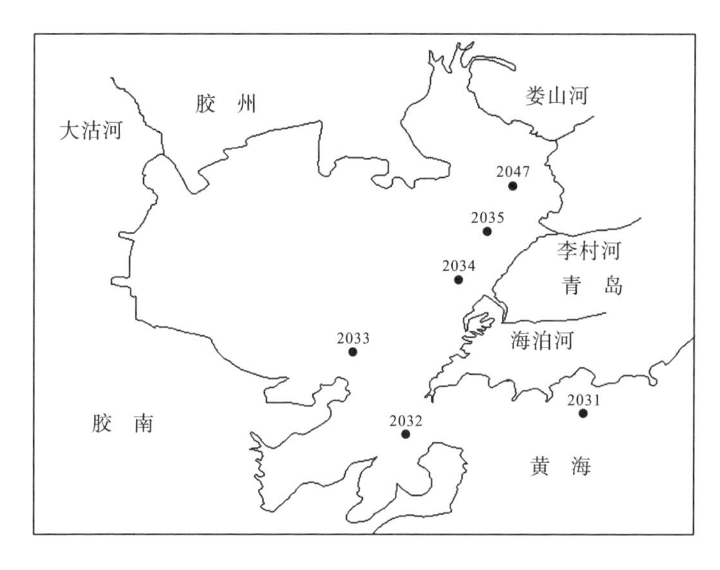

图 23-1　胶州湾调查站位

23.2　底层含量及水平分布

23.2.1　底层含量

在 7 月，胶州湾水域 Cd 含量为 0.05～0.06μg/L，符合国家一类海水水质标准。在 10 月，胶州湾水域 Cd 含量为 0.08～0.18μg/L，符合国家一类海水水质标准。因此，在 7 月和 10 月，Cd 在胶州湾水体中的含量为 0.05～0.18μg/L，符合国家一类海水水质标准。表明在 7 月和 10 月，在胶州湾的湾口底层水域，水质清洁，没有受到 Cd 的任何污染(表 23-1)。

表 23-1　7 月和 10 月胶州湾底层水质

项目	7 月	10 月
海水中 Cd 含量/(μg/L)	0.05～0.06	0.08～0.18
国家海水水质标准	一类海水	一类海水

23.2.2　底层水平分布

在 7 月和 10 月，从湾口外侧到湾口，再到湾口内侧，在胶州湾的湾口水域的 2031、2032、2033 站位，Cd 含量有底层的调查。Cd 含量在底层的水平分布如下。

在 7 月，在胶州湾的湾口底层水域，从湾口外侧到湾口，在胶州湾湾内西南部近岸水域的 2033 站位，Cd 的含量达到较高，为 0.06μg/L，以西南部近岸水域为中心形成了 Cd 的相对较高含量区，形成了一系列不同梯度的平行线。Cd 含量从湾内西南部的高含量 0.06μg/L 向湾外到湾口水域和湾口外水域沿梯度递减为 0.05μg/L(图 23-2)。

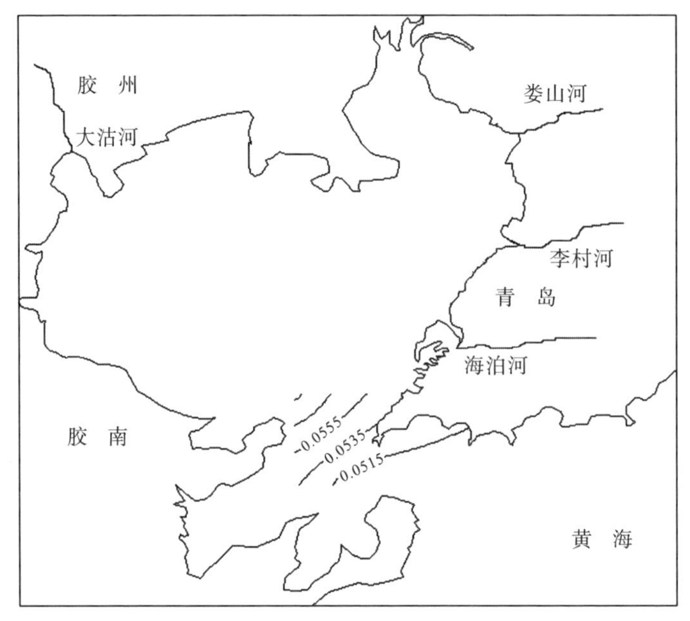

图 23-2 7 月底层 Cd 含量的水平分布(μg/L)

在 10 月，在胶州湾的湾口底层水域，从湾口到湾口外侧，在胶州湾湾外东部近岸水域的 2031 站位，Cd 的含量达到较高，为 0.18μg/L，以东部近岸水域为中心形成了 Cd 的相对较高含量区，形成了一系列不同梯度的平行线。Cd 含量从湾外的高含量 0.18μg/L 向西部到湾口水域沿梯度递减为 0.08μg/L。

23.3 外海海流带给胶州湾底层水域 Cd

23.3.1 水质

在 7 月和 10 月，在胶州湾水域，Cd 的来源是外海海流的输送。Cd 先来到水域的表层，然后从表层穿过水体，来到底层。经过垂直水体的效应作用[10]， Cd 含量在胶州湾的湾口底层水域的变化范围为 0.05～0.18μg/L，符合国家一类海水水质标准。展示了在 7 月和 10 月，在胶州湾的湾口底层水域，Cd 含量比较低，水质清洁，完全没有受到 Cd 的污染。

23.3.2　迁移过程

在胶州湾，湾内海水经过湾口与外海海水发生交换，物质的浓度不断地降低[10]。在 7 月，在胶州湾的湾口底层水域，Cd 含量为 0.05～0.06μg/L，与 10 月相比，Cd 含量比较低。从湾口外侧到湾口、湾口内侧，Cd 含量沿梯度递增。展示了：在湾口外侧和湾口，Cd 的低沉降率；在湾口内侧，Cd 的高沉降率。

在 10 月，在胶州湾的湾口底层水域，Cd 含量为 0.08～0.18μg/L，与 7 月相比，Cd 含量比较高。从湾口外侧到湾口，Cd 含量沿梯度递减。展示了：在湾口外侧，Cd 的高沉降率；在湾口，Cd 的低沉降率。

因此，在胶州湾的湾口水域，在 7 月和 10 月，由于表层水体 Cd 含量的高低值不同，Cd 的高沉降率在不同的地方出现。

胶州湾水域 Cd 只有一个来源，是外海海流的输送。来自外海海流输送的 Cd 含量为 0.17～0.20μg/L。

在 7 月，Cd 先来到水域的表层(0.06～0.17μg/L)，然后从表层穿过水体，来到底层(0.05～0.06μg/L)。由于在 7 月 Cd 含量比较低，Cd 经过垂直水体的效应作用[10]，就会沿着水流迁移更远的距离，于是，造成了在湾口内侧，Cd 的高沉降率。

在 10 月，Cd 先来到水域的表层(0.08～0.20μg/L)，然后从表层穿过水体，来到底层(0.08～0.18μg/L)。由于在 10 月 Cd 含量比较高，Cd 经过垂直水体的效应作用[10]，就会沿着水流迁移较近的距离，于是，造成了在湾口外侧水域，Cd 的高沉降率。

23.4　结　　论

在 7 月和 10 月，在胶州湾的湾口底层水域，Cd 含量的变化范围为 0.05～0.18μg/L，符合国家一类海水水质标准，表明没有受到人为的 Cd 污染。因此，经过垂直水体的效应作用，在胶州湾的湾口底层水域，Cd 含量比较低，水质清洁，完全没有受到 Cd 的污染。

在胶州湾的湾口水域，在 7 月和 10 月，由于表层水体 Cd 含量的高低值不同，Cd 的高沉降率在不同的地方出现。由于胶州湾水域 Cd 只有一个来源，是外海海流的输送，于是，在 7 月，低 Cd 含量就会沿着水流迁移更远的距离，造成了在湾口内侧，Cd 的高沉降率。在 10 月，高 Cd 含量就会沿着水流迁移较近的距离，于是，造成了在湾口外侧水域，Cd 的高沉降率。因此，经过垂直水体的效应作用，在胶州湾的湾口底层水域的不同地方呈现了 Cd 的高含量区。

参 考 文 献

[1]杨东方, 高振会. 海湾生态学(下册) [M]. 北京: 海洋出版社, 2010.

[2]杨东方, 苗振清. 海湾生态学(上册) [M]. 北京: 海洋出版社, 2010.

[3]杨东方, 陈豫, 王虹, 等. 胶州湾水体镉的迁移过程和环境本底值结构 [J]. 海岸工程, 2010, 29(4): 73-82.

[4]杨东方, 陈豫, 常彦祥, 等. 胶州湾水体镉的分布及来源 [J]. 海岸工程, 2013(3): 68-78.

[5]Yang D F, Wang F Y, Wu Y F, et al. The structure of environmental background value of Cadmium in Jiaozhou Bay waters [J]. Applied Mechanics and Materials, 2014, 644-650: 5333-5335.

[6]Yang D F, Zhu S X, Wang F Y, et al. The distribution and content of Cadmium in Jiaozhou Bay [J]. Applied Mechanics and Materials , 2014, 644-650: 5325-5328.

[7]Yang D F, Chen S T, Li B L, et al. Research on the vertical distribution of Cadmium in Jiaozhou Bay waters [C]. Proceedings of the 2015 International Symposium on Computers and Informatics, 2015: 2667-2674.

[8]杨东方, 王凡, 高振会, 等. 胶州湾浮游藻类生态现象 [J]. 海洋科学, 2004, 28(6): 71-74.

[9]Yang D F, Gao Z H, Sun P Y, et al. Silicon limitation on primary production and its destiny in Jiaozhou Bay, China [J]. Chinese Journal of Oceanology, 2005, 24(2): 169-175.

[10]国家海洋局. 海洋监测规范 [M]. 北京: 海洋出版社, 1991.

第24章 外海海流带来的镉对胶州湾水体的影响

仪表厂、食盐电解、贵金属冶炼、军工等工业产生了大量含镉(Cd)的废水，大量含Cd废水在地表径流和河流的输送下，进入海洋引起海洋水质的变化[1-7]。因此，本章通过1984年胶州湾Cd的调查资料，研究胶州湾湾口表、底层水域Cd的垂直分布及季节变化，确定表、底层Cd含量的季节分布、水平分布趋势、变化范围以及垂直变化，展示胶州湾水域Cd含量的季节变化过程和沉降过程，为Cd在表、底层水域的垂直沉降和水平迁移的研究提供科学依据。

24.1 背 景

24.1.1 胶州湾自然环境

胶州湾位于山东半岛南部，其地理位置为120°04′～120°23′E，35°58′～36°18′N，以团岛与薛家岛连线为界，与黄海相通，面积约为446km^2，平均水深约7m，是一个典型的半封闭型海湾。胶州湾入海的河流有十几条，其中径流量和含沙量较大的为大沽河和洋河，以及青岛市区的海泊河、李村河和娄山河等河流，这些河流均属季节性河流，河水水文特征有明显的季节性变化[8, 9]。

24.1.2 数据来源与方法

本书所使用的1984年7月和10月胶州湾水体Cd的调查资料由国家海洋局北海环境监测中心提供。在7月和10月，在胶州湾水域设6个站位取表、底层水样：2031、2032、2033、2034、2035、2047(图24-1)。分别于1984年7月和10月进行两次取样，根据水深取水样(大于10m时取表层和底层，小于10m时只取表层)，进行调查采样。按照国家标准方法进行胶州湾水体Cd的调查，该方法被收录在国家的《海洋监测规范》中[10]。

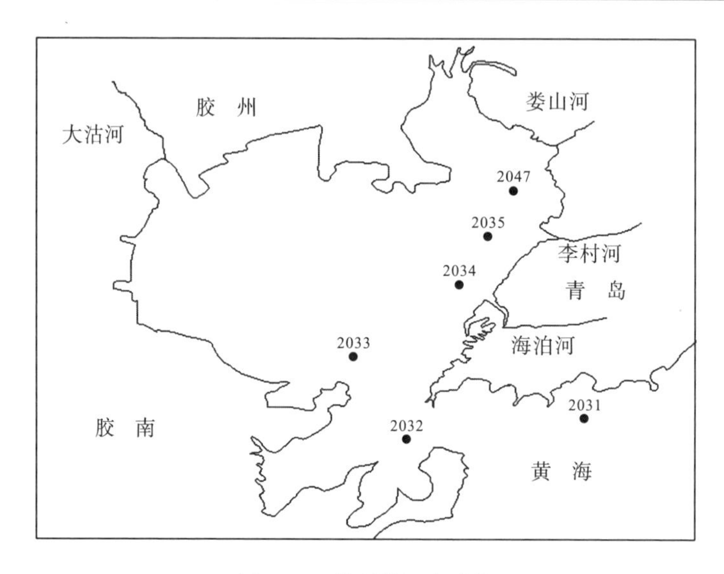

图 24-1 胶州湾调查站位

24.2 季节分布及垂直变化

24.2.1 表层季节分布

在胶州湾湾口水域的表层水体中，在 7 月，Cd 的含量为 0.06～0.17μg/L；在 10 月，Cd 的含量为 0.08～0.20μg/L。表明在 7 月和 10 月，水体中 Cd 的表层含量变化比较大，Cd 的表层含量由低到高依次为 7 月、10 月。故得到水体中 Cd 的表层含量由低到高的季节变化为夏季、秋季。

24.2.2 底层季节分布

在胶州湾湾口水域的底层水体中，在 7 月，Cd 的含量为 0.05～0.06μg/L；在 10 月，Cd 的含量为 0.08～0.18μg/L。表明在 7 月和 10 月，水体中 Cd 的底层含量变化也比较大，Cd 的底层含量由低到高依次为 7 月、10 月。因此，得到水体中 Cd 的底层含量由低到高的季节变化为夏季、秋季。

24.2.3 表、底层水平分布趋势

在胶州湾的湾口水域，从胶州湾湾外东部近岸水域的 2031 站位到湾口水域的 2032 站位，Cd 含量的水平分布如下。

在 7 月，在表层，Cd 含量沿梯度降低，从 0.17μg/L 降低到 0.16μg/L。在底层，Cd 含量沿梯度保持不变，为 0.05μg/L。表明表层含量的水平分布趋势是下降的，而底层含量的水平分布趋势是保持不变的。

在 10 月，在表层，Cd 含量沿梯度降低，从 0.20μg/L 降低到 0.12μg/L。在底层，Cd 含量沿梯度降低，从 0.18μg/L 降低到 0.08μg/L。表明表、底层含量的水平分布趋势是一致的。

在 7 月和 10 月，在胶州湾湾口水域的水体中，表层 Cd 含量的水平分布趋势是一致的。在 10 月，在胶州湾湾口水域的水体中，表层 Cd 含量的水平分布与底层含量的水平分布趋势是一致的。

24.2.4　表、底层变化范围

在胶州湾的湾口水域，在 7 月，当 Cd 表层含量较低(0.06～0.17μg/L)时，其对应的底层含量就较低(0.05～0.06μg/L)。在 10 月，当表层含量较高(0.08～0.20μg/L)时，其对应的底层含量就较高(0.08～0.18μg/L)。而且，Cd 的表层含量变化范围(0.06～0.20μg/L)大于底层(0.05～0.18μg/L)，变化量基本一样。因此，Cd 的表层含量较低的，对应的底层含量就较低；同样，Cd 的表层含量比较高时，对应的底层含量就高。

24.2.5　表、底层垂直变化

在 7 月和 10 月，在 2031、2032、2033 站位，Cd 的表、底层含量相减，其差为 0.00～0.12μg/L。表明 Cd 的表、底层含量很相近。

在 7 月，Cd 的表、底层含量相减，其差为 0.00～0.12μg/L。在湾外水域的 2031 站位和湾口水域的 2032 站位 Cd 含量差都为正值，在湾口内水域的 2033 站位为零值。2 个站为正值，1 个站为零值(表 24-1)。

在 10 月，Cd 的表、底层含量相减，其差为-1.45～-0.09μg/L。在湾口外水域的 2031 站位和湾口水域的 2032 站位 Cd 含量差为正值。2 个站为正值(表 24-1)。

表 24-1　在胶州湾的湾口水域 Cd 的表、底层含量差

月份	站位		
	2033	2032	2031
7	零值	正值	正值
10		正值	正值

24.3 外海海流对胶州湾水体的影响

24.3.1 沉降过程

经过垂直水体的效应作用[10]，Cd 含量发生了很大的变化。Cd 离子的亲水性强，易与海水中的浮游动植物以及浮游颗粒结合。在夏季，海洋生物大量繁殖，数量迅速增加[9]，且由于浮游生物的繁殖活动，悬浮颗粒物表面形成胶体，此时的吸附力最强，吸附了大量的 Cd 离子，并将其带入表层水体，由于重力和水流的作用，Cd 不断地沉降到海底[1-6]。因此，Cd 的迁移过程为 Cd 从表层水体不断地沉降到海底。

24.3.2 季节变化过程

在胶州湾湾口水域的表层水体中，在 7 月，Cd 含量变化从低值(0.17μg/L)开始，然后上升，逐渐增加，到 10 月达到高值(0.20μg/L)。于是，Cd 的表层含量由低到高的季节变化为夏季、秋季。

在胶州湾的湾外，海流是来自赤道的黑潮，在夏季，相对黑潮的海流比较弱，到冬季，相对黑潮的海流比较强。胶州湾的 Cd 含量来自外海海流的输送，因此，在夏季 Cd 含量比较低，到了秋季，Cd 含量比较高。

在胶州湾湾口水域的表层水体中，由于Cd离子被吸附于大量悬浮颗粒物表面，在重力和水流的作用下，Cd 不断沉降到海底。经过垂直水体的效应作用[11, 12]，Cd 表层含量的变化决定了 Cd 底层含量的变化，展示了水体中底层 Cd 含量由低到高的季节变化为夏季、秋季。由于 Cd 不断地沉降到海底，于是呈现出表、底层 Cd 含量的季节变化是一致的。

24.3.3 空间沉降

在空间尺度上，在胶州湾的湾口水域，在 7 月，Cd 来自外海海流的输送，含量比较低。表层 Cd 含量的水平分布趋势是下降的，而底层含量的水平分布趋势是保持不变的。表明在胶州湾的湾口水域，虽然在水体表层中，呈现出从胶州湾的湾口外水域向湾内 Cd 含量沿梯度降低，但是，Cd 离子被吸附于大量悬浮颗粒物表面，由于 Cd 含量比较低，在重力和水流的作用下，Cd 被水流带走，几乎来不及沉降到海底，这样，导致在水体底层中，呈现出从胶州湾的湾外水域向湾口 Cd 含量保持不变。因此，Cd 含量在表层的水平分布趋势是下降的，而在底层的水平分布趋势是保持不变的。

在 10 月，Cd 来自河流的输送，含量比较低。表层 Cd 含量的水平分布与底层含量的水平分布趋势是一致的。表明在胶州湾的湾口水域，在水体表层中，呈现出从胶州湾的湾外水域向湾口内 Cd 含量沿梯度下降，由于 Cd 离子被吸附于大量悬浮颗粒物表面，Cd 含量比较低，在重力和水流的作用下，Cd 迅速地沉降到海底，这样，导致在水体底层中，呈现出从胶州湾的湾外水域向湾口内 Cd 含量沿梯度下降。因此，Cd 含量在表、底层的水平分布趋势是一致的。

随着水体表层中 Cd 含量高低值的不同，Cd 从水体表层到水体底层的沉降量也不同。这样，展示了在 7 月和 10 月，在胶州湾湾口水域的水体中，表层 Cd 含量的水平分布趋势是一致的；在 10 月，在胶州湾湾口水域的水体中，表层 Cd 含量的水平分布与底层含量的水平分布趋势是一致的。这就是 Cd 含量的空间沉降过程。

24.3.4　变化沉降

在变化尺度上，在胶州湾的湾口水域，在 7 月和 10 月，Cd 含量在表、底层的变化量基本一样。而且，Cd 的表层含量高，对应的底层含量就高；同样，Cd 的表层含量低，对应的底层含量就低。这展示了 Cd 迅速、不断地沉降到海底，导致 Cd 含量在表、底层的变化保持了一致性。Cd 表层含量的变化范围大于底层，展示了作者提出的垂直水体和水平水体的效应理论[11, 12]。根据作者提出的垂直水体效应原理和水平水体效应原理[11, 12]，Cd 含量的表、底层变化揭示了垂直水体的累积效应和稀释效应。

24.3.5　垂直沉降

在垂直尺度上，在胶州湾的湾口水域，在 7 月和 10 月，当 Cd 含量高或低时，在垂直水体和水平水体的效应作用下，Cd 含量几乎没有多少损失。其损失的范围为 0.01～0.02μg/L。因此，无论 Cd 含量高或者低，Cd 含量在表、底层都保持了相近，展示了 Cd 能够从表层很迅速地沉降到海底。在表、底层 Cd 含量具有一致性。

24.3.6　区域沉降

在区域尺度上，在胶州湾的湾口水域，随着时间的变化，Cd 的表、底层含量相减，其差也发生了变化，这个差值表明了 Cd 含量在表、底层的变化。当向胶州湾输入 Cd 后，首先到表层，然后迅速、不断地沉降到海底，呈现出 Cd 含量在表、底层的变化。

在7月，Cd来自外海海流的输送，含量比较低。从湾口外水域到湾口水域呈现出表层Cd含量大于底层，而在湾口内水域表层Cd含量与底层一样。

在10月，Cd来自外海海流的输送，含量比较高。从湾口外水域到湾口水域呈现出表层Cd含量小于底层。

在7月，外海海流给胶州湾输送了微量的Cd，Cd在水体表层沿着湾外水域到达湾口水域，展示了从湾外水域到湾口水域表层Cd含量大于底层，而在湾内水域，Cd在水体表层没有到达湾内水域，展示了在湾口内水域表层Cd含量与底层一样，说明在湾口内水域没有受到输送Cd的影响，这样，Cd含量在表、底层是一样的。

在10月，外海海流给胶州湾输送了少量的Cd，Cd在水体表层沿着湾外水域到达湾口水域，展示了从湾外水域到湾口水域表层Cd含量大于底层。

在区域尺度上，在胶州湾的湾口水域，在7月和10月，Cd含量的表、底层变化都表明表层Cd含量大于底层。如果输送的Cd没有影响到水域，那么，在此水域，Cd含量的表、底层变化是一致的。

24.4 结　论

Cd的表层含量由低到高的季节变化为夏季、秋季，水体中底层的Cd含量由低到高的季节变化为夏季、秋季。经过垂直水体的效应作用，Cd从表层水体不断地沉降到海底，使表、底层Cd含量的季节变化是一致的。而且，这个季节变化是由来自赤道的黑潮海流的强弱决定的。

在空间尺度上，随着水体表层中Cd含量高低值的不同，Cd从水体表层到水体底层的沉降量也不同。这样，展示了在7月和10月，在胶州湾湾口水域的水体中，表层Cd含量的水平分布趋势是一致的；在10月，在胶州湾湾口水域的水体中，表层Cd含量的水平分布与底层含量的水平分布趋势是一致的。这就是Cd的空间沉降过程。

在变化尺度上，在胶州湾的湾口水域，在7月和10月，Cd含量在表、底层的变化量基本一样。而且，Cd迅速、不断地沉降到海底，导致Cd含量在表、底层的变化保持了一致性。

在垂直尺度上，无论Cd含量高或者低，Cd含量在表、底层都保持了相近。这展示了Cd能够从表层迅速地沉降到海底。表、底层Cd含量具有一致性。

在区域尺度上，外海海流给胶州湾输送了少量或者微量的Cd，在胶州湾的湾口水域，在7月和10月，Cd含量的表、底层变化都表明表层Cd含量大于底层。如果输送的Cd没有影响到水域，那么，在此水域，Cd含量的表、底层变化是一致的。这也证实了Cd的迁移过程。

在胶州湾的湾口水域，Cd 含量的垂直分布和季节变化展示了水平水体的效应作用和垂直水体的效应作用，也揭示了 Cd 的水平迁移过程和垂直沉降过程。

参 考 文 献

[1]杨东方, 陈豫, 王虹, 等. 胶州湾水体镉的迁移过程和环境本底值结构 [J]. 海岸工程, 2010, 29(4): 73-82.

[2]杨东方, 高振会. 海湾生态学(下册) [M]. 北京: 海洋出版社, 2010.

[3]杨东方, 苗振清. 海湾生态学(上册) [M]. 北京: 海洋出版社, 2010.

[4]杨东方, 陈豫, 常彦祥, 等. 胶州湾水体镉的分布及来源 [J]. 海岸工程, 2013(3): 68-78.

[5]Yang D F, Wang F Y, Wu Y F, et al. The structure of environmental background value of Cadmium in Jiaozhou Bay waters [J]. Applied Mechanics and Materials, 2014, 644-650: 5333-5335.

[6]Yang D F, Zhu S X, Wang F Y, et al. The distribution and content of Cadmium in Jiaozhou Bay [J]. Applied Mechanics and Materials, 2014, 644-650: 5325-5328.

[7]Yang D F, Chen S T, Li B L, et al. Research on the vertical distribution of Cadmium in Jiaozhou Bay waters [J]. Proceedings of the 2015 International Symposium on Computers and Informatics, 2015: 2667-2674.

[8]杨东方, 王凡, 高振会, 等. 胶州湾浮游藻类生态现象 [J]. 海洋科学, 2004, 28(6): 71-74.

[9]Yang D F, Gao Z H, Sun P Y, et al. Silicon limitation on primary production and its destiny in Jiaozhou Bay, China [J]. Chinese Journal of Oceanology, 2005, 24(2): 169-175.

[10]国家海洋局. 海洋监测规范 [M]. 北京: 海洋出版社, 1991.

[11]Yang D F, Wang F Y, He H Z, et al. Vertical water body effect of benzene hexachloride[C]. Proceedings of the 2015 International Symposium on Computers and Informatics, 2015: 2655-2660.

[12]Yang D F, Wang F Y, Zhao X L, et al. Horizontal waterbody effect of hexachlorocyclohexane [J]. Sustainable Energy and Environment Protection, 2015: 191-195.

第25章　胶州湾水体中镉的均匀性规律

镉是银白色有光泽的金属，有韧性和延展性。工农业的迅速发展产生了大量含Cd的废水，随着河流的携带，Cd向大海迁移[1,2]。Cd的毒性较大，被Cd污染的空气和食物对人体危害严重，且在人体内代谢较慢，在日本，人们因Cd中毒曾出现“痛痛病”。因此，研究近海的Cd污染程度和污染源[3-7]，可以为保护海洋环境、维持生态可持续发展提供重要帮助。本章根据1985年的调查资料，对胶州湾水体中Cd的含量、水平分布以及来源进行分析，研究了胶州湾水体中Cd的水质、来源背景和来源量，为对胶州湾水域Cd的来源和污染程度进行综合分析提供科学背景，并且为Cd含量的控制和环境的改善提供理论依据。

25.1　背　　景

25.1.1　胶州湾自然环境

胶州湾位于山东半岛南部，其地理位置为120°04′～120°23′E，35°58′～36°18′N，以团岛与薛家岛连线为界，与黄海相通，面积约为446km^2，平均水深约7m，是一个典型的半封闭型海湾。胶州湾入海的河流有十几条，其中径流量和含沙量较大的为大沽河和洋河，以及青岛市区的海泊河、李村河和娄山河等河流，这些河流均属季节性河流，河水水文特征有明显的季节性变化[8, 9]。

25.1.2　数据来源与方法

本书所使用的1985年4月、7月和10月胶州湾水体Cd的调查资料由国家海洋局北海环境监测中心提供。在4月、7月和10月，在胶州湾水域设6个站位取表、底层水样：2031、2032、2033、2034、2035、2047(图25-1)。分别于1985年4月、7月和10月进行3次取样，根据水深取水样(大于10m时取表层和底层，小于10m时只取表层)，进行调查采样。按照国家标准方法进行胶州湾水体Cd的调查，该方法被收录在国家的《海洋监测规范》中[10]。

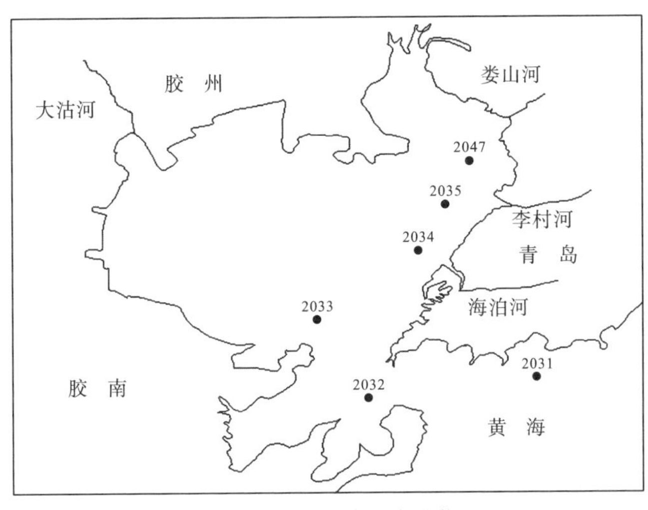

图 25-1　胶州湾调查站位

25.2　表层含量及水平分布

25.2.1　含量

在 4 月，胶州湾水域 Cd 含量为 0.19～0.44μg/L，符合国家一类海水水质标准。在 7 月，胶州湾水域 Cd 含量为 0.16～0.21μg/L，符合国家一类海水水质标准。在 10 月，胶州湾水域 Cd 含量为 0.03～0.39μg/L，符合国家一类海水水质标准。因此，在 4 月、7 月和 10 月，Cd 在胶州湾水体中的含量为 0.03～0.44μg/L，符合国家一类海水水质标准。表明在 Cd 含量方面，在 4 月、7 月和 10 月，在胶州湾整个水域，水质没有受到 Cd 的任何污染，水质清洁(表 25-1)。

表 25-1　4 月、7 月和 10 月胶州湾表层水质

项目	4 月	7 月	10 月
海水中 Cd 含量/(μg/L)	0.19～0.44	0.16～0.21	0.03～0.39
国家海水水质标准	一类海水	一类海水	一类海水

25.2.2　表层水平分布

在 4 月，在胶州湾东北部，在李村河入海口近岸水域的 2035 站位，Cd 的含量达到较高，为 0.44μg/L，以东北部近岸水域为中心形成了 Cd 的高含量区，形成了一系列不同梯度的半个同心圆。Cd 含量从中心的高含量 0.44μg/L 沿梯度递减到海泊河入海口近岸水域的 0.19μg/L(图 25-2)。

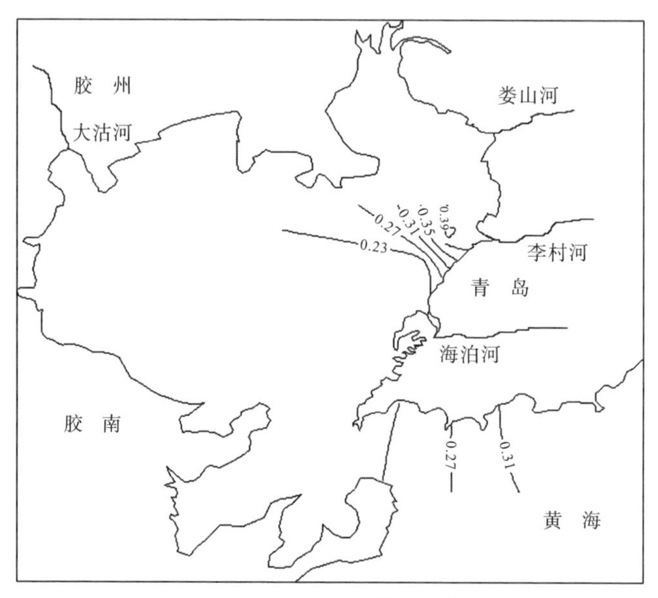

图 25-2 4 月表层 Cd 含量的水平分布(μg/L)

在 7 月，在胶州湾东北部和西南部，在李村河入海口近岸水域的 2035 站位、海泊河入海口近岸水域的 2034 站位和胶州湾湾内西南部近岸水域的 2033 站位，Cd 的含量达到较高，为 0.21μg /L，以东北部近岸水域为中心形成了 Cd 的高含量区，形成了一系列不同梯度的平行线。Cd 含量从中心的高含量 0.21μg/L 沿梯度递减到湾口水域的 0.16μg /L(图 25-3)。

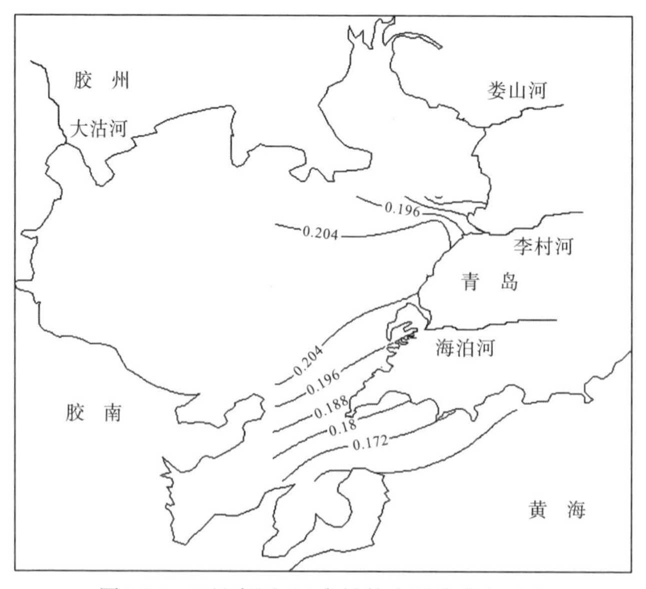

图 25-3 7 月表层 Cd 含量的水平分布(μg/L)

在 10 月，在胶州湾东北部，在李村河入海口近岸水域的 2035 站位，Cd 的含量达到较高，为 0.39μg/L，以东北部近岸水域为中心形成了 Cd 的高含量区，形成了一系列不同梯度的半个同心圆。Cd 含量从中心的高含量 0.39μg/L 沿梯度递减到娄山河入海口近岸水域的 0.03μg/L，同时沿梯度递减到湾口水域的 0.03μg/L(图 25-4)。

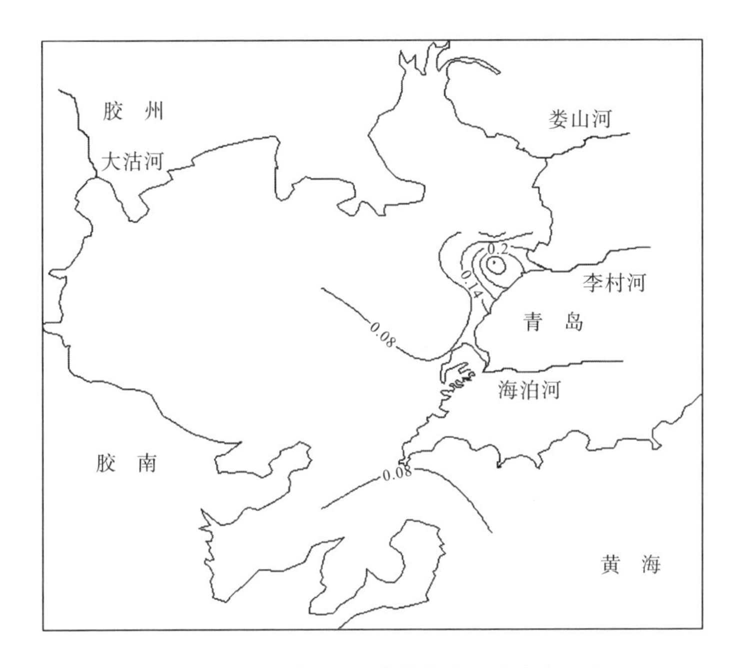

图 25-4　10 月表层 Cd 含量的水平分布(μg/L)

25.3　水体中的均匀性规律

25.3.1　水质

在 4 月、7 月和 10 月，Cd 在胶州湾水体中的含量为 0.03～0.44μg/L，都符合国家一类海水水质标准(1.00μg/L)。表明在 Cd 含量方面，在 4 月、7 月和 10 月，在胶州湾水域，水质清洁，完全没有受到 Cd 的污染。

在 4 月，Cd 在胶州湾水体中的含量为 0.19～0.44μg/L，胶州湾水域没有受到 Cd 的污染。在胶州湾的湾内东北部水域，Cd 含量的变化范围为 0.39～0.44μg/L。在胶州湾的湾内西南部近岸水域和湾口水域，Cd 含量的变化范围为 0.19～0.21μg/L。在胶州湾的湾外东部近岸水域，Cd 含量变化范围为 0.33～0.33μg/L。表明在湾内东北部水域，Cd 含量相对比较高(0.44μg/L)，没有受到 Cd 的污染。

湾内西南部和湾口，Cd 含量相对比较高(0.21μg/L)，在 Cd 含量方面，水质清洁，完全没有受到 Cd 的污染。湾外东部近岸水域，Cd 含量比较高(0.33μg/L)，也没有受到 Cd 的污染。

在 7 月，Cd 在胶州湾水体中的含量为 0.16～0.21μg/L，胶州湾水域没有受到 Cd 的污染。在胶州湾的湾内整个水域，Cd 含量的变化范围为 0.17～0.21μg/L。在胶州湾的湾口水域和湾外东部近岸水域，Cd 含量的变化范围为 0.16～0.16μg/L。表明在胶州湾的整个水域，Cd 含量较低(0.21μg/L)，没有受到 Cd 的污染。湾口和湾外东部近岸水域，Cd 含量更低(0.16μg/L)，完全没有受到 Cd 的污染。

在 10 月，Cd 在胶州湾水体中的含量为 0.03～0.39μg/L，胶州湾水域没有受到 Cd 的污染。在胶州湾的整个水域，只有在李村河入海口的近岸水域，Cd 含量比较高(0.39μg/L)，而在其他水域，Cd 含量的变化范围为 0.03～0.16μg/L。表明在李村河入海口的近岸水域，Cd 含量比较高，而在其他水域，Cd 含量较低，小于 0.16μg/L，完全没有受到 Cd 的污染。

因此，在 4 月、7 月和 10 月，胶州湾湾内的东北部水域 Cd 含量比较高，而其他水域 Cd 含量非常低。在 4 月、7 月和 10 月，在胶州湾水域，水质清洁，完全没有受到 Cd 的污染。尤其是在没有输入来源的水域，Cd 含量非常低。

25.3.2 来源

在 4 月，在胶州湾东北部的水体中，在李村河入海口的近岸水域，形成了 Cd 的高含量区，表明 Cd 的来源是河流的输送，其 Cd 含量为 0.44μg/L，输送的量比较高。

在 7 月，在胶州湾东北部和西南部的水体中，在李村河、海泊河入海口的近岸水域以及西南部近岸水域，形成了 Cd 的高含量区，表明 Cd 的来源是河流的输送，其 Cd 含量为 0.21μg/L，输送的含量比较低。

在 10 月，在胶州湾东北部的水体中，在李村河入海口的近岸水域，形成了 Cd 的高含量区，表明 Cd 的来源是河流的输送，其 Cd 含量为 0.39μg/L，输送的含量比较高。

胶州湾水域 Cd 有一个来源，主要为河流的输送。来自河流输送的 Cd 含量为 0.21～0.44μg/L。因此，陆地河流给胶州湾输送的 Cd 含量都符合国家一类海水水质标准(1.00μg/L)，表明河流没有受到 Cd 的任何污染。

25.3.3 均匀性

在海洋潮汐、海流的作用下，Cd 在水体中不断地被摇晃、搅动。于是，在胶州湾水域，在 7 月，Cd 含量的变化范围为 0.16～0.21μg/L。

在胶州湾的湾内东北部近岸水域，Cd 含量的变化范围为 0.17～0.17μg/L。充分展示了在湾内东北部的水体中，Cd 含量在水体中的分布是均匀的(图 25-3)。

在胶州湾的湾内东部近岸水域和湾内西南部近岸水域，Cd 含量的变化范围为 0.21～0.21μg/L。充分展示了在湾内东部和湾内西南部的水体中，Cd 含量在水体中的分布是均匀的(图 25-3)。

在胶州湾的湾口水域和湾外东部近岸水域，Cd 含量的变化范围为 0.16～0.16μg/L，充分展示了在胶州湾的湾口和湾外水体中，Cd 含量一直保持 0.16μg/L，Cd 含量在水体中的分布是均匀的(图 25-3)。

以上揭示了在海洋潮汐、海流的作用下，海洋具有均匀性的特征。正如杨东方指出的：海洋的潮汐、海流对海洋中所有物质都进行搅动、输送，海洋中所有物质的含量在海洋的水体中都非常均匀地分布[11]。因此，Cd 含量在水体中的分布特征就展示了物质在海洋中的均匀分布特征。作者提出了物质在海水中是均匀的，尤其在低含量时，保持了水体的均匀性。展示了经过海洋潮汐和海流的作用，当物质含量低时，更呈现了其均匀性。

海洋潮汐、海流对海洋中所有物质都进行搅动、输送，使海洋中所有物质的含量在海洋的水体中都非常均匀地分布。在近岸浅海主要靠潮汐的作用；在深海主要靠海流的作用，当然还有其他辅助作用，如风暴潮、海底地震等。所以，随着时间的推移，海洋尽可能使海洋中所有物质都分布均匀，故海洋具有均匀性[11]。1985 年，HCH 的含量在海域水体中分布的均匀性，揭示了海洋中的潮汐、海流使海洋具有均匀性的特征[11]。1983 年，PHC 含量在胶州湾水体中小于 0.12mg/L，展示了物质在海洋中的均匀分布特征[12]。1983 年，在胶州湾的湾口内底层水域 Cu 含量的底层水平分布，充分证明了海洋具有均匀性[13]。1985 年，Pb 含量的水平分布和扩展过程揭示了海洋的潮汐、海流使海洋具有均匀性的特征。1985 年，胶州湾的 Cd 含量表层水平分布，充分呈现出海洋具有均匀性。这些物质的水平分布和运动过程充分表明海洋使一切物质在水体中具有均匀性，并且使一切物质在水体中向均匀性的趋势进行扩散运动。

25.4　结　　论

在 4 月、7 月和 10 月，Cd 在胶州湾水体中的含量为 0.03～0.44μg/L，都符合国家一类海水水质标准(1.00μg/L)。表明在 Cd 含量方面，在 4 月、7 月和 10 月，在胶州湾的整个水域，水质清洁，完全没有受到 Cd 的污染。

胶州湾水域 Cd 有一个来源，为河流的输送。来自河流输送的 Cd 含量为 0.21～0.44μg/L。因此，陆地河流给胶州湾输送的 Cd 含量都符合国家一类海水水质标准(1.00μg/L)。表明河流没有受到 Cd 的任何污染。作者认为，胶州湾的周围陆地都没有受到Cd的任何污染。

根据 Cd 含量在水体中的水平分布，作者提出了物质在海水中是均匀的，尤其在物质含量低时，保持了水体的均匀。展示了经过海洋潮汐和海流的作用，当物质含量低时，更呈现其均匀性。

根据有机物和重金属等物质含量的水平分布，作者提出物质在水体中的均匀性规律：这些物质的水平分布和运动过程充分表明海洋使一切物质在水体中具有均匀性，并且使一切物质在水体中向均匀性的趋势进行扩散运动。

参 考 文 献

[1]杨东方，高振会. 海湾生态学(下册) [M]. 北京：海洋出版社, 2010.

[2]杨东方，苗振清. 海湾生态学(上册) [M]. 北京：海洋出版社, 2010.

[3]杨东方，陈豫，王虹，等. 胶州湾水体镉的迁移过程和环境本底值结构 [J]. 海岸工程, 2010, 29(4): 73-82.

[4]杨东方，陈豫，常彦祥，等. 胶州湾水体镉的分布及来源 [J]. 海岸工程, 2013(3): 68-78.

[5]Yang D F, Wang F Y, Wu Y F, et al. The structure of environmental background value of Cadmium in Jiaozhou Bay waters [J]. Applied Mechanics and Materials, 2014, 644-650: 5333-5335.

[6]Yang D F, Zhu S X, Wang F Y, et al. The distribution and content of Cadmium in Jiaozhou Bay [J]. Applied Mechanics and Materials, 2014, 644-650: 5325-5328.

[7]Yang D F, Chen S T, Li B L, et al. Research on the vertical distribution of Cadmium in Jiaozhou Bay waters [C]. Proceedings of the 2015 International Symposium on Computers and Informatics, 2015: 2667-2674.

[8]杨东方，王凡，高振会，等. 胶州湾浮游藻类生态现象 [J]. 海洋科学, 2004, 28(6): 71-74.

[9]Yang D F, Gao Z H, Sun P Y, et al. Silicon limitation on primary production and its destiny in Jiaozhou Bay, China [J]. Chinese Journal of Oceanology, 2005, 24(2): 169-175.

[10]国家海洋局. 海洋监测规范 [M]. 北京：海洋出版社, 1991.

[11]杨东方，丁咨汝，郑琳，等. 胶州湾水域有机农药 HCH 的分布及均匀性 [J]. 海岸工程, 2011, 30(2): 66-74.

[12]Yang D F, Zhu S X, Wang F Y, et al. Distribution and low-value feature of petroleum hydrocarbon in Jiaozhou Bay [C]. 4th International Conference on Energy and Environmental Protection, 2015: 3784-3788.

[13]Yang D F, Zhu S X, Wu Y J, et al. Aggregation, divergence and homogeneity of Cu in Marine Bay bottom waters [J]. Advances in Engineering Research, 2015, 31:1288-1291.

第 26 章　胶州湾底层水域镉的沉降机制

镉(Cd)不是人体的必需元素。人体内的 Cd 是出生后从外界环境中吸取的，主要通过食物、水和空气进入体内并蓄积下来。这样，人类需要了解 Cd 的迁移及归宿，如含有 Cd 的废水，进入水体，在水体中迁移[1, 2]，到达海底[3-7]。因此，本章通过 1985 年胶州湾 Cd 的调查资料，研究胶州湾的湾口底层水域，确定 Cd 的含量、分布以及迁移过程，展示胶州湾底层水域 Cd 的含量现状和分布特征，明确经过垂直水体的效应作用，在胶州湾湾口底层水域的不同时刻、不同地方呈现了 Cd 的高含量区，为 Cd 含量在底层水域的存在及迁移的研究提供科学依据。

26.1　背　　景

26.1.1　胶州湾自然环境

胶州湾位于山东半岛南部，其地理位置为 120°04′～120°23′E，35°58′～36°18′N，以团岛与薛家岛连线为界，与黄海相通，面积约为 446km^2，平均水深约 7m，是一个典型的半封闭型海湾。胶州湾入海的河流有十几条，其中径流量和含沙量较大的为大沽河和洋河，青岛市区的海泊河、李村河和娄山河等河流，这些河流均属季节性河流，河水水文特征有明显的季节性变化[8, 9]。

26.1.2　数据来源与方法

本书所使用的 1985 年 4 月、7 月和 10 月胶州湾水体 Cd 的调查资料由国家海洋局北海环境监测中心提供。在 4 月、7 月和 10 月，在胶州湾水域设 3 个站位取表、底层水样：2031、2032、2033(图 26-1)。分别于 1985 年 4 月、7 月和 10 月进行 3 次取样,根据水深取水样(大于 10m 时取表层和底层,小于 10m 时只取表层)，进行调查采样。按照国家标准方法进行胶州湾水体 Cd 的调查，该方法被收录在国家的《海洋监测规范》中[10]。

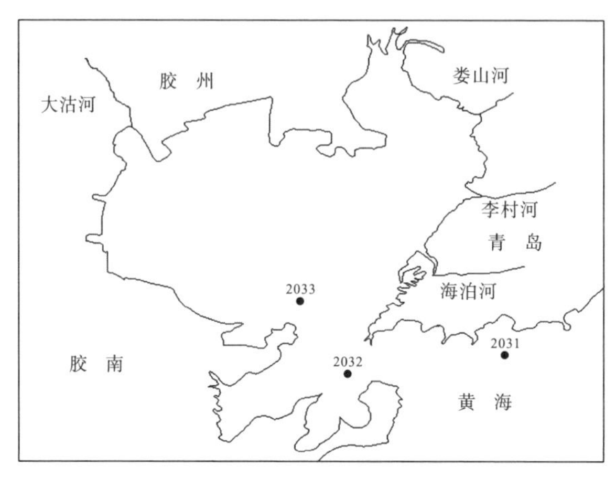

图 26-1 胶州湾调查站位

26.2 水 平 分 布

26.2.1 底层含量

在胶州湾的湾口底层水域，在 4 月，Cd 含量为 0.19～0.32μg/L，符合国家一类海水水质标准(1.00μg/L)；在 7 月，Cd 含量为 0.11～0.17μg/L，符合国家一类海水水质标准；在 10 月，Cd 含量为 0.04～0.17μg/L，符合国家一类海水水质标准。因此，在 4 月、7 月和 10 月，在胶州湾的湾口底层水域，Cd 含量的变化范围为 0.04～0.32μg/L，符合国家一类海水水质标准。表明在 Cd 含量方面，在 4 月、7 月和 10 月，在胶州湾的湾口底层水域，水质清洁，没有受到 Cd 的任何污染(表 26-1)。

表 26-1 4 月、7 月和 10 月胶州湾底层水质

项目	4 月	7 月	10 月
海水中 Cd 含量/(μg/L)	0.19～0.32	0.11～0.17	0.04～0.17
国家海水水质标准	一类海水	一类海水	一类海水

26.2.2 底层水平分布

在 4 月、7 月和 10 月，在胶州湾的湾口底层水域，从湾口外侧到湾口，再到湾口内侧，在胶州湾湾口水域的 2031、2032、2033 站位，Cd 含量有底层的调查。Cd 含量在底层的水平分布如下。

在 4 月，在胶州湾的湾口底层水域，从湾口外侧到湾口，在胶州湾湾外东部近岸水域的 2031 站位，Cd 的含量达到较高，为 0.32μg/L，以东部近岸水域为中心形成了 Cd 的高含量区，形成了一系列不同梯度的平行线。Cd 含量从湾外的高含量 0.32μg/L 向西北部到湾口内侧水域沿梯度递减为 0.20μg/L（图 26-2）。

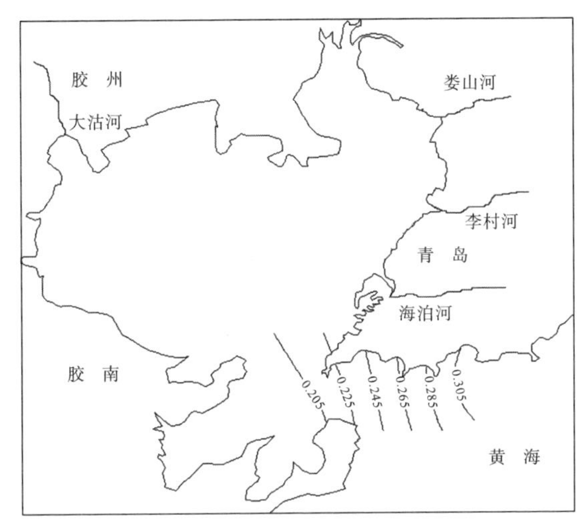

图 26-2　4 月底层 Cd 含量的水平分布（μg/L）

在 7 月，在胶州湾的湾口底层水域，从湾口到湾口外侧，在胶州湾湾口水域的 2032 站位，Cd 的含量达到很高，为 0.17μg/L，以湾口水域为中心形成了 Cd 的高含量区，形成了一系列不同梯度的平行线。Cd 含量从湾口水域的高含量 0.17μg/L 向北部到湾内沿梯度递减为 0.11μg/L（图 26-3）。

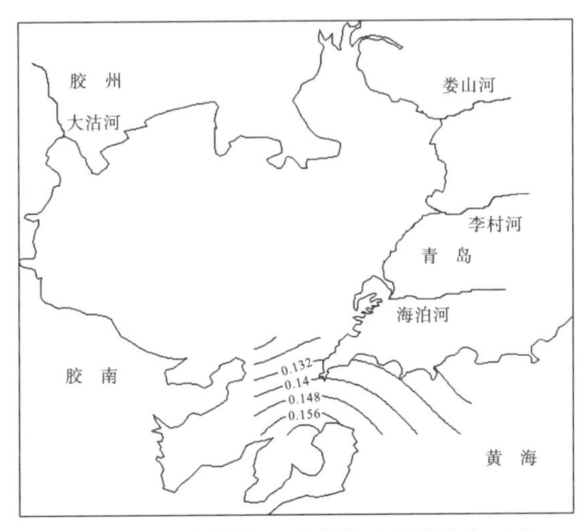

图 26-3　7 月底层 Cd 含量的水平分布（μg/L）

在 10 月，在胶州湾的湾口底层水域，从湾口外侧到湾口，在胶州湾湾外东部近岸水域的 2031 站位，Cd 的含量达到较高，为 0.17μg/L，以东部近岸水域为中心形成了 Cd 的高含量区，形成了一系列不同梯度的平行线。Cd 含量从湾外的高含量 0.17μg/L 向西部到湾口水域沿梯度递减为 0.04μg/L，到湾口内侧水域沿梯度也递减为 0.04μg/L(图 26-4)。

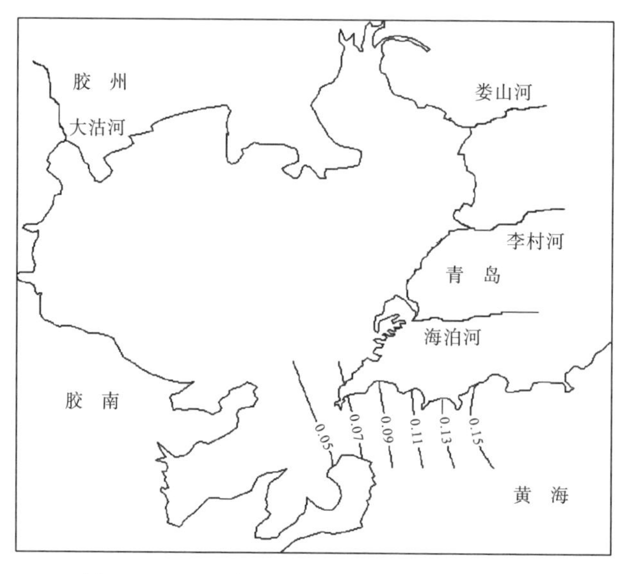

图 26-4 10 月底层 Cd 含量的水平分布(μg/L)

26.3 迁移和沉降机制

26.3.1 水质

在 4 月、7 月和 10 月，在胶州湾水域，Cd 的来源是河流的输送。Cd 先来到水域的表层，然后从表层穿过水体，来到底层。Cd 经过垂直水体的效应作用[11]，呈现出在胶州湾的湾口底层水域 Cd 含量的变化范围为 0.04～0.32μg/L，符合国家一类海水水质标准。展示了在 4 月、7 月和 10 月，在胶州湾的湾口底层水域，Cd 含量比较低，水质清洁，完全没有受到 Cd 的污染。

26.3.2 迁移过程

在胶州湾，湾内海水经过湾口与外海水交换，物质的浓度不断地降低[12]。

在 4 月，在胶州湾的湾口底层水域，Cd 含量为 0.19～0.32μg/L。Cd 含量从湾口水域到湾外沿梯度递增。展示了在湾口内侧、湾口，Cd 的低沉降率；在湾口外侧，Cd 的高沉降率。

在 7 月，在胶州湾的湾口底层水域，Cd 含量为 0.11～0.17μg/L。Cd 含量从湾口水域到湾内、外沿梯度递减。展示了在湾口，Cd 的高沉降率；在湾口内、外侧，Cd 的低沉降率。

在 10 月，在胶州湾的湾口底层水域，Cd 含量为 0.04～0.17μg/L。Cd 含量从湾口水域到湾外沿梯度递增。展示了在湾口内侧和湾口，Cd 的低沉降率；在湾口外侧，Cd 的高沉降率。

因此，在胶州湾的湾口底层水域，在 4 月、7 月和 10 月，Cd 的高沉降呈现在不同的地方。在 4 月和 10 月，在胶州湾的湾口底层水域，Cd 含量比较高（0.17～0.32μg/L），在湾口外侧，Cd 具有高沉降率。在 7 月，在胶州湾的湾口底层水域，Cd 含量比较低（0.17μg/L），在湾口，Cd 具有高沉降率。于是，进一步确定，在 4 月、7 月和 10 月，在湾口内侧，Cd 含量具有低沉降。在 4 月和 10 月，在湾口，Cd 含量具有低沉降。在 7 月，在湾口外侧，Cd 含量具有低沉降。

26.3.3　沉降机制

胶州湾水域 Cd 只有一个来源，是河流的输送。来自河流输送的 Cd 含量为 0.21～0.44μg/L。

在 4 月和 10 月，Cd 先来到水域的表层（0.39～0.44μg/L），然后从表层穿过水体，来到底层（0.17～0.32μg/L）。与 7 月相比，Cd 含量比较高。经过垂直水体的效应作用[11]，高 Cd 含量就会沿着水流迁移较远的距离，于是，造成在湾口外侧水域，Cd 具有高沉降率。

在 7 月，Cd 先来到水域的表层（0.21μg/L），然后从表层穿过水体，来到底层（0.17μg/L）。与 4 月和 10 月相比，Cd 含量比较低。经过垂直水体的效应作用[11]，低 Cd 含量就会沿着水流迁移较近的距离，于是，在湾口水域，Cd 具有高沉降率。

26.4　结　　论

在 4 月、7 月和 10 月，在胶州湾的湾口底层水域，Cd 含量的变化范围为 0.04～0.32μg/L，符合国家一类海水水质标准。表明水质没有受到人为的 Cd 污染。因此，经过垂直水体的效应作用，在胶州湾的湾口底层水域，Cd 含量比较低，水质清洁，完全没有受到 Cd 的污染。

在胶州湾的湾口水域，在 4 月、7 月和 10 月，由于表层水体 Cd 含量高低值的不同，Cd 的高沉降在不同的地方出现。在 4 月和 10 月，在胶州湾的湾口底层水域，Cd 含量比较高(0.17～0.32μg/L)，在湾口外侧，Cd 具有高沉降率。在 7 月，在胶州湾的湾口底层水域，Cd 含量比较低(0.17μg/L)，在湾口，Cd 具有高沉降率。因此，经过垂直水体的效应作用，在胶州湾湾口底层水域的不同时刻、不同地方呈现出 Cd 的高含量区。

胶州湾水域 Cd 只有一个来源，为河流的输送。作者提出了 Cd 的沉降机制：经过垂直水体的效应作用，高 Cd 含量就会沿着水流迁移较远的距离，Cd 具有高沉降率；低 Cd 含量就会沿着水流迁移较近的距离，Cd 具有高沉降率。这样，高 Cd 含量的高沉降地方比低 Cd 含量的更远。

参 考 文 献

[1]杨东方，高振会. 海湾生态学(下册) [M]. 北京：海洋出版社, 2010.

[2]杨东方，苗振清. 海湾生态学(上册) [M]. 北京：海洋出版社, 2010.

[3]杨东方，陈豫，王虹，等. 胶州湾水体镉的迁移过程和环境本底值结构 [J]. 海岸工程, 2010, 29(4): 73-82.

[4]杨东方，陈豫，常彦祥，等. 胶州湾水体镉的分布及来源 [J]. 海岸工程, 2013(3): 68-78.

[5]Yang D F, Wang F Y, Wu Y F, et al. The structure of environmental background value of Cadmium in Jiaozhou Bay waters [J]. Applied Mechanics and Materials, 2014, 644-650: 5333-5335.

[6]Yang D F, Zhu S X, Wang F Y, et al. The distribution and content of Cadmium in Jiaozhou Bay [J]. Applied Mechanics and Materials, 2014, 644-650: 5325-5328.

[7]Yang D F, Chen S T, Li B L, et al. Research on the vertical distribution of Cadmium in Jiaozhou Bay waters [C]. Proceedings of the 2015 International Symposium on Computers and Informatics, 2015: 2667-2674.

[8]杨东方，王凡，高振会，等. 胶州湾浮游藻类生态现象 [J]. 海洋科学, 2004, 28(6): 71-74.

[9] Yang D F, Gao Z H, Sun P Y, et al. Silicon limitation on primary production and its destiny in Jiaozhou Bay, China [J]. Chinese Journal of Oceanology, 2005, 24(2): 169-175.

[10]国家海洋局. 海洋监测规范 [M]. 北京：海洋出版社, 1991.

[11]Yang D F, Wang F Y, He H Z, et al. Vertical water body effect of benzene hexachloride[C]. Proceedings of the 2015 International Symposium on Computers and Informatics, 2015: 2655-2660.

[12]杨东方，苗振清，徐焕志，等. 胶州湾海水交换的时间 [J]. 海洋环境科学, 2013, 32(3): 373-380.

第 27 章　胶州湾镉的沉降过程及垂直分布过程

制造、电解、冶炼、军工等工业产生了大量含镉(Cd)的废水，大量含 Cd 的废水在地表径流和河流的输送下，引起海洋水质的变化[1-7]。那么，研究 Cd 在水体中的迁移就变得非常重要。因此，本章通过 1985 年胶州湾 Cd 的调查资料，研究胶州湾的湾口表、底层水域 Cd 的垂直分布及季节变化，确定表、底层 Cd 的季节分布、水平分布趋势、变化范围以及垂直变化。作者提出了 Cd 含量的沉降过程及垂直分布过程，为 Cd 在表、底层水域的垂直沉降和水平迁移的研究提供科学依据。

27.1　背　　景

27.1.1　胶州湾自然环境

胶州湾位于山东半岛南部，其地理位置为 120°04′～120°23′E，35°58′～36°18′N，以团岛与薛家岛连线为界，与黄海相通，面积约为 446km^2，平均水深约 7m，是一个典型的半封闭型海湾。胶州湾入海的河流有十几条，其中径流量和含沙量较大的为大沽河和洋河，青岛市区的海泊河、李村河和娄山河等河流，这些河流均属季节性河流，河水水文特征有明显的季节性变化[8, 9]。

27.1.2　数据来源与方法

本书所使用的 1985 年 4 月、7 月和 10 月胶州湾水体 Cd 的调查资料由国家海洋局北海环境监测中心提供。在 4 月、7 月和 10 月，在胶州湾水域设 3 个站位取表、底层水样：2031、2032、2033(图 27-1)。分别于 1985 年 4 月、7 月和 10 月进行 3 次取样，根据水深取水样(大于 10m 时取表层和底层，小于 10m 时只取表层)，进行调查采样。按照国家标准方法进行胶州湾水体 Cd 的调查，该方法被收录在国家的《海洋监测规范》中[10]。

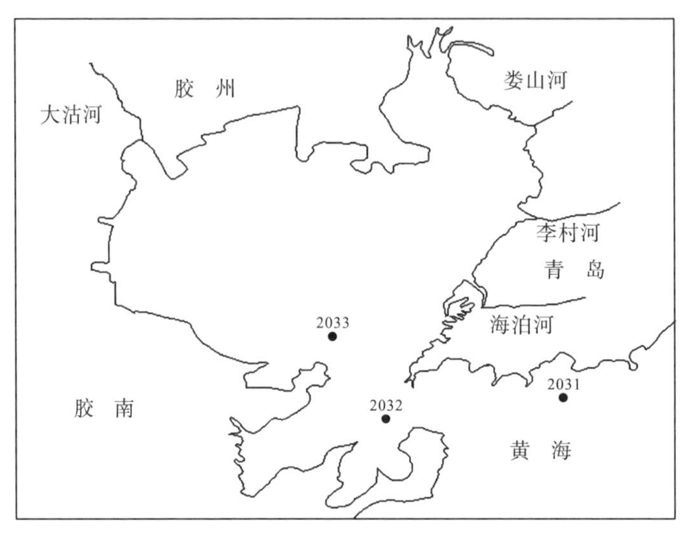

图 27-1 胶州湾调查站位

27.2 季节分布及垂直变化

27.2.1 表层季节分布

在胶州湾湾口水域的表层水体中，在 4 月，Cd 含量为 0.19～0.44μg/L；在 7 月，Cd 含量为 0.16～0.21μg/L；在 10 月，Cd 含量为 0.03～0.39μg/L。表明在 4 月、7 月和 10 月，水体中 Cd 表层含量的变化比较大(0.03～0.44μg/L)，Cd 的表层含量由低到高依次为 7 月、10 月、4 月。故得到水体中 Cd 的表层含量由低到高的季节变化为夏季、秋季、春季。

27.2.2 底层季节分布

在胶州湾湾口水域的底层水体中，在 4 月，Cd 含量为 0.19～0.32μg/L；在 7 月，Cd 含量为 0.11～0.17μg/L；在 10 月，Cd 含量为 0.04～0.17μg/L。表明在 4 月、7 月和 10 月，水体中 Cd 底层含量的变化也比较大(0.04～0.32μg/L)，Cd 的底层含量由低到高依次为 10 月、7 月、4 月。因此，得到水体中底层的 Cd 含量由低到高的季节变化为秋季、夏季、春季。

27.2.3 表、底层水平分布趋势

在胶州湾的湾口水域，从胶州湾湾外东部近岸水域的 2031 站位到湾口水域的

2032 站位，Cd 含量的水平分布如下。

在 4 月，在表层，Cd 含量沿梯度降低，从 0.33μg/L 降低到 0.21μg/L。在底层，Cd 含量沿梯度降低，从 0.32μg/L 降低到 0.19μg/L。表明表、底层含量的水平分布趋势是一致的。

在 7 月，在表层，Cd 含量沿梯度上升，从 0.16μg/L 上升到 0.21μg/L。在底层，Cd 含量沿梯度上升，从 0.12μg/L 上升到 0.17μg/L。表明表、底层含量的水平分布趋势是一致的。

在 10 月，在表层，Cd 含量沿梯度降低，从 0.13μg/L 降低到 0.03μg/L。在底层，Cd 含量沿梯度降低，从 0.17μg/L 降低到 0.04μg/L。表明表、底层含量的水平分布趋势是一致的。

在 4 月、7 月和 10 月，在胶州湾湾口水域的水体中，表层 Cd 含量的水平分布与底层含量的水平分布趋势是一致的。

27.2.4　表、底层变化范围

在胶州湾的湾口水域，在 4 月，表层含量很高(0.19～0.44μg/L)时，其对应的底层含量就很高(0.19～0.32μg/L)。在 7 月，表层含量较低(0.16～0.21μg/L)时，其对应的底层含量就较低(0.11～0.17μg/L)。在 10 月，表层含量达到较高(0.03～0.39μg/L)时，其对应的底层含量就较低(0.04～0.17μg/L)。而且，Cd 表层含量的变化范围(0.03～0.44μg/L)大于底层(0.04～0.32μg/L)，变化量基本一样。因此，Cd 的表层含量很高的，对应的底层含量就很高；同样，Cd 的表层含量较高或较低的，对应的底层含量就较低。

27.2.5　表、底层垂直变化

在 4 月、7 月和 10 月，在 2031、2032、2033 站位，Cd 的表、底层含量相减，其差为-0.04～0.12μg/L。表明 Cd 的表、底层含量相近。

在 4 月，Cd 的表、底层含量相减，其差为 0.00～0.02μg/L。在湾口内水域的 2033 站位、湾口水域的 2032 站位和湾外水域的 2031 站位 Cd 含量差都为正值。3 个站为正值(表 27-1)。

在 7 月，Cd 的表、底层含量相减，其差为-0.01～0.04μg/L。在湾口内水域的 2033 站位和湾外水域的 2031 站位 Cd 含量差都为正值。在湾口水域的 2032 站位 Cd 含量差为负值。2 个站为正值，1 个站为负值(表 27-1)。

在 10 月，Cd 的表、底层含量相减，其差为-0.04～0.12μg/L。在湾口内水域的 2033 站位 Cd 含量差为正值。在湾口水域的 2032 站位和湾外水域的 2031 站位 Cd 含量差为负值。1 个站为正值，2 个站为负值(表 27-1)。

表 27-1 在胶州湾的湾口水域 Cd 的表、底层含量差

月份	站位		
	2033	2032	2031
4	正值	正值	正值
7	正值	负值	正值
10	正值	负值	负值

27.3 沉降及垂直变化

27.3.1 水质季节变化过程

在胶州湾湾口水域的表层水体中，在 4 月，Cd 含量变化从高值(0.44μg/L)开始下降，逐渐减少，到 7 月，Cd 含量达到最低值(0.21μg/L)，然后开始上升，逐渐增加，到 10 月达到较高值(0.39μg/L)。于是，Cd 的表层含量由低到高的季节变化为夏季、秋季、春季。

表明在胶州湾湾口水域的表层水体中，由于 Cd 离子被吸附于大量悬浮颗粒物表面，在重力和水流的作用下，Cd 不断地沉降到海底。经过垂直水体的效应作用[10]，Cd 表层含量的变化决定了 Cd 底层含量的变化，展示了水体中底层的 Cd 含量由低到高的季节变化为夏季、秋季、春季。由于 Cd 迅速、不断地沉降到海底，于是呈现出表、底层 Cd 含量的季节变化是一致的。

27.3.2 空间沉降

在空间尺度上，在胶州湾的湾口水域，Cd 含量的水平分布如下。

在 4 月和 10 月，Cd 来自河流的输送，含量比较高。表层 Cd 含量的水平分布与底层含量的水平分布趋势是一致的。在胶州湾的湾口水域，在水体表层中，呈现出从胶州湾的湾口水域向湾外 Cd 含量沿梯度上升。由于 Cd 离子被吸附于大量悬浮颗粒物表面，Cd 含量比较高，在重力和水流的作用下，Cd 迅速地沉降到海底，这样，导致在水体底层中，呈现出从胶州湾的湾口水域向湾外 Cd 含量沿梯度上升。因此，Cd 含量在表、底层的水平分布趋势是一致的。

在 7 月，Cd 来自河流的输送，含量比较低。表层 Cd 含量的水平分布与底层含量的水平分布趋势是一致的。在胶州湾的湾口水域，在水体表层中，呈现出从胶州湾的湾口水域向湾外 Cd 含量沿梯度下降。由于 Cd 离子被吸附于大量悬浮颗粒物表面，Cd 含量比较低，在重力和水流的作用下，Cd 迅速地沉降到海底，这

样，导致在水体底层中，呈现出从胶州湾的湾口水域向湾外 Cd 含量沿梯度下降。因此，Cd 含量在表、底层的水平分布趋势是一致的。

在 4 月、7 月和 10 月，在胶州湾湾口水域的水体中，Cd 都是来自河流的输送，虽然输入水体表层中 Cd 含量的高低值不同，但是经过水体的垂直迁移后，表、底层 Cd 含量的水平分布趋势是一致的。这就是 Cd 的空间沉降过程。

27.3.3　变化沉降

在变化尺度上，在胶州湾的湾口水域，在 4 月、7 月和 10 月，Cd 含量在表、底层的变化量基本一样。而且，Cd 的表层含量很高的，对应的底层含量就很高；同样，Cd 的表层含量较高或者较低的，对应的底层含量就较低。展示了 Cd 迅速、不断地沉降到海底，导致 Cd 含量在表、底层的变化保持了一致性。Cd 表层含量的变化范围大于底层，展示了作者提出的垂直水体和水平水体的效应理论[11,12]。根据作者提出的垂直水体效应原理和水平水体效应原理[11,12]，Cd 含量的表、底层变化揭示了垂直水体的累积效应和稀释效应。表层 Cd 的低含量到达海底产生累积效应，表层 Cd 的高含量到达海底产生稀释效应。

27.3.4　垂直沉降

在垂直尺度上，在胶州湾的湾口水域，在 4 月、7 月和 10 月，当 Cd 含量高或低时，在垂直水体和水平水体的效应作用[11,12]下，Cd 含量几乎没有多少损失。其损失的范围为 0.03−0.04～0.44−0.32 μg/L，即−0.01～0.12μg/L。当 Cd 含量低时，Cd 含量稍微有所增长，而当 Cd 含量高时，Cd 含量稍微有所损失。因此，无论 Cd 含量高或者低，Cd 含量在表、底层都保持了相近。展示了 Cd 能够从表层很迅速地沉降到海底。在表、底层 Cd 含量具有一致性。

27.3.5　区域沉降

在区域尺度上，在胶州湾的湾口水域，随着时间的变化，Cd 的表、底层含量差也发生了变化，这个差值表明了 Cd 含量在表、底层的变化。当向胶州湾输入 Cd 后，首先到表层，然后迅速、不断地沉降到海底，呈现出 Cd 含量在表、底层的变化。

在 4 月，Cd 来自河流的输送，含量很高。从湾口内水域到湾口水域再到湾口外水域呈现出表层的 Cd 含量大于底层。展示了输送的高含量 Cd 沿着水体表层从湾口内水域到湾口水域再到湾口外水域。

在 7 月，Cd 来自河流的输送，含量比较低。从湾口内水域到湾口水域呈现出表层的 Cd 含量大于底层，从湾口水域到湾口外水域呈现出表层的 Cd 含量大于底层，而在湾口水域表层的 Cd 含量小于底层。展示了输送的低含量 Cd 沿着水体表层从湾口内水域到湾口水域再到湾口外水域，在湾口水域，表层的 Cd 有大量的沉降。

在 10 月，Cd 来自河流的输送，含量比较高。在湾口内水域呈现了表层的 Cd 含量大于底层，而从湾口水域到湾口外水域呈现出表层的 Cd 含量小于底层。展示了输送的低含量 Cd 沿着水体表层从湾口内水域到湾口水域再到湾口外水域，在湾口水域和湾口外水域，表层的 Cd 有大量的沉降。

27.3.6 沉降过程

在 4 月、7 月和 10 月，在胶州湾湾口水域的水体中，Cd 都是来自河流的输送。

在 4 月，雨季刚刚开始，河流携带大量的 Cd，来到水体的表层。Cd 沿着水体表层从湾口内水域到湾口水域再到湾口外水域。因此，在 4 月，从湾口内水域到湾口水域再到湾口外水域呈现了表层的 Cd 含量大于底层。

到了 7 月，河流依然携带 Cd，来到水体的表层。Cd 沿着水体表层从湾口内水域到湾口水域再到湾口外水域。在重力和水流的作用下，Cd 迅速地沉降到海底，这样，导致在胶州湾的湾口水域的水体底层中，呈现出大量的 Cd 沉降。因此，在 7 月，在湾口内水域和湾口外水域呈现出表层的 Cd 含量大于底层，而在湾口水域表层的 Cd 含量小于底层。

到了 10 月，河流依然携带 Cd，来到水体的表层。Cd 沿着水体表层从湾口内水域到湾口水域再到湾口外水域。在重力和水流的作用下，Cd 迅速地沉降到海底，这样，随着湾口内、湾口和湾外 Cd 的不断沉降，海底 Cd 含量不断上升。因此，在 10 月，只有在湾口内水域呈现表层的 Cd 含量大于底层，而在湾口水域和湾口外水域呈现出表层的 Cd 含量小于底层。

Cd 的沉降过程：高含量 Cd 到达水体表层，在水体表层有大量的悬浮颗粒物，其表面的胶体吸附了大量的 Cd 离子。在重力和水流的作用下，Cd 迅速地沉降到海底。因此，在空间上，从湾口内水域到湾口水域再到湾口外水域，在水体底层中，呈现出从胶州湾的湾口水域向湾外 Cd 含量沿梯度下降。在时间上，从 4 月，到 7 月，再到 10 月，随着湾口内、湾口和湾外 Cd 的不断沉降，海底 Cd 含量不断上升。从表、底层 Cd 含量差为 3 个站为正值，转变为 2 个站为正值和 1 个站为负值，再转变为 1 个站为正值和 2 个站为负值。从 4 月的没有一个站位呈现出表层的 Cd 含量小于底层，到 7 月的只有一个站位呈现出表层的 Cd 含量小于底层，再到 10 月的两个站位呈现出表层的 Cd 含量小于底层。充分揭示了 Cd 的沉降变化过程。

Cd 的表、底层含量差的变化范围随着时间的推移在扩大。Cd 的表、底层含量差的变化范围从 4 月的 0.00～0.02μg/L 扩大到 7 月的-0.01～0.04μg/L，再扩大到 10 月的-0.04～0.12μg/L。从 4 月，到 7 月，再到 10 月，Cd 含量从最初展示了表、底层含量的垂直分布均匀，转变为表、底层含量的垂直分布差距在扩大。随着 Cd 的沉降，海底 Cd 含量也在不断地上升。表、底层的 Cd 含量差值在进一步扩大。表、底层含量的垂直分布从分布均匀到有差距，再到差距加大。但是，到了第二年初，如果没有 Cd 的输入，Cd 的表、底层含量的垂直分布又恢复到均匀。这揭示了 Cd 含量在表、底层的垂直分布过程。

27.4　结　　论

Cd 的表层含量由低到高的季节变化为夏季、秋季、春季，水体中底层的 Cd 含量由低到高的季节变化为秋季、夏季、春季。经过垂直水体的效应作用，Cd 从表层水体不断地沉降到海底，使表、底层 Cd 含量的季节变化是一致的。

在空间尺度上，在 4 月、7 月和 10 月，在胶州湾湾口水域的水体中，Cd 都是来自河流的输送，虽然输入水体表层中 Cd 含量的高低值不同，可是经过水体的垂直迁移后，表、底层 Cd 含量的水平分布趋势是一致的。这就是 Cd 的空间沉降过程。

在变化尺度上，在胶州湾的湾口水域，在 4 月、7 月和 10 月，Cd 含量在表、底层的变化量基本一样。而且，Cd 迅速、不断地沉降到海底，导致 Cd 在表、底层的含量变化保持了一致性。Cd 的表层含量变化范围大于底层，表层 Cd 的低含量到达海底产生累积效应，表层 Cd 的高含量到达海底产生稀释效应。

在垂直尺度上，无论 Cd 含量高或者低，Cd 含量在表、底层都保持了相近，展示了 Cd 能够从表层很迅速地沉降到海底。在表、底层 Cd 含量具有一致性。

在区域尺度上，河流给胶州湾输送了 Cd。在 4 月，从湾口内水域到湾口水域再到湾口外水域呈现出表层的 Cd 含量大于底层。在 7 月，在湾口内水域和湾口外水域呈现出表层的 Cd 含量大于底层，而在湾口水域表层的 Cd 含量小于底层。在 10 月，只有在湾口内水域呈现出表层的 Cd 含量大于底层，而在湾口水域和湾口外水域呈现出表层的 Cd 含量小于底层。

作者提出了 Cd 的沉降过程：高含量 Cd 到达水体表层，在水体表层有大量的悬浮颗粒物，其表面的胶体吸附了大量的 Cd 离子。在重力和水流的作用下，Cd 迅速地沉降到海底。因此，在时空的变化上，随着湾口内、湾口和湾口外 Cd 的不断沉降，海底 Cd 含量不断上升。这充分揭示了 Cd 的沉降变化过程。

作者提出了 Cd 含量在表、底层的垂直分布过程：当 Cd 不断地输入水体时，表、底层 Cd 含量的垂直分布从分布均匀到有差距。随着 Cd 的沉降，海底 Cd 含量也在不断地上升，差距也进一步扩大。如果没有 Cd 的输入，Cd 的表、底层含量的垂直分布又恢复到均匀。因此，从 4 月，到 7 月，再到 10 月，Cd 的表、底层含量差的变化范围随着时间的推移在扩大。这充分揭示了 Cd 含量在表、底层的垂直分布过程。但是，第二年又重新开始循环。

参考文献

[1]杨东方, 陈豫, 王虹, 等. 胶州湾水体镉的迁移过程和环境本底值结构 [J]. 海岸工程, 2010, 29(4): 73-82.

[2]杨东方, 高振会. 海湾生态学(下册) [M]. 北京: 海洋出版社, 2010.

[3]杨东方, 苗振清. 海湾生态学(上册) [M]. 北京: 海洋出版社, 2010.

[4]杨东方, 陈豫, 常彦祥, 等. 胶州湾水体镉的分布及来源 [J]. 海岸工程, 2013(3): 68-78.

[5]Yang D F, Wang F Y, Wu Y F, et al. The structure of environmental background value of Cadmium in Jiaozhou Bay waters [J]. Applied Mechanics and Materials, 2014, 644-650: 5333-5335.

[6]Yang D F, Zhu S X, Wang F Y, et al. The distribution and content of Cadmium in Jiaozhou Bay [J]. Applied Mechanics and Materials, 2014, 644-650: 5325-5328.

[7]Yang D F, Chen S T, Li B L, et al. Research on the vertical distribution of Cadmium in Jiaozhou Bay waters [C]. Proceedings of the 2015 International Symposium on Computers and Informatics, 2015: 2667-2674.

[8]杨东方, 王凡, 高振会, 等. 胶州湾浮游藻类生态现象 [J]. 海洋科学, 2004, 28(6): 71-74.

[9]Yang D F, Gao Z H, Sun P Y, et al. Silicon limitation on primary production and its destiny in Jiaozhou Bay, China [J]. Chinese Journal of Oceanology, 2005, 24(2): 169-175.

[10]国家海洋局. 海洋监测规范 [M]. 北京: 海洋出版社, 1991.

[11]杨东方, 苗振清, 徐焕志, 等. 胶州湾海水交换的时间 [J]. 海洋环境科学, 2013, 32(3): 373-380.

[12]Yang D F, Wang F Y, He H Z, et al. Vertical water body effect of benzene hexachloride[C]. Proceedings of the 2015 International Symposium on Computers and Informatics, 2015: 2655-2660.

第 28 章　胶州湾水体受到外海海流带来的镉污染

镉(Cd)是银白色有光泽的金属，在工农业迅速发展的过程中，得到了广泛应用。尤其是在工业国家，Cd 的应用产生大量含 Cd 的废水，随着河流的携带，Cd 向大海迁移[1, 2]。Cd 的毒性较大，如在日本，人们因 Cd 中毒曾出现了大量的“痛痛病”。因此，研究近海的 Cd 污染程度和污染源[3-7]，可以为保护海洋环境、维持生态可持续发展提供重要帮助。本章根据 1986 年的调查资料，对胶州湾水体中 Cd 的含量、水平分布以及来源进行分析，研究胶州湾水体中 Cd 的水质、来源背景和来源量，为对胶州湾水域 Cd 的来源和污染程度进行综合分析提供科学背景，并且为 Cd 含量的控制和环境的改善提供理论依据。

28.1　背　　景

28.1.1　胶州湾自然环境

胶州湾位于山东半岛南部，其地理位置为 120°04′～120°23′E，35°58′～36°18′N，以团岛与薛家岛连线为界，与黄海相通，面积约为 446km^2，平均水深约 7m，是一个典型的半封闭型海湾。胶州湾入海的河流有十几条，其中径流量和含沙量较大的为大沽河和洋河，以及青岛市区的海泊河、李村河和娄山河等河流，这些河流均属季节性河流，河水水文特征有明显的季节性变化[8, 9]。

28.1.2　数据来源与方法

本书所使用的 1986 年 4 月、7 月和 10 月胶州湾水体 Cd 的调查资料由国家海洋局北海环境监测中心提供。在 4 月、7 月和 10 月，在胶州湾水域设 6 个站位取表、底层水样：2031、2032、2033、2034、2035、2047(图 28-1)。分别于 1986 年 4 月、7 月和 10 月进行 3 次取样，根据水深取水样(大于 10m 时取表层和底层，小于 10m 时只取表层)，进行调查采样。按照国家标准方法进行胶州湾水体 Cd 的调查，该方法被收录在国家的《海洋监测规范》中[10]。

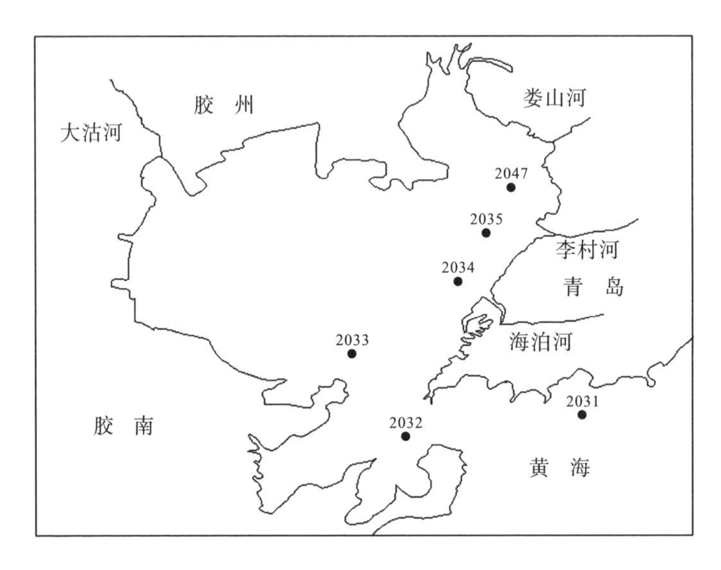

图 28-1 胶州湾调查站位

28.2 表层含量水平分布

28.2.1 含量

在 4 月，胶州湾水域 Cd 含量为 0.01～0.94μg/L，符合国家一类海水水质标准(1.00μg/L)。在 7 月，胶州湾水域 Cd 含量为 0.10～6.48μg/L，超过国家二类海水水质标准(5.00μg/L)，符合国家三类海水水质标准(10.00μg/L)。在 10 月，胶州湾水域 Cd 含量为 0.19～0.75μg/L，符合国家一类海水水质标准。因此，在 4 月、7 月和 10 月，Cd 在胶州湾水体中的含量为 0.01～6.48μg/L，符合国家一、二和三类海水水质标准。表明在 Cd 含量方面，在 4 月、7 月和 10 月，在胶州湾整个水域，水质都受到了 Cd 的中度污染(表 28-1)。

表 28-1 4 月、7 月和 10 月胶州湾表层水质

项目	4 月	7 月	10 月
海水中 Cd 含量/(μg/L)	0.01～0.94	0.10～6.48	0.19～0.75
国家海水水质标准	一类海水	一、二和三类海水	一类海水

28.2.2　表层水平分布

在 4 月，在胶州湾东北部，在李村河入海口近岸水域的 2035 站位，Cd 的含量达到较高，为 0.94μg/L，以东北部近岸水域为中心形成了 Cd 的高含量区，形成了一系列不同梯度的半个同心圆。Cd 含量从中心的高含量 0.94μg/L 沿梯度递减到湾口水域的 0.01μg /L（图 28-2）。

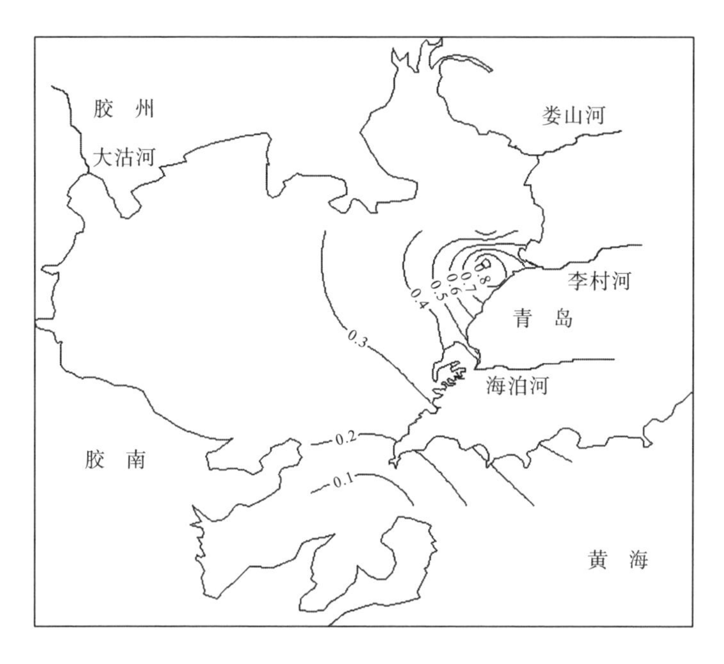

图 28-2　4 月表层 Cd 含量的水平分布（μg/L）

在 7 月，在胶州湾湾外东部近岸水域的 2031 站位，Cd 的含量达到很高，为 6.48μg/L，以湾外的东部近岸水域为中心形成了 Cd 的高含量区，形成了一系列不同梯度的平行线。Cd 含量从中心的高含量 6.48μg/L 沿梯度递减到湾内东部近岸水域的 0.10μg/L（图 28-3）。

在 10 月，在胶州湾东北部，在李村河入海口近岸水域的 2035 站位，Cd 的含量达到较高，为 0.75μg/L，以东北部近岸水域为中心形成了 Cd 的高含量区，形成了一系列不同梯度的平行线。Cd 含量从中心的高含量 0.75μg/L 沿梯度递减到娄山河入海口近岸水域的 0.19μg/L。

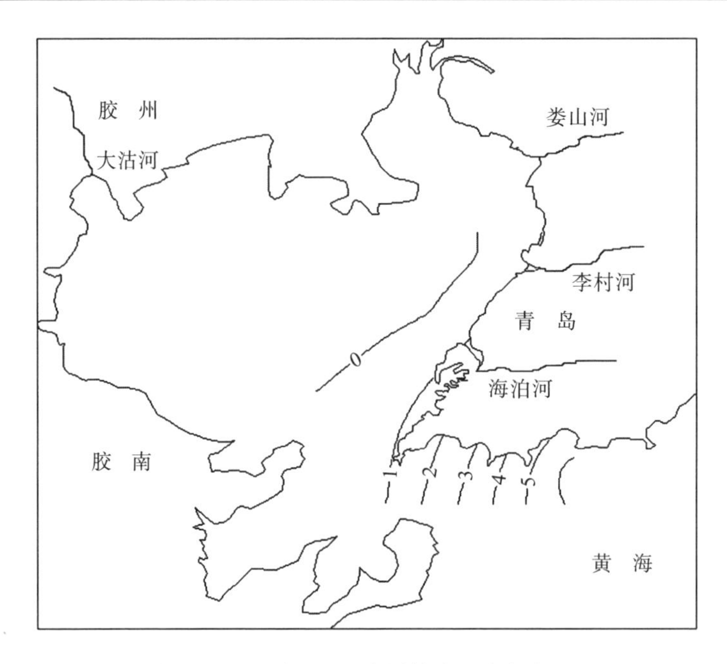

图 28-3 7 月表层 Cd 含量的水平分布(μg/L)

28.3 外海海流带来的污染

28.3.1 水质

在 4 月、7 月和 10 月，Cd 在胶州湾水体中的含量为 0.01～6.48μg/L，都符合国家一、二和三类海水水质标准。表明在 Cd 含量方面，在 4 月、7 月和 10 月，在胶州湾水域，水质受到 Cd 的中度污染。

在 4 月，Cd 在胶州湾水体中的含量为 0.01～0.94μg/L，胶州湾水域没有受到 Cd 的污染。在胶州湾的湾内东北部水域，Cd 含量的变化范围为 0.32～0.94μg/L。在胶州湾的湾内西南部近岸水域和湾口水域，Cd 含量的变化范围为 0.01～0.37μg/L。在胶州湾的湾外东部近岸水域，Cd 含量的变化范围为 0.38～0.38μg/L。表明在湾内东北部水域，Cd 含量达到较高，为 0.94μg/L，水质没有受到 Cd 的污染。在湾内西南部和湾口，Cd 含量达到较高，为 0.37μg/L，水质清洁，完全没有受到 Cd 的污染。在湾外东部近岸水域，Cd 含量达到较高，为 0.38μg/L，水质也没有受到 Cd 的污染。

在 7 月，Cd 在胶州湾水体中的含量为 0.10～6.48μg/L，胶州湾水域受到 Cd 的中度污染。在胶州湾湾内的整个水域及湾口水域，Cd 含量的变化范围为 0.10～0.73μg/L。在胶州湾的湾外水域，Cd 含量的变化范围为 6.48～6.48μg/L。表明在胶州湾的整个水域及湾口水域，Cd 含量达到较低，为 0.73μg/L，水质没有受到 Cd 的污染。而在湾外水域，Cd 含量很高，为 6.48μg/L，水质受到 Cd 的中度污染。

在 10 月，Cd 在胶州湾水体中的含量为 0.19～0.75μg/L，胶州湾水域没有受到 Cd 的污染。在胶州湾的整个水域，只有在李村河入海口的近岸水域，Cd 含量达到较高，为 0.75μg/L，而在其他水域，Cd 含量为 0.19μg/L。表明在李村河入海口的近岸水域，Cd 含量比较高，而在其他水域，Cd 含量比较低，完全没有受到 Cd 的污染。

因此，在 4 月、7 月和 10 月，在胶州湾湾内的整个水域及湾口水域，Cd 含量非常低，其变化范围为 0.01～0.94μg/L，低于国家一类海水水质标准(1.00μg/L)。而在胶州湾的湾外水域，Cd 含量的变化范围为 0.38～6.48μg/L，符合国家一、二和三类海水水质标准。

在 4 月、7 月和 10 月，在胶州湾湾内的整个水域及湾口水域，水质清洁，完全没有受到 Cd 的污染。在湾外的水域，受到 Cd 的中度污染。

28.3.2　来源

在 4 月，在胶州湾东北部的水体中，在李村河入海口的近岸水域，形成了 Cd 的高含量区，表明 Cd 的来源是河流的输送，其含量为 0.94μg/L，输送的含量比较低。

在 7 月，在胶州湾湾外的东部近岸水域，形成了 Cd 的高含量区，在胶州湾水体中，从外海域通过湾口，沿着从湾外到湾内的海流方向，Cd 含量在不断地递减，表明在胶州湾水域，Cd 的来源是外海海流的输送，其含量为 6.48μg/L，输送的含量比较高。

在 10 月，在胶州湾东北部的水体中，在李村河入海口的近岸水域，形成了 Cd 的高含量区，表明 Cd 的来源是河流的输送，其含量为 0.75μg/L，输送的含量比较低。

胶州湾水域 Cd 有两个来源，为河流的输送和外海海流的输送。来自河流输送的 Cd 含量为 0.75～0.94μg/L，来自外海海流输送的 Cd 含量为 6.48μg/L。

因此，陆地河流输送给胶州湾的 Cd 含量都符合国家一类海水水质标准(1.00μg/L)，表明河流没有受到 Cd 的任何污染。外海海流输送给胶州湾的 Cd 含量都符合国家三类海水水质标准(10.00μg/L)，表明外海已经受到 Cd 的中度污染(表 28-2)。

表 28-2　胶州湾不同来源的 Cd 含量

来源	外海的海流输送	李村河的河流输送
Cd 含量/(μg/L)	6.48	0.75～0.94

28.4 结　　论

在 4 月、7 月和 10 月，在胶州湾湾内的整个水域及湾口水域，Cd 含量非常低，其变化范围为 0.01～0.94μg/L，低于国家一类海水水质标准(1.00μg/L)。而在胶州湾的湾外水域，Cd 含量的变化范围为 0.38～6.48μg/L，符合国家一、二和三类海水水质标准。

在 4 月、7 月和 10 月，在胶州湾湾内的整个水域及湾口水域，水质清洁，完全没有受到 Cd 的污染。在湾外的水域，受到 Cd 的中度污染。

胶州湾水域 Cd 有两个来源，为河流的输送和外海海流的输送。来自河流输送的 Cd 含量为 0.75～0.94μg/L，来自外海海流输送的 Cd 含量为 6.48μg/L。

因此，陆地河流输送给胶州湾的 Cd 含量符合国家一类海水水质标准(1.00μg/L)，表明河流没有受到 Cd 的任何污染。外海海流输送给胶州湾的 Cd 含量符合国家三类海水水质标准(10.00μg/L)，表明外海已经受到 Cd 的中度污染。

参 考 文 献

[1]杨东方, 高振会. 海湾生态学(下册) [M]. 北京: 海洋出版社, 2010.

[2]杨东方, 苗振清. 海湾生态学(上册) [M]. 北京: 海洋出版社, 2010.

[3]杨东方, 陈豫, 王虹, 等. 胶州湾水体镉的迁移过程和环境本底值结构 [J]. 海岸工程, 2010, 29(4): 73-82.

[4]杨东方, 陈豫, 常彦祥, 等. 胶州湾水体镉的分布及来源 [J]. 海岸工程, 2013(3): 68-78.

[5]Yang D F, Zhu S X, Wang F Y, et al. The distribution and content of Cadmium in Jiaozhou Bay [J]. Applied Mechanics and Materials, 2014, 644-650: 5325-5328.

[6]Yang D F, Chen S T, Li B L, et al. Research on the vertical distribution of Cadmium in Jiaozhou Bay waters [C]. Proceedings of the 2015 International Symposium on Computers and Informatics, 2015: 2667-2674.

[7]Yang D F, Wang F Y, Wu Y F, et al. The structure of environmental background value of Cadmium in Jiaozhou Bay waters [J]. Applied Mechanics and Materials, 2014, 644-650: 5333-5335.

[8]杨东方, 王凡, 高振会, 等. 胶州湾浮游藻类生态现象 [J]. 海洋科学, 2004, 28(6): 71-74.

[9]Yang D F, Gao Z H, Sun P Y, et al. Silicon limitation on primary production and its destiny in Jiaozhou Bay, China [J]. Chinese Journal of Oceanology, 2005, 24(2): 169-175.

[10]国家海洋局. 海洋监测规范 [M]. 北京: 海洋出版社, 1991.

第29章　镉含量在胶州湾水体中的时空变化

在20世纪80年代，中国开始大力发展工业[1,2]。于是，在工业生产过程中，排放的废水中镉(Cd)含量很低。因此，通过河流向大海输送的Cd含量也很低，这样，在近岸的水域中，Cd含量非常低[3-7]。因此，研究近海的Cd含量的存在状况及迁移过程，可以为保护海洋环境、维持生态可持续发展提供重要帮助。本章根据1986年的调查资料，对胶州湾水体中Cd的含量变化及水平分布进行分析，研究胶州湾水体中Cd含量的变化过程和均匀性，为对胶州湾水域Cd含量的存在状况及迁移过程进行综合分析提供科学背景，并且为Cd含量的控制和环境的改善提供理论依据。

29.1　背　　景

29.1.1　胶州湾自然环境

胶州湾位于山东半岛南部，其地理位置为120°04′～120°23′E，35°58′～36°18′N，以团岛与薛家岛连线为界，与黄海相通，面积约为446km^2，平均水深约7m，是一个典型的半封闭型海湾。胶州湾入海的河流有十几条，其中径流量和含沙量较大的为大沽河和洋河，以及青岛市区的海泊河、李村河和娄山河等河流，这些河流均属季节性河流，河水水文特征有明显的季节性变化[8,9]。

29.1.2　数据来源与方法

本书所使用的1986年4月、7月和10月胶州湾水体Cd的调查资料由国家海洋局北海环境监测中心提供。在4月、7月和10月，在胶州湾水域设6个站位取表、底层水样：2031、2032、2033、2034、2035、2047(图29-1)。分别于1986年4月、7月和10月进行3次取样，根据水深取水样(大于10m时取表层和底层，小于10m时只取表层)，进行调查采样。按照国家标准方法进行胶州湾水体Cd的调查，该方法被收录在国家的《海洋监测规范》中[10]。

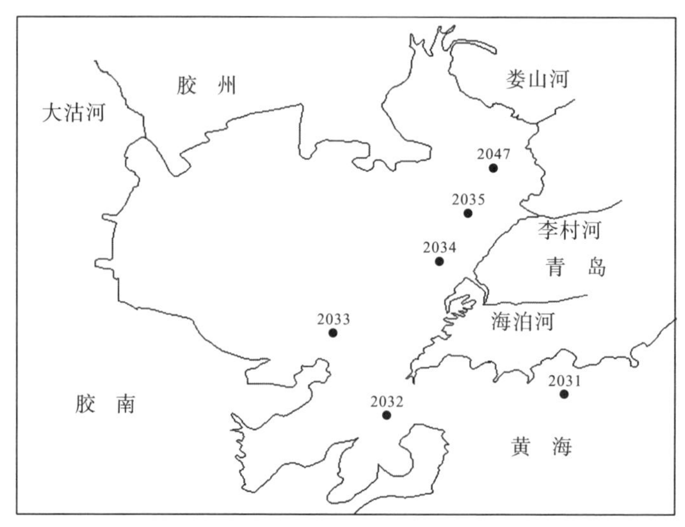

图 29-1 胶州湾调查站位

29.2 水平分布

29.2.1 含量变化过程

在 4 月，在胶州湾的湾内东北部水域，Cd 含量的变化范围为 0.32～0.94μg/L。在胶州湾的湾内西南部近岸水域和湾口水域，Cd 含量的变化范围为 0.01～0.37μg/L。表明在胶州湾湾内的整个水域及湾口水域，Cd 含量在水体中的变化范围为 0.01～0.94μg/L。而在胶州湾的湾外水域，Cd 含量的变化范围为 0.38～0.38μg/L。

在 7 月，在胶州湾湾内的整个水域及湾口水域，Cd 含量在水体中的变化范围为 0.10～0.73μg/L。而在胶州湾的湾外水域，Cd 含量的变化范围为 6.48～6.48μg/L。

在 10 月，在胶州湾湾内的整个水域及湾口水域，Cd 含量在水体中的变化范围为 0.19～0.75μg/L。

因此，在 4 月、7 月和 10 月，在胶州湾湾内的整个水域及湾口水域，Cd 含量非常低，其变化范围为 0.01～0.94μg/L。而在胶州湾的湾外水域，Cd 含量的变化范围为 0.38～6.48μg/L。

29.2.2 高含量的水平分布

在 7 月，在胶州湾湾外东部近岸水域的 2031 站位，Cd 含量达到很高，为

6.48μg/L，以湾外的东部近岸水域为中心形成了 Cd 的高含量区，形成了一系列不同梯度的平行线。Cd 含量从中心的高含量 6.48μg/L 沿梯度递减到胶州湾湾口的水域的 0.73μg/L（图 29-2）。

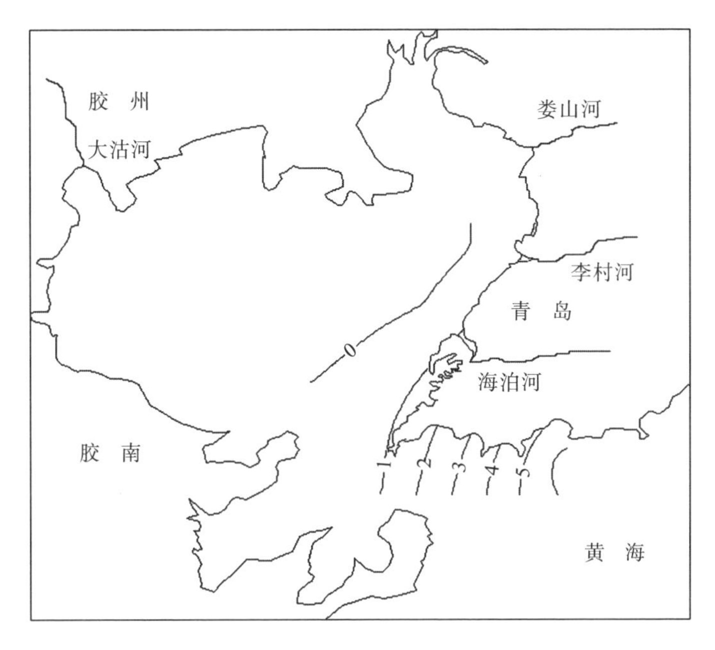

图 29-2 7 月表层 Cd 含量的水平分布（μg/L）

29.3 均匀性的变化过程

29.3.1 时空变化的均匀性

在海洋潮汐、海流的作用下，Cd 在水体中不断地被摇晃、搅动。于是，在胶州湾水域，展示了 Cd 含量在时空变化的均匀性。

在空间尺度上，在 4 月，在胶州湾湾内的整个水域及湾口水域，Cd 含量在水体中的变化范围为 0.01～0.94μg/L。在 7 月，在胶州湾湾内的整个水域及湾口水域，Cd 含量在水体中的变化范围为 0.10～0.73μg/L。在 10 月，在胶州湾湾内的整个水域及湾口水域，Cd 含量在水体中的变化范围为 0.19～0.75μg/L。充分展示了在不同的时间阶段，在胶州湾湾内的整个水域及湾口水域中，Cd 含量在水体中的分布是均匀的。

在时间尺度上，从 4 月到 10 月，在胶州湾湾内的整个水域及湾口水域，Cd 含量在水体中的变化范围为 0.01～0.94μg/L。充分展示了从 4 月到 10 月，在胶州湾湾内的整个水域及湾口水域中，Cd 含量在水体中的分布是均匀的。

因此，在空间尺度上，在胶州湾湾内的整个水域及湾口水域中，以及在时间尺度上，从 4 月到 10 月，Cd 含量在水体中的变化范围为 0.01～0.94μg/L。表明随着时空的变化，Cd 含量保持着在水体中的均匀性。

29.3.2 物质的均匀性

在时空变化的尺度上，在胶州湾湾内的整个水域及湾口水域中，从 4 月到 10 月，Cd 含量在水体中的变化范围为 0.01～0.94μg/L。揭示了在海洋潮汐、海流的作用下，海洋具有均匀性的特征。正如杨东方指出的：海洋的潮汐、海流对海洋中所有物质进行搅动、输送，使海洋中所有物质的含量在海洋的水体中都非常均匀地分布。因此，Cd 含量在水体中的时空变化，就展示了物质在海洋中的均匀分布特征。作者提出了物质在海水中是均匀的，尤其当物质在低含量时，就保持了水体的均匀。展示了经过海洋潮汐和海流的作用，当物质低含量时，更呈现了其均匀性。

海洋潮汐、海流对海洋中所有物质进行搅动、输送，使海洋中所有物质的含量在海洋的水体中都非常均匀地分布。在近岸浅海主要靠潮汐的作用；在深海主要靠海流的作用，当然还有其他辅助作用，如风暴潮、海底地震等。所以，随着时间的推移，海洋尽可能使海洋中所有物质的含量都分布均匀，故海洋具有均匀性。1985 年，HCH 的含量在海域水体中分布的均匀性，揭示了潮汐、海流使海洋具有均匀性的特征。1983 年，PHC 含量在胶州湾水体中小于 0.12mg/L，展示了物质在海洋中的均匀分布特征。1983 年，在胶州湾的湾口内底层水域 Cu 含量的底层水平分布，充分证明了海洋具有均匀性。1985 年，Pb 含量的水平分布和扩展过程揭示了在潮汐、海流的作用下，海洋具有均匀性的特征。1985 年，胶州湾的 Cd 含量表层水平分布，充分呈现出海洋具有均匀性。1986 年，Cd 含量在水体中的时空变化，充分展示了物质在海洋中具有均匀性。这些物质的水平分布和运动过程充分表明海洋使一切物质都在水体中具有均匀性，并且使一切物质在水体中向均匀性的趋势进行扩散运动。

29.3.3 输送的不均匀性

在 7 月，在胶州湾湾外的东部近岸水域，形成了 Cd 的高含量区，在胶州湾水体中，从外海域通过湾口，沿着从湾外到湾内的海流方向，Cd 含量在不断地递减，表明在胶州湾水域，Cd 的来源是外海海流的输送，其 Cd 含量为 6.48μg/L，输送的含量比较高(图 29-2)。虽然这次外海海流输送的 Cd 含量到达湾口水域为 0.73μg/L，使得胶州湾湾内的整个水域及湾口水域中没有受到外海海流输送的 Cd

含量的影响，但是随着外海海流输送的 Cd 含量的增大，胶州湾湾内的整个水域及湾口水域就会受到来自外海海流输送的 Cd 含量的影响。这样，胶州湾 Cd 含量的均匀性就会受到外海海流输送的 Cd 含量的破坏，造成胶州湾 Cd 含量的不均匀性。因此，海湾具有物质均匀性。在输送的物质含量下，海湾就会形成不均匀性，即输送源给海湾输送了不均匀性。

29.4　结　论

在空间尺度上，在胶州湾湾内的整个水域及湾口水域中，以及在时间尺度上，从 4 月到 10 月，Cd 含量在水体中的变化范围为 0.01～0.94μg/L。表明随着时空的变化，Cd 含量保持着水体的均匀性。揭示了潮汐、海流使海洋具有均匀性的特征。因此，Cd 含量在水体中的时空变化，证实了杨东方提出的均匀性理论：物质在海水中是均匀的，尤其物质在低含量时，就保持了水体的均匀。展示了经过海洋潮汐和海流的作用，当物质低含量时，更呈现了其均匀性。

胶州湾 Cd 含量有外部的来源输送，其均匀性就会受到破坏，如外海海流向胶州湾输送 Cd，造成胶州湾 Cd 含量的不均匀性。因此，海湾具有物质均匀性。在输送的物质含量下，海湾就会形成不均匀性，即输送源给海湾输送了不均匀性。

参 考 文 献

[1]杨东方, 高振会. 海湾生态学(下册) [M]. 北京: 海洋出版社, 2010.

[2]杨东方, 苗振清. 海湾生态学(上册) [M]. 北京: 海洋出版社, 2010.

[3]杨东方, 陈豫, 王虹, 等. 胶州湾水体镉的迁移过程和环境本底值结构 [J]. 海岸工程, 2010, 29(4): 73-82.

[4]杨东方, 陈豫, 常彦祥, 等. 胶州湾水体镉的分布及来源 [J]. 海岸工程, 2013(3): 68-78.

[5]Yang D F, Wang F Y, Wu Y F, et al. The structure of environmental background value of Cadmium in Jiaozhou Bay waters [J]. Applied Mechanics and Materials, 2014, 644-650: 5333-5335.

[6]Yang D F, Zhu S X, Wang F Y, et al. The distribution and content of Cadmium in Jiaozhou Bay [J]. Applied Mechanics and Materials, 2014, 644-650: 5325-5328.

[7]Yang D F, Chen S T, Li B L, et al. Research on the vertical distribution of Cadmium in Jiaozhou Bay waters [C]. Proceedings of the 2015 International Symposium on Computers and Informatics, 2015: 2667-2674.

[8]杨东方, 王凡, 高振会, 等. 胶州湾浮游藻类生态现象 [J]. 海洋科学, 2004, 28(6): 71-74.

[9]Yang D F, Gao Z H, Sun P Y, et al. Silicon limitation on primary production and its destiny in Jiaozhou Bay, China [J]. Chinese Journal of Oceanology, 2005, 24(2): 169-175.

[10]国家海洋局. 海洋监测规范 [M]. 北京: 海洋出版社, 1991.

第 30 章　胶州湾镉的高沉降过程

镉(Cd)经过工厂排放后，人类就应该考虑 Cd 的迁移及归宿。如含有 Cd 的废水，进入水体，Cd 在水体中迁移[1, 2]，Cd 被输送到海洋，经过垂直水体的效应作用，到达海底[3-7]。因此，需要研究 Cd 含量在水体中的沉降过程。本章通过 1986 年胶州湾 Cd 的调查资料，研究胶州湾的湾口底层水域，确定 Cd 的含量、分布以及沉降过程，展示胶州湾底层水域 Cd 的含量现状和分布特征。经过垂直水体的效应作用，明确了在胶州湾的湾口底层水域的不同时刻、不同地方呈现了 Cd 的高含量区。这为 Cd 含量在底层水域的存在及迁移的研究提供科学依据。

30.1　背　　景

30.1.1　胶州湾自然环境

胶州湾位于山东半岛南部，其地理位置为 120°04′～120°23′E，35°58′～36°18′N，以团岛与薛家岛连线为界，与黄海相通，面积约为 446km^2，平均水深约 7m，是一个典型的半封闭型海湾。胶州湾入海的河流有十几条，其中径流量和含沙量较大的为大沽河和洋河，以及青岛市区的海泊河、李村河和娄山河等河流，这些河流均属季节性河流，河水水文特征有明显的季节性变化[8, 9]。

30.1.2　数据来源与方法

本书所使用的 1986 年 4 月和 7 月胶州湾水体 Cd 的调查资料由国家海洋局北海环境监测中心提供。在 4 月和 7 月，在胶州湾水域设 3 个站位取表、底层水样：2031、2032、2033(图 30-1)。分别于 1986 年 4 月和 7 月进行两次取样，根据水深取水样(大于 10m 时取表层和底层，小于 10m 时只取表层)，进行调查采样。按照国家标准方法进行胶州湾水体 Cd 的调查，该方法被收录在国家的《海洋监测规范》中[10]。

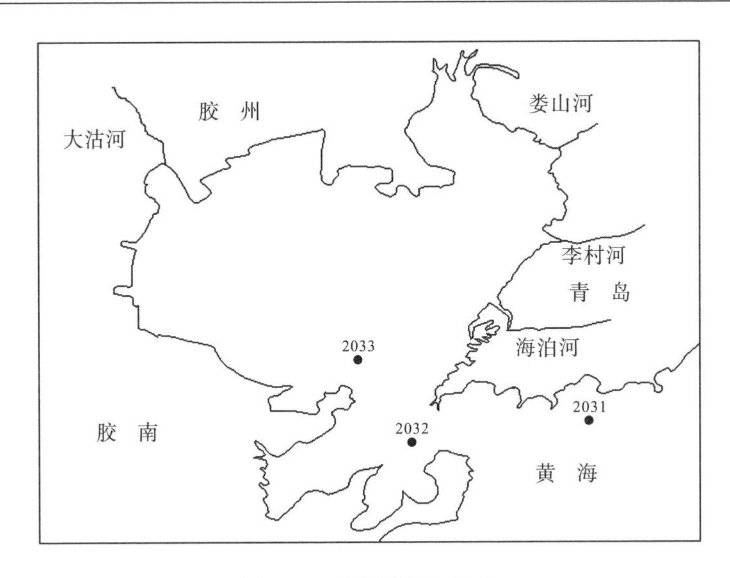

图 30-1　胶州湾调查站位

30.2　底层含量及水平分布

30.2.1　底层含量

在胶州湾的湾口底层水域，在 4 月，Cd 含量为 0.00～0.22μg/L，符合国家一类海水水质标准(1.00μg/L)；在 7 月，Cd 含量为 0.17～1.29μg/L，超过国家一类海水水质标准(1.00μg/L)，符合国家二类海水水质标准(5.00μg/L)。因此，在 4 月和 7 月，在胶州湾的湾口底层水域，Cd 含量为 0.00～1.29μg/L，符合国家一、二类海水水质标准。表明在 Cd 含量方面，在 4 月和 7 月，在胶州湾的湾口底层水域，水质受到 Cd 的轻度污染(表 30-1)。

表 30-1　4 月和 7 月胶州湾底层水质

项目	4 月	7 月
海水中 Cd 含量/(μg/L)	0.00～0.22	0.17～1.29
国家海水水质标准	一类海水	一、二类海水

30.2.2　底层水平分布

在 4 月和 7 月，在胶州湾的湾口底层水域，从湾口外侧到湾口，再到湾口内侧，在 2031、2032、2033 站，Cd 含量有底层的调查。Cd 含量在底层的水平分布如下。

在 4 月，在胶州湾的湾口底层水域，从湾口外侧水域到湾口内侧水域，在胶州湾湾外东部近岸水域的 2031 站位，Cd 的含量达到较高，为 0.22μg/L，以湾外的东部近岸水域为中心形成了 Cd 的高含量区，形成了一系列不同梯度的平行线。Cd 含量从湾口外侧的高含量 0.22μg/L 向西部到湾口内侧水域沿梯度递减为 0.00μg/L。

在 7 月，在胶州湾的湾口底层水域，从湾口外侧水域到湾口内侧水域，在胶州湾湾外东部近岸水域的 2031 站位，Cd 的含量达到较高，为 1.29μg/L，以湾外的东部近岸水域为中心形成了 Cd 的高含量区，形成了一系列不同梯度的平行线。Cd 含量从湾口外侧的高含量 1.29μg/L 向西部到湾口内侧水域沿梯度递减为 0.17μg/L（图 30-2）。

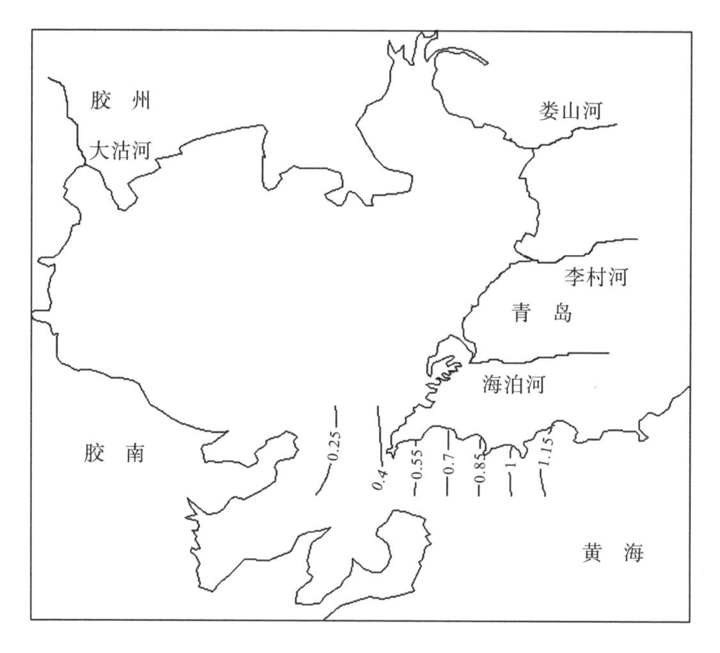

图 30-2 7 月底层 Cd 含量的水平分布（μg/L）

30.3 高沉降过程

30.3.1 底层水质

在 4 月，在胶州湾水域，Cd 的来源是河流的输送。Cd 先来到水域的表层，然后穿过水体，来到底层。Cd 经过垂直水体的效应作用[11]，呈现出 Cd 含量在胶州湾湾口底层水域的变化范围为 0.00～0.22μg/L，符合国家一类海水水质标准。

展示了在 4 月，在胶州湾的湾口底层水域，Cd 含量比较低，水质清洁，完全没有受到 Cd 的污染。

在 7 月，在胶州湾水域，Cd 的来源是外海海流的输送。Cd 先来到水域的表层，然后穿过水体，来到底层。Cd 经过垂直水体的效应作用，呈现出 Cd 含量在胶州湾湾口底层水域的变化范围为 0.17～1.29μg/L，符合国家一、二类海水水质标准。展示了在 7 月，在胶州湾的湾口底层水域，Cd 含量比较高，水质已经受到 Cd 的轻度污染。

30.3.2　迁移过程

在胶州湾，湾内海水经过湾口与外海水交换，物质的浓度不断地降低[12]。

在 4 月，在胶州湾的湾口底层水域，Cd 含量为 0.00～0.22μg/L。从湾口外侧到湾口内侧，Cd 含量沿梯度递减。展示了在湾口内侧，Cd 的低沉降率；在湾口外侧，Cd 的高沉降率。

在 7 月，在胶州湾的湾口底层水域，Cd 含量为 0.17～1.29μg/L。从湾口外侧到湾口内侧，Cd 含量沿梯度递减。展示了在湾口内侧，Cd 的低沉降率；在湾口外侧，Cd 的高沉降率。

因此，在 4 月和 7 月，在胶州湾的湾口底层水域，Cd 含量比较高，为 0.00～1.29μg/L，在湾口外侧，Cd 具有高沉降率。

30.3.3　沉降机制

在 4 月，Cd 先来到水域的表层(0.38μg/L)，然后穿过水体，来到底层(0.22μg/L)。经过垂直水体的效应作用[11]，Cd 含量就会沿着水流迁移较近的距离，于是，造成在湾口外侧水域，Cd 具有高沉降率。

在 7 月，Cd 先来到水域的表层(6.48μg/L)，然后穿过水体，来到底层(1.29μg/L)。经过垂直水体的效应作用[11]，Cd 含量就会沿着水流迁移较近的距离，于是，造成在湾口外侧水域，Cd 具有高沉降率。

因此，在胶州湾的湾口水域，在 4 月和 7 月，在湾口外侧，表层 Cd 含量达到较高，其底层 Cd 含量也达到较高。表明在湾口外侧，在不同时间段，Cd 都具有高沉降率。

30.4　结　　论

在 4 月，在胶州湾的湾口底层水域，Cd 含量的变化范围为 0.00～0.22μg/L，符合国家一类海水水质标准。表明水质没有受到人为的 Cd 污染。因此，经过垂直水体的效应作用，在胶州湾的湾口底层水域，Cd 含量比较低，水质清洁，完全没有受到Cd 的污染。

在 7 月，在胶州湾的湾口底层水域，Cd 含量的变化范围为 0.17～1.29μg/L，符合国家一、二类海水水质标准。表明水质受到人为的 Cd 轻度污染。因此，经过垂直水体的效应作用，在胶州湾的湾口底层水域，Cd 含量比较高，已经受到Cd 的轻度污染。

在 4 月和 7 月，在胶州湾的湾口底层水域，Cd 含量的变化范围为 0.00～1.29μg/L，在湾口外侧，Cd 具有高沉降率。因此，在胶州湾的湾口水域，在 4 月和 7 月，在湾口外侧，表层 Cd 含量达到较高，其底层 Cd 含量也达到较高。表明在湾口外侧，在不同时间段，Cd 都具有高沉降率。

参考文献

[1]杨东方, 苗振清. 海湾生态学(上册) [M]. 北京: 海洋出版社, 2010.

[2]杨东方, 高振会. 海湾生态学(下册) [M]. 北京: 海洋出版社, 2010.

[3]杨东方, 陈豫, 王虹, 等. 胶州湾水体镉的迁移过程和环境本底值结构 [J]. 海岸工程, 2010, 29(4): 73-82.

[4]杨东方, 陈豫, 常彦祥, 等. 胶州湾水体镉的分布及来源 [J]. 海岸工程, 2013(3): 68-78.

[5]Yang D F, Zhu S X, Wang F Y, et al. The distribution and content of Cadmium in Jiaozhou Bay [J]. Applied Mechanics and Materials, 2014, 644-650: 5325-5328.

[6]Yang D F, Wang F Y, Wu Y F, et al. The structure of environmental background value of Cadmium in Jiaozhou Bay waters [J]. Applied Mechanics and Materials, 2014, 644-650: 5333-5335.

[7]Yang D F, Chen S T, Li B L, et al. Research on the vertical distribution of Cadmium in Jiaozhou Bay waters [C]. Proceedings of the 2015 International Symposium on Computers and Informatics, 2015: 2667-2674.

[8]杨东方, 王凡, 高振会, 等. 胶州湾浮游藻类生态现象 [J]. 海洋科学, 2004, 28(6): 71-74.

[9]Yang D F, Gao Z H, Sun P Y, et al. Silicon limitation on primary production and its destiny in Jiaozhou Bay, China [J]. Chinese Journal of Oceanology, 2005, 24(2): 169-175.

[10]国家海洋局. 海洋监测规范 [M]. 北京: 海洋出版社, 1991.

[11]Yang D F, Wang F Y, He H Z, et al. Vertical water body effect of benzene hexachloride[C]. Proceedings of the 2015 International Symposium on Computers and Informatics, F, 2015.

[12]杨东方, 苗振清, 徐焕志, 等. 胶州湾海水交换的时间 [J]. 海洋环境科学, 2013, 32(3): 373-380.

第 31 章　胶州湾水体中镉的迁移过程

工业的迅速发展，如制造、电解、冶炼、军工等，产生了大量含镉(Cd)的废水。大量含 Cd 废水的排放，引起了海洋水质的变化[1-7]。那么，研究 Cd 在水体中的迁移就变得非常重要。因此，本章通过 1986 年胶州湾 Cd 的调查资料，研究胶州湾的湾口水域中 Cd 含量的垂直分布及季节变化，确定表、底层 Cd 含量的季节分布、水平分布趋势、变化范围以及垂直变化。作者提出了 Cd 在水体中的迁移过程，为 Cd 在表、底层水域的垂直沉降和水平迁移的研究提供科学依据。

31.1　背　　景

31.1.1　胶州湾自然环境

胶州湾位于山东半岛南部，其地理位置为 120°04′～120°23′E，35°58′～36°18′N，以团岛与薛家岛连线为界，与黄海相通，面积约为 446km^2，平均水深约 7m，是一个典型的半封闭型海湾。胶州湾入海的河流有十几条，其中径流量和含沙量较大的为大沽河和洋河，以及青岛市区的海泊河、李村河和娄山河等河流，这些河流均属季节性河流，河水水文特征有明显的季节性变化[8, 9]。

31.1.2　数据来源与方法

本书所使用的 1986 年 4 月和 7 月胶州湾水体 Cd 的调查资料由国家海洋局北海环境监测中心提供。在 4 月和 7 月，在胶州湾水域设 3 个站位取表、底层水样：2031、2032、2033(图 31-1)。分别于 1986 年 4 月和 7 月进行两次取样，根据水深取水样(大于 10m 时取表层和底层，小于 10m 时只取表层)，进行调查采样。按照国家标准方法进行胶州湾水体 Cd 的调查，该方法被收录在国家的《海洋监测规范》中[10]。

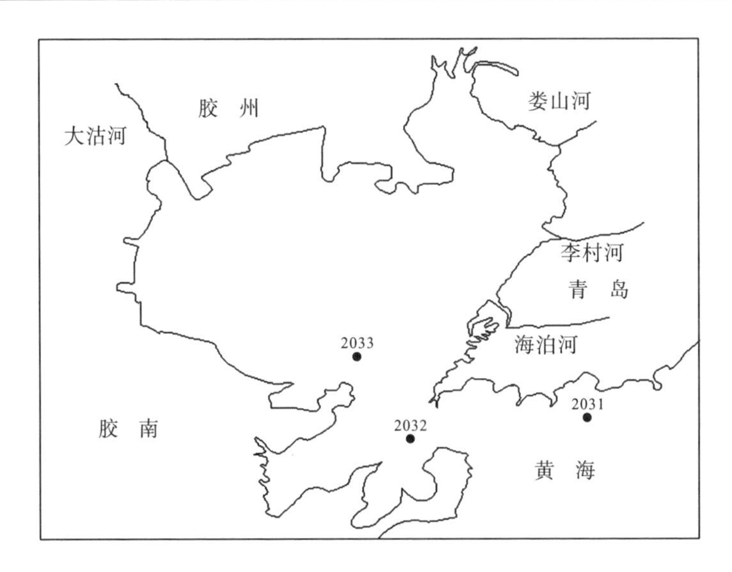

图 31-1 胶州湾调查站位

31.2 季节分布及垂直变化

31.2.1 表层季节分布

在胶州湾湾口水域的表层水体中，在 4 月，Cd 含量为 0.01～0.38μg/L；在 7 月，Cd 含量为 0.13～6.48μg/L。表明在 4 月和 7 月，水体中 Cd 的表层含量变化比较大(0.01～6.48μg/L)，Cd 的表层含量由低到高依次为 4 月、7 月。故得到水体中 Cd 的表层含量由低到高的季节变化为春季、夏季。

31.2.2 底层季节分布

在胶州湾湾口水域的底层水体中，在 4 月，Cd 含量为 0.00～0.22μg/L；在 7 月，Cd 含量为 0.17～1.29μg/L。表明在 4 月和 7 月，水体中 Cd 的底层含量变化也比较大(0.00～1.29μg/L)，Cd 的底层含量由低到高依次为 4 月、7 月。因此，得到水体中底层的 Cd 含量由低到高的季节变化为春季、夏季。

31.2.3 表、底层水平分布趋势

在胶州湾的湾口水域，从胶州湾湾口外侧水域的 2031 站位到湾口水域的 2032 站位，Cd 含量的水平分布如下。

在 4 月，在表层，Cd 含量沿梯度降低，从 0.38μg/L 降低到 0.01μg/L。在底层，Cd 含量沿梯度降低，从 0.22μg/L 降低到 0.00μg/L。表明表、底层含量的水平分布趋势是一致的。

在 7 月，在表层，Cd 含量沿梯度降低，从 6.48μg/L 降低到 0.73μg/L。在底层，Cd 含量沿梯度降低，从 1.29μg/L 降低到 0.34μg/L。表明表、底层含量的水平分布趋势是一致的。

在 4 月和 7 月，在胶州湾湾口水域的水体中，表层 Cd 含量的水平分布与底层含量的水平分布趋势是一致的。

31.2.4　表、底层变化范围

在胶州湾的湾口水域，在 4 月，表层含量较低(0.01～0.38μg/L)时，其对应的底层含量就较低(0.00～0.22μg/L)。在 7 月，表层含量很高(0.13～6.48μg/L)时，其对应的底层含量就很高(0.17～1.29μg/L)。而且，Cd 表层含量的变化范围(0.01～6.48μg/L)大于底层(0.00～1.29μg/L)，变化量基本一样。因此，Cd 的表层含量很高的，对应的底层含量就很高；同样，Cd 的表层含量较低时，对应的底层含量就比较低。

31.2.5　表、底层垂直变化

在 4 月和 7 月，在 2031、2032、2033 站位，Cd 的表、底层含量相减，其差为-0.04～5.19μg/L。表明 Cd 的表、底层含量相近。

在 4 月，Cd 的表、底层含量相减，其差为 0.01～0.16μg/L。在湾口内侧水域的 2033 站位、湾口水域的 2032 站位和湾口外侧水域的 2031 站位 Cd 含量差都为正值。3 个站为正值(表 31-1)。

在 7 月，Cd 的表、底层含量相减，其差为-0.04～5.19μg/L。在湾口水域的 2032 站位和湾口外侧水域的 2031 站位 Cd 含量差都为正值。在湾口内侧水域的 2033 站位 Cd 含量差为负值。2 个站为正值，1 个站为负值(表 31-1)。

表 31-1　在胶州湾的湾口水域 Cd 的表、底层含量差

月份	站位		
	2033	2032	2031
4	正值	正值	正值
7	负值	正值	正值

31.3 迁移沉降过程

31.3.1 季节变化过程

在胶州湾湾口水域的表层水体中，在 4 月，Cd 含量变化从低值(0.38μg/L)开始上升，逐渐增加，到 7 月，Cd 含量达到较高值(6.48μg/L)。于是，Cd 的表层含量由低到高的季节变化为春季、夏季。

表明在胶州湾湾口水域的表层水体中，由于 Cd 离子被吸附于大量悬浮颗粒物表面，在重力和水流的作用下，Cd 不断地沉降到海底。经过垂直水体的效应作用，Cd 表层含量的变化决定了 Cd 底层含量的变化，展示了水体中底层的 Cd 含量由低到高的季节变化为春季、夏季。Cd 迅速、不断地沉降到海底，于是呈现出表、底层 Cd 含量的季节变化是一致的。

31.3.2 空间沉降

在空间尺度上，以胶州湾的湾口水域为研究空间。

在 4 月，Cd 来自外海海流的输送，含量比较低。表层 Cd 含量的水平分布与底层含量的水平分布趋势是一致的。表明在胶州湾的湾口水域，在水体表层中，呈现出从胶州湾的湾口外侧水域向湾口水域 Cd 含量沿梯度下降。由于 Cd 离子被吸附于大量悬浮颗粒物表面，Cd 含量比较高，在重力和水流的作用下，Cd 迅速地沉降到海底，这样，导致在水体底层中，呈现出从胶州湾的湾口外侧水域向湾口水域 Cd 含量沿梯度下降。因此，Cd 含量在表、底层的水平分布趋势是一致的。

在 7 月，Cd 来自外海海流的输送，含量比较高。表层 Cd 含量的水平分布与底层含量的水平分布趋势是一致的。表明在胶州湾的湾口水域，在水体表层中，呈现出从胶州湾的湾口外侧水域向湾口水域 Cd 含量沿梯度下降。由于 Cd 离子被吸附于大量悬浮颗粒物表面，Cd 含量比较高，在重力和水流的作用下，Cd 迅速地沉降到海底，这样，导致在水体底层中，呈现出从胶州湾的湾口外侧水域向湾口水域 Cd 含量沿梯度下降。因此，Cd 含量在表、底层的水平分布趋势是一致的。

在 4 月和 7 月，在胶州湾湾口水域的水体中，Cd 都是来自外海海流的输送，虽然输入水体表层中 Cd 含量的高低值不同，但是经过水体的垂直迁移后，表、底层 Cd 含量的水平分布趋势是一致的。这就是 Cd 的空间沉降过程。

31.3.3 变化沉降

在变化尺度上，在胶州湾的湾口水域，在 4 月和 7 月，Cd 含量在表、底层的变化量基本一样。而且，Cd 的表层含量很高时，对应的底层产量就很高；同样，Cd 的表层含量低时，对应的底层产量就低。展示了 Cd 迅速、不断地沉降到海底，导致 Cd 在表、底层的含量变化保持了一致性。Cd 表层含量的变化范围大于底层，展示了作者提出的垂直水体和水平水体的效应理论[11, 12]。根据作者提出的垂直水体效应原理和水平水体效应原理[11, 12]，Cd 含量的表、底层变化揭示了垂直水体的累积效应和稀释效应。表层 Cd 的低含量到达海底产生累积效应，表层 Cd 的高含量到达海底产生稀释效应。

31.3.4　垂直沉降

在垂直尺度上，在胶州湾的湾口水域，在 4 月和 7 月，当 Cd 含量高或低时，在垂直水体和水平水体的效应作用[11, 12]下，Cd 含量都有损失。其损失的范围为 0.01-0.00～6.48-1.29μg/L，即为 0.01～5.19μg/L。当 Cd 含量低时，Cd 含量稍微有所损失，而当 Cd 含量高时，Cd 含量有很大的损失。因此，无论 Cd 含量高或者低，Cd 含量在表、底层都保持了相近，但都有损失。展示了 Cd 能够从表层迅速地沉降到海底。在这个过程中，Cd 含量高的，损失就大；Cd 含量低的，损失就小。而且在表、底层 Cd 含量具有一致性。

31.3.5　区域沉降

在区域尺度上，在胶州湾的湾口水域，随着时间的变化，Cd 的表、底层含量差也发生了变化，这个差值表明了 Cd 含量在表、底层的变化。当向胶州湾输入 Cd 后，首先到表层，然后迅速、不断地沉降到海底，呈现出 Cd 含量在表、底层的变化。

在 4 月，Cd 来自外海海流的输送，含量比较低。从湾口外侧水域到湾口水域再到湾口内侧水域呈现出表层的 Cd 含量大于底层。展示了输送的低含量 Cd 沿着水体表层从湾口外侧水域到湾口水域再到湾口内侧水域。

在 7 月，Cd 来自外海海流的输送，含量很高。从湾口外侧水域到湾口水域以及湾口水域呈现出表层的 Cd 含量大于底层，而从湾口水域到湾口内侧水域呈现了表层的 Cd 含量小于底层。展示了输送的高含量 Cd 沿着水体表层从湾口外侧水域到湾口水域再到湾口内侧水域。

因此，在 4 月和 7 月，Cd 来自外海海流的输送，无论输送的 Cd 含量是低还是高，在湾口外侧水域，表层的 Cd 都有大量的沉降。

31.3.6　沉降过程

在 4 月和 7 月，在胶州湾湾口水域的水体中，Cd 都是来自外海海流的输送。

在 4 月，外海海流携带着 Cd，来到水体的表层。Cd 沿着水体表层从湾口外侧水域到湾口水域再到湾口内侧水域。由于 Cd 才刚刚到达水体表层，于是，Cd

刚刚开始沉降，这样就展示了底层的 Cd 含量非常低。因此，在 4 月，从湾口外侧水域到湾口水域再到湾口内侧面水域呈现出表层的 Cd 含量大于底层。

到了 7 月，外海海流依然携带 Cd，来到水体的表层。Cd 沿着水体表层从湾口外侧水域到湾口水域再到湾口侧水域。在重力和水流的作用下，Cd 迅速地沉降到海底，这样，导致在胶州湾的湾口内侧水域的水体表层中，Cd 含量呈现出大幅度的降低，通过大量的 Cd 沉降，展示了在湾口内侧水域表层的 Cd 含量小于底层。因此，在 7 月，在湾口外侧水域和湾口水域呈现出表层的 Cd 含量大于底层，而在湾口内侧水域表层的 Cd 含量小于底层。

Cd 的沉降过程：高含量 Cd 到达水体表层，在水体表层有大量的悬浮颗粒物，其表面的胶体吸附了大量的 Cd 离子。在重力和水流的作用下，Cd 迅速地沉降到海底。因此，在空间上，从湾口外侧水域到湾口水域再到湾口内侧水域，在水体表层中，呈现出从胶州湾的湾口外侧水域向湾口水域 Cd 含量沿梯度下降。于是，在水体底层中，呈现出从胶州湾的湾口外侧水域向湾口水域 Cd 含量沿梯度下降。在时间上，从 4 月到 7 月，随着湾口内侧、湾口和湾口外侧 Cd 的不断地沉降，海底 Cd 含量不断上升。从表、底层含量差 3 个站为正值，转变为 2 个站为正值和 1 个站为负值。从 4 月的没有一个站位呈现表层的 Cd 含量小于底层，到 7 月的只有一个站位呈现表层的 Cd 含量小于底层。充分揭示了 Cd 的沉降变化过程。

Cd 的表、底层含量差的变化范围随着时间的推移在扩大。Cd 的表、底层含量差的变化范围从 4 月的 0.01～0.16μg/L 扩大到 7 月的-0.04～5.19μg/L。从 4 月到 7 月，Cd 含量从最初展示了表、底层的垂直分布均匀，到转变为表、底层的垂直分布差距在加大。随着 Cd 的沉降，海底 Cd 含量也在不断地上升，而且表、底层的 Cd 含量差值在进一步加大。表、底层的垂直分布从均匀到有相差。但是，到了第二年初，如果没有 Cd 的输入，Cd 的表、底层含量的垂直分布又恢复到均匀。以上揭示了 Cd 含量在表、底层的垂直分布过程。

31.4 结　　论

Cd 的表层含量由低到高的季节变化为春季、夏季，水体中底层的 Cd 含量由低到高的季节变化为春季、夏季。经过垂直水体的效应作用，Cd 从表层水体不断地沉降到海底，使表、底层 Cd 含量的季节变化是一致的。

在空间尺度上，在 4 月和 7 月，在胶州湾湾口水域的水体中，Cd 都是来自外海海流的输送，虽然输入水体表层中 Cd 含量的高低值不同，但是经过水体的垂直迁移后，表、底层 Cd 含量的水平分布趋势是一致的。这就是 Cd 的空间沉降过程。

在变化尺度上，在胶州湾的湾口水域，在 4 月和 7 月，Cd 含量在表、底层的变化量基本一样。而且，Cd 迅速、不断地沉降到海底，导致 Cd 在表、底层含量的变化保持了一致性。Cd 表层含量的变化范围大于底层，表层 Cd 的低含量到达海底产生累积效应，表层 Cd 的高含量到达海底产生稀释效应。

在垂直尺度上，无论 Cd 含量高或者低，Cd 含量在表、底层都保持了相近。展示了 Cd 能够从表层迅速地沉降到海底。在这个过程中，Cd 含量高的，损失就大，Cd 含量低的，损失就小。而且在表、底层 Cd 含量具有一致性。

在区域尺度上，外海海流给胶州湾输送了 Cd。在 4 月，从湾口外侧水域到湾口水域再到湾口内侧水域都呈现出表层的 Cd 含量大于底层。在 7 月，从湾口外侧水域到湾口水域都呈现出表层的 Cd 含量大于底层，而从湾口水域到湾口内侧水域呈现出表层的 Cd 含量小于底层。在 4 月和 7 月，Cd 来自外海海流的输送，无论输送的 Cd 含量是低还是高，在湾口外侧水域，表层的 Cd 都有大量的沉降。

作者提出了 Cd 的沉降过程：高含量 Cd 到达水体表层，在水体表层有大量的悬浮颗粒物，其表面的胶体吸附了大量的 Cd 离子。在重力和水流的作用下，Cd 迅速地沉降到海底。因此，在时空的变化上，随着湾口外侧、湾口和湾口内侧 Cd 的不断沉降，海底 Cd 含量不断上升。这充分揭示了 Cd 的沉降变化过程。

作者提出了 Cd 含量在表、底层的垂直分布过程：当 Cd 不断地输入水体时，表、底层含量的垂直分布从均匀到有相差。随着 Cd 的沉降，海底 Cd 含量也在不断地上升。如果没有 Cd 的输入，Cd 的表、底层含量的垂直分布又恢复到均匀。因此，从 4 月到 7 月，Cd 的表、底层含量差的变化范围随着时间的推移在扩大。这充分揭示了 Cd 含量在表、底层的垂直分布过程。但是，第二年又重新开始循环。

参 考 文 献

[1]杨东方, 苗振清. 海湾生态学(上册) [M]. 北京: 海洋出版社, 2010.

[2]杨东方, 高振会. 海湾生态学(下册) [M]. 北京: 海洋出版社, 2010.

[3]杨东方, 陈豫, 王虹, 等. 胶州湾水体镉的迁移过程和环境本底值结构 [J]. 海岸工程, 2010, 29(4): 73-82.

[4]杨东方, 陈豫, 常彦祥, 等. 胶州湾水体镉的分布及来源 [J]. 海岸工程, 2013(3): 68-78.

[5]Yang D F, Zhu S X, Wang F Y, et al. The distribution and content of Cadmium in Jiaozhou Bay [J]. Applied Mechanics and Materials, 2014, 644-650: 5325-5328.

[6]Yang D F, Wang F Y, Wu Y F, et al. The structure of environmental background value of Cadmium in Jiaozhou Bay waters [J]. Applied Mechanics and Materials, 2014, 644-650: 5333-5335.

[7]Yang D F, Chen S T, Li B L, et al. Research on the vertical distribution of Cadmium in Jiaozhou Bay waters [C]. Proceedings of the 2015 International Symposium on Computers and Informatics, 2015: 2667-2674.

[8]杨东方, 王凡, 高振会, 等. 胶州湾浮游藻类生态现象 [J]. 海洋科学, 2004, 28(6): 71-74.

[9]Yang D F, Gao Z H, Sun P Y, et al. Silicon limitation on primary production and its destiny in Jiaozhou Bay, China [J]. Chinese Journal of Oceanology, 2005, 24(2): 169-175.

[10]国家海洋局. 海洋监测规范 [M]. 北京: 海洋出版社, 1991.

[11]Yang D F, Wang F Y, Zhao X L, et al. Horizontal waterbody effect of hexachlorocyclohexane [J]. Sustainable Energy and Environment Protection, 2015: 191-195.

[12]Yang D F, Wang F Y, He H Z, et al. Vertical water body effect of benzene hexachloride[C]. Proceedings of the 2015 International Symposium on Computers and Informatics, 2015: 2655-2660.

第 32 章　河流给胶州湾水体带来的低含量镉

镉是银白色有光泽的金属，在工农业迅速发展的过程中，得到了广泛应用。于是，产生了一些含 Cd 的废水，随着河流的携带，Cd 向大海迁移。因此，研究近海 Cd 的污染程度和污染源[1-10]，可以为保护海洋环境、维持生态可持续发展提供重要帮助。本章根据 1987 年的调查资料，对胶州湾水体中 Cd 的含量、水平分布以及来源进行分析，研究胶州湾水体中 Cd 含量的水质、来源背景和来源量，为了解胶州湾水域 Cd 的来源和污染程度，进行综合分析提供了科学研究背景。

32.1　背　　景

32.1.1　胶州湾自然环境

胶州湾位于山东半岛南部，其地理位置为 120°04′～120°23′E，35°58′～36°18′N，以团岛与薛家岛连线为界，与黄海相通，面积约为 446km^2，平均水深约 7m，是一个典型的半封闭型海湾。胶州湾入海的河流有十几条，其中径流量和含沙量较大的为大沽河和洋河，以及青岛市区的海泊河、李村河和娄山河等河流，这些河流均属季节性河流，河水水文特征有明显的季节性变化[11, 12]。

32.1.2　数据来源与方法

本书所使用的 1987 年 5 月、7 月和 11 月胶州湾水体 Cd 的调查资料由国家海洋局北海环境监测中心提供。在 5 月、7 月和 11 月，在胶州湾水域设 6 个站位取表、底层水样：2031、2032、2033、2034、2035、2047(图 32-1)。分别于 1987 年 5 月、7 月和 11 月进行 3 次取样，根据水深取水样(大于 10m 时取表层和底层，小于 10m 时只取表层)，进行调查采样。按照国家标准方法进行胶州湾水体 Cd 的调查，该方法被收录在国家的《海洋监测规范》中[13]。

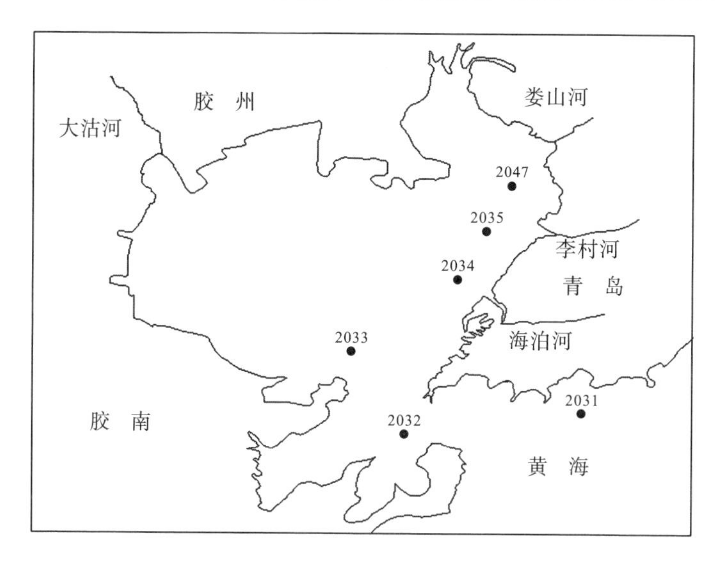

图 32-1　胶州湾调查站位

32.2　表层含量及水平分布

32.2.1　含量

在 5 月，胶州湾水域 Cd 含量为 0.09～0.68μg/L，符合国家一类海水水质标准(1.00μg/L)。在 7 月，胶州湾水域 Cd 含量为 0.08～0.08μg/L，符合国家一类海水水质标准。在 11 月，胶州湾水域 Cd 含量为 0.07～0.12μg/L，符合国家一类海水水质标准。因此，在 5 月、7 月和 11 月，Cd 在胶州湾水体中的含量为 0.07～0.68μg/L，符合国家一类海水水质标准。表明在 Cd 含量方面，在 5 月、7 月和 11 月，在整个胶州湾水域，水质没有受到 Cd 的任何污染(表 32-1)。

表 32-1　5 月、7 月和 11 月胶州湾表层水质

项目	5 月	7 月	11 月
海水中 Cd 含量/(μg/L)	0.09～0.68	0.08～0.08	0.07～0.12
国家海水水质标准	一类海水	一类海水	一类海水

32.2.2　表层水平分布

在 5 月，在胶州湾东北部，在李村河入海口近岸水域的 2035 站位，Cd 的含量达到较高，为 0.68μg/L，以东北部近岸水域为中心形成了 Cd 的高含量区，形成

了一系列不同梯度的半个同心圆。Cd 含量从中心的高含量 0.68μg/L 沿梯度递减到湾口水域的 0.09μg/L。

在 11 月，在胶州湾东部，在海泊河入海口近岸水域的 2034 站位，Cd 的含量达到较高，为 0.12μg/L，以东部近岸水域为中心形成了 Cd 的高含量区，形成了一系列不同梯度的平行线。Cd 含量从中心的高含量 0.12μg/L 沿梯度递减到娄山河入海口近岸水域的(0.07μg/L)(图 32-2)。

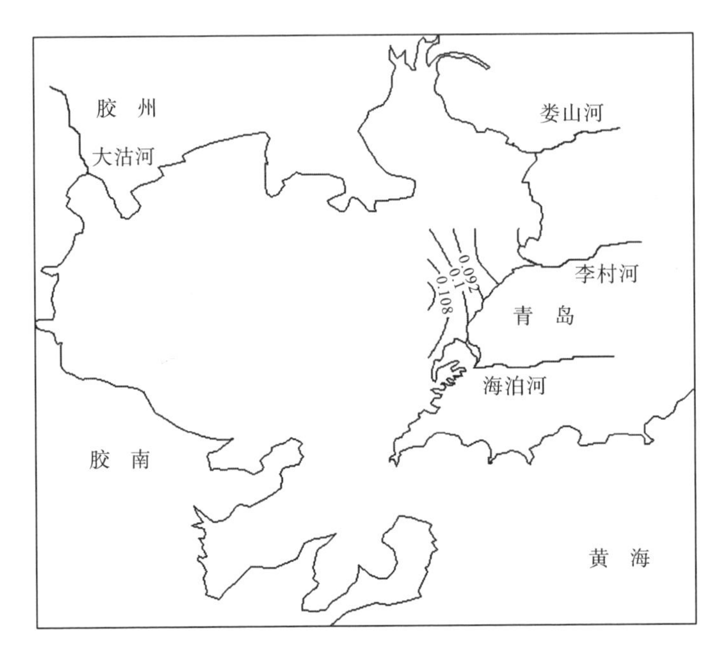

图 32-2 11 月表层 Cd 含量的水平分布(μg/L)

32.3 河流带来的低含量镉

32.3.1 水质

在 5 月、7 月和 11 月，在胶州湾水体中 Cd 含量为 0.07～0.68μg/L，都符合国家一类海水水质标准。表明在 5 月、7 月和 11 月，在胶州湾水域，水质没有受到 Cd 的任何污染。

在 5 月，在胶州湾水体中 Cd 含量为 0.09～0.68μg/L，胶州湾水域没有受到 Cd 的污染。在胶州湾的整个水域，只有在李村河入海口的近岸水域，Cd 含量达到比较高，为 0.68μg/L，而在其他水域，Cd 含量为 0.09μg/L。表明在李村河入海口的近岸水域，Cd 含量比较高，而在其他水域，Cd 含量比较低，完全没有受到

Cd 的污染。因此。在 Cd 含量方面，水质清洁。

在 7 月，在胶州湾水体中 Cd 含量为 0.08～0.08μg/L，胶州湾水域没有受到 Cd 的污染。在湾内东北部水域，Cd 含量达到 0.08μg/L，水质没有受到 Cd 的污染。

在 11 月，在胶州湾水体中 Cd 含量为 0.07～0.12μg/L，胶州湾水域没有受到 Cd 的污染。在胶州湾的湾内东部水域，Cd 含量变化范围为 0.08～0.12μg/L。在胶州湾的湾外东部近岸水域，Cd 含量的变化范围为 0.07～0.07μg/L。表明在湾内东部水域，Cd 含量达到比较高，为 0.12μg/L，水质没有受到 Cd 的污染。在湾外东部近岸水域，Cd 含量达到比较低，为 0.07μg/L，水质完全没有受到 Cd 的污染。

因此，在 5 月、7 月和 11 月，在整个胶州湾水域，Cd 含量非常低，其变化范围为 0.07～0.68μg/L，小于国家一类海水水质标准(1.00μg/L)。表明在 5 月、7 月和 11 月，在整个胶州湾水域，水质清洁，完全没有受到 Cd 的任何污染。

32.3.2　来源

在 5 月，在胶州湾东北部的水体中，在李村河入海口的近岸水域，形成了 Cd 的高含量区，表明 Cd 的来源是河流的输送，其 Cd 含量为 0.68μg/L，输送的含量比较低。

在 11 月，在胶州湾东部的水体中，在海泊河入海口的近岸水域，形成了 Cd 的高含量区，表明 Cd 的来源是河流的输送，其 Cd 含量为 0.12μg/L，输送的含量比较低。

胶州湾水域 Cd 只有一个来源，为河流的输送。来自河流输送的 Cd 含量为 0.12～0.68μg/L。

因此，陆地河流输送给胶州湾的 Cd 含量都符合国家一类海水水质标准(1.00μg/L)。表明河流没有受到 Cd 的任何污染，水质很清洁。

32.4　结　　论

在 5 月、7 月和 11 月，在整个胶州湾水域，Cd 含量非常低，其变化范围为 0.07～0.68μg/L，符合国家一类海水水质标准(1.00μg/L)。在 5 月、7 月和 11 月，在整个胶州湾水域，水质清洁，完全没有受到 Cd 的污染。

胶州湾水域 Cd 只有一个来源，为河流的输送。来自河流输送的 Cd 含量为 0.12～0.68μg/L。

因此，陆地河流输送给胶州湾的 Cd 含量都符合国家一类海水水质标准(1.00μg/L)。表明河流没有受到 Cd 的任何污染，水质很清洁。

参 考 文 献

[1]Yang D F, Zhu S X, Wang F Y, et al. Distribution and aggregation process of Cd in Jiaozhou Bay[J]. Advances in Computer Science Research, 2015, 2352:194-197.

[2]Yang D F, Zhu S X, Wang F Y, et al. The distribution and content of Cadmium in Jiaozhou Bay[J]. Applied Mechanics and Materials, 2014, 644-650: 5325-5328.

[3]Yang D F, Yang D, Zhu S, et al. Pollution level and source of Cd in Jiaozhou Bay [J]. Materials Engineering and Information Technology Application, 2015: 558-561.

[4]Yang D F, Chen S T, Li B L, et al. Research on the vertical distribution of Cadmium in Jiaozhou Bay waters[C]. Proceedings of the 2015 International Symposium on Computers and Informatics, 2015: 2667-2674.

[5]Yang D F, Wang F Y, Sun Z H, et al. Research on vertical distribution and settling process of Cd in Jiaozhou bay[J]. Advances in Engineering Research, 2015, 40:776-781.

[6] Yang D F, Yang X, Wang M, et al. The slight impacts of marine current to Cd contents in bottom waters in Jiaozhou Bay [J]. Advances in Engineering Research, 2016, Part B: 412-415.

[7]Yang D F, Zhu S X, Wang F Y, et al. Spatial-temporal variations of Cd in Jiaozhou Bay[J]. Advances in Engineering Research, 2016, Part B:403-407.

[8]Yang D F, Wang F Y, Wu Y F, et al. The structure of environmental background value of Cadmium in Jiaozhou Bay waters[J]. Applied Mechanics and Materials, 2014, 644-650: 5333-5335.

[9]杨东方, 陈豫, 常彦祥, 等. 胶州湾水体镉的分布及来源[J]. 海岸工程, 2013(3): 68-78.

[10]杨东方, 陈豫, 王虹, 等. 胶州湾水体镉的迁移过程和环境本底值结构[J]. 海岸工程, 2010, 29(4): 73-82.

[11]Yang D F, Gao Z H, Sun P Y, et al. Silicon limitation on primary production and its destiny in Jiaozhou Bay, China[J]. Chinese Journal of Oceanology, 2005, 24(2): 169-175.

[12]杨东方, 王凡, 高振会, 等. 胶州湾浮游藻类生态现象[J]. 海洋科学, 2004, 28(6): 71-74.

[13]国家海洋局. 海洋监测规范[M]. 北京: 海洋出版社, 1991.

第33章　胶州湾水域镉来源于三种途径的输送

随着工农业的高速发展，重金属镉(Cd)被大量使用，给环境带来了污染。人类健康也会受到威胁，如出现糖尿病等疾病。随着人类对Cd的排放和释放增加，陆地、海洋和大气受到了污染[1-7]。因此，研究近海Cd的污染程度和污染源[1-7]，可以为保护海洋环境、维持生态可持续发展提供重要帮助。本章根据1988年的调查资料，对胶州湾水体中Cd的含量、水平分布以及来源进行分析，研究胶州湾水体中Cd的水质、来源途径和来源量，为胶州湾水域Cd的来源、污染程度以及迁移过程的研究提供科学理论依据。

33.1　背　　景

33.1.1　胶州湾自然环境

胶州湾位于山东半岛南部，其地理位置为120°04′～120°23′E，35°58′～36°18′N，以团岛与薛家岛连线为界，与黄海相通，面积约为446km^2，平均水深约7m，是一个典型的半封闭型海湾。胶州湾入海的河流有十几条，其中径流量和含沙量较大的为大沽河和洋河，以及青岛市区的海泊河、李村河和娄山河等河流，这些河流均属季节性河流，河水水文特征有明显的季节性变化[8, 9]。

33.1.2　数据来源与方法

本书所使用的1988年4月、7月和10月胶州湾水体Cd的调查资料由国家海洋局北海环境监测中心提供。在4月和7月，在胶州湾水域设13个站位取水样：31、32、33、34、35、36、84、85、86、87、88、89和90；在10月，在胶州湾水域设6个站位取水样：84、85、86、87、88和89(图33-1)。分别于1988年4月、7月和10月进行3次取样，根据水深取水样(大于10m时取表层和底层，小于10m时只取表层)，进行调查采样。按照国家标准方法进行胶州湾水体Cd的调查，该方法被收录在国家的《海洋监测规范》中[10]。

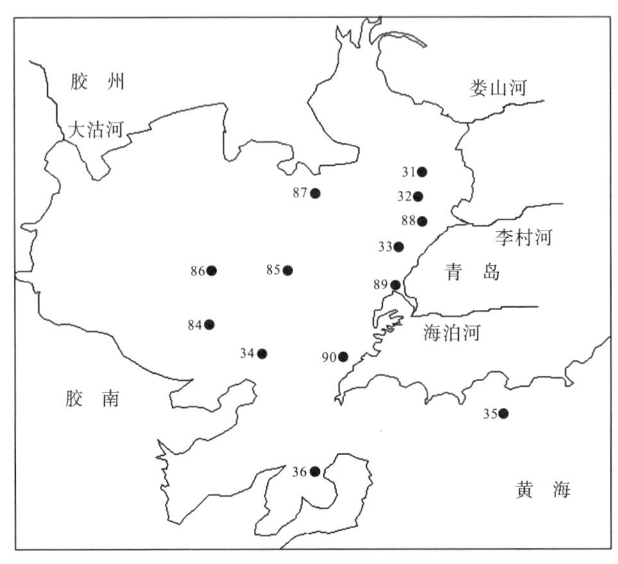

图 33-1 胶州湾调查站位

33.2 表层含量及水平分布

33.2.1 含量

在 4 月，Cd 含量在胶州湾水体中的变化范围为 0.09～0.12μg/L(表 33-1)，高值区域出现在胶州湾的湾外水域，站位为 35，Cd 含量最高为 0.12μg/L，符合国家一类海水水质标准(1.00μg/L)。在胶州湾的湾中心和湾口水域，Cd 含量相对比较低，符合国家一类海水水质标准。

在 7 月，Cd 含量在胶州湾水体中的变化范围为 0.10～1.07μg/L(表 33-1)，高值区域出现在海泊河入海口的近岸水域，站位为 89，Cd 含量最高为 1.07μg/L，符合国家二类海水水质标准(5.00μg/L)。除了海泊河入海口的近岸水域，在胶州湾的其他水域，如湾北部、湾中心、湾口和湾外水域，Cd 的含量相对比较低，小于 0.50μg/L，符合国家一类海水水质标准(1.00μg/L)。

在 10 月，Cd 含量在胶州湾水体中的变化范围为 0.03～0.04μg/L(表 33-1)，高值区域出现在胶州湾的湾中心水域，站位为 85，Cd 含量最高为 0.04μg/L，符合国家一类海水水质标准(1.00μg/L)。在胶州湾的湾中心和湾东北部的水域，Cd 含量都为 0.03μg/L，符合国家一类海水的水质标准(1.00μg/L)。

因此，在 4 月、7 月和 10 月，Cd 含量在胶州湾水体中的变化范围为 0.03～1.07μg/L，符合国家一类和二类海水水质标准。表明在 Cd 含量方面，在 4 月、7 月和 10 月，在胶州湾整个水域，水质受到 Cd 的轻度污染和没有受到污染(表 33-1)。

表 33-1　4 月、7 月和 10 月胶州湾表层水质

项目	4 月	7 月	10 月
海水中 Cd 含量/(μg/L)	0.09～0.12	0.10～1.07	0.03～0.04
国家海水水质标准	一类海水	一类、二类海水	一类海水

33.2.2　表层水平分布

在 4 月，在胶州湾湾外东部近岸水域的 35 站位，Cd 的含量达到较高，为 0.12μg/L，以湾外的东部近岸水域为中心形成了 Cd 的高含量区，形成了一系列不同梯度的平行线。Cd 含量从中心的高含量 0.12μg/L 沿梯度递减到胶州湾的湾口水域的 0.09μg/L（图 33-2）。

在 7 月，在胶州湾海泊河入海口近岸水域的 89 站位，Cd 含量达到较高，为 1.07μg/L，以海泊河入海口的近岸水域为中心形成了 Cd 的高含量区，形成了一系列不同梯度的半个同心圆。Cd 含量从中心的高含量 1.07μg/L 沿梯度向四周递减，到湾中心水域为 0.45μg/L，到西南部的近岸水域为 0.10μg/L（图 33-3）。

在 10 月，在胶州湾湾中心水域的 85 站位，Cd 含量达到较高，为 0.04μg/L，以湾中心水域为中心形成了 Cd 的高含量区，形成了一系列不同梯度的整个同心圆。Cd 含量从中心的高含量 0.04μg/L 沿梯度向四周递减，到湾的周围近岸水域为 0.03μg/L（图 33-4）。

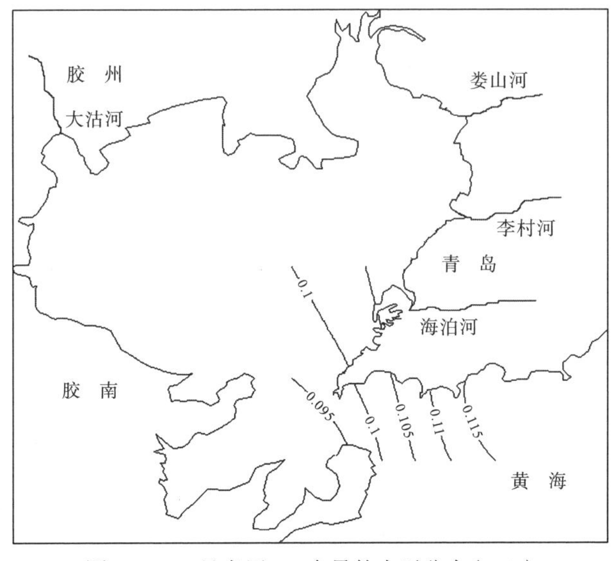

图 33-2　4 月表层 Cd 含量的水平分布（μg/L）

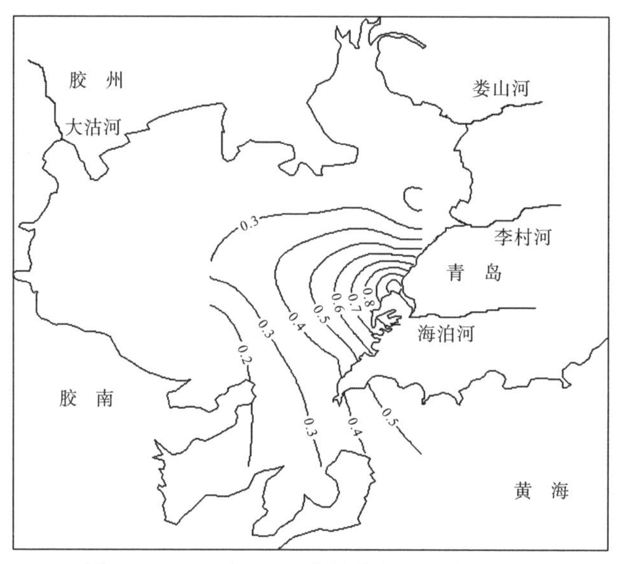

图 33-3 7 月表层 Cd 含量的水平分布(μg/L)

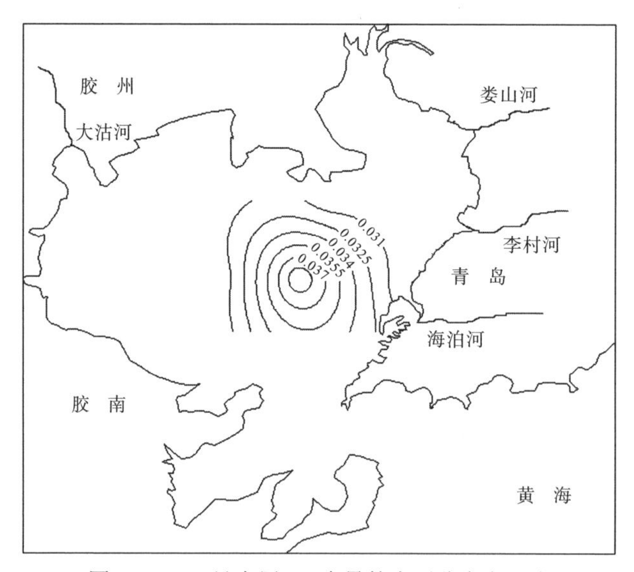

图 33-4 10 月表层 Cd 含量的水平分布(μg/L)

33.3 河流、外海海流以及大气沉降

33.3.1 水质

在 4 月、7 月和 10 月，Cd 含量在胶州湾水体中的变化范围为 0.03～1.07μg/L，

符合国家一类和二类海水水质标准。表明在 Cd 含量方面，在 4 月、7 月和 10 月，在胶州湾整个水域，水质受到 Cd 的轻度污染和没有受到污染。

在 4 月，Cd 含量在胶州湾水体中的变化范围为 0.09～0.12μg/L，胶州湾水域没有受到 Cd 的任何污染。在胶州湾的湾外水域，Cd 含量达到了比较高，为 0.12μg/L，展示了水质没有受到 Cd 的任何污染。而在胶州湾的湾中心、湾口和湾外水域，Cd 含量相对比较低，低于 0.10μg/L，表明整个湾内的水质，在 Cd 含量方面，都达到了国家一类海水水质标准，水质清洁，没有受到 Cd 的任何污染。

在 7 月，Cd 含量在胶州湾水体中的变化范围为 0.10～1.07μg/L，胶州湾水域受到 Cd 的轻度污染。在海泊河入海口的近岸水域，Cd 含量达到了比较高，高于 1.00μg/L，展示了海水水质达到了国家二类海水水质标准，水质受到了 Cd 的轻度污染。除了海泊河入海口的近岸水域，在胶州湾的其他水域，如湾北部、湾中心、湾口和湾外水域，Cd 的含量相对比较低，低于 0.50μg/L，表明从湾北部到湾内中心再到湾口，甚至到湾外的水质，在 Cd 含量方面，都达到了国家一类海水水质标准，水质没有受到 Cd 的任何污染。

在 10 月，Cd 含量在胶州湾水体中的变化范围为 0.03～0.04μg/L，胶州湾水域没有受到 Cd 的任何污染。在胶州湾的湾中心水域，Cd 含量达到了比较高，为 0.04μg/L，展示了水质没有受到 Cd 的任何污染。在胶州湾的湾中心周围水域，Cd 含量相对比较低，为 0.03μg/L，表明湾中心周围的水质，在 Cd 含量方面，都达到了国家一类海水水质标准，水质清洁，没有受到 Cd 的任何污染。

33.3.2　来源

在 4 月，在胶州湾湾外的东部近岸水域，形成了 Cd 的高含量区，在胶州湾水体中，从外海域通过湾口，沿着从湾外到湾内的海流方向，Cd 含量在不断地递减，表明在胶州湾水域，Cd 的来源是外海海流的输送，其 Cd 含量为 0.12μg/L，输送的含量比较低。

在 7 月，在胶州湾海泊河入海口的近岸水域，形成了 Cd 的高含量区，表明 Cd 的来源是河流，其 Cd 含量为 1.07μg/L，输送的含量比较高。

在 10 月，在胶州湾的湾中心水域，形成了 Cd 的高含量区，表明 Cd 的来源是大气沉降，其 Cd 含量为 0.04μg/L，输送的含量非常低。

因此，河流输送给胶州湾的 Cd 含量超过国家一类海水水质标准(1.00μg/L)，符合国家二类海水水质标准(5.00μg/L)，表明河流都受到 Cd 的轻度污染(表 33-2)。外海海流的输送和大气沉降的输送都符合国家一类海水水质标准(1.00μg/L)，表明外海海流和大气沉降都没有受到 Cd 的任何污染(表 33-2)。

表 33-2 胶州湾不同来源的 Cd 含量

来源	河流的输送	外海海流的输送	大气沉降的输送
Cd 含量/(μg/L)	1.07	0.12	0.04

33.3.3 来源方式及输入量

胶州湾水域 Cd 有 3 个来源，主要为河流的输送、外海海流的输送以及大气沉降的输送。来自河流输送的 Cd 含量为 1.07μg/L，来自外海海流输送的 Cd 含量为 0.12μg/L，来自大气沉降输送的 Cd 含量为 0.04μg/L。

来自河流输送的 Cd 含量(1.07μg/L)要比来自外海海流输送的 Cd 含量(0.12μg/L)高，来自外海海流输送的 Cd 含量(0.12μg/L)要比来自大气沉降输送的 Cd 含量(0.04μg/L)高。表明人类排放到陆地的 Cd 含量相对比较高，排放到海洋的 Cd 含量相对比较低，排放到大气的 Cd 含量相对非常低。

河流输送的 Cd 含量比外海海流输送的 Cd 含量高一个量级，外海海流输送的 Cd 含量比大气沉降输送的 Cd 含量高一个量级。充分展示了 Cd 含量经过陆地、海洋和大气 3 种途径输送，每个途径输送的 Cd 含量都相差一个量级，说明输送的 Cd 含量的变化范围很大。这个过程通过建立的模型框图展示(图 33-5)。

因此，胶州湾水域 Cd 的来源主要为河流的输送、外海海流的输送以及大气沉降的输送。经过陆地、海洋和大气 3 种途径输送，每个途径输送的 Cd 含量都相差一个量级。由此认为，Cd 的来源和途径是多种多样的，输入量变化很大。

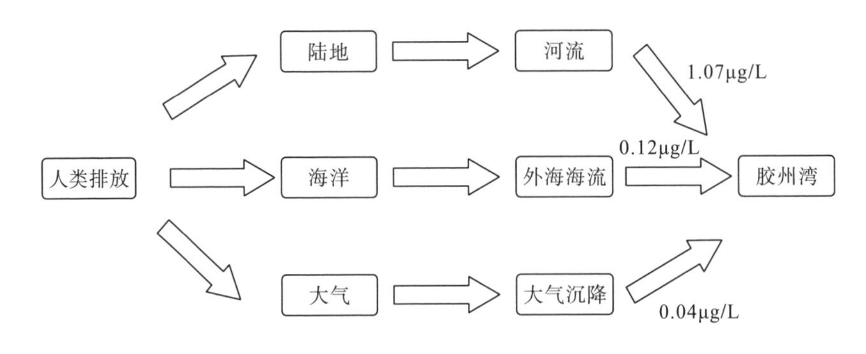

图 33-5 Cd 在迁移过程中的途径及含量值

33.4 结 论

在 4 月、7 月和 10 月，Cd 含量在胶州湾水体中的变化范围为 0.03～1.07μg/L，符合国家一类和二类海水水质标准。表明在 Cd 含量方面，在 4 月、7 月和 10 月，在胶州湾整个水域，水质受到 Cd 的轻度污染和没有受到污染。

在 4 月，Cd 含量在胶州湾水体中的变化范围为 0.09～0.12μg/L，胶州湾水域没有受到 Cd 的任何污染。在整个胶州湾水域，在 Cd 含量方面，都达到了国家一类海水水质标准，水质清洁，没有受到 Cd 的任何污染。

在 7 月，Cd 含量在胶州湾水体中的变化范围为 0.10～1.07μg/L，胶州湾水域受到 Cd 的轻度污染。在海泊河入海口的近岸水域，水质受到了 Cd 的轻度污染，而在其他水域，水质没有受到 Cd 的任何污染。

在 10 月，Cd 含量在胶州湾水体中的变化范围为 0.03～0.04μg/L，胶州湾水域没有受到 Cd 的任何污染。在整个胶州湾水域，在 Cd 含量方面，都达到了国家一类海水水质标准，Cd 含量非常低，水质清洁，没有受到 Cd 的任何污染。

胶州湾水域 Cd 有 3 个来源，主要为河流的输送、外海海流的输送以及大气沉降的输送。来自河流输送的 Cd 含量为 1.07μg/L，来自外海海流输送的 Cd 含量为 0.12μg/L，来自大气沉降输送的 Cd 含量为 0.04μg/L。表明河流受到 Cd 的轻度污染，外海海流和大气沉降没有受到 Cd 的污染。

胶州湾水域 Cd 的来源主要为河流的输送、外海海流的输送以及大气沉降的输送。经过陆地、海洋和大气 3 种途径输送，每个途径输送的 Cd 含量都相差一个量级。本章建立了模型框图展示 Cd 在迁移过程中的途径，定量化地揭示了 Cd 经过人类排放到陆地、海洋和大气的迁移过程。

参考文献

[1]Yang D F, Zhu S X, Wang F Y, et al. The distribution and content of Cadmium in Jiaozhou Bay [J]. Applied Mechanics and Materials, 2014, 644-650: 5325-5328.

[2]Yang D F, Chen S T, Li B L, et al. Research on the vertical distribution of Cadmium in Jiaozhou Bay waters [C]. Proceedings of the 2015 International Symposium on Computers and Informatics, 2015: 2667-2674.

[3]Yang D F, Wang F Y, Wu Y F, et al. The structure of environmental background value of Cadmium in Jiaozhou Bay waters [J]. Applied Mechanics, 2014, 644-650:5333-5335.

[4]杨东方, 苗振清. 海湾生态学(上册) [M]. 北京: 海洋出版社, 2010.

[5]杨东方, 高振会. 海湾生态学(下册) [M]. 北京: 海洋出版社, 2010.

[6]杨东方, 陈豫, 常彦祥, 等. 胶州湾水体镉的分布及来源 [J]. 海岸工程, 2013(3): 68-78.

[7]杨东方, 陈豫, 王虹, 等. 胶州湾水体镉的迁移过程和环境本底值结构 [J]. 海岸工程, 2010, 29(4): 73-82.

[8]Yang D F, Gao Z H, Sun P Y, et al. Silicon limitation on primary production and its destiny in Jiaozhou Bay, China [J]. Chinese Journal of Oceanology, 2005, 24(2): 169-175.

[9]杨东方, 王凡, 高振会, 等. 胶州湾浮游藻类生态现象 [J]. 海洋科学, 2004, 28(6): 71-74.

[10]国家海洋局. 海洋监测规范 [M]. 北京: 海洋出版社, 1991.

第34章 胶州湾水域镉的沉降漂移

镉(Cd)是人体非必需元素，在自然界中常以化合物状态存在，一般含量很低，正常环境状态下，不会影响人体健康。随着人类对Cd的排放和释放增加，Cd在环境中不断地迁移，引起了海洋水质的变化[1-7]。经过垂直水体的效应作用[8-10]，Cd从表层穿过水体，来到底层，呈现出Cd含量在胶州湾湾口底层水域的变化。因此，本章通过1988年胶州湾Cd的调查资料，研究胶州湾的湾口底层水域，确定Cd的含量、分布以及迁移过程，展示胶州湾底层水域Cd含量的现状和分布特征，为Cd含量在底层水域的存在及迁移的研究提供科学依据。

34.1 背 景

34.1.1 胶州湾自然环境

胶州湾位于山东半岛南部，其地理位置为120°04′～120°23′E，35°58′～36°18′N，以团岛与薛家岛连线为界，与黄海相通，面积约为446km^2，平均水深约7m，是一个典型的半封闭型海湾。胶州湾入海的河流有十几条，其中径流量和含沙量较大的为大沽河和洋河，以及青岛市区的海泊河、李村河和娄山河等河流，这些河流均属季节性河流，河水水文特征有明显的季节性变化[11, 12]。

34.1.2 数据来源与方法

本书所使用的1988年4月和7月胶州湾水体Cd的调查资料由国家海洋局北海环境监测中心提供。在4月和7月，在胶州湾水域设6个站位取表、底层水样：34、35、36、84、85、90(图34-1)。分别于1988年4月和7月进行两次取样，根据水深取水样(大于10m时取表层和底层,小于10m时只取表层)，进行调查采样。按照国家标准方法进行胶州湾水体Cd的调查，该方法被收录在国家的《海洋监测规范》中[13]。

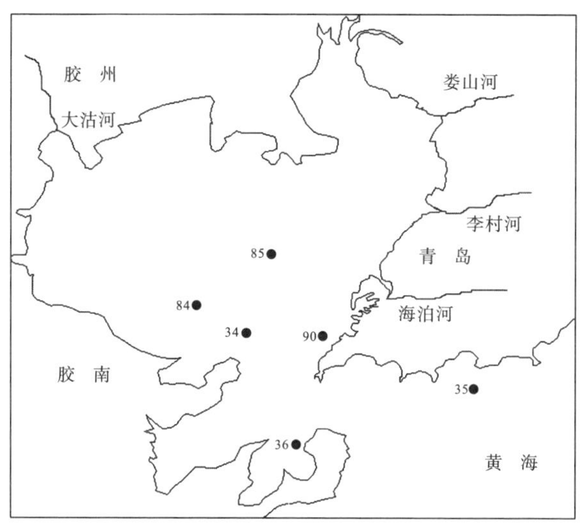

图 34-1　胶州湾调查站位

34.2　底层含量及水平分布

34.2.1　底层含量

在 4 月，胶州湾水域 Cd 含量为 0.08～0.10μg/L，符合国家一类海水水质标准。在 7 月，胶州湾水域 Cd 含量为 0.09～0.61μg/L，符合国家一类海水水质标准。因此，在 4 月和 7 月，Cd 含量在胶州湾水体中的变化范围为 0.08～0.61μg/L，符合国家一类海水水质标准。表明在 Cd 含量方面，在 4 月和 7 月，在胶州湾的湾口底层水域，水质没有受到 Cd 的任何污染(表 34-1)。

表 34-1　4 月和 7 月胶州湾底层水质

项目	4 月	7 月
海水中 Cd 含量/(μg/L)	0.08～0.10	0.09～0.61
国家海水水质标准	一类海水	一类海水

34.2.2　底层水平分布

在 4 月和 7 月，在胶州湾的底层水域，从湾口外侧到湾口，到湾口内侧，再到湾口内中心水域，在胶州湾的湾口水域的 34、35、36、84、85、90 站位，Cd 含量有底层的调查。Cd 含量在底层的水平分布如下。

在 4 月，在胶州湾的湾中心底层水域，从湾中心到湾口内侧，再到湾口，再到湾口外侧，在胶州湾湾中心水域的 85 站位一直到湾口水域的 36 站位，Cd 的含量达到较高，为 0.10μg/L，以湾中心水域到湾口水域为中心形成了 Cd 的高含量区。Cd 含量形成了一系列不同梯度的平行线，从湾中心水域的高含量 0.10μg/L 向东部到湾口外侧水域沿梯度递减为 0.08μg/L（图 34-2）。

在 7 月，在胶州湾的湾口底层水域，从湾口内侧到湾口，再到湾口外侧，在胶州湾湾内西南部近岸水域的 34 站位，Cd 的含量达到很高，为 0.61μg/L，以西南部近岸水域为中心形成了 Cd 的高含量区，形成了一系列不同梯度的半个同心圆。Cd 含量从湾口内侧的高含量 0.61μg/L 向东北部到湾口中心水域沿梯度递减为 0.09μg/L（图 34-3）。

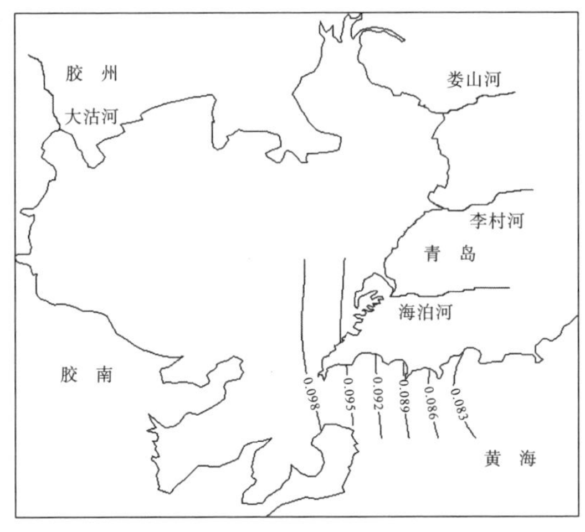

图 34-2 4 月底层 Cd 含量的水平分布（μg/L）

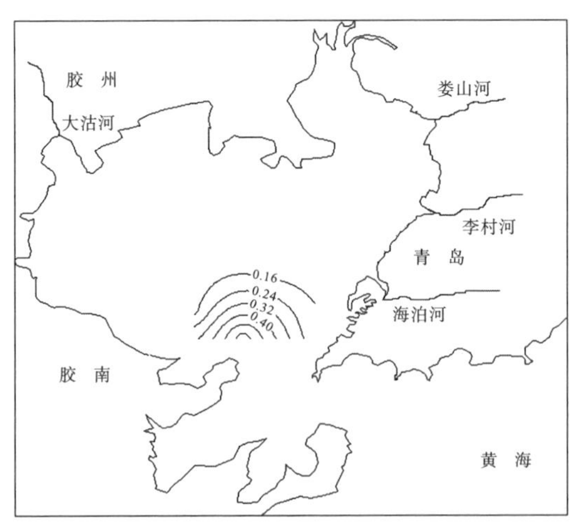

图 34-3 7 月底层 Cd 含量的水平分布（μg/L）

34.3　沉降漂移过程

34.3.1　水质

在胶州湾水域，Cd 来自地表径流的输送和河流的输送。Cd 先来到水域的表层，然后穿过水体，来到底层。Cd 经过垂直水体的效应作用，呈现出 Cd 含量在胶州湾的湾口底层水域的变化范围为 0.08～0.61μg/L，符合国家一类海水水质标准。表明在 Cd 含量方面，在 4 月和 7 月，在胶州湾的湾口底层水域，水质没有受到 Cd 的任何污染。

34.3.2　高沉降的地方

在 4 月，在胶州湾的湾中心、湾口和湾口外侧的底层水域，Cd 含量为 0.08～0.10μg/L。从湾中心和湾口，到湾口外侧，Cd 含量沿梯度递减。展示了在湾中心水域到湾口水域，Cd 具有高沉降率。

在7月，在胶州湾的湾口内侧和湾中心的底层水域，Cd含量为0.09～0.61μg/L，从湾口内侧水域到湾中心水域，Cd 含量沿梯度递减。展示了在湾口内侧水域，Cd 具有高沉降率。

34.3.3　湾内的迁移过程

在 4 月，在胶州湾水域，Cd 的来源是外海海流的输送，输送的含量比较低(0.12μg/L)。于是，外海海流向胶州湾提供了 Cd，在垂直水体的效应作用下，在 4 月，从湾口水域到湾中心水域，都出现了 Cd 的高沉降。

在表层水域，Cd 的高含量区(0.12μg/L)在胶州湾湾外的东部水域。在底层水域，Cd 的高含量区在湾口底层水域到湾中心底层水域。这样，在垂直水体的效应作用下，表层的 Cd 高含量区在沉降到海底时，从湾口外侧水域到湾口和湾中心迁移了一段距离，即由湾口外侧水域迁移到湾口和湾中心水域。

由于湾口外侧水域的外海海流输送的 Cd 含量比较低(0.12μg/L)，于是在沉降的过程中，在重力和海流的作用下，表层的 Cd 高含量区发生了漂移。这是由于在海流由外海水域向湾口移动时，海流将湾外水域的高含量 Cd 迅速带到湾口和湾中心方向。这样，在湾口和湾中心的底层水域形成了 Cd 的高含量区(0.10μg/L)(图 34-4)。

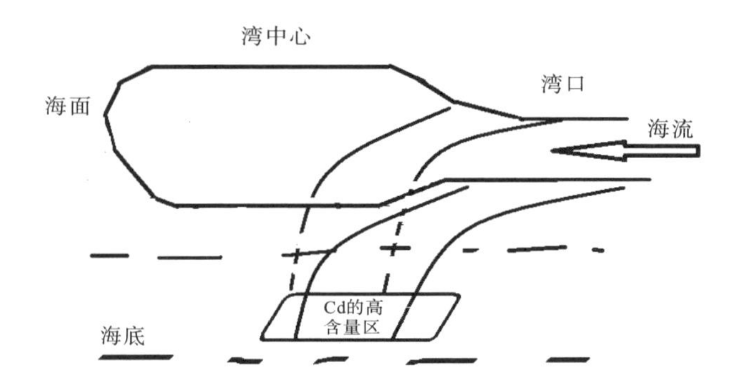

图 34-4　外海海流向胶州湾输送的 Cd 在湾内中心和湾口内侧的水体沉降

在 7 月，在胶州湾海泊河入海口的近岸水域，Cd 的来源是河流的输送，输送的含量比较高(1.07μg/L)。于是，河流向胶州湾提供了 Cd，在垂直水体的效应作用下，在湾口内侧水域，出现了 Cd 的高沉降。

在表层水域，Cd 的高含量区(1.07μg/L)在胶州湾海泊河入海口的近岸水域。在底层水域，Cd 的高含量区在湾口内侧底层水域。这样，在垂直水体的效应作用下，表层的 Cd 高含量区在沉降到海底时，从胶州湾海泊河入海口的近岸水域到湾口内侧迁移了一段距离，即由胶州湾海泊河入海口的近岸水域迁移到湾口内侧水域。

由于胶州湾海泊河入海口的近岸水域河流输送的 Cd 含量比较高(1.07μg/L)，于是在沉降的过程中，在重力和海流的作用下，表层的 Cd 高含量区发生了漂移。这是由于在河流由海泊河入海口的近岸水域向湾口移动时，海流将湾内水域的高含量 Cd 迅速带到湾口方向。这样，在湾口内侧的底层水域形成了 Cd 的高含量区(0.61μg/L)(图 34-5)。

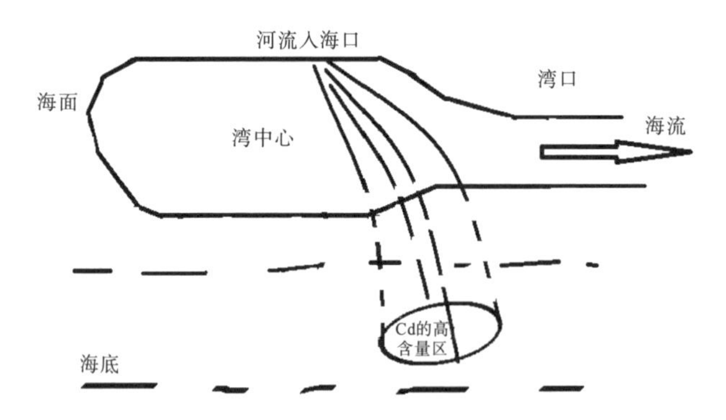

图 34-5　河流向胶州湾输送的 Cd 在湾口内侧的水体沉降

在 4 月，外海海流向胶州湾提供了 Cd，当涨潮时，外海的潮流将外海水域的 Cd 通过湾口向湾内及湾中心迁移，在重力的作用下 Cd 就会沉降到经过的路径上，于是，在湾口水域和湾中心水域，出现了 Cd 的高沉降(图 34-4)。在 7 月，胶州湾海泊河的河流向胶州湾提供了 Cd，当退潮时，近岸的潮流将近岸水域的 Cd 通过湾中心向湾口迁移，在重力的作用下 Cd 就会沉降到经过的路径上，于是，在湾口内侧水域，出现了 Cd 的高沉降(图 34-5)。

以上揭示了在不同的来源下，通过涨潮和退潮的海流输送，沿着输送的方向，Cd 会沉降到经过的路径。于是，在此路径上，就出现了 Cd 的高沉降。这样，表层的 Cd 高含量区在沉降到海底的过程中，发生了漂移。

34.4 结 论

在 4 月和 7 月，Cd 含量在胶州湾水体中的变化范围为 0.08～0.61μg/L，符合国家一类类海水水质标准。表明在 Cd 含量方面，在 4 月和 7 月，在胶州湾的湾口底层水域，水质没有受到 Cd 的任何污染。

在 4 月，胶州湾湾外的东部水域向胶州湾提供了 Cd 含量，在垂直水体的效应作用下，在湾口和湾中心水域，出现了 Cd 的高沉降。湾口外侧水域的外海海流输送的 Cd 含量为 0.12μg/L，相对比较高。在沉降的过程中，在重力和海流的作用下，表层的 Cd 高含量区发生了漂移。这是由于在海流从外海水域向湾口、湾内移动时，海流将湾外水域的高含量 Cd 迅速带到湾口和湾中心方向。这样，在湾口和湾中心的底层水域形成了 Cd 的高含量区(0.10μg/L)。

在 7 月，胶州湾海泊河入海口的近岸水域向胶州湾提供了 Cd，在垂直水体的效应作用下，在湾口内侧水域，出现了 Cd 的高沉降。海泊河入海口的近岸水域的河流输送的 Cd 含量为 1.07μg/L，相对比较高。在沉降的过程中，在重力和海流的作用下，表层的 Cd 高含量区发生了漂移。这是由于在海流离开近岸水域向湾口移动时，海流将海泊河入海口的近岸水域的高含量 Cd 迅速带到湾口和湾外方向。这样，在湾口内侧的底层水域形成了 Cd 的高含量区(0.61μg/L)。

作者提出了 Cd 的沉降特征：在不同的来源下，通过涨潮和退潮的海流输送，沿着输送的方向，Cd 会沉降到经过的路径上。于是，在此路径上，就出现了 Cd 的高沉降。这样，表层的 Cd 高含量区在沉降到海底的过程中，发生了漂移。

参 考 文 献

[1]Yang D F, Zhu S X, Wang F Y, et al. The distribution and content of Cadmium in Jiaozhou Bay [J]. Applied Mechanics and Materials, 2014, 644-650: 5325-5328.

[2]Yang D F, Chen S T, Li B L, et al. Research on the vertical distribution of Cadmium in Jiaozhou Bay waters [C]. Proceedings of the 2015 International Symposium on Computers and Informatics, 2015: 2667-2674.

[3]Yang D F, Wang F Y, Wu Y F, et al. The structure of environmental background value of Cadmium in Jiaozhou Bay waters [J]. Applied Mechanics and Materials, 2014, 644-650: 5333-5335.

[4]杨东方，苗振清. 海湾生态学(上册) [M]. 北京：海洋出版社, 2010.

[5]杨东方，高振会. 海湾生态学(下册) [M]. 北京：海洋出版社, 2010.

[6]杨东方，陈豫，常彦祥，等. 胶州湾水体镉的分布及来源 [J]. 海岸工程, 2013(3): 68-78.

[7]杨东方，陈豫，王虹，等. 胶州湾水体镉的迁移过程和环境本底值结构 [J]. 海岸工程, 2010, 29(4): 73-82.

[8]Yang D F, Wang F Y, Zhao X L, et al. Horizontal waterbody effect of hexachlorocyclohexane [J]. Sustainable Energy and Environment Protection, 2015:191-195.

[9]Yang D F, Wang F Y, He H Z, et al. Vertical water body effect of benzene hexachloride[C]. Proceedings of the 2015 International Symposium on Computers and Informatics, 2015: 2655-2660.

[10]Yang D F, Wang F Y, Yang X Q, et al. Water' s effect of benzene hexachloride [J]. Advances in Computer Science Research, 2015, 2352: 198-204.

[11]Yang D F, Gao Z H, Sun P Y, et al. Silicon limitation on primary production and its destiny in Jiaozhou Bay, China [J]. Chinese Journal of Oceanology, 2005, 24(2): 169-175.

[12]杨东方，王凡，高振会，等. 胶州湾浮游藻类生态现象 [J]. 海洋科学, 2004, 28(6): 71-74.

[13]国家海洋局. 海洋监测规范 [M]. 北京：海洋出版社, 1991.

第35章　胶州湾镉含量的水体效应

镉(Cd)在许多工业中都得到了广泛的应用，在日常的生活中，人们也经常使用含有大量Cd的产品。于是，在生产和使用过程中产生了含Cd的废水和废气。含Cd的废水和废气通过陆地、海洋和大气的输送，到达海洋的水体表层，然后，经过水体垂直迁移到海底[1-10]。因此，本章通过1988年胶州湾Cd的调查资料，研究胶州湾的湾口表、底层水域Cd的垂直分布及季节变化，确定表、底层Cd含量的季节分布、变化范围以及水体效应，展示胶州湾水域Cd含量的季节变化过程和垂直沉降过程，为Cd在表、底层水域的垂直沉降和水平迁移的研究提供科学依据。

35.1　背　　景

35.1.1　胶州湾自然环境

胶州湾位于山东半岛南部，其地理位置为120°04′～120°23′E，35°58′～36°18′N，以团岛与薛家岛连线为界，与黄海相通，面积约为446km^2，平均水深约7m，是一个典型的半封闭型海湾。胶州湾入海的河流有十几条，其中径流量和含沙量较大的为大沽河和洋河，以及青岛市区的海泊河、李村河和娄山河等河流，这些河流均属季节性河流，河水水文特征有明显的季节性变化[11, 12]。

35.1.2　数据来源与方法

本书所使用的1988年4月和7月胶州湾水体Cd的调查资料由国家海洋局北海环境监测中心提供。在4月和7月，在胶州湾水域设5个站位取表、底层水样：35、36、84、85、90(图35-1)。分别于1988年4月和7月进行两次取样，根据水深取水样(大于10m时取表层和底层，小于10m时只取表层)，进行调查采样。按照国家标准方法进行胶州湾水体Cd的调查，该方法被收录在国家的《海洋监测规范》中[13]。

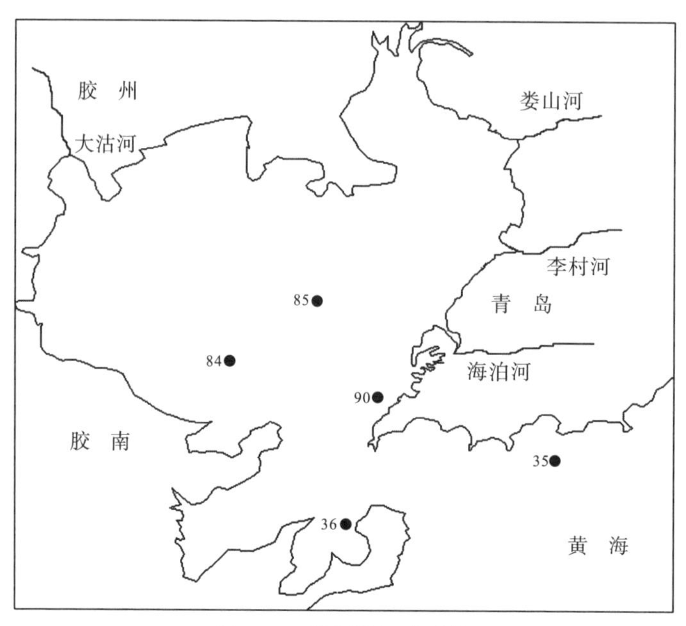

图 35-1 胶州湾调查站位

35.2 季节分布及垂直变化

35.2.1 表、底层水体

在胶州湾的湾口水域，在 4 月，表层 Cd 含量为 0.09～0.12μg/L，其对应的底层含量为 0.08～0.10μg/L。表明在胶州湾的湾口水域，从表层到底层，在整个湾口水体，表、底层的 Cd 含量都低于 0.15μg/L，符合国家一类海水水质标准(1.00μg/L)，水质非常清洁，没有受到 Cd 的任何污染。

在 7 月，表层 Cd 含量为 0.10～0.45μg/L，其对应的底层含量为 0.09～0.18μg/L。表明在胶州湾的湾口水域，从表层到底层，在整个湾口水体，表、底层的 Cd 含量都小于 0.50μg/L，符合国家一类海水水质标准(1.00μg/L)，水质非常清洁，没有受到 Cd 的任何污染。

因此，在 4 月和 7 月，在胶州湾的湾口水域，从表层到底层，在整个湾口水体，表、底层的 Cd 含量都低于 0.50μg/L，符合国家一类海水水质标准，水质非常清洁，没有受到 Cd 的任何污染。

35.2.2 表层季节分布

在胶州湾湾口水域的表层水体中，在 4 月，Cd 含量为 0.09～0.12μg/L；在 7

月，Cd 含量为 0.10～0.45μg/L。表明在 4 月和 7 月，水体中 Cd 的表层含量变化比较小(0.09～0.45μg/L)，Cd 的表层含量由低到高依次为 4 月、7 月。故得到水体中 Cd 的表层含量由低到高的季节变化为春季、夏季。

35.2.3　底层季节分布

在胶州湾湾口水域的底层水体中，在 4 月，Cd 含量为 0.08～0.10μg/L；在 7 月，Cd 含量为 0.09～0.18μg/L。表明在 4 月和 7，水体中 Cd 的底层含量变化也比较小(0.08～0.18μg/L)，Cd 的底层含量由低到高依次为 4 月、7 月。因此，得到水体中 Cd 的底层含量由低到高的季节变化为春季、夏季。

35.2.4　表、底层变化范围

在胶州湾的湾口水域，在 4 月，表层含量较低(0.09～0.12μg/L)时，其对应的底层含量就较低(0.08～0.10μg/L)。在 7 月，表层含量较高(0.10～0.45μg/L)时，其对应的底层含量就较高(0.09～0.18μg/L)。而且，Cd 表层含量的变化范围(0.09～0.45μg/L)大于底层(0.08～0.18μg/L)，变化量基本一样。因此，Cd 的表层含量比较低时，对应的底层含量就比较低；Cd 的表层含量比较高时，对应的底层含量就比较高。这展示了作者提出的垂直水体、水平水体以及水体的效应理论[8-10]。

35.3　水 体 效 应

35.3.1　沉降过程

经过垂直水体的效应作用[8-10]，Cd 含量发生了很大的变化。Cd 离子的亲水性强，易与海水中的浮游动植物以及浮游颗粒结合。从春季到夏季，再到夏季，海洋生物开始大量繁殖，数量迅速增加[12]，由于浮游生物的繁殖活动，悬浮颗粒物表面形成胶体，此时的吸附力最强，吸附了大量的 Cd 离子，并将其带入表层水体，由于重力和水流的作用，Cd 不断地沉降到海底[1-7]。因此，Cd 从表层水体不断地沉降到海底，呈现出 Cd 的沉降迁移过程。

35.3.2　季节变化过程

在胶州湾湾口水域的表层水体中，在 4 月，Cd 含量变化从较低值(0.12μg/L)开始上升，逐渐增加，到 7 月，Cd 含量达到较高值(0.45μg/L)。于是，Cd 的表层含量由低到高的季节变化为春季、夏季。

在春季，Cd 来自外海海流的输送，含量比较低。到了夏季，Cd 来自河流的输送，含量比较高。表明在胶州湾湾口水域的表层水体中，由于 Cd 离子被吸附于大量悬浮颗粒物表面，在重力和水流的作用下，Cd 不断地沉降到海底。Cd 经过垂直水体、水平水体以及水体的效应作用[8-10]，迅速、不断地沉降到海底，表层 Cd 的含量到达海底产生稀释效应，展示了水体中底层的 Cd 含量由低到高的季节变化为春季、夏季。于是，呈现出在胶州湾湾口水域的底层水体中，在 4 月，Cd 含量变化从低值(0.10μg/L)开始上升，逐渐增加，到 7 月，Cd 含量达到高值(0.18μg/L)。于是，Cd 的底层含量由低到高的季节变化为春季、夏季。

因此，从 4 月到 7 月，表层 Cd 沉降到海底展示了 Cd 的表层含量的季节变化，这是根据外海海流和河流输送的来源而变化，而对应的 Cd 底层含量的季节变化是根据垂直水体的稀释效应而变化。

35.3.3 季节变化机制

在空间上，在 4 月，湾口外侧水域的外海海流输送的 Cd 含量为 0.12μg/L，比较低。于是，在沉降的过程中，在重力和海流的作用下，表层的 Cd 高含量区在沉降到海底的过程中，发生了漂移。这是由于在海流由外海水域向湾口移动时，海流就将湾外水域的高含量 Cd 迅速带到湾口和湾中心方向。这样，在湾口和湾中心的底层水域形成 Cd 的高含量区(0.10μg/L)，展示了重金属 Cd 的重力特性，Cd 迅速沉降。在 7 月，胶州湾海泊河入海口的近岸水域的河流输送的 Cd 含量为 1.07μg/L，比较高。于是，在沉降的过程中，在重力和海流的作用下，表层的 Cd 高含量区在沉降到海底的过程中，发生了漂移。这是由于在河流由海泊河入海口的近岸水域向湾口移动时，海流就将湾内水域的高含量 Cd 迅速带到湾口方向。这样，在湾口内侧的底层水域形成了 Cd 的高含量区(0.61μg/L)。

在时间上，在 4 月和 7 月，水体中 Cd 表、底层含量的变化范围都比较小。同时，Cd 的表、底层含量由低到高都依次为 4 月、7 月。这展示了重金属 Cd 的重力特性，Cd 迅速沉降。

在垂直分布上，Cd 的表层含量比较低时，对应的底层含量就比较低；Cd 的表层含量比较高，对应的底层含量就比较高。而且，Cd 含量的变化量在表、底层基本一样。这展示了重金属 Cd 的重力特性，Cd 迅速沉降。

35.3.4 变化沉降

在变化尺度上，在胶州湾的湾口水域，在 4 月和 7 月，Cd 含量在表、底层的变化量基本一样。Cd 的表层含量比较低时，对应的底层含量就比较低；Cd 的表层含量比较高时，对应的底层含量就比较高。Cd 迅速、不断地沉降到海底，导致 Cd 含量在表、底层的变化保持了一致性。Cd 表层含量的变化范围小于底层，展示了作者提出的垂直水体、水平水体以及水体的效应理论[10-12]。根据作者提出的垂直水体效应原理、水平水体效应原理以及水体效应原理[10-12]，Cd 含量的表、底层变化揭示了垂直水体的稀释效应。表层 Cd 的低含量到达海底产生稀释效应，表层 Cd 的高含量到达海底也产生稀释效应。因此，Cd 表层含量的变化范围（0.09～0.45μg/L）大于底层（0.08～0.18μg/L），Cd 的表层含量的低值大于底层，Cd 的表层含量的高值大于底层。

35.4　结　　论

Cd 的表层含量由低到高的季节变化为春季、夏季。这是经过垂直水体的效应作用，Cd 从表层水体不断地沉降到海底，导致表层 Cd 的含量到达海底产生累积效应和稀释效应，展示了水体中底层的 Cd 含量由低到高的季节变化为春季、夏季。因此，从 4 月到 7 月，表层 Cd 沉降到海底展示了 Cd 的表层含量的季节变化，这是根据外海海流和河流输送的来源而变化，而对应的 Cd 底层含量的季节变化是根据垂直水体的稀释效应而变化。

在垂直分布上，Cd 的表层含量比较低时，对应的底层含量就比较低；Cd 的表层含量比较高时，对应的底层含量就比较高。而且，Cd 含量的变化量在表、底层基本一样。这展示了重金属 Cd 的重力特性，Cd 迅速沉降。

在变化尺度上，在胶州湾的湾口水域，在 4 月和 7 月，Cd 含量在表、底层的变化量基本一样。而且，Cd 迅速、不断地沉降到海底，导致 Cd 含量在表、底层的变化保持了一致性。根据作者提出的垂直水体效应原理、水平水体效应原理以及水体效应原理，Cd 含量的表、底层的变化揭示了垂直水体的稀释效应。表层 Cd 的低含量到达海底产生稀释效应，表层 Cd 的高含量到达海底也产生稀释效应。因此，Cd 表层含量的变化范围（0.09～0.45μg/L）大于底层（0.08～0.18μg/L），Cd 的表层含量的低值大于底层，Cd 的表层含量的高值大于底层。

参 考 文 献

[1]Yang D F, Zhu S X, Wang F Y, et al. The distribution and content of Cadmium in Jiaozhou Bay [J]. Applied Mechanics and Materials, 2014, 644-650: 5325-5328.

[2]Yang D F, Chen S T, Li B L, et al. Research on the vertical distribution of Cadmium in Jiaozhou Bay waters [C]. Proceedings of the 2015 International Symposium on Computers and Informatics, 2015: 2667-2674.

[3]Yang D F, Wang F Y, Wu Y F, et al. The structure of environmental background value of Cadmium in Jiaozhou Bay

waters [J]. Applied Mechanics and Materials, 2014, 644-650: 5333-5335.

[4]杨东方，苗振清. 海湾生态学(上册) [M]. 北京：海洋出版社, 2010.

[5]杨东方，高振会. 海湾生态学(下册) [M]. 北京：海洋出版社, 2010.

[6]杨东方，陈豫，常彦祥，等. 胶州湾水体镉的分布及来源 [J]. 海岸工程, 2013(3): 68-78.

[7]杨东方，陈豫，王虹，等. 胶州湾水体镉的迁移过程和环境本底值结构 [J]. 海岸工程, 2010, 29(4): 73-82.

[8]Yang D F, Wang F Y, Zhao X L, et al. Horizontal waterbody effect of hexachlorocyclohexane [J]. Sustainable Energy and Environment Protection, 2015: 191-195.

[9]Yang D F, Wang F Y, He H Z, et al. Vertical water body effect of benzene hexachloride[C]. Proceedings of the 2015 International Symposium on Computers and Informatics, 2015: 2655-2660.

[10]Yang D F, Wang F Y, Yang X Q, et al. Water' s effect of benzene hexachloride [J]. Advances in Computer Science Research, 2015, 2352:198-204.

[11]Yang D F, Gao Z H, Sun P Y, et al. Silicon limitation on primary production and its destiny in Jiaozhou Bay, China [J]. Chinese Journal of Oceanology, 2005, 24(2): 169-175.

[12]杨东方，王凡，高振会，等. 胶州湾浮游藻类生态现象 [J]. 海洋科学, 2004, 28(6): 71-74.

[13]国家海洋局. 海洋监测规范 [M]. 北京：海洋出版社, 1991.

第 36 章　胶州湾镉沉降过程的时空状态

人类大量使用含 Cd 的产品，在制造和使用的过程中，产生了含 Cd 的废水、废气和废料，然后排放和释放到大气、海洋和陆地。经过大气沉降、外海海流和河流的输送，这些废水、废气和废料来到海洋的表层，通过水体的沉降，到达海底[1-10]。因此，本章通过 1988 年胶州湾 Cd 的调查资料，研究胶州湾的湾口表、底层水域 Cd 含量的垂直变化，确定表、底层 Cd 的时空变化、沉降过程以及 3 种时空状态，展示胶州湾水域 Cd 在水域的迁移过程，为 Cd 在表、底层水域的垂直沉降和水平迁移的研究提供科学依据。

36.1　背　　景

36.1.1　胶州湾自然环境

胶州湾位于山东半岛南部，其地理位置为 120°04′～120°23′E，35°58′～36°18′N，以团岛与薛家岛连线为界，与黄海相通，面积约为 446km^2，平均水深约 7m，是一个典型的半封闭型海湾。胶州湾入海的河流有十几条，其中径流量和含沙量较大的为大沽河和洋河，以及青岛市区的海泊河、李村河和娄山河等河流，这些河流均属季节性河流，河水水文特征有明显的季节性变化[11, 12]。

36.1.2　数据来源与方法

本书所使用的 1988 年 4 月和 7 月胶州湾水体 Cd 的调查资料由国家海洋局北海环境监测中心提供。在 4 月和 7 月，在胶州湾水域设 5 个站位取表、底层水样：35、36、84、85、90(图 36-1)。分别于 1988 年 4 月和 7 月进行两次取样，根据水深取水样(大于 10m 时取表层和底层，小于 10m 时只取表层)，进行调查采样。按照国家标准方法进行胶州湾水体 Cd 的调查，该方法被收录在国家的《海洋监测规范》中[13]。

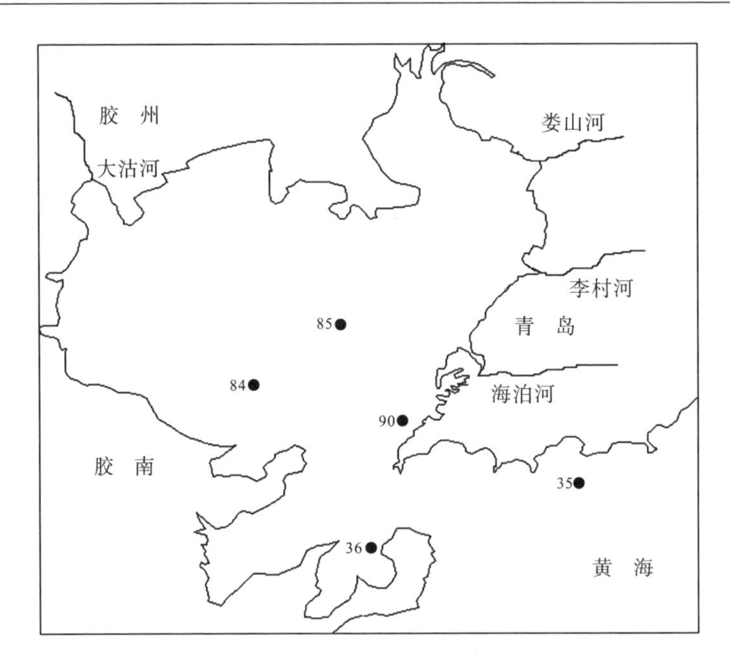

图 36-1 胶州湾调查站位

36.2 垂直变化

36.2.1 表、底层水域

在 4 月和 7 月，在胶州湾湾口水域的 35、36、84、85、90 站位，Cd 的表、底层含量相减，其差为-0.04～0.36μg/L。表明 Cd 的表、底层含量相近。湾内中心水域为 85 站位，湾内西南近岸水域为 84 站位，湾口内侧水域为 90 站位，湾口水域为 36 站位，湾口外侧水域为 35 站位。

36.2.2 表、底层垂直变化

在 4 月，Cd 的表、底层含量相减，其差为-0.01～0.04μg/L。在湾口外侧水域的 35 站位 Cd 含量差为正值，在湾口水域的 36 站位为负值，在湾内中心水域的 85 站位为零值。1 个站为正值，1 个站为负值，1 个站为零值(表 36-1)。

在 7 月，Cd 的表、底层含量相减，其差为-0.04～0.36μg/L。在湾内中心水域的 85 站位和湾口内侧水域的 90 站位 Cd 含量差为正值，在湾内西南近岸水域的 84 站位为负值。2 个站为正值，1 个站为负值(表 36-1)。

表 36-1　在胶州湾的湾口水域 Cd 的表、底层含量差

月份	站位				
	35	36	84	90	85
4	正值	负值			零值
7			负值	正值	正值

36.3　沉降过程的时空状态

36.3.1　区域沉降

在区域尺度上，在胶州湾的湾口水域，随着时间的变化，Cd 的表、底层含量差也发生了变化，这个差值表明了 Cd 含量在表、底层的变化。当向胶州湾输入 Cd 后，首先到表层，然后迅速、不断地沉降到海底，呈现出 Cd 含量在表、底层的变化(表 36-1)。

在 4 月，Cd 来自外海海流的输送，含量比较低。Cd 从湾口外侧水域向湾口内侧水域输送，于是，在湾口外侧水域都呈现出表层的 Cd 含量大于底层。到了湾口水域表层 Cd 大量、迅速地沉降，这样，在湾口水域都呈现出表层的 Cd 含量小于底层。来自外海海流输送的 Cd 未到达湾中心水域，湾内中心水域就没有受到输入 Cd 的影响，这样就呈现出表层和底层的 Cd 含量是一致的。表层和底层的 Cd 含量混合均匀。

在 7 月，Cd 来自河流的输送，含量比较高。Cd 从河流入海口水域向周围水域输送，于是，在河流入海口的附近水域：湾口内侧水域和湾中心水域，都呈现出表层的 Cd 含量大于底层。到了湾西南水域，表层 Cd 大量、迅速地沉降，这样，在湾西南水域呈现出表层的 Cd 含量小于底层。

36.3.2　时间变化的沉降过程

在 1988 年 4 月和 7 月，以胶州湾的湾中心水域为研究水域。

在湾中心水域，在 4 月，表层和底层的 Cd 含量是一致的。到了 7 月，表层 Cd 含量大于底层。表明在 4 月，湾外来源提供了 Cd，即 Cd 来自外海海流的输送。来自外海海流输送的 Cd 未到达湾中心水域，湾中心水域就没有受到输入 Cd 的影响，呈现出表层和底层的 Cd 含量混合均匀。表层和底层的 Cd 含量是一致的。到了 7 月，湾内来源提供了 Cd，Cd 来自河流的输送，含量比较高。Cd 从河流入海

口水域向周围水域输送，于是，在河流入海口的附近水域：湾中心水域，呈现出表层的 Cd 含量大于底层。

36.3.3 空间变化的沉降过程

在 1988 年 4 月、7 月，以胶州湾的湾口水域为研究水域。

在 4 月，在湾口外侧水域，表层 Cd 含量大于底层。在湾口水域，表层 Cd 含量小于底层。展示了 Cd 来源于湾口外侧水域，呈现出表层的 Cd 含量大于底层。来源提供的 Cd 进一步输送到湾口水域，进行沉降，呈现出表层的 Cd 含量小于底层。而在湾口中心水域，没有受到来源的影响，呈现出表、底层的 Cd 含量是一致的。

在 7 月，在湾内中心水域和湾口内水域，表层的 Cd 含量大于底层。在湾内西南近岸水域，表层的 Cd 含量小于底层。展示了 Cd 来自河流的输送，在河流入海口的附近水域：湾口内侧水域和湾中心水域，都呈现出表层的 Cd 含量大于底层。河流来源提供的 Cd 经过沉降，在湾内西南近岸水域的海底累积，呈现出表层的 Cd 含量小于底层。

36.3.4 沉降过程的时空状态

在时间尺度上，Cd 在沉降过程中，出现 3 种状态：①当来源提供了 Cd，还没有大量的沉降，在海底没有累积时，底层的 Cd 含量比较低，呈现出表层 Cd 含量大于底层；②当来源提供了大量的 Cd，经过了长时间的大量沉降，在海底累积时，呈现出底层 Cd 含量大于表层；③当来源提供了 Cd，水域没有受到 Cd 的影响时，就呈现出表层和底层的 Cd 含量混合均匀。

在空间尺度上，Cd 在沉降过程中，出现 3 种状态：①当来源提供了 Cd 时，在来源附近的水域，呈现出表层 Cd 含量大于底层；②当来源提供了 Cd 时，经过一段路径的输送，在远离来源，输送路径的水域中，呈现出底层 Cd 含量大于表层；③当来源提供了 Cd 时，在远离来源，没有受到 Cd 量影响的水域，呈现出表层和底层的 Cd 含量混合均匀。

Cd 在沉降过程中，在时间和空间尺度上，出现 3 种状态。这样，以时间为横轴，以空间为纵轴，建立平面的模型框图，展示了 Cd 在沉降过程中的时空状态，充分表明在实际中出现沉降过程的状态，一共有 9 种(图 36-2)。

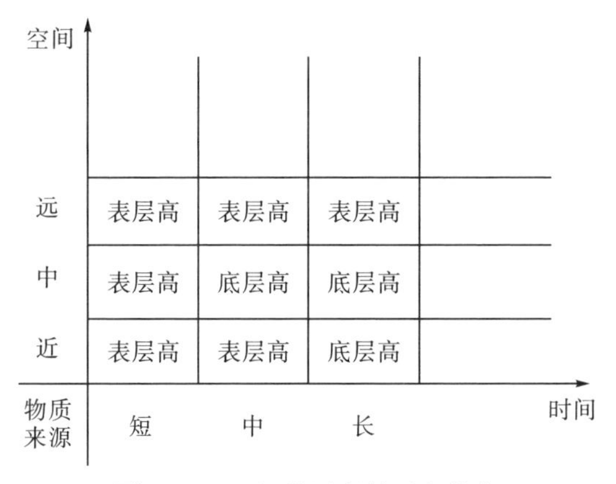

图 36-2　Cd 沉降过程的时空状态

36.4　结　　论

在区域尺度上，在胶州湾的湾口水域，随着时间的变化，Cd 的表、底层含量差发生了变化，这个差值表明了 Cd 含量在表、底层的变化。当向胶州湾输入 Cd 后，Cd 首先到达表层，然后迅速、不断地沉降到海底，呈现出 Cd 含量在表、底层的变化。

在时间尺度上，Cd 在沉降过程中，出现 3 种状态：①当来源提供了 Cd，还没有大量的沉降，在海底没有累积时，底层的 Cd 含量比较低，呈现出表层 Cd 含量大于底层；②当来源提供了大量的 Cd，经过了长时间的大量沉降，在海底累积时，呈现出底层 Cd 含量大于表层；③当来源提供了 Cd，水域没有受到 Cd 的影响时，呈现出表层和底层的 Cd 含量混合均匀。

在空间尺度上，Cd 在沉降过程中，出现 3 种状态：①当来源提供了 Cd 时，在来源附近的水域，呈现出表层 Cd 含量大于底层；②当来源提供了 Cd 时，经过一段路径的输送，在远离来源，输送路径的水域中，呈现出底层 Cd 含量大于表层；③当来源提供了 Cd 时，在远离来源，没有受到 Cd 影响的水域，呈现出表层和底层的 Cd 含量混合均匀。

在胶州湾水域，Cd 的时空变化沉降过程，展示了作者提出的 Cd 的时空变化沉降规律：Cd 含量在表、底层的变化是由来源输送的含量高低和迁移距离的远近所决定的。因此，表、底层的 Cd 含量变化揭示了 Cd 的水域迁移过程。

参 考 文 献

[1]杨东方, 陈豫, 王虹, 等. 胶州湾水体镉的迁移过程和环境本底值结构 [J]. 海岸工程, 2010, 29(4): 73-82.

[2]杨东方, 陈豫, 常彦祥, 等. 胶州湾水体镉的分布及来源 [J]. 海岸工程, 2013(3): 68-78.

[3]杨东方, 高振会. 海湾生态学(下册) [M]. 北京: 海洋出版社, 2010.

[4]杨东方, 苗振清. 海湾生态学(上册) [M]. 北京: 海洋出版社, 2010.

[5]Yang D F, Wang F Y, Yang X Q, et al. Water' s effect of benzene hexachloride [J]. Advances in Computer Science Research, 2015, 2352:198-204.

[6]Yang D F, Wang F Y, He H Z, et al. Vertical water body effect of benzene hexachloride[C]. Proceedings of the 2015 International Symposium on Computers and Informatics, 2015: 2655-2660.

[7]Yang D F, Wang F Y, Wu Y F, et al. The structure of environmental background value of Cadmium in Jiaozhou Bay waters [J]. Applied Mechanics and Materials, 2014, 644-650: 5333-5335.

[8]Yang D F, Chen S T, Li B L, et al. Research on the vertical distribution of Cadmium in Jiaozhou Bay waters [C]. Proceedings of the 2015 International Symposium on Computers and Informatics, 2015: 2667-2674.

[9]Yang D F, Wang F Y, Zhao X L, et al. Horizontal waterbody effect of hexachlorocyclohexane [J]. Sustainable Energy and Environment Protection, 2015: 191-195.

[10]Yang D F, Zhu S X, Wang F Y, et al. The distribution and content of Cadmium in Jiaozhou Bay [J]. Applied Mechanics and Materials, 2014, 644-650: 5325-5328.

[11]杨东方, 王凡, 高振会, 等. 胶州湾浮游藻类生态现象 [J]. 海洋科学, 2004, 28(6): 71-74.

[12]Yang D F, Gao Z H, Sun P Y, et al. Silicon limitation on primary production and its destiny in Jiaozhou Bay, China [J]. Chinese Journal of Oceanology, 2005, 24(2): 169-175.

[13]国家海洋局. 海洋监测规范 [M]. 北京: 海洋出版社, 1991.

第37章 杨东方的水体物质含量均匀的定义、模型以及划分标准

镉(Cd)是人体非必需元素，在自然界中常以化合物状态存在，一般含量很低，正常环境状态下，不会影响人体健康。当环境受到Cd污染后，Cd可在生物体内富集，通过食物链进入人体引起慢性中毒。随着人类Cd的排放和释放增加，陆地、海洋和大气都会受到Cd污染[1-7]。因此，研究海湾和海洋水体中Cd的迁移过程，可以为保护海洋环境、维持生态可持续发展提供科学支持。本章根据1988年的调查资料，对胶州湾水体中Cd含量的水平分布以及来源进行分析，确定了胶州湾水体中Cd的来源背景和来源量，得到了胶州湾Cd含量的分布状况及均匀性变化过程，为胶州湾水域Cd的来源、污染程度以及迁移过程的研究提供科学理论依据。

37.1 背　　景

37.1.1 胶州湾自然环境

胶州湾位于山东半岛南部，其地理位置为120°04′～120°23′E，35°58′～36°18′N，以团岛与薛家岛连线为界，与黄海相通，面积约为446km^2，平均水深约7m，是一个典型的半封闭型海湾。胶州湾入海的河流有十几条，其中径流量和含沙量较大的为大沽河和洋河，以及青岛市区的海泊河、李村河和娄山河等河流，这些河流均属季节性河流，河水水文特征有明显的季节性变化[8, 9]。

37.1.2 数据来源与方法

本书所使用的1988年4月、7月和10月胶州湾水体Cd的调查资料由国家海洋局北海环境监测中心提供。在4月和7月，在胶州湾水域设13个站位取水样：31、32、33、34、35、36、84、85、86、87、88、89和90；在10月，在胶州湾水域设6个站位取水样：84、85、86、87、88和89(图37-1)。分别于1988年4月、

7月和10月进行3次取样，根据水深取水样(大于10m时取表层和底层，小于10m时只取表层)，进行调查采样。按照国家标准方法进行胶州湾水体Cd的调查，该方法被收录在国家的《海洋监测规范》中[10]。

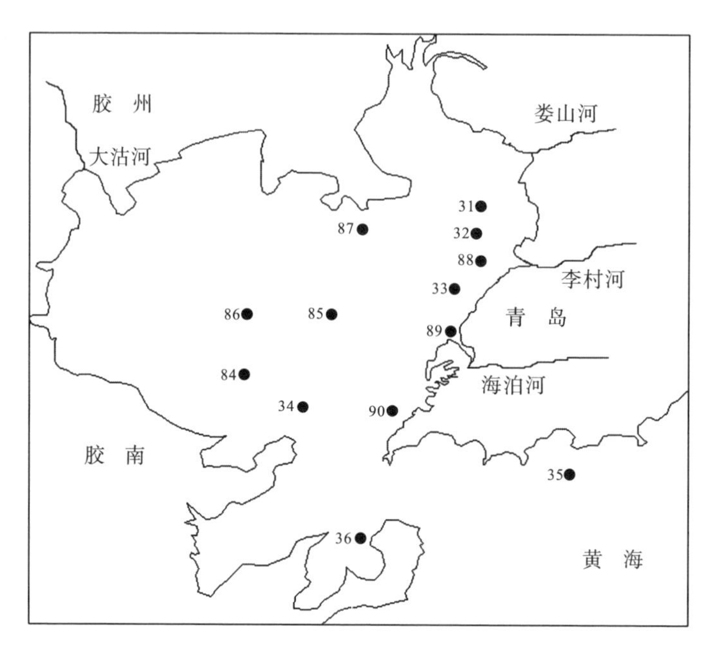

图 37-1 胶州湾调查站位

37.2 均匀模型和均匀度

37.2.1 表层水平分布

在4月，在胶州湾湾外东部近岸水域的35站位，Cd含量达到很高，为0.12μg/L，以湾外的东部近岸水域为中心形成了Cd的高含量区，形成了一系列不同梯度的平行线。Cd含量从中心的高含量0.12μg/L沿梯度递减到胶州湾湾口水域的0.09μg/L(图37-2)。

在7月，在胶州湾海泊河入海口近岸水域的89站位，Cd含量达到较高，为1.07μg/L，以海泊河入海口的近岸水域为中心形成了Cd的高含量区，形成了一系列不同梯度的半个同心圆。Cd含量从中心的高含量1.07μg/L沿梯度向四周递减，到湾中心水域为0.45μg/L，到西南部的近岸水域为0.10μg/L(图37-3)。

在10月，在胶州湾湾中心水域的85站位，Cd含量达到较高，为0.04μg/L，以湾中心水域为中心形成了Cd的高含量区，形成了一系列不同梯度的整个同心圆。Cd 含量从中心的高含量 0.04μg/L 沿梯度向四周递减，到湾的周围近岸水域为 0.03μg/L（图 37-4）。

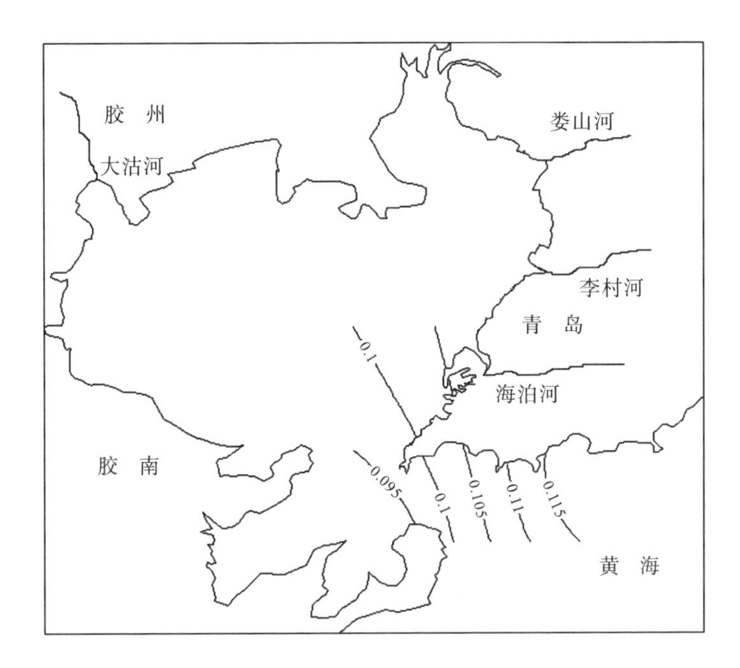

图 37-2　4 月表层 Cd 含量的水平分布（μg/L）

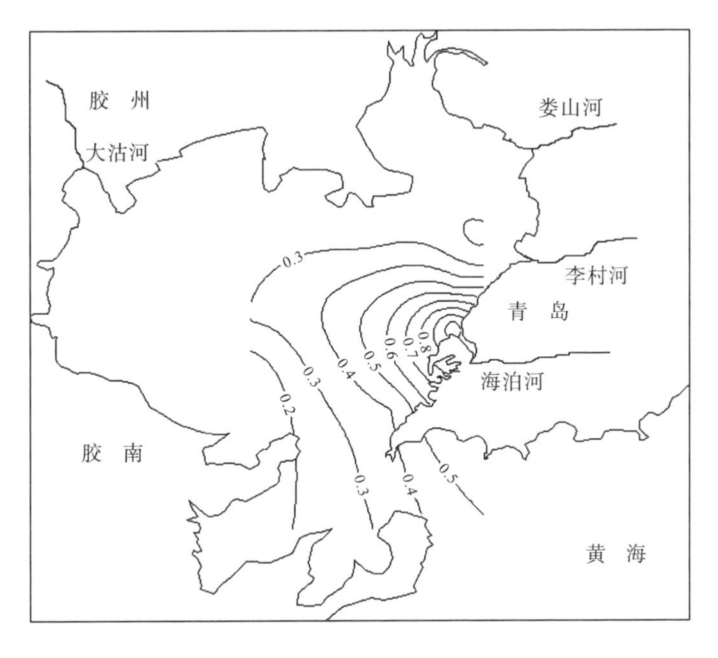

图 37-3　7 月表层 Cd 含量的水平分布（μg/L）

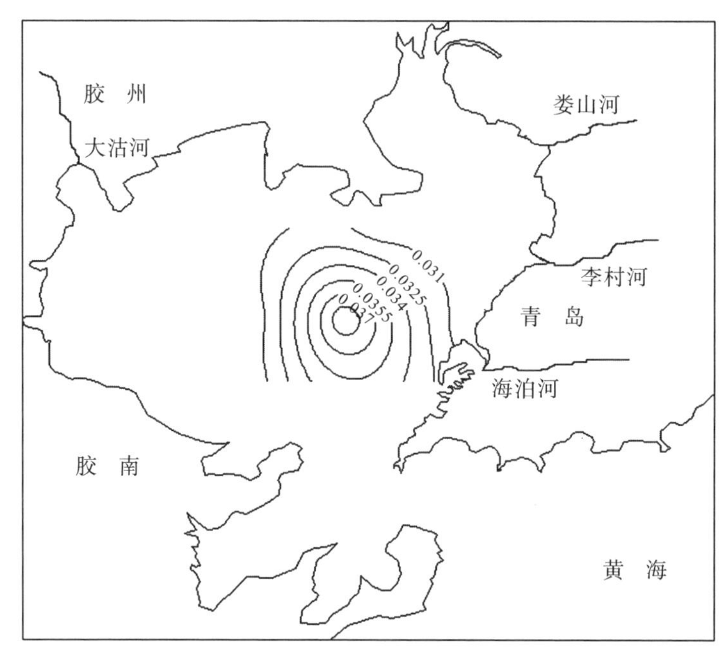

图 37-4 10 月表层 Cd 含量的水平分布(μg/L)

37.2.2 来源

在 4 月，在胶州湾湾外的东部近岸水域，形成了 Cd 的高含量区，在胶州湾水体中，从外海域通过湾口，沿着从湾外到湾内的海流方向，Cd 含量在不断地递减，表明在胶州湾水域，Cd 的来源是外海海流，其 Cd 含量为 0.12μg/L，而且输送的含量比较低。

在 7 月，在胶州湾海泊河入海口的近岸水域，形成了 Cd 的高含量区，表明 Cd 的来源是河流，其 Cd 含量为 1.07μg/L，输送的含量比较高。

在 10 月，在胶州湾的湾中心水域，形成了 Cd 的高含量区，表明 Cd 的来源是大气沉降，其 Cd 含量为 0.04μg/L，输送的含量非常低。

因此，胶州湾水域 Cd 有 3 个来源，主要为河流的输送、外海海流的输送以及大气沉降的输送。来自河流输送的 Cd 含量为 1.07μg/L，来自外海海流输送的 Cd 含量为 0.12μg/L，来自大气沉降输送的 Cd 含量为 0.04μg/L(表 37-1)。

表 37-1 胶州湾不同来源的 Cd 含量

项目	4 月	7 月	10 月
来源	外海海流的输送	河流的输送	大气沉降的输送
Cd 含量/(μg/L)	0.12	1.07	0.04

37.2.3　物质含量的变化长度模型

杨东方提出了水体物质含量的均匀定义及模型。杨东方的水体物质含量的均匀定义（homogeneity of matter content in waters）：水体物质含量的高值和低值的差异程度。差异越小，均匀越好；差异越大，均匀越不好。用杨东方提出的两个概念，即水体物质含量的非均匀柱和水体物质含量的均匀度来描述水体物质含量的均匀程度。水体物质含量的非均匀柱（non-homogeneous column of matter content in waters）：水体物质含量的高值与低值的差。水体物质含量的均匀度（homogeneous degree of matter content in waters）：水体物质含量的低值与高值的百分比。

作者提出了水体物质含量的均匀模型（homogeneity model of matter content in waters），该模型由物质含量的非均匀柱模型（non-homogeneous column model of matter content in waters）和水体物质含量的均匀度模型（homogeneous degree model of matter content in waters）组成。

假定水体物质含量的变化范围为 $a \sim b$（μg/L），$0 \leqslant a \leqslant b$，且若 $a=b$，则有 $0 < a=b$，水体物质含量的非均匀柱模型为

$$\text{YFJYZ}=b-a\,(\mu g/L)$$

水体物质含量的均匀度模型为

$$\text{YJYD}=\frac{a}{b}\times 100\%$$

水体物质含量的均匀模型描述如下：①物质含量的变化范围，②物质含量在水体中的均匀性。

水体物质含量的非均匀柱的长度越大，表示水体中物质含量越不均匀；水体物质含量的非均匀柱的长度越小，表示水体中物质含量越均匀。

水体物质含量的均匀度越小，表示水体中物质含量越不均匀，当 $a=0$ 时，YJYD=0，均匀度为 0，为最小；水体物质含量的均匀度越大，表示水体中物质含量越均匀，当 $a=b$ 时，YJYD=1，均匀度为 1，为最大。因此，$0 \leqslant \text{YJYD} \leqslant 1$。

37.2.4　均匀度的划分标准

根据作者提出的均匀度，水体物质含量的均匀度越小，表示水体中物质含量越不均匀；水体物质含量的均匀度越大，表示水体中物质含量越均匀，作者提出了杨东方的物质含量均匀度的划分标准（表 37-2）。

表 37-2　物质含量均匀度的划分标准

均匀度(YJYD)	均匀性的描述	非均匀柱(YFJYZ)	参数 *a*、*b*
YJYD=0	最不均匀	YFJYZ=*b*	*a*=0
0＜YJYD≤30 %	不均匀	0.7 *b*≤YFJYZ＜*b*	*a* =0.3 *b*，当 YJYD=30 %时
30 %＜YJYD≤60 %	低度均匀	0.4 *b*≤YFJYZ＜0.7*b*	*a* =0.6 *b*，当 YJYD=60 %时
60 %＜YJYD≤90 %	显著均匀	0.1 *b*≤YFJYZ＜0.4*b*	*a* =0.1 *b*，当 YJYD=90 %时
90 %＜YJYD≤99%	高度均匀	0.01 *b*≤YFJYZ＜0.1*b*	*a* =0.01 *b*，当 YJYD=99 %时
YJYD=100 %	最均匀	YFJYZ=0	*a*=*b*

物质含量均匀度的划分标准定量化地揭示了在水体中，物质含量的均匀程度。这样，在水体中，物质含量是否均匀，均匀程度如何，根据此物质含量均匀度的划分标准就会清楚明了。任何物质含量在水体中的均匀程度都会量化展示。

37.2.5　含量变化的均匀模型的应用

在胶州湾的湾内水域，在 4 月，Cd 含量的变化范围为 0.09～0.12μg/L；在 7 月，Cd 含量的变化范围为 0.10～1.07μg/L；在 10 月，Cd 含量的变化范围为 0.03～0.04μg/L。那么，在胶州湾的湾内水域，在 4 月，Cd 含量的非均匀柱为 0.01μg/L，Cd 含量的均匀度为 90%，Cd 含量的均匀性是显著均匀。在 7 月，Cd 含量的非均匀柱为 0.97μg/L，Cd 含量的均匀度为 9%，Cd 含量的均匀性是不均匀。在 10 月，Cd 含量的非均匀柱为 0.01μg/L，Cd 含量的均匀度为 75%，Cd 含量的均匀性是显著均匀(表 37-3)。

表 37-3　在 4 月、7 月和 10 月胶州湾 Cd 含量的非均匀柱及均匀度

项目	4 月	7 月	10 月
Cd 含量的非均匀柱 /(μg/L)	0.01	0.97	0.01
Cd 含量的均匀度/%	90	9	75
均匀性的描述	显著均匀	不均匀	显著均匀

胶州湾水域 Cd 有 3 个来源，主要为河流的输送、外海海流的输送以及大气沉降的输送。在 4 月，来自外海海流输送的 Cd 含量为 0.12μg/L。在 7 月，来自河流输送的 Cd 含量为 1.07μg/L。在 10 月，来自大气沉降输送的 Cd 含量为 0.04μg/L。那么，在胶州湾的湾内水域，来自外海海流输送的 Cd 含量对于胶州湾湾内的 Cd 含量均匀性的影响很小，来自河流输送的 Cd 含量对于胶州湾湾内的 Cd 含量均匀性的影响很大，来自大气沉降输送的 Cd 含量对于胶州湾湾内的 Cd 含量均匀性的影响比较小。

37.3　物质含量的均匀变化过程

37.3.1　海洋的均匀性

作者提出[11]：海洋的潮汐、海流对海洋中所有物质都进行搅动、输送，使海洋中所有物质的含量在海洋的水体中都非常均匀地分布。在近岸浅海主要靠潮汐的作用；在深海主要靠海流的作用，当然还有其他辅助作用，如风暴潮、海底地震等。所以，随着时间的推移，海洋尽可能使海洋中所有物质的含量都分布均匀，故海洋具有均匀性。

在胶州湾水域，1988 年 Cd 含量水平分布的时空变化充分展示了，在海洋来源输送的作用下，Cd 不断地被输入，呈现出水体中 Cd 含量由均匀到不均匀的变化过程；在海洋潮汐、海流的作用下，Cd 不断地被摇晃、搅动，呈现出水体中 Cd 含量由不均匀到均匀的变化过程。

37.3.2　空间均匀变化过程

物质含量在水体中具有均匀性和不均匀性。作者提出的杨东方的水体物质含量的均匀定义、模型及划分标准，充分量化展示了在空间中物质含量的均匀变化过程。

在 4 月，在胶州湾，从湾口到湾中心的整个水域，Cd 含量的变化范围为 0.09～0.12μg/L，表明从胶州湾的湾口到湾中心，Cd 含量比较低，而且在湾内没有任何 Cd 的来源(图 37-2)。根据杨东方的水体物质含量的均匀定义、模型及划分标准，计算得到：Cd 含量的非均匀柱为 0.01μg/L，Cd 含量的均匀度为 90%，Cd 含量的均匀性是显著均匀。充分展示了在湾口到湾中心的水体中，Cd 含量在水体中的分布是均匀的。

在 7 月，在胶州湾东部的水体中，在海泊河入海口的近岸水域，形成了 Cd 的高含量区，表明 Cd 的来源是河流的输送，其含量为 1.07μg/L，而且输送的含量比较高(图 37-3)。从湾东部入海口的近岸水域到西南部的近岸水域，Cd 含量的变化范围为 0.10～1.07μg/L，根据杨东方的水体物质含量的均匀定义、模型及划分标准，计算得到：Cd 含量的非均匀柱为 0.97μg/L，Cd 含量的均匀度为 9%，Cd 含量的均匀性是不均匀。充分展示了在湾内的整个水体中，Cd 含量在水体中的分布是不均匀的。

在 10 月，在胶州湾的整个水域，Cd 含量的变化范围为 0.03～0.04μg/L，表明在胶州湾的整个水域，Cd 含量比较低，虽然在湾内有 Cd 的大气沉降来源，但 Cd

含量的变化范围非常小(图 37-4)。根据杨东方的水体物质含量的均匀定义、模型及划分标准，计算得到：Cd 含量的非均匀柱为 0.01μg/L，Cd 含量的均匀度为 75%，Cd 含量的均匀性是显著均匀。充分展示了在湾内的整个水体中，Cd 含量在水体中的分布是均匀的。

37.3.3 时间均匀变化过程

在 4 月，在胶州湾湾内的整个水体中，没有任何 Cd 的来源，Cd 含量在水体中的分布是显著均匀的。在 7 月，在胶州湾东部的水体中，当河流向这个水体输送 Cd 时，在湾内的整个水体中，Cd 含量的分布是不均匀的。在 10 月，在胶州湾湾内的整个水体中，大气沉降向这个水体输送 Cd，但是，输送的 Cd 含量与水体的 Cd 含量相差非常小，故 Cd 含量在水体中的分布是显著均匀的。

在胶州湾湾内的整个水体中，在 4 月，Cd 含量的分布是显著均匀的。在 7 月，Cd 含量的分布是不均匀的。在 10 月，Cd 含量的分布是显著均匀的。因此，从 4 月到 7 月，Cd 含量的均匀性从显著均匀到不均匀。这是由河流输送的 Cd 含量引起的变化过程。从 7 月到 10 月，Cd 含量的均匀性从不均匀到显著均匀。这是由海洋的潮汐、海流的搅动、输送引起的变化过程。

揭示了河流输送的作用使海洋具有不均匀性的特征；海洋潮汐、海流的作用使海洋具有均匀性的特征。正如作者指出的：海洋潮汐、海流对海洋中所有物质都进行搅动、输送，使海洋中所有物质的含量在海洋的水体中都非常均匀地分布[8]。因此，Cd 含量在水体中的变化过程展示了物质在海洋中的均匀分布特征。

37.3.4 物质含量的均匀分布

作者认为[11]，HCH 含量在海域水体中分布的均匀性，揭示了海洋潮汐、海流使海洋具有均匀性的特征。就像容器中的液体，加入物质，不断地摇晃、搅动，随着时间的推移，其物质的含量在液体中渐渐地均匀分布。

1985 年，HCH 含量在海域水体中分布的均匀性，揭示了海洋潮汐、海流使海洋具有均匀性的特征[11]。1983 年，PHC 含量在胶州湾水体中低于 0.12mg/L，展示了物质在海洋中的均匀分布特征[12]。1983 年，在胶州湾的湾口内底层水域 Cu 含量的底层水平分布，充分证明了海洋具有均匀性[13]。1983 年，Cyanide 在胶州湾的湾口底层水域的含量现状和水平分布揭示了无论物质的含量多么低，海洋都会将物质带到更远的地方，其含量就会更低，使其物质含量在海洋中均匀分布，充分证明了海洋具有均匀性[14]。1985 年，Pb 含量的水平分布和扩展过程揭示了海洋潮汐、海流使海洋具有均匀性的特征[15]。1985 年，胶州湾 Cd 含量的表层水平分布，充分证明了海洋具有均匀性[16]。1985 年，胶州湾 Cu 含量的表层水平分布，充分呈现了海洋的均匀性变化过程。1979 年，胶州湾 Cr 含量在水体中的时空变化，充分展示了物质在海洋中的均匀分布特征及均匀性变化过程。1979 年，胶州湾 Cd 含量在水体中的时空变化，充分展示了物质在海洋中的高含量和低含量都具有均匀性，在输入物质含量的变化下确定了物质均匀性的变化过程。1987 年，胶州湾 Cd 含量的表层水平分布，充分呈现了海洋的均匀性变化过程。1987 年，胶州湾 Hg 含量的表层水平分布，充分揭示了河流输送的 Hg 是水域中 Hg 含量不均匀的动力，海洋的潮汐、海流是水域中 Hg 含量变得均匀的动力。1988 年，胶州湾 Cd 含量的表层水平分布，充分呈现了海洋的均匀性变化过程：从海洋的均匀性到海洋的不均匀性，再到海洋的均匀性。

37.4　结　论

作者介绍了杨东方的水体物质含量的均匀定义、模型及划分标准。杨东方的水体物质含量的均匀定义：水体物质含量的高值和低值的差异程度。差异越小，均匀越好；差异越大，均匀越不好。杨东方提出了两个概念：水体物质含量的非均匀柱和水体物质含量的均匀度。用这两个概念来描述水体物质含量的均匀程度。作者提出了水体物质含量的均匀模型，该模型是由物质含量的非均匀柱模型和水体物质含量的均匀度模型组成的。水体物质含量的均匀模型描述如下：①物质含量的变化范围；②物质含量在水体中的均匀性。根据作者提出的均匀度，水体物质含量的均匀度越小，表示水体中物质含量越不均匀；水体物质含量的均匀度越大，表示水体中物质含量越均匀。作者进一步提出了杨东方的物质含量均匀度的划分标准，均匀性的描述如下：最不均匀、不均匀、低度均匀、显著均匀、高度均匀、最均匀。根据作者介绍的杨东方的水体物质含量的均匀定义、模型及划分标准，计算得到：在胶州湾的湾内水域，在 4 月，Cd 含量的非均匀柱为 0.01μg/L，均匀度为 90%，Cd 含量的均匀性是显著均匀；在 7 月，Cd 含量的非均匀柱为 0.97μg/L，均匀度为 9%，Cd 含量的均匀性是不均匀；在 10 月，Cd 含量的非均匀柱为 0.01μg/L，均匀度为 75%，Cd 含量的均匀性是显著均匀。作者提出的杨东方的水体物质含量的均匀定义、模型及划分标准，充分量化展示了在时间和空间中物质含量的均匀变化过程。

参 考 文 献

[1]杨东方, 陈豫, 王虹, 等. 胶州湾水体镉的迁移过程和环境本底值结构 [J]. 海岸工程, 2010, 29(4): 73-82.

[2]杨东方, 高振会. 海湾生态学(下册) [M]. 北京: 海洋出版社, 2010.

[3]杨东方, 苗振清. 海湾生态学(上册) [M]. 北京: 海洋出版社, 2010.

[4]杨东方, 陈豫, 常彦祥, 等. 胶州湾水体镉的分布及来源 [J]. 海岸工程, 2013(3): 68-78.

[5]Yang D F, Wang F Y, Wu Y F, et al. The structure of environmental background value of Cadmium in Jiaozhou Bay waters [J]. Applied Mechanics and Materials, 2014, 644-650: 5333-5335.

[6]Yang D F, Zhu S X, Wang F Y, et al. The distribution and content of Cadmium in Jiaozhou Bay [J]. Applied Mechanics and Materials, 2014, 644-650: 5325-5328.

[7]Yang D F, Chen S T, Li B L, et al. Research on the vertical distribution of Cadmium in Jiaozhou Bay waters [C]. Proceedings of the 2015 International Symposium on Computers and Informatics, 2015: 2667-2674.

[8]杨东方, 王凡, 高振会, 等. 胶州湾浮游藻类生态现象 [J]. 海洋科学, 2004, 28(6): 71-74.

[9]Yang D F, Gao Z H, Sun P Y, et al. Silicon limitation on primary production and its destiny in Jiaozhou Bay, China [J]. Chinese Journal of Oceanology, 2005, 24(2): 169-175.

[10]国家海洋局. 海洋监测规范 [M]. 北京: 海洋出版社, 1991.

[11]杨东方, 丁咨汝, 郑琳, 等. 胶州湾水域有机农药 HCH 的分布及均匀性 [J]. 海岸工程, 2011, 30(2): 66-74.

[12]Yang D F, Zhu S X, Wang F Y, et al. Distribution and low-value feature of petroleum hydrocarbon in Jiaozhou Bay [C]. 4th International Conference on Energy and Environmental Protection, 2015: 3784-3788.

[13]Yang D F, Zhu S X, Wu Y J, et al. Aggregation, divergence and homogeneity of Cu in Marine bay bottom waters [J]. Advances in Engineering Research, 2015, 31:1288-1291.

[14]Yang D F, Zhu S X, Yang D, et al. The homogeneity of low cyanide conents in Jiaozhou Bay [J]. Advances in Engineering Research, 2015: 427-430.

[15]Yang D F, Yang D F, Zhu S X, et al. The spreading process of Pb in Jiaozhou Bay[J]. Advances in Engineering Research, 2016, Part G: 1921-1926.

[16]Yang D F, Wang F Y, Zhu S X, et al. Homogeneity of Cd contents in Jiaozhou Bay waters [J]. Advances in Engineering Research, 2016, 65: 298-302.

第38章　胶州湾水域镉含量的年变化特征

自 1979 年中国改革开放开始，工农业开始迅速地发展。许多含有镉(Cd)的产品也开始生产，在制造和运输的过程中，产生了含 Cd 的废水，随着河流的携带，Cd 向大海迁移[1-10]，在这个过程中严重威胁人类健康。因此，研究近海的 Cd 污染程度和水质状况[1-10]，可以为保护海洋环境、维持生态可持续发展提供重要帮助。本章根据 1984～1988 年胶州湾的调查资料，研究在这 5 年间 Cd 含量在胶州湾海域的变化，为治理 Cd 污染的环境提供理论依据。

38.1　背　　景

38.1.1　胶州湾自然环境

胶州湾位于山东半岛南部，其地理位置为 120°04′～120°23′E，35°58′～36°18′N，以团岛与薛家岛连线为界，与黄海相通，面积约为 446km²，平均水深约 7m，是一个典型的半封闭型海湾(图 38-1)。胶州湾入海的河流有十几条，其中径流量和含沙量较大的为大沽河和洋河，以及青岛市区的海泊河、李村河和娄山河等河流，这些河流均属季节性河流，河水水文特征有明显的季节性变化[11, 12]。

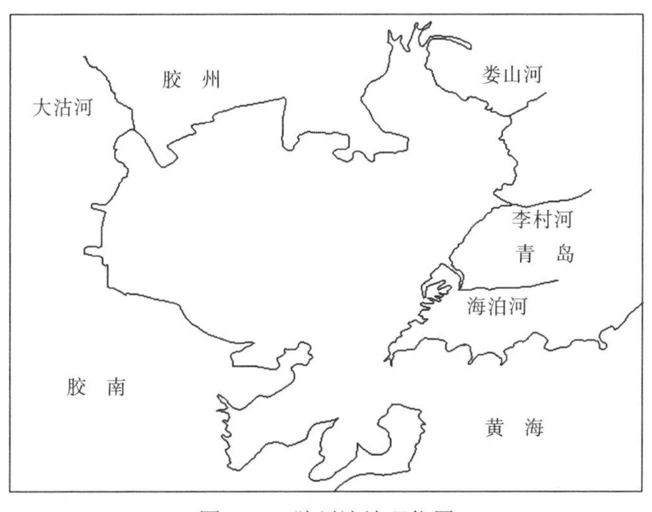

图 38-1　胶州湾地理位置

38.1.2 数据来源与方法

本书所使用的调查数据由国家海洋局北海环境监测中心提供。按照国家标准方法进行胶州湾水体 Cd 的调查[1-10]，该方法被收录在国家的《海洋监测规范》中[13]。

在 1984 年 7 月、8 月和 10 月，1985 年 4 月、7 月和 10 月，1986 年 4 月、7 月和 10 月，1987 年 5 月、7 月和 11 月，1988 年 4 月、7 月和 10 月，进行胶州湾水体 Cd 的调查[1-10]。其站位如图 38-2～图 38-6 所示。

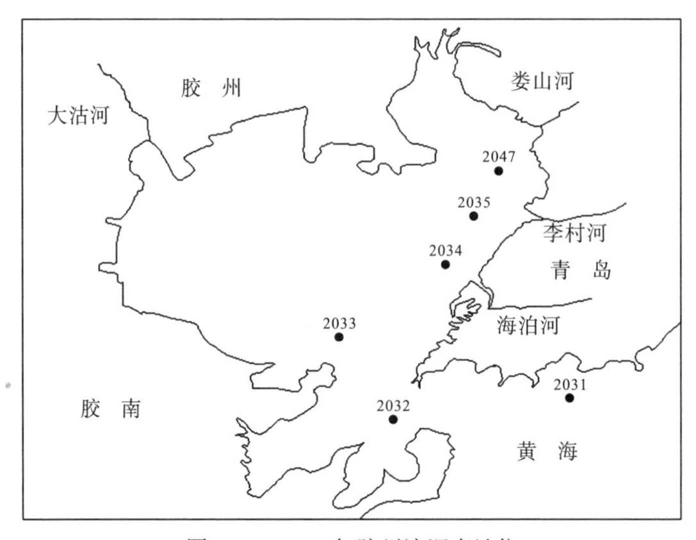

图 38-2 1984 年胶州湾调查站位

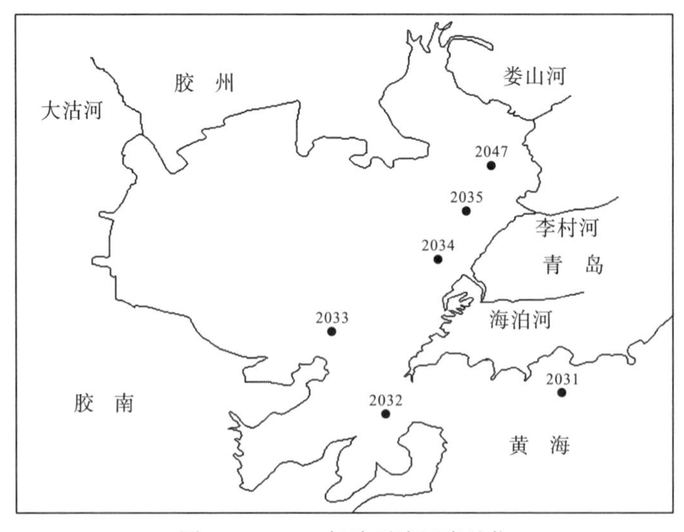

图 38-3 1985 年胶州湾调查站位

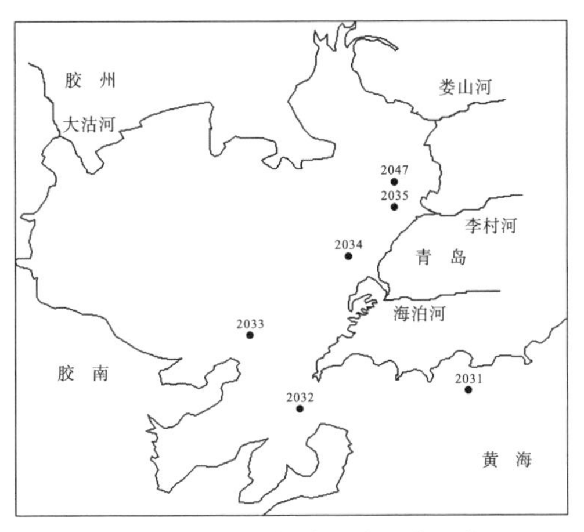

图 38-4　1986 年胶州湾调查站位

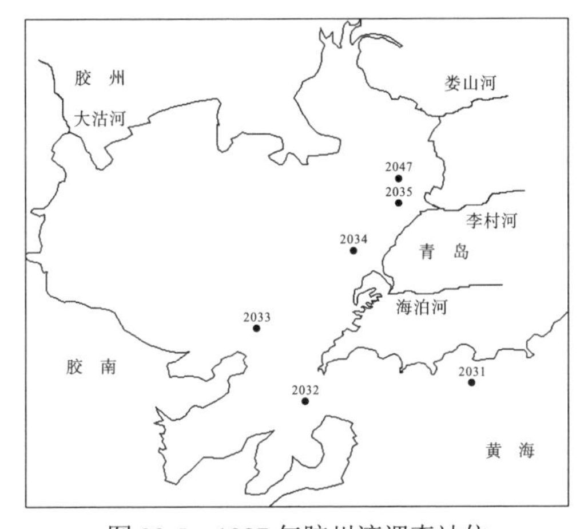

图 38-5　1987 年胶州湾调查站位

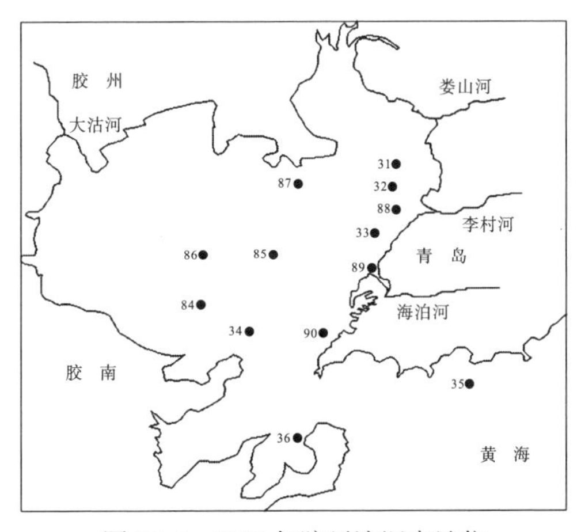

图 38-6　1988 年胶州湾调查站位

38.2 含量状况

38.2.1 含量

在 1984～1988 年，对胶州湾水体中的 Cd 进行调查，其含量的变化范围见表 38-1。

表 38-1 从 4 月到 11 月胶州湾水体中的 Cd 含量 （单位：μg/L）

年份	4月	5月	6月	7月	8月	9月	10月	11月
1984				0.06～0.17	0.10～0.11		0.08～0.20	
1985	0.19～0.44			0.16～0.21			0.03～0.39	
1986	0.01～0.94			0.10～6.48			0.19～0.75	
1987		0.09～0.68		0.08～0.08				0.07～0.12
1988	0.09～0.12			0.10～1.07			0.03～0.04	

38.2.1.1 1984 年

在 7 月、8 月和 10 月，Cd 在胶州湾水体中的含量为 0.06～0.20μg/L，都符合国家一类海水水质标准(1.00μg/L)。表明在 Cd 含量方面，在 7 月、8 月和 10 月，在胶州湾水域，水质清洁，完全没有受到 Cd 的污染(表 38-1)。

在 7 月，Cd 在胶州湾水体中的含量为 0.06～0.17μg/L，胶州湾水域没有受到 Cd 的污染。在胶州湾，从湾口到湾内的整个水域，Cd 含量的变化范围为 0.06～0.11μg/L，表明在 Cd 含量方面，湾内水质清洁，完全没有受到 Cd 的污染，而且其含量非常低。在胶州湾湾外，Cd 含量达到比较高，为 0.17μg/L，也没有受到 Cd 的污染。

在 8 月，Cd 在胶州湾水体中的含量为 0.10～0.11μg/L，胶州湾水域没有受到 Cd 的任何污染。在胶州湾，从娄山河入海口的近岸水域到李村河入海口的近岸水域，Cd 含量的变化范围为 0.10～0.11μg/L，表明湾内水质，在 Cd 含量方面，符合国家一类海水水质标准，水质没有受到 Cd 的任何污染，而且其含量非常低。

在 10 月，Cd 在胶州湾水体中的含量为 0.08～0.20μg/L，胶州湾水域没有受到 Cd 的任何污染。在胶州湾，从湾口水域一直到娄山河入海口的近岸水域，Cd 含量从 0.12μg/L 变化到 0.08μg/L，表明在湾口水域一直到娄山河入海口的近岸水域的水质，在 Cd 含量方面，符合国家一类海水水质标准，水质没有受到 Cd 的任何污染，而且其含量非常低。而在湾外水域的水质，Cd 含量达到比较高，为 0.20μg/L，在 Cd 含量方面，符合国家一类海水水质标准，水质没有受到 Cd 的污染。

因此，在 7 月、8 月和 10 月，胶州湾湾内水域 Cd 含量比较低，湾外水域 Cd 含量比较高。在 7 月、8 月和 10 月，在胶州湾水域，水质清洁，完全没有受到 Cd 的污染。尤其在湾内，Cd 含量非常低。

38.2.1.2　1985 年

在 4 月、7 月和 10 月，Cd 在胶州湾水体中的含量为 0.03～0.44μg/L，都符合国家一类海水水质标准(1.00μg/L)。表明在 Cd 含量方面，在 4 月、7 月和 10 月，在胶州湾水域，水质清洁，完全没有受到 Cd 的污染(表 38-1)。

在 4 月，Cd 在胶州湾水体中的含量为 0.19～0.44μg/L，胶州湾水域没有受到 Cd 的污染。在胶州湾的湾内东北部水域，Cd 含量的变化范围为 0.39～0.44μg/L。在胶州湾的湾内西南部近岸水域和湾口水域，Cd 含量的变化范围为 0.19～0.21μg/L。在胶州湾的湾外东部近岸水域，Cd 含量的变化范围为 0.33～0.33μg/L。表明在湾内东北部水域，Cd 含量达到比较高，为 0.44μg/L，水质没有受到 Cd 的污染。在湾内西南部和湾口，Cd 含量达到比较高，为 0.21μg/L，在 Cd 含量方面，水质清洁，完全没有受到 Cd 的污染。在湾外东部近岸水域，Cd 含量达到比较高，为 0.33μg/L，水质也没有受到 Cd 的污染。

在 7 月，Cd 在胶州湾水体中的含量为 0.16～0.21μg/L，胶州湾水域没有受到 Cd 的污染。在胶州湾的湾内整个水域，Cd 含量的变化范围为 0.17～0.21μg/L。在胶州湾的湾口水域和湾外东部近岸水域，Cd 含量的变化范围为 0.16～0.16μg/L。表明在胶州湾的整个水域，Cd 含量达到较低，为 0.21μg/L，水质没有受到 Cd 的污染。在湾口和湾外东部近岸水域，Cd 含量更低，为 0.16μg/L，水质完全没有受到 Cd 的污染。

在 10 月，Cd 在胶州湾水体中的含量为 0.03～0.39μg/L，胶州湾水域没有受到 Cd 的污染。在胶州湾的整个水域，只有在李村河入海口的近岸水域，Cd 含量达到比较高，为 0.39μg/L，而在其他水域，Cd 含量的变化范围为 0.03～0.16μg/L。表明在李村河入海口的近岸水域，Cd 含量达到比较高，而在其他水域，Cd 含量较低，小于 0.16μg/L，完全没有受到 Cd 的污染。

因此，在 4 月、7 月和 10 月，胶州湾湾内东北部水域的 Cd 含量比较高，而其他水域 Cd 含量非常低。在 4 月、7 月和 10 月，在胶州湾水域，水质清洁，完全没有受到 Cd 的污染。尤其在没有输入来源的水域，Cd 含量非常低。

38.2.1.3　1986 年

在 4 月、7 月和 10 月，Cd 在胶州湾水体中的含量为 0.01～6.48μg/L，都符合国家一、二和三类海水水质标准。表明在 Cd 含量方面，在 4 月、7 月和 10 月，在胶州湾水域，水质受到了 Cd 的中度污染(表 38-1)。

在 4 月，Cd 在胶州湾水体中的含量为 0.01～0.94μg/L，胶州湾水域没有受到

Cd 的污染。在胶州湾的湾内东北部水域，Cd 含量的变化范围为 0.32～0.94μg/L。在胶州湾的湾内西南部近岸水域和湾口水域，Cd 含量的变化范围为 0.01～0.37μg/L。在胶州湾的湾外东部近岸水域，Cd 含量的变化范围为 0.38～0.38μg/L。表明湾内东北部水域，Cd 含量达到比较高，为 0.94μg/L，水质没有受到 Cd 的污染。在湾内西南部和湾口，Cd 含量达到比较高，为 0.37μg/L，在 Cd 含量方面，水质清洁，完全没有受到 Cd 的污染。在湾外东部近岸水域，Cd 含量达到比较高，为 0.38μg/L，水质也没有受到 Cd 的污染。

在 7 月，Cd 在胶州湾水体中的含量为 0.10～6.48μg/L，胶州湾水域受到 Cd 的中度污染。在胶州湾的湾内整个水域及湾口水域，Cd 含量的变化范围为 0.10～0.73μg/L。在胶州湾的湾外水域，Cd 含量的变化范围为 6.48～6.48μg/L。表明在胶州湾的整个水域及湾口水域，Cd 含量达到较低，为 0.73μg/L，水质没有受到 Cd 的污染。而在湾外水域，Cd 含量很高，为 6.48μg/L，水质受到 Cd 的中度污染。

在 10 月，Cd 在胶州湾水体中的含量为 0.19～0.75μg/L，胶州湾水域没有受到 Cd 的污染。在胶州湾的整个水域，只有在李村河入海口的近岸水域，Cd 含量达到比较高，为 0.75μg/L，而在其他水域，Cd 含量为 0.19μg/L。表明在李村河入海口的近岸水域，Cd 含量比较高，而在其他水域，Cd 含量比较低，水质完全没有受到 Cd 的污染。

因此，在 4 月、7 月和 10 月，在胶州湾的湾内整个水域及湾口水域，Cd 含量非常低，其变化范围为 0.01～0.94μg/L，小于国家一类海水水质标准(1.00μg/L)。而在胶州湾的湾外水域，Cd 含量的变化范围为 0.38～6.48μg/L，符合国家一、二和三类海水水质标准。

在 4 月、7 月和 10 月，在胶州湾的湾内整个水域及湾口水域，水质清洁，完全没有受到 Cd 的任何污染。在湾外的水域，水质受到 Cd 的中度污染。

38.2.1.4 1987 年

在 5 月、7 月和 11 月，在胶州湾水体中 Cd 含量为 0.07～0.68μg/L，都符合国家一类海水水质标准。表明在 Cd 含量方面，在 5 月、7 月和 11 月，在胶州湾水域，水质没有受到 Cd 的任何污染(表 38-1)。

在 5 月，在胶州湾水体中 Cd 含量为 0.09～0.68μg/L，胶州湾水域没有受到 Cd 的污染。在胶州湾的整个水域，只有在李村河入海口的近岸水域，Cd 含量达到比较高，为 0.68μg/L，而在其他水域，Cd 含量为 0.09μg/L。表明在李村河入海口的近岸水域，Cd 含量比较高，而在其他水域，Cd 含量比较低，完全没有受到 Cd 的污染。因此，在 Cd 含量方面，水质清洁。

在 7 月，在胶州湾水体中 Cd 含量为 0.08～0.08μg/L，胶州湾水域没有受到 Cd 的污染。在湾内东北部水域，Cd 含量达到 0.08μg/L，水质没有受到 Cd 的污染。

在 11 月，在胶州湾水体中 Cd 含量为 0.07～0.12μg/L，胶州湾水域没有受到

Cd 的污染。在胶州湾的湾内东北部水域，Cd 含量的变化范围为 0.08～0.12μg/L。在胶州湾的湾外东部近岸水域，Cd 含量的变化范围为 0.07～0.07μg/L。表明在湾内东北部水域，Cd 含量达到比较高，为 0.12μg/L，水质没有受到 Cd 的污染。在湾外东部近岸水域，Cd 含量达到比较低，为 0.07μg/L，水质完全没有受到 Cd 的污染。

因此，在 5 月、7 月和 11 月，在整个胶州湾水域，Cd 含量非常低，其变化范围为 0.07～0.68μg/L，小于国家一类海水水质标准(1.00μg/L)。表明在 5 月、7 月和 11 月，在整个胶州湾水域，水质清洁，完全没有受到 Cd 的污染。

38.2.1.5 1988 年

在 4 月、7 月和 10 月，Cd 含量在胶州湾水体中的变化范围为 0.03～1.07μg/L，符合国家一类和二类海水水质标准。表明在 Cd 含量方面，在 4 月、7 月和 10 月，在胶州湾整个水域，水质受到 Cd 的轻度污染和没有受到污染(表 38-1)。

在 4 月，Cd 含量在胶州湾水体中的变化范围为 0.09～0.12μg/L，胶州湾水域没有受到 Cd 的任何污染。在胶州湾的湾外水域，Cd 含量达到了比较高，为 0.12μg/L，表明水质没有受到 Cd 的任何污染。而在胶州湾的湾中心、湾口和湾外水域，Cd 含量相对比较低，小于 0.10μg/L，表明在整个湾内，在 Cd 含量方面，水质都达到了国家一类海水水质标准，水质清洁，没有受到 Cd 的任何污染。

在 7 月，Cd 含量在胶州湾水体中的变化范围为 0.10～1.07μg/L，胶州湾水域受到 Cd 的轻度污染。在海泊河入海口的近岸水域，Cd 含量达到比较高，大于 1.00μg/L，达到了国家二类海水水质标准，水质受到了 Cd 的轻度污染。除了海泊河入海口的近岸水域，在胶州湾的其他水域，如湾北部、湾中心、湾口和湾外水域，Cd 的含量相对比较低，小于 0.50μg/L，表明从湾北部到湾内中心再到湾口，甚至到湾外的水质，在 Cd 含量方面，都达到了国家一类海水水质标准，水质没有受到 Cd 的任何污染。

在 10 月，Cd 含量在胶州湾水体中的变化范围为 0.03～0.04μg/L，胶州湾水域没有受到 Cd 的任何污染。在胶州湾的湾中心水域，Cd 含量达到了比较高，大于 0.04μg/L，表示水质没有受到 Cd 的任何污染。在胶州湾的湾中心周围水域，Cd 含量相对比较低，为 0.03μg/L，表明湾中心周围的水质，在 Cd 含量方面，都达到了国家一类海水水质标准，水质清洁，没有受到 Cd 的任何污染。

38.2.2 年份变化

在 4 月，1985～1988 年 Cd 含量在胶州湾水体中的高值在降低，从 0.44μg/L 到 0.12μg/L，低值也在降低，从 0.19μg/L 降低到 0.09μg/L。在 7 月，1984～1988 年 Cd 含量在胶州湾水体中的高值在震荡中升高，从 0.17μg/L 升高到 1.07μg/L，而

Cd 含量在胶州湾水体中的低值几乎保持不变。在 10 月，1984～1988 年 Cd 含量在胶州湾水体中的高值也在震荡中降低，从 0.20μg/L 降低到 0.04μg/L，低值也在降低，从 0.08μg/L 降低到 0.03μg/L。在 5 月、8 月和 11 月，在胶州湾水体中 Cd 含量各有一个值，无法确定 Cd 含量的变化。因此，在 1985～1988 年期间，在胶州湾水体中，在 4 月和 10 月，Cd 含量的高值都在震荡中降低；而在 7 月，Cd 含量的高值在震荡中升高。在 4 月和 10 月，Cd 含量的低值也在震荡中降低；而在 7 月，Cd 含量的低值几乎保持不变。而且在 1985～1988 年期间，在胶州湾水体中，只有 1986 年 Cd 含量的高值在相应的月份中是最高的。

38.2.3 季节变化

以每年 4 月、5 月、6 月代表春季，7 月、8 月、9 月代表夏季，10 月、11 月、12 月代表秋季。在 1984～1988 年期间，在胶州湾水体中 Cd 含量在春季较高（0.01～0.94μg/L），在夏季很高（0.06～6.48μg/L），在秋季较低（0.03～0.75μg/L）。

在春季、夏季和秋季，在胶州湾水体中 Cd 含量的低值都接近最低值（0.01μg/L），表明在胶州湾水体中 Cd 含量可以达到非常低，可以说在胶州湾水体中几乎没有 Cd 的存在。

因此，在 1984～1988 年期间，Cd 含量的变化具有季节性。在胶州湾水体中，Cd 含量在春季相对较高，夏季很高，秋季相对较低。

38.3 水体中的变化特征

38.3.1 水质变化过程

以每年 4 月、5 月、6 月代表春季，7 月、8 月、9 月代表夏季，10 月、11 月、12 月代表秋季。

在 1984～1988 年期间，在春季和秋季，水体中 Cd 的含量一直维持在国家一类海水水质标准；在夏季，水体中 Cd 的含量从国家一类海水水质标准增加到国家一、二类海水水质标准或者增加到国家一、二、三类海水水质标准。表明，在夏季输入的 Cd 含量有时突然增长，或者突然大幅度地增长（图 38-7），而在春季和秋季输入的 Cd 含量却一直保持不变（图 38-8）。因此，在 1984～1988 年期间，在夏季胶州湾有时没有受到 Cd 的任何污染，有时受到 Cd 的轻度或者中度污染；在春季、秋季，1984～1988 年，胶州湾一直保持没有受到 Cd 的任何污染，在 Cd 含量方面，水质非常清洁。

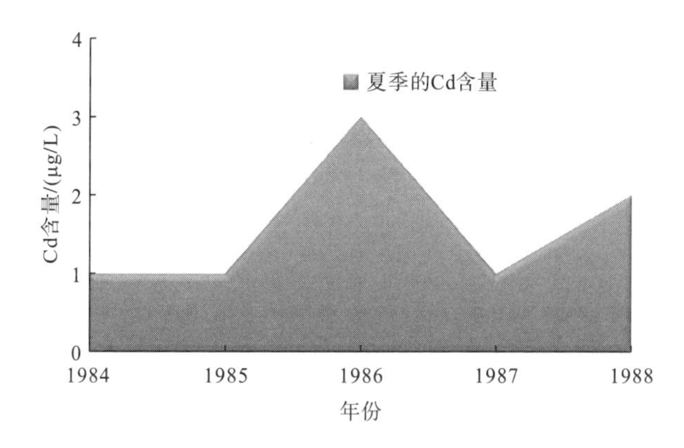

图 38-7　胶州湾水体中夏季的 Cd 含量

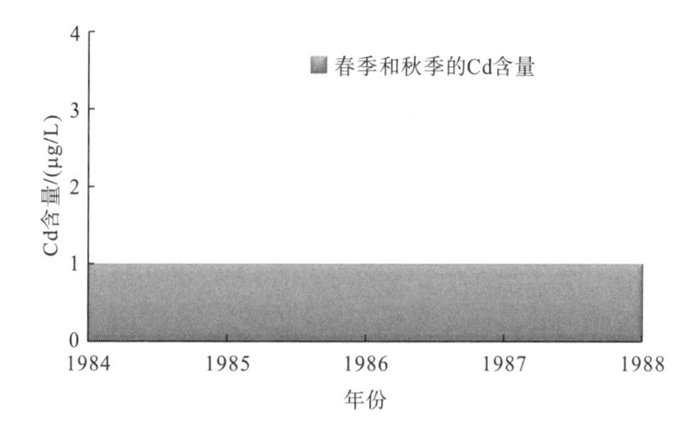

图 38-8　胶州湾水体中春季和秋季的 Cd 含量

在 1984～1988 年期间，在春季，水体中 Cd 含量的高值在震荡中降低，一直维持在国家一类海水水质标准；在夏季，水体中 Cd 含量也一直维持在国家一、二、三类海水水质标准，但是，Cd 含量的高值在震荡中升高；在秋季，水体中 Cd 含量的高值在震荡中降低，一直维持在国家一类海水水质标准。表明 Cd 在春、秋季的输入量非常小，而在夏季的输入量却非常大(表 38-2)。因此，在 1984～1988 年期间，在春季，胶州湾没有受到 Cd 的任何污染，水体中 Cd 含量的高值在震荡中降低，但是，Cd 含量的高值比较高。在夏季，胶州湾受到 Cd 的轻度和中度污染，而且，Cd 含量的高值在震荡中升高，Cd 含量的高值很高；在秋季，胶州湾没有受到 Cd 的任何污染，水体中 Cd 含量的高值在震荡中降低，并且，Cd 含量的高值比较低。1984～1988 年，在春、秋季，胶州湾一直保持着没有受到 Cd 的任何污染；而在夏季，胶州湾有时受到 Cd 的轻度或者中度污染。在 1984～1988 年期间，胶州湾从来没有受到 Cd 的重度污染。

表 38-2 春季、夏季、秋季胶州湾的表层水质

年份	春季	夏季	秋季
1984	一类	一类	一类
1985	一类	一类	一类
1986	一类	一、二和三类	一类
1987	一类	一类	一类
1988	一类	一、二类	一类

38.3.2 含量变化过程

在 1984～1988 年期间，在春季，在胶州湾水体中 Cd 含量的高值逐年在振荡中降低(图 38-9)，如 1985 年 4 月 Cd 的含量为 0.19～0.44μg/L，1988 年 4 月 Cd 的含量为 0.09～0.12μg/L；在夏季，在胶州湾水体中 Cd 含量的高值逐年在振荡中升高(图 38-10)，如 1984 年 7 月 Cd 的含量为 0.06～0.17μg/L，1988 年 7 月 Cd 的含量为 0.10～1.07μg/L；同样，在秋季，在胶州湾水体中 Cd 含量的高值逐年在振荡中降低(图 38-11)，如 1984 年 10 月 Cd 的含量为 0.08～0.20μg/L，1988 年 10 月 Cd 的含量为 0.03～0.04μg/L。

在 1984～1988 年期间，在胶州湾表层水体中，Cd 含量的低值始终维持在 0.01～0.19μg/L，如在 1986 年 7 月 Cd 的含量为 0.10～6.48μg/L，在 1988 年 10 月 Cd 的含量为 0.03～0.04μg/L。表明无论向胶州湾输入 Cd 含量多少，胶州湾水域 Cd 含量的高值达到 6.48μg/L，还是达到 0.04μg/L，Cd 经过沉降、迁移和挥发，胶州湾水域的 Cd 含量逐渐接近背景值，并且小于 0.19μg/L，由此得到这个水域的 Cd 含量背景值为 0.19μg/L。

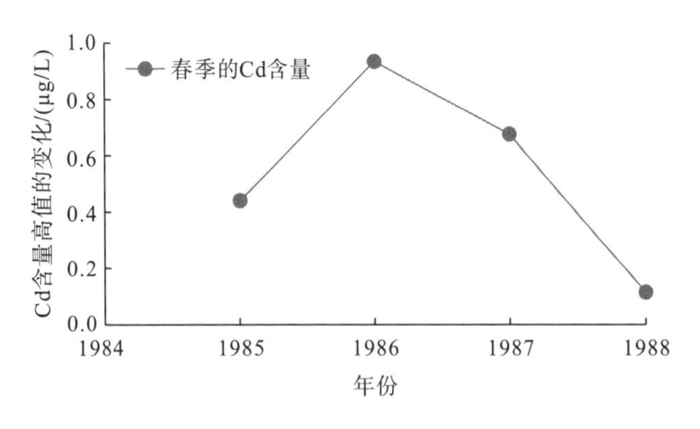

图 38-9 春季胶州湾水体中 Cd 含量高值的变化

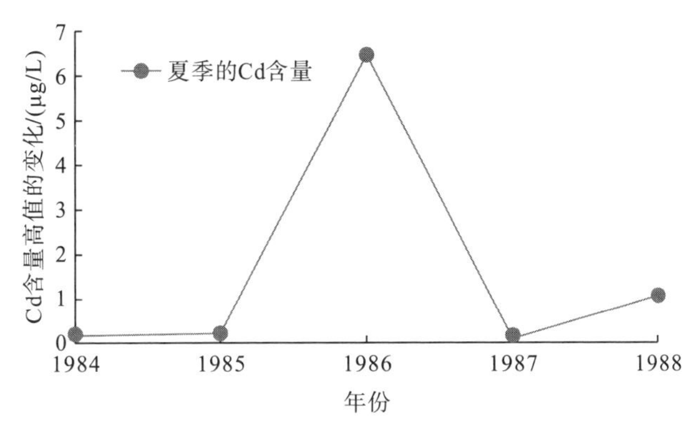

图 38-10 夏季胶州湾水体中 Cd 含量高值的变化

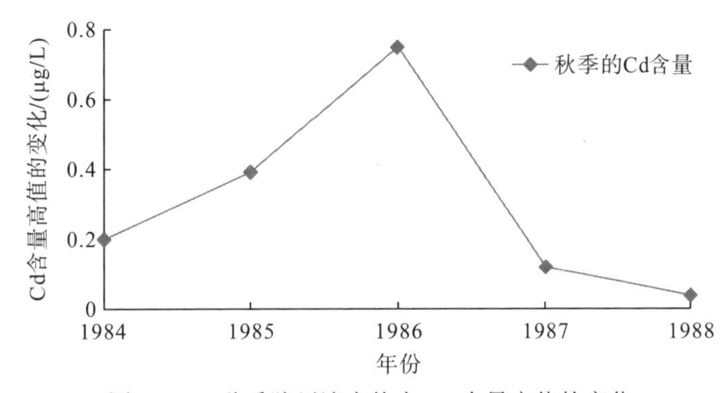

图 38-11 秋季胶州湾水体中 Cd 含量高值的变化

在 1984～1988 年期间，在前两年中，胶州湾水体中 Cd 含量的高值一直在 0.20～0.44μg/L 区间内摆动，到了第三年，Cd 含量高值上升的幅度比较大(6.48μg/L)，到了第四年，胶州湾水体中 Cd 含量的高值又变小(0.68μg/L)，到了第五年，Cd 含量的高值又开始升高(1.07μg/L)(图 38-12)。表明在前两年中胶州

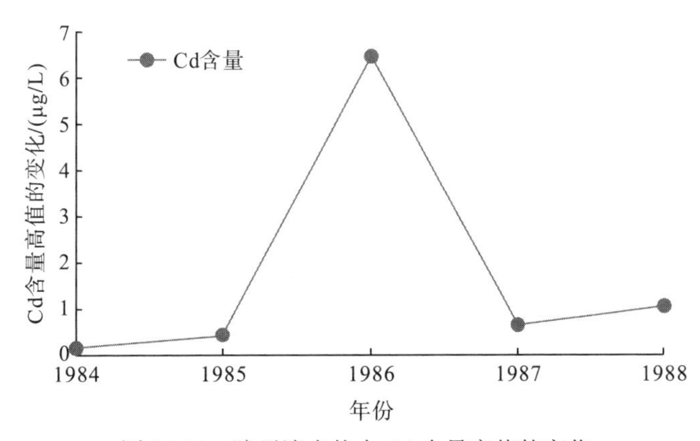

图 38-12 胶州湾水体中 Cd 含量高值的变化

湾水体中 Cd 一直受到自然界的输送。到了第三年，胶州湾水体中 Cd 开始受到人类活动的输送。到了第四年，胶州湾水体中 Cd 又恢复到自然界的输送。到了第五年，胶州湾水体中 Cd 又受到人类活动的输送。

在 1984～1988 年期间，胶州湾水体中 Cd 含量的低值一直在 0.01～0.19μg/L 区间内摆动。表明在胶州湾水体中，虽然向胶州湾排放的 Cd 含量在升高，但是整个胶州湾水域，可以容纳 Cd 的输入。经过胶州湾水体的自净过程，Cd 含量的低值一直没有超过 0.19μg/L。表明胶州湾水体在 Cd 含量方面，水质非常清洁。

因此，在 1984～1988 年期间，在胶州湾水体中 Cd 含量的变化展示了，最初的两年内，在 Cd 含量方面，整个胶州湾的水体是非常清洁的。在第三年，人类活动向胶州湾水域输入大量的 Cd，使胶州湾水体受到 Cd 的轻度和中度污染。到了第四年，在 Cd 含量方面，整个胶州湾水体又恢复非常清洁。到了第五年，胶州湾水体又受到人类活动的 Cd 输送，使胶州湾水体受到 Cd 的轻度污染。

38.4 结 论

在 1984～1988 年期间，在胶州湾表层水体中 Cd 的含量具有国家一、二、三类海水水质标准，胶州湾受到 Cd 的轻度和中度污染。在 1984～1988 年期间，Cd 含量的变化具有季节性。在胶州湾水体中 Cd 含量在春季相对较高，夏季很高，秋季较低。在春季、秋季，水体中 Cd 含量的高值在震荡中降低，Cd 含量一直维持在国家一类海水水质标准，胶州湾没有受到 Cd 的任何污染。在夏季，Cd 含量的高值在震荡中升高，而且，Cd 含量的高值很高，胶州湾受到 Cd 的轻度和中度污染。1984～1988 年，在春季、秋季，胶州湾一直保持着没有受到 Cd 的任何污染；而在夏季，胶州湾有时受到 Cd 的轻度或者中度污染。

在 1984～1988 年期间，在胶州湾表层水体中，Cd 含量的高值变化比较大（0.08～6.48μg/L）。在胶州湾水体中，在春季，Cd 含量的高值逐年在振荡中降低，且 Cd 含量的高值比较高；在夏季，在胶州湾水体中 Cd 含量的高值逐年在振荡中升高，Cd 含量的高值很高；在秋季，在胶州湾水体中 Cd 含量的高值逐年在振荡中降低，Cd 含量的高值比较低。在 1984～1988 年期间，在胶州湾表层水体中，Cd含量的低值始终维持在0.01～0.19μg/L，这个水域的Cd含量背景值为0.19μg/L。

在 1984～1988 年期间，在胶州湾水体中 Cd 含量的变化展示了，最初的两年内，在 Cd 含量方面，整个胶州湾的水体是非常清洁的。在第三年，人类活动向胶州湾水域输入大量的 Cd，使胶州湾水体受到 Cd 的轻度和中度污染。到了第四年，在 Cd 含量方面，整个胶州湾水体又恢复非常清洁。到了第五年，胶州湾水体又受到人类活动的 Cd 输送，使胶州湾水体受到 Cd 含量的轻度污染。

在 1984～1988 年期间，胶州湾水体中 Cd 含量的低值一直在 0.01～0.19μg/L 区间内摆动。表明在胶州湾水体中，虽然向胶州湾排放的 Cd 在增加，但是整个胶州湾水域，可以容纳 Cd 的输入。经过胶州湾水体的自净过程，Cd 含量的低值一直没有超过 0.19μg/L。表明胶州湾水体在 Cd 含量方面，水质非常清洁。

在经济迅速发展的过程中，Cd 在工农业和日常生活中也得到广泛的应用。在自然环境中，非常清洁的水域，逐渐受到了 Cd 含量的输入，然而经过水体的自净过程，胶州湾水体在 Cd 含量方面，非常清洁。

参考文献

[1]杨东方, 陈豫, 王虹, 等. 胶州湾水体镉的迁移过程和环境本底值结构 [J]. 海岸工程, 2010, 29(4): 73-82.

[2]杨东方, 陈豫, 常彦祥, 等. 胶州湾水体镉的分布及来源 [J]. 海岸工程, 2013(3): 68-78.

[3]Yang D F, Wang F Y, Wu Y F, et al. The structure of environmental background value of Cadmium in Jiaozhou Bay waters [J]. Applied Mechanics and Materials, 2014, 644-650: 5333-5335.

[4]Yang D F, Zhu S X, Wang F Y, et al. Spatial-temporal variations of Cd in Jiaozhou Bay [J]. Advances in Engineering Research, 2016, Part B:403-407.

[5] Yang D F, Yang X, Wang M, et al. The slight impacts of marine current to Cd contents in bottom waters in Jiaozhou Bay [J]. Advances in Engineering Research, 2016, Part B: 412-415.

[6]Yang D F, Wang F Y, Sun Z H, et al. Research on vertical distribution and settling process of Cd in Jiaozhou Bay [J]. Advances in Engineering Research, 2015, 40:776-781.

[7]Yang D F, Chen S T, Li B L, et al. Research on the vertical distribution of Cadmium in Jiaozhou Bay waters [C]. Proceedings of the 2015 International Symposium on Computers and Informatics, 2015: 2667-2674.

[8] Yang D F, Yang D, Zhu S, et al. Pollution level and source of Cd in Jiaozhou Bay [J]. Materials Engineering and Information Technology Application, 2015: 558-561.

[9]Yang D F, Zhu S X, Wang F Y, et al. The distribution and content of Cadmium in Jiaozhou Bay [J]. Applied Mechanics and Materials, 2014, 644-650: 5325-5328.

[10]Yang D F, Zhu S X, Wang F Y, et al. Distribution and aggregation process of Cd in Jiaozhou Bay [J]. Advances in Computer Science Research, 2015, 2352:194-197.

[11]Yang D F, Gao Z H, Sun P Y, et al. Silicon limitation on primary production and its destiny in Jiaozhou Bay, China [J]. Chinese Journal of Oceanology, 2005, 24(2): 169-175.

[12]杨东方, 王凡, 高振会, 等. 胶州湾浮游藻类生态现象 [J]. 海洋科学, 2004, 28(6): 71-74.

[13]国家海洋局. 海洋监测规范 [M]. 北京: 海洋出版社, 1991.

第 39 章　胶州湾水域镉来源变化过程

随着经济的高速发展，镉(Cd)被广泛应用到工业、农业和交通行业，而且日常生活用品中 Cd 也得到了普遍的使用，于是，在环境中出现了 Cd。Cd 对环境的影响日益增大。这样，人类的活动带来了大量的 Cd，经过外海海流的输送、河流的输送和大气沉降的输送，Cd 在大海中迁移[1-10]。本章根据 1984～1988 年胶州湾的调查资料，研究在这 5 年间 Cd 在胶州湾水域的水平分布和来源变化，确定在胶州湾水域 Cd 含量来源的位置、范围及变化过程，为治理 Cd 污染的环境提供理论依据。

39.1　背　　景

39.1.1　胶州湾自然环境

胶州湾位于山东半岛南部，其地理位置为 120°04′～120°23′E，35°58′～36°18′N，以团岛与薛家岛连线为界，与黄海相通，面积约为 446km^2，平均水深约 7m，是一个典型的半封闭型海湾(图 39-1)。胶州湾入海的河流有十几条，其中径流量和含沙量较大的为大沽河和洋河，以及青岛市区的海泊河、李村河和娄山河等河流，这些河流均属季节性河流，河水水文特征有明显的季节性变化[11, 12]。

39.1.2　数据来源与方法

本书所使用的调查数据由国家海洋局北海环境监测中心提供。按照国家标准方法进行胶州湾水体 Cd 的调查[1-10]，该方法被收录在国家的《海洋监测规范》中[13]。

在 1984 年 7 月、8 月和 10 月，1985 年 4 月、7 月和 10 月，1986 年 4 月、7 月和 10 月，1987 年 5 月和 11 月，1988 年 4 月、7 月和 10 月，进行胶州湾水体 Cd 的调查[1-10]。

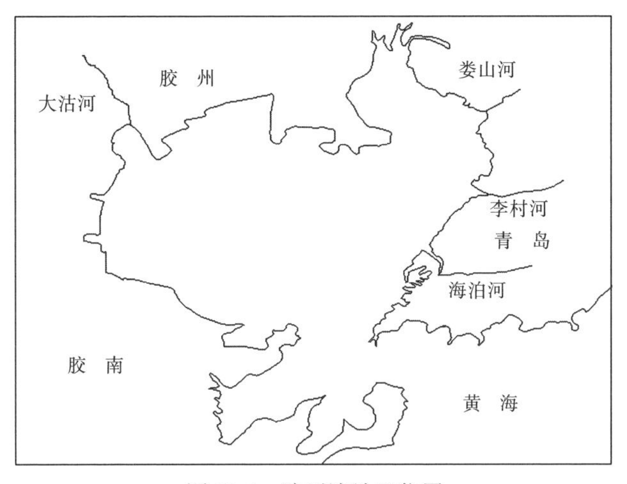

图 39-1　胶州湾地理位置

39.2　不同月份 Cd 含量的水平分布

39.2.1　1984 年 7 月、8 月和 10 月 Cd 含量的水平分布

在 7 月，在胶州湾湾外的东部近岸水域，形成了 Cd 的高含量区，形成了一系列不同梯度的平行线。Cd 含量从中心的高含量 0.17μg/L 沿梯度递减到湾口水域的 0.16μg/L，甚至到湾内水域的 0.06μg/L(图 39-2)。在 8 月，在胶州湾东北部，

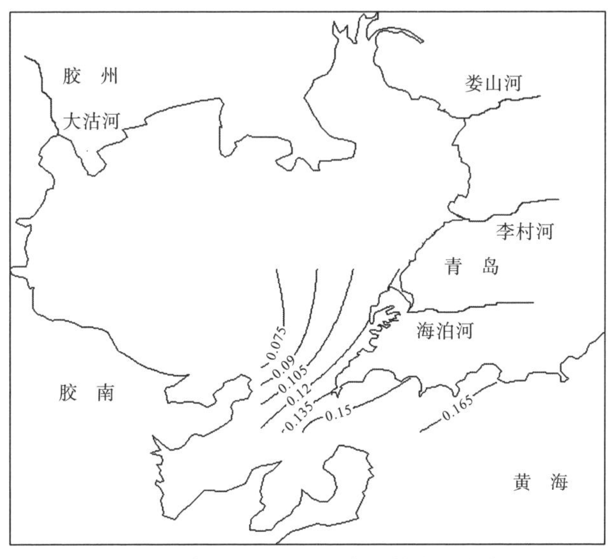

图 39-2　1984 年 7 月表层 Cd 含量的水平分布(μg/L)

形成了 Cd 的高含量区，形成了一系列不同梯度的平行线。Cd 含量从中心的高含量 0.11μg/L 沿梯度递减到娄山河入海口近岸水域的 0.10μg/L。在 10 月，在胶州湾湾外的东部近岸水域，形成了 Cd 的高含量区，形成了一系列不同梯度的平行线。Cd 含量从中心的高含量 0.20μg/L 沿梯度递减到湾口水域的 0.12μg/L，甚至到湾内东北部，在娄山河入海口近岸水域的 0.08μg/L。

39.2.2 1985 年 4 月、7 月和 10 月 Cd 含量的水平分布

在 4 月，在胶州湾东北部，在李村河入海口的近岸水域，形成了 Cd 的高含量区，形成了一系列不同梯度的半个同心圆。Cd 含量从中心的高含量 0.44μg/L 沿梯度递减到海泊河入海口的近岸水域 0.19μg /L(图 39-3)。在 7 月，在胶州湾东北部和西南部，在李村河入海口的近岸水域、海泊河入海口的近岸水域和胶州湾湾内的西南部近岸水域，形成了 Cd 的高含量区，形成了一系列不同梯度的平行线。Cd 含量从中心的高含量 0.21μg/L 沿梯度递减到湾口水域的 0.16μg /L。在 10 月，在胶州湾东北部，在李村河入海口的近岸水域，形成了 Cd 的高含量区，形成了一系列不同梯度的半个同心圆。Cd 含量从中心的高含量 0.39μg/L 沿梯度递减到娄山河入海口近岸水域的 0.03μg/L，同时沿梯度递减到湾口水域的 0.03μg/L。

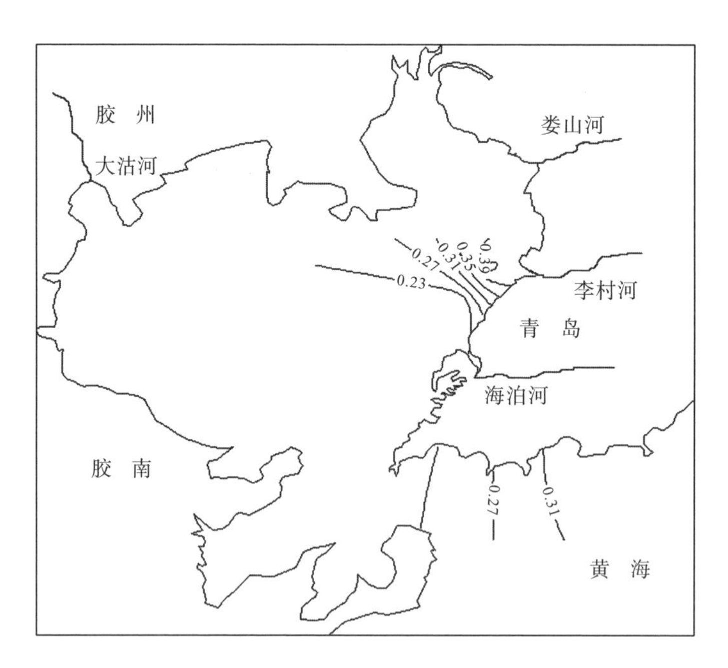

图 39-3 1985 年 4 月表层 Cd 含量的水平分布(μg/L)

39.2.3　1986 年 4 月、7 月和 10 月 Cd 含量的水平分布

在 4 月，在胶州湾东北部，在李村河入海口的近岸水域，形成了 Cd 的高含量区，形成了一系列不同梯度的半个同心圆。Cd 含量从中心的高含量 0.94μg/L 沿梯度递减到湾口水域的 0.01μg/L。在 7 月，在胶州湾湾外的东部近岸水域，形成了 Cd 的高含量区，形成了一系列不同梯度的平行线。Cd 含量从中心的高含量 6.48μg/L 沿梯度递减到胶州湾湾内东部近岸水域的 0.10μg/L（图 39-4）。在 10 月，在胶州湾东北部，在李村河入海口的近岸水域，形成了 Cd 的高含量区，形成了一系列不同梯度的平行线。Cd 含量从中心的高含量 0.75μg/L 沿梯度递减到娄山河入海口近岸水域的 0.19μg/L。

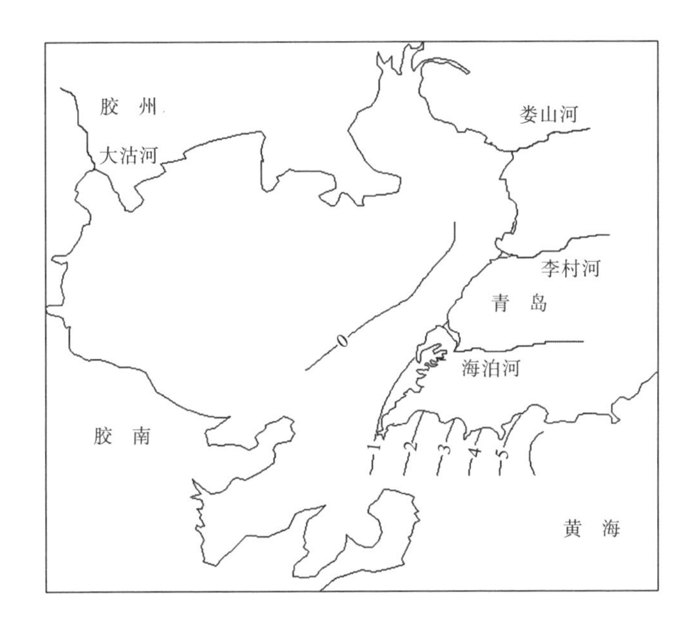

图 39-4　1986 年 7 月表层 Cd 含量的水平分布（μg/L）

39.2.4　1987 年 5 月和 11 月 Cd 含量的水平分布

在 5 月，在胶州湾东北部，在李村河入海口的近岸水域，形成了 Cd 的高含量区，形成了一系列不同梯度的半个同心圆。Cd 含量从中心的高含量 0.68μg/L 沿梯度递减到湾口水域的 0.09μg/L。在 11 月，在胶州湾东北部，在海泊河入海口的近岸水域，形成了 Cd 的高含量区，形成了一系列不同梯度的平行线。Cd 含量从中心的高含量 0.12μg/L 沿梯度递减到娄山河入海口近岸水域的 0.08μg /L（图 39-5）。

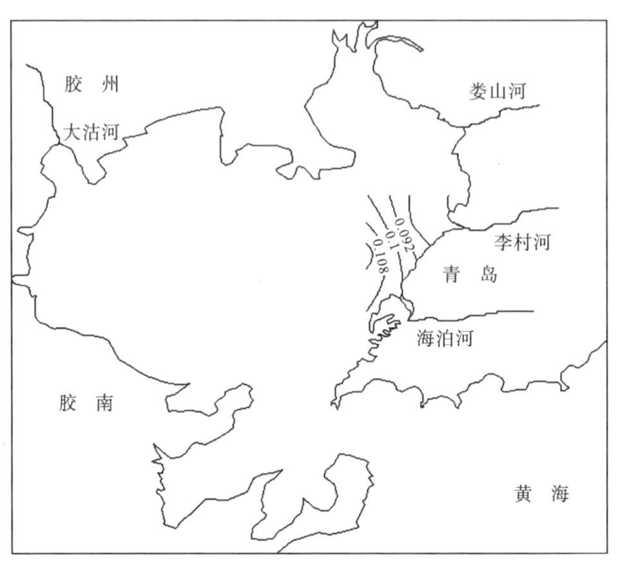

图 39-5 1987 年 11 月表层 Cd 含量的水平分布(μg/L)

39.2.5 1988 年 4 月、7 月和 10 月 Cd 含量的水平分布

在 4 月，在胶州湾湾外东部近岸水域的 35 站位，Cd 的含量达到很高，为 0.12μg/L，以湾外的东部近岸水域为中心形成了 Cd 的高含量区，形成了一系列不同梯度的平行线。Cd 含量从中心的高含量 0.12μg/L 沿梯度递减到胶州湾湾口水域的 0.09μg/L。在 7 月，在胶州湾海泊河入海口近岸水域的 89 站位，Cd 含量达到

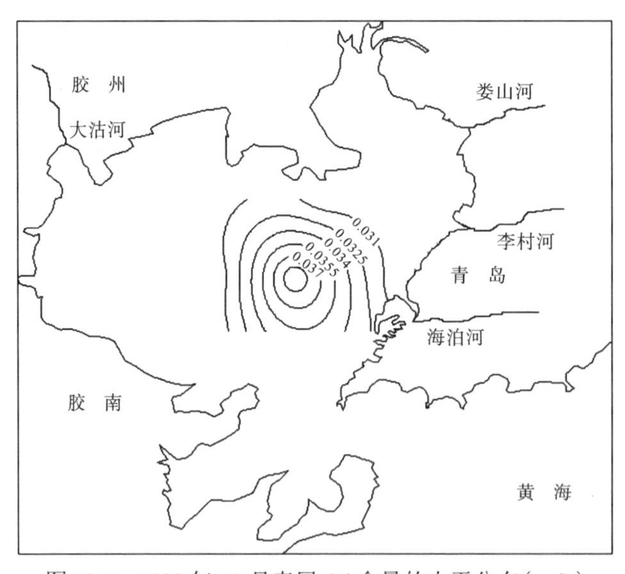

图 39-6 1988 年 10 月表层 Cd 含量的水平分布(μg/L)

较高，为 1.07μg/L，以海泊河入海口的近岸水域为中心形成了 Cd 的高含量区，形成了一系列不同梯度的半个同心圆。Cd 含量从中心的高含量 1.07μg/L 沿梯度向四周递减，到湾中心水域为 0.45μg/L，到西南部的近岸水域为 0.10μg/L。在 10 月，在胶州湾湾中心水域的 85 站位，Cd 含量达到较高，为 0.04μg/L，以湾中心水域为中心形成了 Cd 的高含量区，形成了一系列不同梯度的整个同心圆。Cd 含量从中心的高含量 0.04μg/L 沿梯度向四周递减，到湾的周围近岸水域为 0.03μg/L（图 39-6）。

39.3　不同来源的时间变化过程

39.3.1　来源的位置

在 1984～1988 年期间，每一年胶州湾均出现了 Cd 含量最高值的位置，展示了向胶州湾输送 Cd 的来源和大小。

39.3.1.1　1984 年

在 1984 年 7 月，在胶州湾湾外的东部近岸水域，形成了 Cd 的高含量区（0.17μg/L），表明在胶州湾水域，Cd 的来源是外海海流的输送。

在 1984 年 8 月，在胶州湾东北部的水体中，在娄山河和李村河入海口之间的近岸水域，形成了 Cd 的低含量区（0.10～0.11μg/L），表明在这个水域 Cd 是没有来源的。

在 1984 年 10 月，在胶州湾湾外的东部近岸水域，形成了 Cd 的高含量区（0.20μg/L），表明在胶州湾水域，Cd 的来源是外海海流的输送。

39.3.1.2　1985 年

在 1985 年 4 月，在胶州湾东北部的水体中，在李村河入海口的近岸水域，形成了 Cd 的高含量区，表明 Cd 的来源是河流的输送，其输送的 Cd 含量比较高（0.44μg/L）。

在 1985 年 7 月，在胶州湾东北部和西南部的水体中，在李村河、海泊河入海口的近岸水域以及西南部近岸水域，形成了 Cd 的高含量区，表明 Cd 的来源是河流的输送，其输送的 Cd 含量比较低（0.21μg/L）。

在 1985 年 10 月，在胶州湾东北部的水体中，在李村河入海口近岸水域，形成了 Cd 的高含量区，表明 Cd 的来源是河流的输送，其输送的 Cd 含量比较高（0.39μg/L）。

39.3.1.3 1986 年

在 1986 年 4 月，在胶州湾东北部的水体中，在李村河入海口的近岸水域，形成了 Cd 的高含量区，表明 Cd 的来源是河流的输送，其输送的 Cd 含量比较低（0.94μg/L）。

在 1986 年 7 月，在胶州湾湾外的东部近岸水域，形成了 Cd 的高含量区，表明在胶州湾水域，Cd 的来源是外海海流的输送，其输送的 Cd 含量比较高（6.48μg/L）。

在 1986 年 10 月，在胶州湾东北部的水体中，在李村河入海口的近岸水域，形成了 Cd 的高含量区，表明 Cd 的来源是河流的输送，其输送的 Cd 含量比较低（0.75μg/L）。

胶州湾水域 Cd 有两个来源，为河流的输送和外海海流的输送。来自河流输送的 Cd 含量为 0.75～0.94μg/L，来自外海海流输送的 Cd 含量为 6.48μg/L。

39.3.1.4 1987 年

在 1987 年 5 月，在胶州湾东北部的水体中，在李村河入海口的近岸水域，形成了 Cd 的高含量区，表明 Cd 的来源是河流的输送，其输送的 Cd 含量比较低（0.68μg/L）。

在 1987 年 11 月，在胶州湾东部的水体中，在海泊河入海口的近岸水域，形成了 Cd 的高含量区，表明 Cd 的来源是河流的输送，其输送的 Cd 含量比较低（0.12μg/L）。

胶州湾水域 Cd 只有一个来源，为河流的输送。来自河流输送的 Cd 含量为 0.12～0.68μg/L。

39.3.1.5 1988 年

在 1988 年 4 月，在胶州湾湾外的东部近岸水域，形成了 Cd 的高含量区，表明在胶州湾水域，Cd 的来源是外海海流的输送，其输送的 Cd 含量比较低（0.12μg/L）。

在 1988 年 7 月，在胶州湾海泊河入海口的近岸水域，形成了 Cd 的高含量区，表明 Cd 的来源是河流的输送，其输送的 Cd 含量比较高（1.07μg/L）。

在 1988 年 10 月，在胶州湾的湾中心水域，形成了 Cd 的高含量区，表明 Cd 的来源是大气沉降，其输送的 Cd 含量非常低（0.04μg/L）。

39.3.2 来源的范围

在 1984～1988 年期间，胶州湾水域 Cd 有 3 个来源，主要为外海海流的输送、河流的输送和大气沉降的输送。这 3 种途径给胶州湾整个水域带来了 Cd，其 Cd

含量范围为 0.04～6.48μg/L，于是，胶州湾整个水域 Cd 含量的水平分布展示，在河流的入海口、湾中心和湾外都出现了 Cd 的高含量区，形成了一系列不同的梯度，从中心沿梯度降低，扩展到胶州湾整个水域。

39.3.3　来源的变化过程

在 1984～1988 年期间，胶州湾水域 Cd 有 3 个来源，主要为外海海流的输送、河流的输送和大气沉降的输送(表 39-1)。

表 39-1　胶州湾不同来源的 Cd 含量　（单位：μg/L）

年份	外海海流	河流	大气沉降
1984	0.17～0.20		
1985		0.21～0.44	
1986	6.48	0.75～0.94	
1987		0.12～0.68	
1988	0.12	1.07	0.04

在 1984～1988 年期间，来自外海海流输送的 Cd 含量为 0.12～6.48μg/L。1984～1988 年，外海海流都在间断地向胶州湾水域输送 Cd。尤其在 1986 年，外海海流向胶州湾水域输送的 Cd 含量达到了很高，为 6.48μg/L，超过了国家一类海水水质标准(1.00μg/L)和二类海水水质标准(5.00μg/L)。表明在 1984～1988 年期间，外海海流受到 Cd 的轻度或者中度污染，而且，外海海流间断地向胶州湾水域输送 Cd，没有停止。

在 1984～1988 年期间，来自河流输送的 Cd 含量为 0.12～1.07μg/L。在 1984 年，河流没有向胶州湾水域输送 Cd。在 1985～1988 年，河流输送的 Cd 含量几乎没有很大的变化，在振荡中稍有升高(图 39-7)。在 1985～1987 年，Cd 含量都符

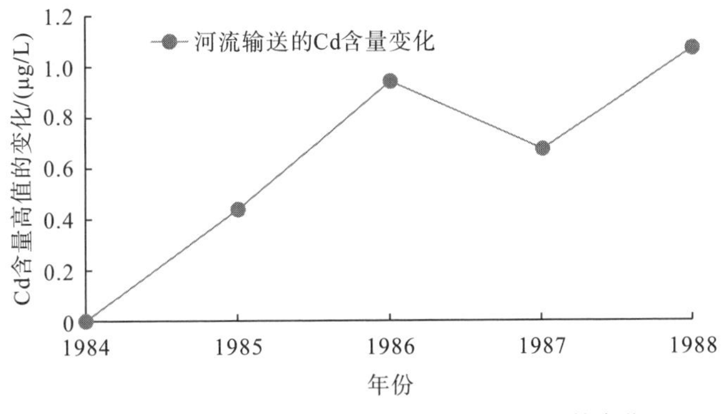

图 39-7　1984～1988 年河流输送的 Cd 含量的变化

合国家一类海水水质标准(1.00μg/L)，表明在 1985～1987 年，河流没有受到 Cd 的任何污染，向胶州湾水域输送的 Cd 含量比较低。在 1988 年，Cd 含量超过国家一类海水水质标准(1.00μg/L)，表明在 1988 年，河流受到 Cd 的轻度污染，向胶州湾水域输送的 Cd 含量比较高。

在 1984～1988 年期间，大气沉降输送的 Cd 含量为 0.04μg/L。1984～1987 年都没有发现来自大气沉降输送的 Cd。只有在 1988 年，大气沉降输送的 Cd 含量为 0.04μg/L，符合国家一类海水水质标准。表明在 1984～1987 年，大气沉降没有输送任何 Cd，也没有向胶州湾水域输送任何 Cd。只有在 1988 年，大气沉降含有 Cd，而且向胶州湾水域输送的 Cd 含量非常低。表明 1984～1988 年的 5 年间，只有 1981 年才出现大气沉降向胶州湾水域输送 Cd，大气沉降输送 Cd 的频率非常低，而且大气沉降输送的 Cd 含量也非常低(0.04μg/L)。这样，大气沉降从不含有 Cd 到含有 Cd，揭示了人类活动对大气有影响。

在 1984～1988 年期间，向胶州湾水域输送的 Cd，有外海海流的输送、河流的输送和大气沉降的输送。外海海流的输送是从第一年就开始了，输送是间断性的，而且输送的 Cd 含量有低、有高。揭示了外海海流时而没有受到 Cd 的任何污染，时而受到 Cd 的轻度或者中度污染。河流的输送在第一年是没有的，是从第二年才开始的。河流的输送一直持续存在，而且河流输送的 Cd 含量一直都比较低。随着时间的变化，河流输送的 Cd 含量在振荡中升高。这揭示了河流输送的 Cd 从无到有，再从输送的 Cd 含量低值到逐渐升高，一直到超过国家一类海水水质标准，河流受到 Cd 的轻度污染。大气沉降输送 Cd 从第一年一直到第四年都不存在，到了第五年才出现，而且大气沉降输送的 Cd 含量非常低。这揭示了在最初四年，大气沉降不存在 Cd，到了第五年，才出现了非常少的 Cd。

因此，在 1984～1988 年期间，外海海流的输送、河流的输送和大气沉降的输送展示了随着时间的变化，环境领域 Cd 含量在不断地升高(表 39-1)。人类活动所产生的 Cd 对外海海流、河流和大气沉降都有很大的影响，而且对环境影响的途径变得多样化，如外海海流的输送、河流的输送和大气沉降的输送。

39.4 结　论

在 1984～1988 年期间，胶州湾水域 Cd 有 3 个来源，主要为外海海流的输送、河流的输送和大气沉降的输送。这 3 种途径给胶州湾整个水域带来了 Cd，其 Cd 含量的变化范围为 0.04～6.48μg/L。随着时间的变化，胶州湾水域 Cd 的来源发生了很大变化。

在 1984～1988 年期间，来自外海海流输送的 Cd 含量为 0.12～6.48μg/L。外海海流的输送是从第一年就开始的，输送是间断性的，而且输送的 Cd 含量有低、有高。

在 1984～1988 年期间，来自河流输送的 Cd 含量为 0.12～1.07μg/L。河流的输送在第一年是没有的，是从第二年才开始的。河流的输送一直持续存在，而且河流输送的 Cd 含量一直都比较低。随着时间的变化，河流输送的 Cd 含量在振荡中升高。

在 1984～1988 年期间，来自大气沉降输送的 Cd 含量为 0.04μg/L。大气沉降输送 Cd 从第一年一直到第四年都不存在，到了第五年才出现大气沉降输送 Cd，而且大气沉降输送的 Cd 含量非常低。

在 1984～1988 年期间，外海海流的输送、河流的输送和大气沉降的输送展示了随着时间的变化，环境领域 Cd 含量在不断地升高。外海海流时而没有受到 Cd 的任何污染，时而受到 Cd 的轻度或者中度污染。河流输送的 Cd 从无到有，再从输送的 Cd 含量低值到逐渐升高，一直到超过国家一类海水水质标准，河流受到 Cd 的轻度污染。在最初四年，大气沉降不存在 Cd，到了第五年，才出现了非常少的 Cd。因此，在 1984～1988 年期间，外海海流输送的 Cd 含量时而低、时而高。河流输送的 Cd 含量从没有，到比较低，然后到比较高。大气沉降输送的 Cd 从最初一直没有，到最后出现。人类活动所产生的 Cd 在不断地增加，在不断地影响环境，影响输送 Cd 的途径。

参 考 文 献

[1]杨东方, 陈豫, 王虹, 等. 胶州湾水体镉的迁移过程和环境本底值结构 [J]. 海岸工程, 2010, 29(4): 73-82.

[2]杨东方, 陈豫, 常彦祥, 等. 胶州湾水体镉的分布及来源 [J]. 海岸工程, 2013(3): 68-78.

[3]Yang D F, Wang F Y, Wu Y F, et al. The structure of environmental background value of Cadmium in Jiaozhou Bay waters [J]. Applied Mechanics and Materials, 2014, 644-650: 5333-5335.

[4]Yang D F, Zhu S X, Wang F Y, et al. Spatial-temporal variations of Cd in Jiaozhou Bay [J]. Advances in Engineering Research, 2016, Part B:403-407.

[5]Yang D F, Yang X, Wang M, et al. The slight impacts of marine current to Cd contents in bottom waters in Jiaozhou Bay [J]. Advances in Engineering Research, 2016, Part B: 412-415.

[6]Yang D F, Wang F Y, Sun Z H, et al. Research on vertical distribution and settling process of Cd in Jiaozhou Bay [J]. Advances in Engineering Research, 2015, 40:776-781.

[7]Yang D F, Chen S T, Li B L, et al. Research on the vertical distribution of Cadmium in Jiaozhou Bay waters [C]. Proceedings of the 2015 International Symposium on Computers and Informatics, 2015: 2667-2674.

[8] Yang D F, Yang D, Zhu S, et al. Pollution level and source of Cd in Jiaozhou Bay [J]. Materials Engineering and Information Technology Application, 2015: 558-561.

[9]Yang D F, Zhu S X, Wang F Y, et al. The distribution and content of Cadmium in Jiaozhou Bay [J]. Applied Mechanics and Materials, 2014, 644-650: 5325-5328.

[10]Yang D F, Zhu S X, Wang F Y, et al. Distribution and aggregation process of Cd in Jiaozhou Bay [J]. Advances in Computer Science Research, 2015, 2352:194-197.

[11]Yang D F, Gao Z H, Sun P Y, et al. Silicon limitation on primary production and its destiny in Jiaozhou Bay, China [J]. Chinese Journal of Oceanology, 2005, 24(2): 169-175.

[12]杨东方, 王凡, 高振会, 等. 胶州湾浮游藻类生态现象 [J]. 海洋科学, 2004, 28(6): 71-74.

[13]国家海洋局. 海洋监测规范 [M]. 北京: 海洋出版社, 1991.

第40章　水体中镉的最高含量和最大容量的比例

随着工农业的发展，重金属镉(Cd)在许多领域得到广泛的应用，含 Cd 的产品众多，包括杀虫剂、电池、农药、半导体材料、电焊材料、聚氯乙烯(PVC)、电视机、计算机、照相材料、光电材料、杀菌剂等。这样，人类活动将含有 Cd 及其化合物的废弃物排放到海洋，造成了海洋环境的污染。因此，研究 Cd 在胶州湾水域的存在状况、季节变化和迁移过程[1-12]，对 Cd 影响环境的探索有着非常重要的意义。

本章根据 1984～1988 年胶州湾的调查资料，研究 Cd 在胶州湾海域的季节变化过程和来源输送的变化过程，确定 Cd 在陆地、大气和海洋的迁移过程，展示胶州湾水域 Cd 含量的变化过程，以及水体中 Cd 的最高含量和最大容量的输送来源，为 Cd 在胶州湾水域的来源、迁移和季节变化的研究提供科学依据。

40.1　背　　景

40.1.1　胶州湾自然环境

胶州湾位于山东半岛南部，其地理位置为 120°04′～120°23′E，35°58′～36°18′N，以团岛与薛家岛连线为界，与黄海相通，面积约为 446km^2，平均水深约 7m，是一个典型的半封闭型海湾(图 40-1)。胶州湾入海的河流有十几条，其中径流量和含沙量较大的为大沽河和洋河，以及青岛市区的海泊河、李村河和娄山河等河流，这些河流均属季节性河流，河水水文特征有明显的季节性变化[13, 14]。

40.1.2　数据来源与方法

本书所使用的调查数据由国家海洋局北海环境监测中心提供。按照国家标准方法进行胶州湾水体 Cd 的调查[1-9, 12]，该方法被收录在国家的《海洋监测规范》中[15]。

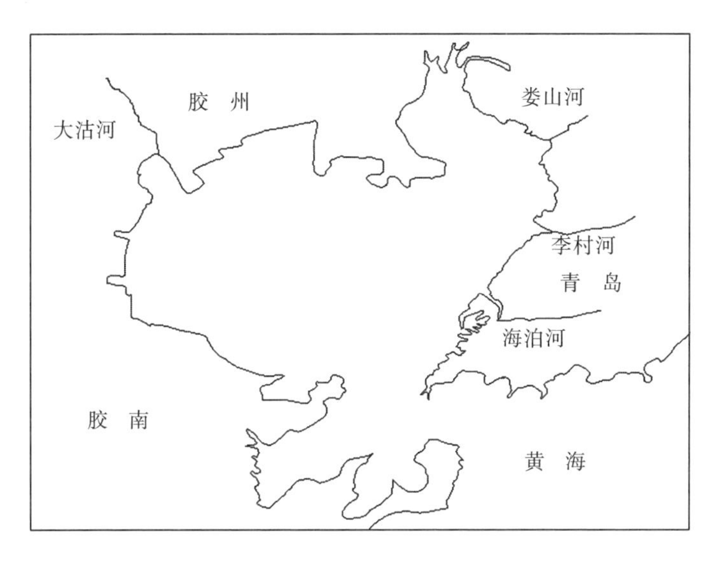

图 40-1　胶州湾地理位置

在 1984 年 7 月、8 月和 10 月，1985 年 4 月、7 月和 10 月，1986 年 4 月、7 月和 10 月，1987 年 5 月、7 月和 11 月，1988 年 4 月、7 月和 10 月，进行胶州湾水体 Cd 的调查[1-12]。以 4 月、5 月和 6 月为春季，以 7 月、8 月和 9 月为夏季，以 10 月、11 月和 12 月为秋季。

40.2　季节分布及输入量

40.2.1　表层的季节分布

40.2.1.1　1984 年

在胶州湾湾口水域的表层水体中，在 7 月，Cd 含量为 0.06～0.17μg/L；在 8 月，Cd 含量为 0.10～0.11μg/L；在 10 月，Cd 含量为 0.08～0.20μg/L。表明在 7 月、8 月和 10 月，水体中 Cd 表层含量的变化比较大(0.06～0.20μg/L)，Cd 的表层含量由低到高依次为 7 月、8 月、10 月。故得到水体中 Cd 的表层含量由低到高的季节变化为夏季、秋季。

40.2.1.2　1985 年

在胶州湾湾口水域的表层水体中，在 4 月，Cd 含量为 0.19～0.44μg/L；在 7 月，Cd 含量为 0.16～0.21μg/L；在 10 月，Cd 含量为 0.03～0.39μg/L。表明在 4 月、7 月和 10 月，水体中 Cd 表层含量的变化比较大(0.03～0.44μg/L)，Cd 的表层含量由低到高依次为 7 月、10 月、4 月。故得到水体中 Cd 的表层含量由低到高的季节变化为夏季、秋季、春季。

40.2.1.3 1986 年

在胶州湾湾口水域的表层水体中，在 4 月，Cd 含量为 0.01～0.38μg/L；在 7 月，Cd 含量为 0.13～6.48μg/L；在 10 月，Cd 含量为 0.19～0.75μg/L。表明在 4 月、7 月和 10 月，水体中 Cd 表层含量的变化比较大(0.01～6.48μg/L)，Cd 的表层含量由低到高依次为 4 月、10 月和 7 月。故得到水体中 Cd 的表层含量由低到高的季节变化为春季、秋季、夏季。

40.2.1.4 1987 年

在 5 月，胶州湾水域 Cd 含量为 0.09～0.68μg/L；在 7 月，胶州湾水域 Cd 含量为 0.08μg/L；在 11 月，胶州湾水域 Cd 含量为 0.07～0.12μg/L。表明在 5 月、7 月和 11 月，水体中 Cd 表层含量的变化比较小(0.07～0.68μg/L)，Cd 的表层含量由低到高依次为 7 月、11 月和 5 月。故得到水体中 Cd 的表层含量由低到高的季节变化为夏季、秋季、春季。

40.2.1.5 1988 年

在胶州湾湾口水域的表层水体中，在 4 月，Cd 含量为 0.09～0.12μg/L；在 7 月，Cd 含量为 0.10～0.45μg/L；在 10 月，Cd 含量为 0.03～0.04μg/L。这表明在 4 月、7 月和 10 月，水体中 Cd 表层含量的变化比较小(0.03～0.45μg/L)，Cd 的表层含量由低到高依次为 10 月、4 月和 7 月。故得到水体中 Cd 的表层含量由低到高的季节变化为秋季、春季、夏季。

40.2.2 季节的输入量

40.2.2.1 1984 年

在 1984 年 7 月，Cd 的来源是外海海流的输送(0.17μg/L)。
在 1984 年 8 月，在这个水域 Cd 是没有来源的。
在 1984 年 10 月，Cd 的来源是外海海流的输送(0.20μg/L)。

40.2.2.2 1985 年

在 1985 年 4 月，Cd 的来源是河流的输送(0.44μg/L)。
在 1985 年 7 月，Cd 的来源是河流的输送(0.21μg/L)。
在 1985 年 10 月，Cd 的来源是河流的输送(0.39μg/L)。

40.2.2.3 1986 年

在 1986 年 4 月，Cd 的来源是河流的输送(0.94μg/L)。
在 1986 年 7 月，Cd 的来源是外海海流的高含量输送(6.48μg/L)。
在 1986 年 10 月，Cd 的来源是河流的输送(0.75μg/L)。

40.2.2.4 1987 年

在 1987 年 5 月，Cd 的来源是胶州湾的河流输送(0.68μg/L)。
在 1987 年 7 月，在这个水域 Cd 是没有来源的。
在 1987 年 11 月，Cd 的来源是胶州湾的河流输送(0.12μg/L)。

40.2.2.5 1988 年

在 1988 年 4 月，Cd 的来源是外海海流的输送(0.12μg/L)。
在 1988 年 7 月，Cd 的来源是河流的输送(1.07μg/L)。
在 1988 年 10 月，Cd 的来源是大气沉降的输送(0.04μg/L)。

因此，在 1984～1988 年期间，胶州湾水域 Cd 有 3 个来源，主要为外海海流的输送(0.12～6.48μg/L)、河流的输送(0.12～1.07μg/L)和大气沉降的输送(0.04μg/L)。在 1984～1988 年期间，在不同的月份，Cd 的来源发生了很大的变化(表 40-1)。

表 40-1 Cd 来源的输送方式及输送量 (单位：μg/L)

年份	月份	外海海流的输送	河流的输送	大气沉降的输送	其他来源
1984	7	0.17			
	8				没有来源
	10	0.20			
1985	4		0.44		
	7		0.21		
	10		0.39		
1986	4		0.94		
	7	6.48			
	10		0.75		
1987	5		0.68		
	7				没有来源
	11		0.12		
1988	4	0.12			
	7		1.07		
	10			0.04	

40.3 最高含量和最大容量的比例

40.3.1 季节变化

在春季、夏季、秋季的季节变化过程中，在 1984 年，表层水体中 Cd 含量高的季节是秋季；在 1985 年和 1987 年，表层水体中 Cd 含量高的季节是春季；在 1986 年和 1988 年，表层水体中 Cd 含量高的季节是夏季。这样，在 1984～1988 年期间，表层水体中 Cd 含量高的季节有春季、夏季、秋季。在每一年中，胶州湾季节 Cd 含量展示了向胶州湾输送 Cd 的来源和输入量。因此，水体中 Cd 含量的季节变化都是由 Cd 来源的输入量决定的。

在 1984～1988 年期间，胶州湾水域 Cd 有 3 个来源，主要为外海海流的输送(0.12～6.48μg/L)、河流的输送(0.12～1.07μg/L)和大气沉降的输送(0.04μg/L)(图 40-2)。因此，水体中 Cd 含量的季节变化就是由 3 个 Cd 的来源决定的。

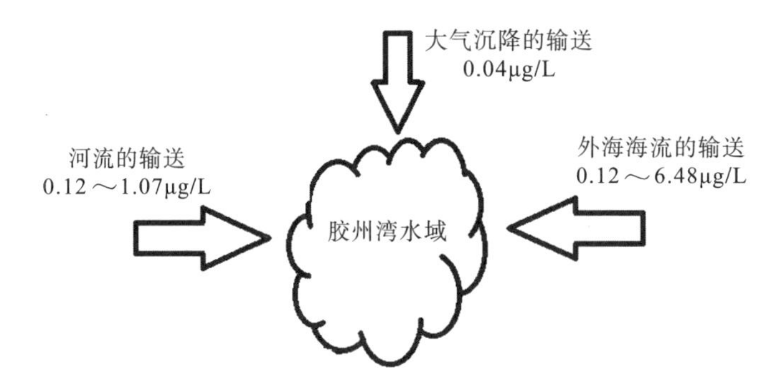

图 40-2 1984～1988 年胶州湾水域 Cd 的 3 个来源

40.3.2 输送的来源

随着工农业的发展，重金属 Cd 在许多领域得到广泛的应用，如在杀虫剂、电池、农药、半导体材料、颜料、涂层、电镀，以及塑料生产的过程中，都需要大量的 Cd。因此，Cd 产品已遍及工业、农业、国防、交通运输和人们日常生活的各个领域。

在生产和冶炼含 Cd 产品的过程中，向大气、陆地和大海大量排放 Cd。在空气、土壤、地表、河流等任何地方都有 Cd 的残留物，以各种不同的化学产品和污染物质的形式存在。而且地面水和地下水将 Cd 的残留物汇集到河流中，最后迁移到海洋的水体中。

40.3.3　河流的输送

在 1984～1988 年，来自河流输送的 Cd 含量为 0.12～1.07μg/L。在 1984 年，河流没有向胶州湾输送 Cd。在 1985～1988 年，河流输送的 Cd 含量在振荡中升高(图 40-2)。在 1985～1987 年，河流没有受到 Cd 的任何污染，向胶州湾水域输送的 Cd 含量比较低。在 1988 年，河流向胶州湾输送 Cd 含量超过了 1.00μg/L，表明河流受到了 Cd 的轻度污染。于是，在 1984～1988 年期间，从河流没有输送 Cd，到河流一直向胶州湾水域输送 Cd，河流没有受到 Cd 的任何污染，向胶州湾水域输送的 Cd 含量一直比较低，再到河流受到 Cd 的轻度污染。展示了随着时间的变化，河流的输送受到 Cd 的污染过程。也展示了随着人类活动的增多，河流输送的 Cd 含量从无到有，从低到高，呈现出升高趋势。

40.3.4　大气沉降的输送

在 1984～1988 年期间，来自大气沉降输送的 Cd 含量为 0.04μg/L。在 1984～1987 年，没有发现来自大气沉降输送的 Cd。只有在 1988 年的 10 月，出现了来自大气沉降输送的 Cd，含量为 0.04μg/L。1984～1988 年的 5 年间，只有一年 1988 年才出现大气沉降向胶州湾水域输送 Cd，大气沉降输送 Cd 的频率非常低，而且大气沉降输送的 Cd 含量也非常低(0.04μg/L)。

于是，在 1984～1988 年期间，从最初四年都没有大气沉降输送 Cd，到第五年才有大气沉降向胶州湾水域输送 Cd，且输送的 Cd 含量非常低。展示了随着时间的变化，大气沉降向胶州湾水域输送的 Cd 从无到有的过程。也展示了随着人类活动的增多，大气中也出现了 Cd。

40.3.5　外海海流的输送

在 1984～1988 年期间，来自外海海流输送的 Cd 含量为 0.12～6.48μg/L。1984～1988 年，外海海流输送 Cd 是断断续续的。输送的 Cd 含量中大部分是低值，有时有高值出现(6.48μg/L)。表明，在 1984～1988 年期间，海洋中 Cd 的含量是比较高的。有时非常高，达到了国家三类海水水质标准，海洋受到 Cd 的中度污染。

40.3.6　来源输送的比例

在 1984～1988 年期间，在胶州湾水体中海洋迁移过程是影响 Cd 含量的季节变化的因素之一，Cd 的迁移过程出现 3 个途径：①河流把 Cd 输入到海洋的近岸水域；②大气中 Cd 直接沉降到海洋；③在海洋水域中高 Cd 含量的水体通过外海海流输送到低 Cd 含量的海洋水域。胶州湾水体中的 Cd 是由这 3 个途径输送的。利用相对的输送比例公式计算不同来源输送的最高含量以及输送的最大容量。

在 1984～1988 年期间，外海海流输送的 Cd 含量为 0.12～6.48μg/L，河流输送的 Cd 含量为 0.12～1.07μg/L，大气沉降输送的 Cd 含量为 0.04μg/L。

外海海流输送的最高含量比例=6.48÷(6.48+1.07+0.04)=6.48÷7.59=0.8538= 85.38%。

河流输送的最高含量比例=1.07÷(6.48+1.07+0.04)=1.07÷7.59=0.1410=14.10%。

大气沉降输送的最高含量比例=0.04÷(6.48+1.07+0.04)=0.04÷7.59=0.0053=0.53%。

在 1984～1988 年期间，胶州湾水域 Cd 有 3 个来源：外海海流的输送、河流的输送和大气沉降的输送。以这 3 个来源输送的最高含量比例来考虑，外海海流输送的最高含量占到这 3 个输送来源的 85.38%，河流输送的最高含量占到这 3 个输送来源的 14.10%，大气沉降输送的最高含量占到这 3 个输送来源的 0.53%(图 40-3)。因此，水体中 Cd 的最高含量主要是由外海海流输送的 Cd 含量决定的。

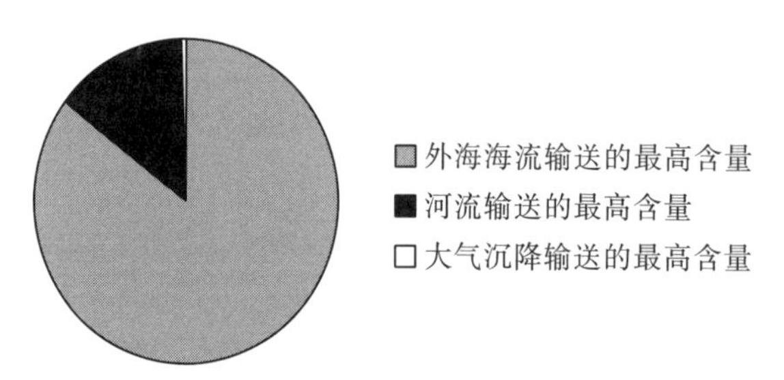

图 40-3　Cd 的 3 个来源输送的最高含量的比例

在 1984～1988 年期间，通过 Cd 来源的输送方式及输送量，计算外海海流输送的最大容量、河流输送的最大容量和大气沉降输送的最大容量。

外海海流输送的最大容量比例=(0.17+0.20+6.48+0.12)÷[(0.17+0.20+6.48+0.12)+(0.44+0.21+0.39+0.94+0.75+0.68+0.12+1.07)+0.04]=6.97÷(6.97+4.60+0.04)= 6.97÷11.61=0.6003=60.03%。

河流输送的最大容量比例=(0.44+0.21+0.39+0.94+0.75+0.68+0.12+1.07)÷[(0.17+0.20+6.48+0.12)+(0.44+0.21+0.39+0.94+0.75+0.68+0.12+1.07)+0.04]]= 4.60÷(6.97+ 4.60+ 0.04)= 4.60÷11.61=0.3962=39.62%。

大气沉降输送的最大容量比例=0.04÷[(0.17+0.20+6.48+0.12)+(0.44+0.21+0.39+0.94+0.75+0.68+0.12+1.07)+0.04]=0.04 ÷ 6.97+4.60+0.04=0.04 ÷ 11.61=0.0035=0.35%。

在 1984～1988 年期间，胶州湾水域 Cd 有 3 个来源：外海海流的输送、河流的输送和大气沉降的输送。以这 3 个来源输送的最大容量总和比例来考虑，外海海流输送的最大容量占到这 3 个输送来源的 60.03%，河流输送的最大容量占到这 3 个输送来源的 39.62%，大气沉降输送的最大容量占到这 3 个输送来源的 0.35%（图 40-4）。因此，水体中 Cd 的最大容量主要是由外海海流输送的 Cd 含量决定的。

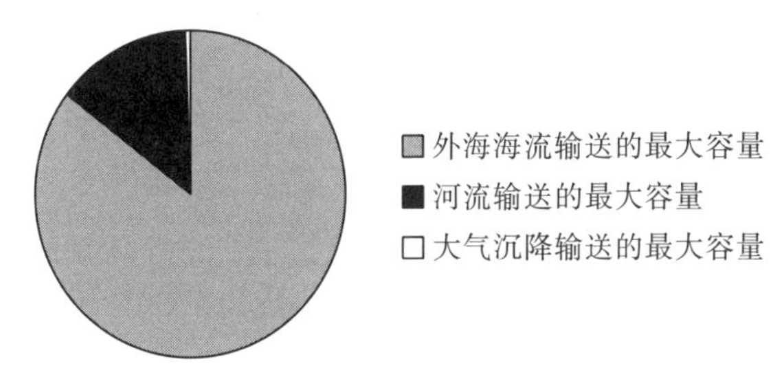

图 40-4　Cd 的 3 个来源输送的最大容量的比例

40.4　结　　论

在 1984～1988 年期间，表层水体中 Cd 含量高的季节有春季、夏季、秋季。在每一年中，胶州湾 Cd 的季节含量展示了向胶州湾输送 Cd 的来源和输入量。因此，在春季、夏季、秋季的季节变化过程中，水体中 Cd 含量的季节变化都是由 Cd 来源的输入量决定的。

在 1984～1988 年期间，胶州湾水域 Cd 有 3 个来源，主要为外海海流的输送（0.12～6.48μg/L）、河流的输送（0.12～1.07μg/L）和大气沉降的输送（0.04μg/L）。因此，水体中 Cd 含量的季节变化就是由 3 个 Cd 的来源决定的。而且作者提出了模型框图，展示了 Cd 的陆地迁移过程、大气迁移过程、海洋迁移过程，确定 Cd 经过的路径和留下的轨迹。

在 1984～1988 年期间，从河流没有输送 Cd，到河流一直向胶州湾水域输送 Cd，河流没有受到 Cd 的任何污染，Cd 含量一直比较低，再到河流受到 Cd 的轻度污染。展示了随着时间的变化，河流受到 Cd 污染的过程。也展示了随着人类活动的增多，河流输送 Cd 从无到有，从低到高，呈现出升高的趋势。

在 1984～1988 年期间，从最初四年都没有大气沉降输送 Cd，到第五年才有大气沉降向胶州湾水域输送 Cd，输送的 Cd 含量非常低。展示了随着时间的变化，大气沉降向胶州湾水域输送 Cd 从无到有的过程。也展示了随着人类活动的增多，大气中也出现了 Cd。

在 1984～1988 年期间，海洋中 Cd 的含量是比较高的。有时非常高，达到了国家三类海水水质标准，确定海洋受到了 Cd 的中度污染。

在 1984～1988 年期间，胶州湾水域 Cd 有 3 个来源：外海海流的输送、河流的输送和大气沉降的输送。以这 3 个来源输送的最高含量比例来考虑，外海海流输送的最高含量占到这 3 个输送来源的 85.37%，河流输送的最高含量占到这 3 个输送来源的 14.10%，大气沉降输送的最高含量占到这 3 个输送来源的 0.53%。因此，水体中 Cd 的最高含量主要是由外海海流输送的 Cd 含量决定的。

在 1984～1988 年期间，胶州湾水域 Cd 有 3 个来源：外海海流的输送、河流的输送和大气沉降的输送。以这 3 个来源输送的最大容量总和比例来考虑，外海海流输送的最大容量占到这 3 个输送来源的 60.03%，河流输送的最大容量占到这 3 个输送来源的 39.62%，大气沉降输送的容量占到这 3 个输送来源的 0.35%。因此，水体中 Cd 的最大容量主要是由外海海流输送的 Cd 含量决定的。

在胶州湾水体中，Cd 的最高含量和最大容量都是由外海海流输送的 Cd 含量决定的。这揭示了海洋的 Cd 含量对胶州湾的 Cd 含量有着重大影响。

参考文献

[1]杨东方，苗振清. 海湾生态学(上册) [M]. 北京：海洋出版社, 2010.

[2]杨东方，高振会. 海湾生态学(下册) [M]. 北京：海洋出版社, 2010.

[3]杨东方，陈豫，王虹，等. 胶州湾水体镉的迁移过程和环境本底值结构 [J]. 海岸工程, 2010, 29(4): 73-82.

[4]杨东方，陈豫，常彦祥，等. 胶州湾水体镉的分布及来源 [J]. 海岸工程, 2013(3): 68-78.

[5]Yang D F, Zhu S X, Wang F Y, et al. The distribution and content of Cadmium in Jiaozhou Bay [J]. Applied Mechanics and Materials, 2014, 644-650: 5325-5328.

[6]Yang D F, Yang D, Zhu S, et al. Pollution level and source of Cd in Jiaozhou Bay [J]. Materials Engineering and Information Technology Application, 2015: 558-561.

[7]Yang D F, Wang F Y, Wu Y F, et al. The structure of environmental background value of Cadmium in Jiaozhou Bay waters [J]. Applied Mechanics and Materials, 2014, 644-650: 5333-5335.

[8]Yang D F, Chen S T, Li B L, et al. Research on the vertical distribution of Cadmium in Jiaozhou Bay waters [C]. Proceedings of the 2015 International Symposium on Computers and Informatics, 2015: 2667-2674.

[9]Yang D F, Zhu S X, Wang F Y, et al. Distribution and aggregation process of Cd in Jiaozhou Bay [J]. Advances in Computer Science Research, 2015, 2352:194-197.

[10]Yang D F, Zhu S X, Wang F Y, et al. Spatial-temporal variations of Cd in Jiaozhou Bay [J]. Advances in Engineering Research, 2016, Part B:403-407.

[11]Yang D F, Yang X, Wang M, et al. The slight impacts of marine current to Cd contents in bottom waters in Jiaozhou Bay [J]. Advances in Engineering Research, 2016, Part B: 412-415.

[12]Yang D F, Wang F Y, Sun Z H, et al. Research on vertical distribution and settling process of Cd in Jiaozhou Bay [J]. Advances in Engineering Research, 2015, 40:776-781.

[13]杨东方，王凡，高振会，等. 胶州湾浮游藻类生态现象 [J]. 海洋科学, 2004, 28(6): 71-74.

[14]Yang D F, Gao Z H, Sun P Y, et al. Silicon limitation on primary production and its destiny in Jiaozhou Bay, China [J]. Chinese Journal of Oceanology, 2005, 24(2): 169-175.

[15]国家海洋局. 海洋监测规范 [M]. 北京：海洋出版社, 1991.

第41章　胶州湾水域镉的沉降过程及特征

镉(Cd)是具有延展性、质地软的带蓝色光泽的银白色金属元素。Cd具有电离势较高、不易氧化的特点，其主要从硫化物的锌矿石中提取，主要工业用途为制造抗腐蚀、耐磨、易熔的特殊合金材料、电镀材料和电池等。Cd经过陆地迁移过程、大气迁移过程和海洋迁移过程，进入海洋水域[1-12]。因此，研究海洋水体中Cd含量的底层分布变化，对于了解Cd对环境造成的持久性污染有着非常重要的意义。

在1984～1988年期间，在胶州湾水体中Cd来自自然界的输送和人类活动的输送。经过陆地迁移过程和海洋迁移过程，Cd输入到海洋的近岸水域。本章根据1984～1988年胶州湾水域的调查资料，研究Cd在胶州湾海域的底层的含量变化、分布变化以及污染的程度和时间长短，为研究Cd在水体中的沉降机制提供理论依据。

41.1　背　　景

41.1.1　胶州湾自然环境

胶州湾位于山东半岛南部，其地理位置为120°04′～120°23′E，35°58′～36°18′N，以团岛与薛家岛连线为界，与黄海相通，面积约为446km^2，平均水深约7m，是一个典型的半封闭型海湾(图41-1)。胶州湾入海的河流有十几条，其中径流量和含沙量较大的为大沽河和洋河，以及青岛市区的海泊河、李村河和娄山河等河流，这些河流均属季节性河流，河水水文特征有明显的季节性变化[13, 14]。

41.1.2　数据来源与方法

本书所使用的调查数据由国家海洋局北海环境监测中心提供。按照国家标准方法进行胶州湾水体Cd的调查[1-9, 12]，该方法被收录在国家的《海洋监测规范》中[15]。

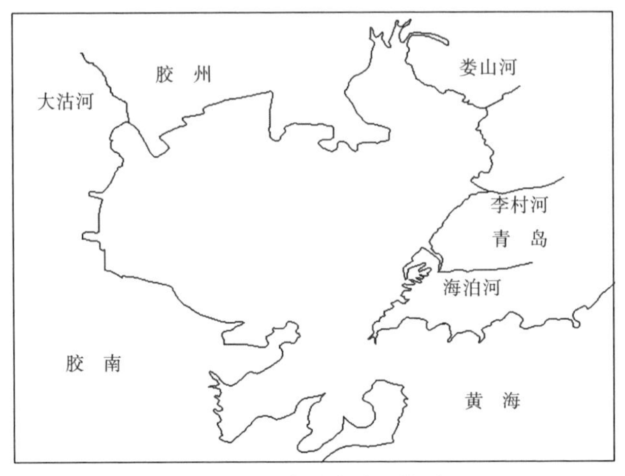

图 41-1 胶州湾地理位置

在 1984 年 7 月和 10 月，1985 年 4 月、7 月和 10 月，1986 年 4 月和 7 月，1987 年 5 月，1988 年 4 月和 7 月，进行胶州湾水体 Cd 的调查[1-12]。以 4 月、5 月和 6 月为春季，以 7 月、8 月和 9 月为夏季，以 10 月、11 月和 12 月为秋季。

41.2 底层含量及水平分布

41.2.1 底层含量

在 1984～1988 年，对胶州湾水体底层中的 Cd 含量进行调查，其底层含量的变化范围见表 41-1。

表 41-1 从 4 月到 11 月 Cd 在胶州湾水体底层的含量 （单位：μg/L）

年份	4 月	5 月	6 月	7 月	8 月	9 月	10 月	11 月
1984				0.05～0.06			0.08～0.18	
1985	0.19～0.32			0.11～0.17			0.04～0.17	
1986	0.00～0.22			0.17～1.29				
1987		0.14～0.34						
1988	0.08～0.10			0.09～0.61				

41.2.1.1 1984 年

在 7 月，胶州湾水域 Cd 含量为 0.05～0.06μg/L，符合国家一类海水水质标准；在 10 月，胶州湾水域 Cd 含量为 0.08～0.18μg/L，符合国家一类海水水质标准。因此，在 7 月和 10 月，Cd 在胶州湾水体中的含量为 0.05～0.18μg/L，符合国家一类海水水质标准。表明在 Cd 含量方面，在 7 月和 10 月，在胶州湾的湾口底层水域，水质清洁，没有受到 Cd 的任何污染(表 41-1)。

41.2.1.2　1985 年

在胶州湾的湾口底层水域，在 4 月，Cd 含量为 0.19～0.32μg/L，符合国家一类海水水质标准(1.00μg/L)；在 7 月，Cd 含量为 0.11～0.17μg/L，符合国家一类海水水质标准；在 10 月，Cd 含量为 0.04～0.17μg/L，符合国家一类海水水质标准。因此，在 4 月、7 月和 10 月，在胶州湾的湾口底层水域，Cd 含量为 0.04～0.32μg/L，符合国家一类海水水质标准。表明在 Cd 含量方面，在 4 月、7 月和 10 月，在胶州湾的湾口底层水域，水质清洁，没有受到 Cd 的任何污染(表 41-1)。

41.2.1.3　1986 年

在胶州湾的湾口底层水域，在 4 月，Cd 含量为 0.00～0.22μg/L，符合国家一类海水水质标准(1.00μg/L)；在 7 月，Cd 含量为 0.17～1.29μg/L，超过国家一类海水水质标准(1.00μg/L)，符合国家二类海水水质标准(5.00μg/L)。因此，在 4 月和 7 月，在胶州湾的湾口底层水域，Cd 含量为 0.00～1.29μg/L，符合国家一、二类海水水质标准。表明在 Cd 含量方面，在 4 月和 7 月，在胶州湾的湾口底层水域，水质受到 Cd 的轻度污染(表 41-1)。

41.2.1.4　1987 年

在 5 月，在胶州湾的湾口底层水域，Cd 含量的变化范围为 0.14～0.34μg/L，符合国家一类海水水质标准(1.00μg/L)。表明在 5 月，在胶州湾的湾口底层水域，Cd 含量比较低，水质清洁，完全没有受到 Cd 的污染(表 41-1)。

41.2.1.5　1988 年

在 4 月，胶州湾水域 Cd 含量为 0.08～0.10μg/L，符合国家一类海水水质标准；在 7 月，胶州湾水域 Cd 含量为 0.09～0.61μg/L，符合国家一类海水水质标准。因此，在 4 月和 7 月，Cd 含量在胶州湾水体中的变化范围为 0.08～0.61μg/L，符合国家一类海水水质标准。表明在 Cd 含量方面，在 4 月和 7 月，在胶州湾的湾口底层水域，水质没有受到 Cd 的任何污染(表 41-1)。

41.2.2　底层水平分布

41.2.2.1　1984 年

在 7 月和 10 月，在胶州湾的湾口底层水域，从湾口外侧到湾口，再到湾口内侧，在胶州湾湾口水域的2031、2032、2033站位，Cd含量有底层的调查。Cd含量在底层的水平分布如下。

在7月，在胶州湾的湾口底层水域，从湾口外侧到湾口，在胶州湾湾内西南部近岸水域的2033站位，Cd的含量达到较高，为0.06μg/L，以西南部近岸水域为中心形成了Cd的相对较高含量区，形成了一系列不同梯度的平行线。Cd含量从湾内西南部的高含量0.06μg/L向湾外到湾口水域和湾口外水域沿梯度递减为0.05μg/L（图41-2）。

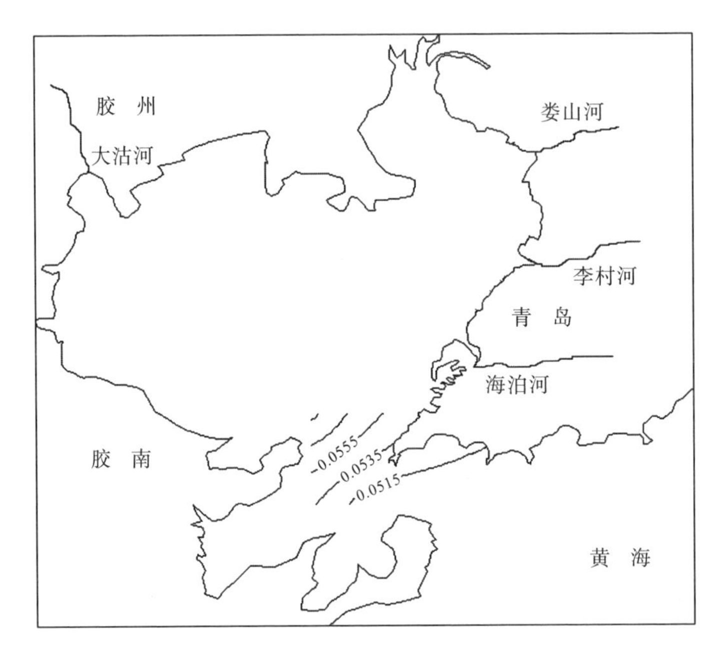

图41-2 1984年7月底层Cd含量的水平分布（μg/L）

在10月，在胶州湾的湾口底层水域，从湾口到湾口外侧，在胶州湾湾外东部近岸水域的2031站位，Cd的含量达到较高，为0.18μg/L，以东部近岸水域为中心形成了Cd的相对较高含量区，形成了一系列不同梯度的平行线。Cd含量从湾外的高含量0.18μg/L向西部到湾口水域沿梯度递减为0.08μg/L。

41.2.2.2 1985年

在4月、7月和10月，在胶州湾的湾口底层水域，从湾口外侧到湾口，再到湾口内侧，在胶州湾的湾口水域的2031、2032、2033站位，Cd含量有底层的调查。Cd含量在底层的水平分布如下。

在4月，在胶州湾的湾口底层水域，从湾口外侧到湾口，在胶州湾湾外东部近岸水域的2031站位，Cd的含量达到较高，为0.32μg/L，以东部近岸水域为中心形成了 Cd 的高含量区，形成了一系列不同梯度的平行线。Cd 含量从湾外的高含量 0.32μg/L 向西部到湾口水域沿梯度递减为 0.19μg/L(图 41-3)。

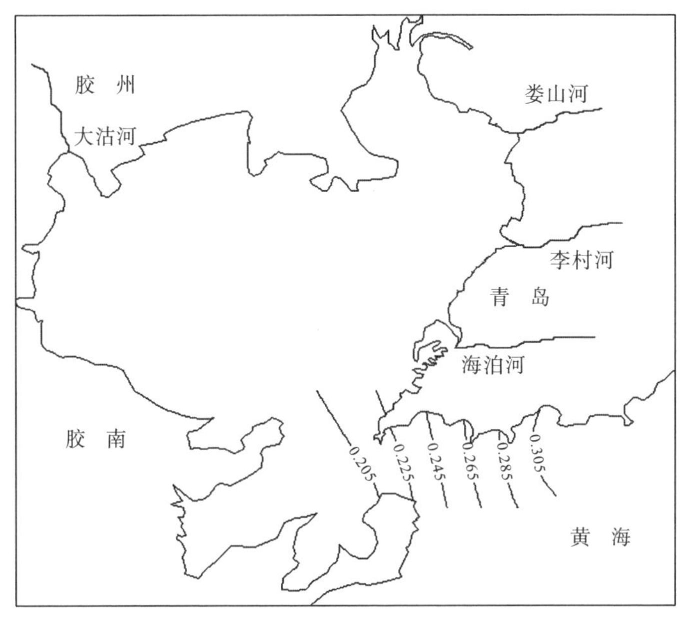

图 41-3　1985 年 4 月底层 Cd 含量的水平分布(μg/L)

在 7 月，在胶州湾的湾口底层水域，从湾口到湾口外侧，在胶州湾湾口水域的 2032 站位，Cd 的含量达到很高，为 0.17μg/L，以湾口水域为中心形成了 Cd 的高含量区，形成了一系列不同梯度的平行线。Cd 含量从湾口水域的高含量 0.17μg/L 向东部到湾外沿梯度递减为 0.11μg/L。

在 10 月，在胶州湾的湾口底层水域，从湾口外侧到湾口，在胶州湾湾外东部近岸水域的 2031 站位，Cd 的含量达到较高，为 0.17μg/L，以东部近岸水域为中心形成了 Cd 的高含量区，形成了一系列不同梯度的平行线。Cd 含量从湾外的高含量 0.17μg/L 向西部到湾口内侧水域沿梯度递减为 0.04μg/L。

41.2.2.3　1986 年

在 4 月和 7 月，在胶州湾的湾口底层水域，从湾口外侧到湾口，再到湾口内侧，在胶州湾的湾口水域的 2031、2032、2033 站位，Cd 含量有底层的调查。Cd 含量在底层的水平分布如下。

在 4 月，在胶州湾的湾口底层水域，从湾口外侧到湾口内侧，在胶州湾湾外东部近岸水域的 2031 站位，Cd 的含量达到较高，为 0.22μg/L，以湾外的东部近岸水域为中心形成了 Cd 的高含量区，形成了一系列不同梯度的平行线。Cd 含量从湾口外侧的高含量 0.22μg/L 向西部到湾口内侧水域沿梯度递减为 0.00μg/L。

在 7 月，在胶州湾的湾口底层水域，从湾口外侧到湾口内侧，在胶州湾湾外东部近岸水域的 2031 站位，Cd 的含量达到较高，为 1.29μg/L，以湾外的东部近岸水域为中心形成了 Cd 的高含量区，形成了一系列不同梯度的平行线。Cd 含量从湾口外侧的高含量 1.29μg/L 向西部到湾口内侧水域沿梯度递减为 0.17μg/L(图 41-4)。

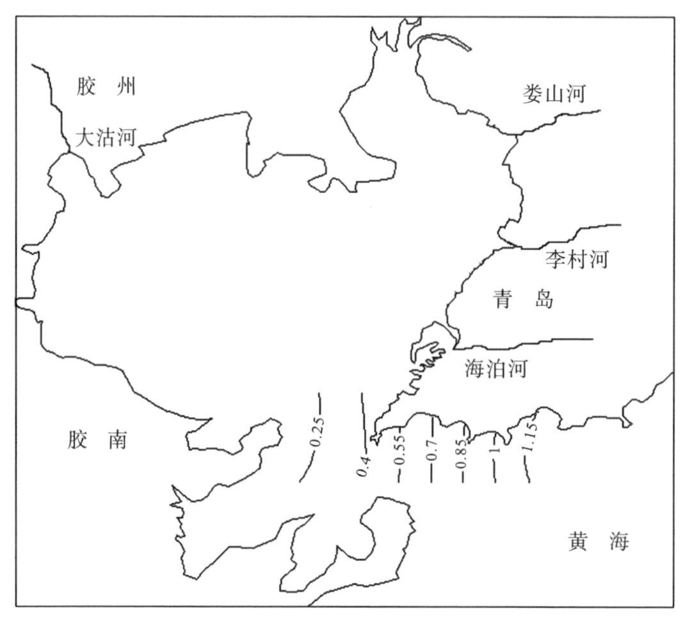

图 41-4 1986 年 7 月底层 Cd 含量的水平分布(μg/L)

41.2.2.4 1987 年

在 5 月，在胶州湾的湾口底层水域，从湾口外侧到湾口，再到湾口内侧，在胶州湾的湾口水域的 2031、2032、2033 站位，Cd 含量有底层的调查。Cd 含量在底层的水平分布如下。

在 5 月，在胶州湾的湾口底层水域，从湾口到湾口外侧，在胶州湾湾口水域的 2032 站位，Cd 的含量达到很高，为 0.34μg/L，以湾口水域为中心形成了 Cd 的高含量区，形成了一系列不同梯度的平行线。Cd 含量从湾口水域的高含量 0.34μg/L 向北部到湾内沿梯度递减为 0.14μg/L。

41.2.2.5 1988 年

在 4 月和 7 月，在胶州湾的底层水域，从湾口外侧到湾口，到湾口内侧，再到湾口内中心水域，在胶州湾的湾口水域的 34、35、36、84、85、90 站位，Cd 含量有底层的调查。Cd 含量在底层的水平分布如下。

在 4 月，在胶州湾的湾中心底层水域，从湾中心到湾口内侧，到湾口，再到湾口外侧，在胶州湾湾中心水域的 85 站位一直到湾口水域的 36 站位，Cd 的含量达到较高，为 0.10μg/L，以湾中心水域到湾口水域为中心形成了 Cd 的高含量区，形成了一系列不同梯度的平行线。Cd 含量从湾中心水域的高含量 0.10μg/L 向东部到湾口外侧水域沿梯度递减为 0.08μg/L(图 41-5)。

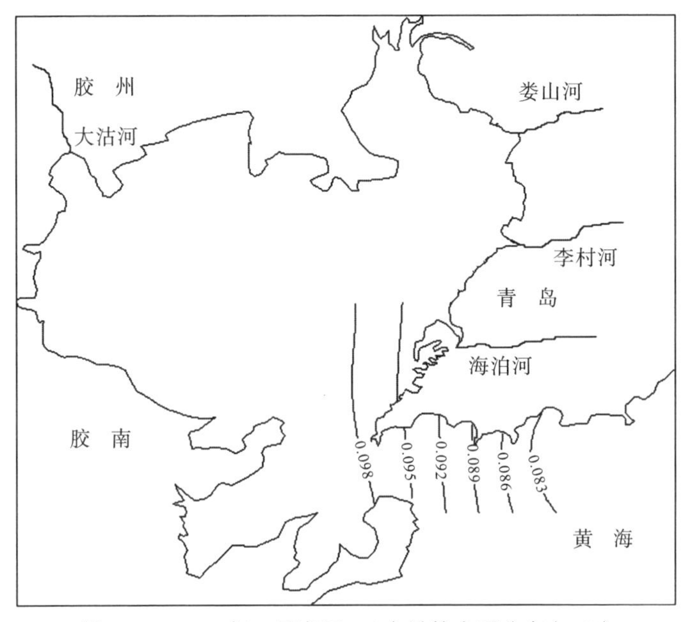

图 41-5　1988 年 4 月底层 Cd 含量的水平分布(μg/L)

在 7 月，在胶州湾的湾口底层水域，从湾口内侧到湾口，再到湾口外侧，在胶州湾湾内西南部近岸水域的 34 站位，Cd 的含量达到很高，为 0.61μg/L，以西南部近岸水域为中心形成了 Cd 的高含量区，形成了一系列不同梯度的半个同心圆。Cd 含量从湾口内侧的高含量 0.61μg/L 向东北部到湾口中心水域沿梯度递减为 0.09μg/L。

41.3　沉降过程及特征

41.3.1　月份变化

从 4 月到 11 月，在胶州湾水体中底层 Cd 含量的变化范围为 0.00～1.29μg/L，符合国家一、二类海水水质标准。表明在 Cd 含量方面，除了 1986 年 7 月，从 4 月到 11 月，在胶州湾的底层水域，水质清洁，完全没有受到 Cd 的污染。只有在

1986 年 7 月，在胶州湾的底层水域，水质受到 Cd 的轻度污染。

在胶州湾的底层水域，从 4 月到 11 月，Cd 含量高值的变化范围为 0.06～1.29μg/L，Cd 含量低值的变化范围为 0.00～0.19μg/L（图 41-6）。那么，Cd 含量高值变化的差是 1.29−0.06=1.23μg/L，而 Cd 含量低值变化的差是 0.19−0.00=0.19μg/L。作者发现 Cd 含量高值的变化范围比较大，而 Cd 含量低值的变化范围比较小，说明经过垂直水体的效应作用[11, 13, 14]，在胶州湾的底层水域 Cd 含量低值的变化范围比较小，比较稳定。

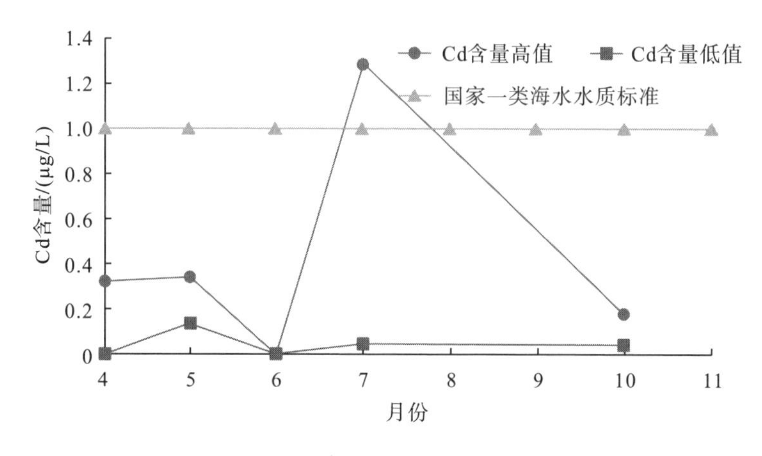

图 41-6 底层的 Cd 含量随着月份的变化

在胶州湾的底层水域，除了 1986 年 7 月，从 4 月到 11 月，每个月 Cd 含量高值都小于 0.61μg/L，符合国家一类海水水质标准（1.00μg/L）。只有 1986 年 7 月 Cd 含量高值大于 1.00μg/L，符合国家二类海水水质标准（5.00μg/L）。揭示了除了 1986 年 7 月，从 4 月到 11 月，一共有 40 个月，其中 39 个月，水质都没有受到 Cd 的污染，每个月 Cd 含量高值都小于国家一类海水水质标准；只有 1 个月，1986 年 7 月，水质受到 Cd 的轻度污染。

在胶州湾的底层水域，在 4 月，从 1985～1988 年，随着时间变化，Cd 含量在逐渐降低。在 7 月，从 1984～1988 年，随着时间变化，Cd 含量在大幅度地升高。

41.3.2 季节变化

以每年 4 月、5 月、6 月代表春季，7 月、8 月、9 月代表夏季，10 月、11 月、12 月代表秋季。在 1984～1988 年期间，在胶州湾水体中 Cd 含量在春季较高（0.00～0.34μg/L），在夏季最高（0.05～1.29μg/L），在秋季较低（0.04～0.18μg/L）。因此，在胶州湾的底层水域，水体中 Cd 的底层含量由低到高的季节变化为秋季、春季、夏季。展示了在胶州湾的底层水域，Cd 含量随着季节的变化形成了一个抛物线的变化。

41.3.3 水域沉降过程

胶州湾海域底层水体中 Cd 含量的分布变化，展示了 Cd 的沉降过程。

金属 Cd 主要从硫化物的锌矿石中提取，主要工业用途为制造抗腐蚀、耐磨、易熔的特殊合金材料、电镀材料和电池等。Cd 经过陆地迁移过程、大气迁移过程和海洋迁移过程，进入海洋水域，绝大部分经过重力沉降、生物沉降、化学作用等迅速由水相转入固相，最终转入沉积物中。从春季的 5 月开始，海洋生物大量繁殖，数量迅速增加，到夏季的 8 月，达到了高峰值[13]，且由于浮游生物的繁殖活动，悬浮颗粒物表面形成胶体，此时的吸附力最强，吸附了大量的 Cd，大量的 Cd 随着悬浮颗粒物迅速沉降到海底。这样，在春季、夏季和秋季，Cd 输入到海洋，颗粒物质和生物体将 Cd 从表层带到底层。

于是，Cd 经过水平水体的效应作用、垂直水体的效应作用及水体的效应作用[16-18]，在胶州湾底层水域形成了 Cd 的高含量区。

在 1984 年，在 7 月，胶州湾湾内的西南部近岸底层水域为 Cd 的高含量区，Cd 含量从胶州湾的湾口内侧水域到湾口外侧底层水域沿梯度递减，展示了在湾口内侧 Cd 的高沉降。在 10 月，胶州湾的湾口外侧水域为 Cd 的高含量区，Cd 含量从胶州湾的湾口外侧水域到湾口内侧水域沿梯度递减，展示了在湾口外侧 Cd 的高沉降。这样，在 1984 年，在 7 月，在胶州湾的湾口底层水域，在湾口内侧，Cd 具有高沉降率；在 10 月，在湾口外侧，Cd 具有高沉降率。

在 1985 年，在 4 月，胶州湾的湾外底层水域为 Cd 的高含量区，Cd 含量从湾外水域到湾口沿梯度递减，展示了在湾口外侧 Cd 的高沉降。在 7 月，胶州湾的湾口底层水域为 Cd 的高含量区，Cd 含量从湾口水域到湾内、外沿梯度递减，展示了在湾口 Cd 的高沉降。在 10 月，胶州湾的湾外底层水域为 Cd 的高含量区，Cd 含量从湾外水域到湾口沿梯度递减，展示了在湾口外侧 Cd 的高沉降。因此，在 1985 年，在 4 月和 10 月，在胶州湾的湾口底层水域，在湾口外侧，Cd 具有高沉降率。在 7 月，在湾口，Cd 具有高沉降率。

在 1986 年，在 4 月和 7 月，胶州湾的湾外底层水域为 Cd 的高含量区，Cd 含量从湾外水域到湾内沿梯度递减，展示了在湾口外侧 Cd 的高沉降。因此，在 1986 年，在 4 月和 7 月，在胶州湾的湾口底层水域，在湾口外侧，Cd 具有高沉降率。

在 1987 年，在 5 月，胶州湾的湾口底层水域为 Cd 的高含量区，Cd 含量从湾口水域到湾内沿梯度递减，展示了在湾口 Cd 的高沉降。因此，在 1987 年，在 5 月，在胶州湾的湾口底层水域，在湾口，Cd 具有高沉降率。

在 1988 年，在 4 月，胶州湾湾中心和湾口底层从水域为 Cd 的高含量区，从湾中心和湾口，到湾口外侧，Cd 含量沿梯度递减，展示了从湾中心水域到湾口水域 Cd 的高沉降。在 7 月，胶州湾的湾口内侧水域为 Cd 的高含量区，从湾口内侧水域到湾中心水域，Cd 含量沿梯度递减，展示了在湾口内侧 Cd 的高沉降。这样，在 1988 年，在 4 月和 7 月，在胶州湾的湾口底层水域，在湾口内侧，Cd 具有高沉降率。

41.3.4 水域沉降起因

在胶州湾，湾内海水经过湾口与外海水交换，物质的浓度不断地降低[11]。

在 1984 年，在 7 月，在胶州湾的湾口底层水域，在湾口内侧，Cd 具有高沉降率；在 10 月，在湾口外侧，Cd 具有高沉降率。在 1984 年，在 7 月，外海海流输送的 Cd 含量为 0.17μg/L；在 10 月，外海海流输送的 Cd 含量为 0.20μg/L。经过水平水体的效应作用、垂直水体的效应作用及水体的效应作用[16-18]，在胶州湾底层水域 Cd 的高含量区是湾口内侧水域和湾口外侧水域。因此，外海海流的输送是一个不断的和强有力的过程。

在 1985 年，在 4 月和 10 月，在胶州湾的湾口底层水域，在湾口外侧，Cd 具有高沉降率；在 7 月，在湾口，Cd 具有高沉降率。在 1985 年，在 4 月，河流输送的 Cd 含量为 0.44μg/L；在 7 月，河流输送的 Cd 含量为 0.21μg/L；在 10 月，河流输送的 Cd 含量为 0.39μg/L。经过水平水体的效应作用、垂直水体的效应作用及水体的效应作用[16-18]，在胶州湾底层水域 Cd 的高含量区是湾口水域和湾口外侧水域。因此，河流的输送是一个不断的和强有力的过程。

在 1986 年，在 4 月和 7 月，在胶州湾的湾口底层水域，在湾口外侧，Cd 具有高沉降率。在 1986 年，在 4 月，河流输送的 Cd 含量为 0.94μg/L；在 7 月，外海海流输送的 Cd 含量为 6.48μg/L。经过水平水体的效应作用、垂直水体的效应作用及水体的效应作用[16-18]，在胶州湾底层水域 Cd 的高含量区是湾口外侧水域。因此，河流的输送和外海海流的输送是两个不断的和强有力的过程。

在 1987 年，在 5 月，在胶州湾的湾口底层水域，在湾口，Cd 具有高沉降率。在 1987 年，在 5 月，河流输送的 Cd 含量为 0.68μg/L。经过水平水体的效应作用、垂直水体的效应作用及水体的效应作用[16-18]，在胶州湾底层水域 Cd 的高含量区是湾口水域。因此，河流的输送是一个不断的和强有力的过程。

在 1988 年，在 4 月和 7 月，在胶州湾的湾口底层水域，在湾口内侧，Cd 具有高沉降率。在 1988 年，在 4 月，外海海流输送的 Cd 含量为 0.12μg/L；在 7 月，河流输送的 Cd 含量为 1.07μg/L。经过了水平水体的效应作用、垂直水体的效应作用及水体的效应作用[16-18]，在胶州湾底层水域 Cd 的高含量区是湾口内侧水域。因此，河流的输送和外海海流的输送是两个不断的和强有力的过程。

在 1984～1988 年期间，向胶州湾输送 Cd 的河流输送和外海海流输送展示了 Cd 在迅速地沉降，并且在底层具有累积的过程。河流输送的 Cd 能够沉降到达湾口内侧、湾口和湾口外侧的底层水域。外海海流输送的 Cd 能够沉降到达湾口内侧和湾口外侧的底层水域。在这 5 年间，河流的输送有 4 年，外海海流的输送有

5 年。当外海海流输送的 Cd 含量比较高时，高沉降区在湾口外侧的底层水域，如 1986 年。当河流输送的 Cd 含量比较高时，高沉降区在湾口内侧的底层水域，如 1988 年(表 41-2)。

表 41-2　胶州湾水体的 Cd 来源及沉降

来源及沉降	1984 年	1985 年	1986 年	1987 年	1988 年
输送 Cd 的来源	外海海流的输送	河流的输送	河流的输送和外海海流的输送	河流的输送	河流的输送和外海海流的输送
来源输送的 Cd 含量/(μg/L)	0.17～0.20	0.21～0.44	0.94 和 6.48	0.68	1.07 和 0.12
高沉降区域	湾口内侧的底层水域和湾口外侧的底层水域	湾口的底层水域和湾口外侧的底层水域	湾口外侧的底层水域	湾口的底层水域	湾口内侧的底层水域
高沉降区域 Cd 含量/(μg/L)	0.06～0.18	0.17～0.32	0～1.29	0.34	0.10～0.61

41.4　结　　论

在 1984～1988 年期间，从 4 月到 11 月，在胶州湾水体中底层 Cd 含量的变化范围为 0.00～1.29μg/L，符合国家一、二类海水水质标准。表明在 Cd 含量方面，除了 1986 年 7 月，从 4 月到 11 月，在胶州湾的底层水域，水质清洁，完全没有受到 Cd 的污染。只有在 1986 年 7 月，在胶州湾的底层水域，水质受到 Cd 的轻度污染。

作者发现 Cd 含量高值的变化范围比较大，而 Cd 含量低值的变化范围比较小，说明经过垂直水体的效应作用，在胶州湾的底层水域 Cd 含量低值的变化范围比较小，比较稳定。

除了 1986 年 7 月，从 4 月到 11 月，一共有 40 个月，其中 39 个月，水质都没有受到 Cd 的污染，每个月 Cd 含量高值都小于国家一类海水水质标准；只有 1 个月，1986 年 7 月，水质受到 Cd 的轻度污染。展示了在胶州湾的底层水域，受到 Cd 污染的程度是轻度的，且污染的时间非常短暂。

在胶州湾的底层水域，在 4 月，1985～1988 年，随着时间变化，Cd 含量在逐渐降低。在 7 月，1984～1988 年，随着时间变化，Cd 含量在大幅度地升高。

在胶州湾的底层水域，水体中 Cd 的底层含量由低到高的季节变化为秋季、春季、夏季。展示了在胶州湾的底层水域，Cd 含量随着季节的变化形成了一个抛物线的变化。

在 1984～1988 年期间，向胶州湾输送 Cd 的河流输送和外海海流输送展示了 Cd 在迅速地沉降，并且在底层具有累积的过程。河流输送的 Cd 能够沉降到达湾口内侧、湾口和湾口外侧的底层水域。外海海流输送的 Cd 能够沉降到达湾口内侧和湾口外侧的底层水域。在这 5 年间，河流的输送有 4 年，外海海流的输送有 5 年。当外海海流输送的 Cd 含量比较高时，高沉降区在湾口外侧的底层水域。当河流输送的 Cd 含量比较高时，高沉降区在湾口内侧的底层水域。

参考文献

[1]杨东方, 苗振清. 海湾生态学(上册) [M]. 北京: 海洋出版社, 2010.

[2]杨东方, 高振会. 海湾生态学(下册) [M]. 北京: 海洋出版社, 2010.

[3]杨东方, 陈豫, 王虹, 等. 胶州湾水体镉的迁移过程和环境本底值结构 [J]. 海岸工程, 2010, 29(4): 73-82.

[4]杨东方, 陈豫, 常彦祥, 等. 胶州湾水体镉的分布及来源 [J]. 海岸工程, 2013(3): 68-78.

[5]Yang D F, Zhu S X, Wang F Y, et al. The distribution and content of Cadmium in Jiaozhou Bay [J]. Applied Mechanics and Materials, 2014, 644-650: 5325-5328.

[6]Yang D F, Yang D, Zhu S, et al. Pollution level and source of Cd in Jiaozhou Bay [J]. Materials Engineering and Information Technology Application, 2015: 558-561.

[7]Yang D F, Wang F Y, Wu Y F, et al. The structure of environmental background value of Cadmium in Jiaozhou Bay waters [J]. Applied Mechanics and Materials, 2014, 644-650: 5333-5335.

[8]Yang D F, Chen S T, Li B L, et al. Research on the vertical distribution of Cadmium in Jiaozhou Bay waters [C]. Proceedings of the 2015 International Symposium on Computers and Informatics, 2015: 2667-2674.

[9]Yang D F, Zhu S X, Wang F Y, et al. Distribution and aggregation process of Cd in Jiaozhou Bay [J]. Advances in Computer Science Research, 2015, 2352:194-197.

[10]Yang D F, Zhu S X, Wang F Y, et al. Spatial-temporal variations of Cd in Jiaozhou Bay [J]. Advances in Engineering Research, 2016, Part B:403-407.

[11]Yang D F, Yang X, Wang M, et al. The slight impacts of marine current to Cd contents in bottom waters in Jiaozhou Bay [J]. Advances in Engineering Research, 2016, Part B: 412-415.

[12]Yang D F, Wang F Y, Sun Z H, et al. Research on vertical distribution and settling process of Cd in Jiaozhou Bay [J]. Advances in Engineering Research, 2015, 40:776-781.

[13]杨东方, 王凡, 高振会, 等. 胶州湾浮游藻类生态现象 [J]. 海洋科学, 2004, 28(6): 71-74.

[14]Yang D F, Gao Z H, Sun P Y, et al. Silicon limitation on primary production and its destiny in Jiaozhou Bay, China [J]. Chinese Journal of Oceanology, 2005, 24(2): 169-175.

[15]国家海洋局. 海洋监测规范 [M]. 北京: 海洋出版社, 1991.

[16]Yang D F, Wang F Y, Zhao X L, et al. Horizontal waterbody effect of hexachlorocyclohexane [J]. Sustainable Energy and Environment Protection, 2015: 191-195.

[17]Yang D F, Wang F Y, Yang X Q, et al. Water's effect of benzene hexachloride [J]. Advances in Computer Science Research, 2015, 2352:198-204.

[18]Yang D F, Wang F Y, He H Z, et al. Vertical water body effect of benzene hexachloride[C]. Proceedings of the 2015 International Symposium on Computers and Informatics, 2015: 2655-2660.

第 42 章　胶州湾水域杨东方的水平分布趋势过程

在自然界中，镉(Cd)在地壳中的含量比锌少得多，常常少量赋存于锌矿中。Cd 是显著的亲铜元素和分散元素，与锌的地球化学性质很相似，两者有着共同的地球化学行为，但 Cd 比锌具更强的亲硫性、分散性和亲石性。而且 Cd 在水中迁移的过程中，一直具有不稳定的化学性质。因此，研究海洋水体中表、底层 Cd 含量的水平分布趋势[1-20]，对于了解 Cd 在水体中的迁移过程有着非常重要的意义。本章根据 1984～1986 年胶州湾水域的调查资料，提出 Cd 含量的水域迁移趋势过程和模型框图，展示 Cd 经过的路径和留下的轨迹，并且预测表、底层 Cd 含量的水平分布趋势，为治理 Cd 污染的环境提供理论依据。

42.1　背　　景

42.1.1　胶州湾自然环境

胶州湾位于山东半岛南部，其地理位置为 120°04′～120°23′E，35°58′～36°18′N，以团岛与薛家岛连线为界，与黄海相通，面积约为 446km^2，平均水深约 7m，是一个典型的半封闭型海湾(图 42-1)。胶州湾入海的河流有十几条，其中径流量和含沙量较大的为大沽河和洋河，以及青岛市区的海泊河、李村河和娄山河等河流，这些河流均属季节性河流，河水水文特征有明显的季节性变化[21, 22]。

42.1.2　数据来源与方法

本书所使用的调查数据由国家海洋局北海环境监测中心提供。按照国家标准方法进行胶州湾水体 Cd 的调查[1-9, 12-20]，该方法被收录在国家的《海洋监测规范》中[23]。

在 1984 年 7 月和 10 月，1985 年 4 月、7 月和 10 月，1986 年 4 月和 7 月，进行胶州湾水体 Cd 的调查[1-9, 12-20]。以 4 月、5 月和 6 月为春季，以 7 月、8 月和 9 月为夏季，以 10 月、11 月和 12 月为秋季。

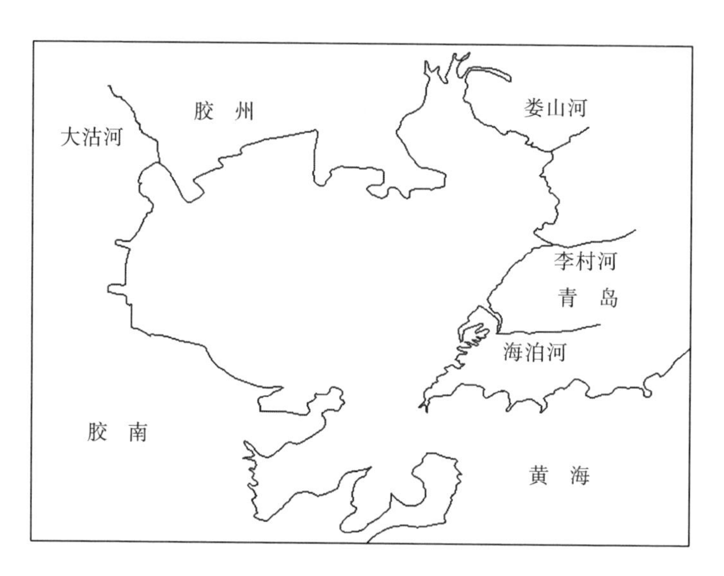

图 42-1 胶州湾地理位置

42.2 表、底层水平分布趋势

在 1984～1986 年，对胶州湾水体表、底层中的 Cd 含量进行调查，展示表、底层含量的水平分布趋势。

42.2.1 1984 年

在胶州湾的湾口水域，从胶州湾湾外东部近岸水域的 2031 站位到湾口水域的 2032 站位，Cd 含量的表底层水平分布趋势如下。

在 7 月，在表层，Cd 含量沿梯度下降，从 0.17μg/L 下降到 0.16μg/L。在底层，Cd 含量沿梯度保持不变，为 0.05μg/L。表明表层的水平分布趋势是下降的，而底层的水平分布趋势是保持不变的。表、底层的水平分布趋势是不一样的。

在 10 月，在表层，Cd 含量沿梯度下降，从 0.20μg/L 下降到 0.12μg/L。在底层，Cd 含量沿梯度下降，从 0.18μg/L 下降到 0.08μg/L。表明表、底层的水平分布趋势是一致的。

在 7 月，在胶州湾湾口水域的水体中，表层的水平分布趋势是下降的，而底层的水平分布趋势是保持不变的。在 10 月，在胶州湾湾口水域的水体中，表层的水平分布趋势与底层的水平分布趋势是一致的(表 42-1)。

表 42-1　在胶州湾水域 Cd 含量的表、底层水平分布趋势

月份	表层	底层	趋势
7	下降	不变	不一样
10	下降	下降	一致

42.2.2　1985 年

在胶州湾的湾口水域，从胶州湾湾外东部近岸水域的 2031 站位到湾口水域的 2032 站位，Cd 含量的水平分布如下。

在 4 月，在表层，Cd 含量沿梯度下降，从 0.33μg/L 下降到 0.21μg/L。在底层，Cd 含量沿梯度下降，从 0.32μg/L 下降到 0.19μg/L。表明表、底层的水平分布趋势是一致的。

在 7 月，在表层，Cd 含量沿梯度保持不变，为 0.16μg/L。在底层，Cd 含量沿梯度上升，从 0.12μg/L 上升到 0.17μg/L。表明表、底层的水平分布趋势是不一样的。

在 10 月，在表层，Cd 含量沿梯度下降，从 0.13μg/L 下降到 0.03μg/L。在底层，Cd 含量沿梯度下降，从 0.17μg/L 下降到 0.04μg/L。表明表、底层的水平分布趋势是一致的。

在 4 月和 10 月，在胶州湾湾口水域的水体中，表层的水平分布与底层的水平分布趋势是一致的(表 42-2)。在 7 月，在胶州湾湾口水域的水体中，表层的水平分布趋势是保持不变的，而底层的水平分布趋势是上升的，表、底层的水平分布趋势是不一样的。

表 42-2　在胶州湾水域 Cd 含量的表、底层水平分布趋势

月份	表层	底层	趋势
4	下降	下降	一致
7	不变	上升	不一样
10	下降	下降	一致

42.2.3　1986 年

在胶州湾的湾口水域，从胶州湾湾口外侧水域的 2031 站位到湾口水域的 2032 站位，Cd 含量的水平分布如下。

在 4 月，在表层，Cd 含量沿梯度下降，从 0.38μg/L 下降到 0.01μg/L。在底层，Cd 含量沿梯度下降，从 0.22μg/L 下降到 0.00μg/L。表明表、底层的水平分布趋势是一致的。

在 7 月，在表层，Cd 含量沿梯度下降，从 6.48μg/L 下降到 0.73μg/L。在底层，Cd 含量沿梯度下降，从 1.29μg/L 下降到 0.34μg/L。表明表、底层的水平分布趋势是一致的。

在 4 月和 7 月，在胶州湾湾口水域的水体中，表层的水平分布与底层的水平分布趋势是一致的(表 42-3)。

表 42-3 在胶州湾水域 Cd 含量的表、底层水平分布趋势

月份	表层	底层	趋势
4	下降	下降	一致
7	下降	下降	一致

42.3 杨东方的水平分布趋势过程

42.3.1 来源

在 1984～1986 年期间，在胶州湾水体中，向胶州湾输送 Cd 有两个来源[1-9, 13]，为河流的输送和外海海流的输送。在 1984 年，胶州湾水域 Cd 主要来自外海海流的输送(0.17～0.20μg/L)。在 1985 年，胶州湾水域 Cd 主要来自河流的输送(0.21～0.44μg/L)。在 1986 年，胶州湾水域 Cd 主要来自河流的输送(0.94μg/L)和外海海流的输送(6.48μg/L)。

在时间尺度上，在整个胶州湾水域，Cd 最初来自自然界，主要是外海海流的输送。随着时间的变化，Cd 不仅来自自然界同时也来自人类活动，不仅有外海海流的输送，还有河流的输送。这样，在水体中的 Cd 含量上升到高峰值。然后，通过水域的沉降过程，Cd 从表层穿过水体，来到底层。于是，表层 Cd 含量下降到低谷值。

在空间尺度上，向胶州湾水域输入的 Cd 含量是随着来源的入海口而变化，也就是随着与来源的入海口的距离的变化而变化[1-9, 12-20]。因此，在胶州湾水域，外海海流的输送、河流的输送将 Cd 输入到胶州湾的水域。

42.3.2 水域迁移过程

Cd 是具有延展性、质地软的带蓝色光泽的银白色金属元素。在自然界中，Cd 在水中迁移的过程中，一直具有不稳定的化学性质。

在胶州湾水域，Cd 随着来源输入量和经过距离的变化进行迁移，在水体效应的作用下[24-26]，Cd 含量在表、底层的水平分布趋势发生了变化。

42.3.2.1　1984 年

在 1984 年，在胶州湾的湾口水域，表、底层的水平分布趋势表明 Cd 的沉降过程。

在 7 月，Cd 来自外海海流的输送，含量比较低。表层 Cd 含量的水平分布趋势是下降的，而底层含量的水平分布趋势是保持不变的。表明在胶州湾的湾口水域，虽然在水体表层中，呈现出从胶州湾的湾口外水域向湾内 Cd 含量沿梯度降低，但是，Cd 离子被吸附于大量悬浮颗粒物表面，由于 Cd 含量比较低，在重力和水流的作用下，Cd 就被水流带走，几乎来不及沉降到海底，这样，导致在水体底层中，呈现出从胶州湾的湾外水域向湾口 Cd 含量保持不变。因此，Cd 含量在表层的水平分布趋势是下降的，而底层含量的水平分布趋势是保持不变的。

在 10 月，Cd 来自河流的输送，含量比较低。表层 Cd 含量的水平分布与底层的水平分布趋势是一致的。表明在胶州湾的湾口水域，在水体表层中，呈现出从胶州湾的湾外水域向湾口内 Cd 含量沿梯度下降，由于 Cd 离子被吸附于大量悬浮颗粒物表面，Cd 含量比较低，在重力和水流的作用下，Cd 迅速地沉降到海底，这样，导致在水体底层中，呈现出从胶州湾的湾外水域向湾口内 Cd 含量沿梯度下降。因此，Cd 含量在表、底层的水平分布趋势是一致的。

随着水体表层中 Cd 含量的高低值不同，Cd 从水体表层到水体底层的沉降量的变化也不同。这样，展示了在 7 月，在胶州湾湾口水域的水体中，表层 Cd 的水平分布与底层的水平分布趋势是不一样的；在 10 月，在胶州湾湾口水域的水体中，表层 Cd 的水平分布与底层的水平分布趋势是一致的。这就是 Cd 的空间沉降过程。

42.3.2.2　1985 年

在 1985 年，在胶州湾的湾口水域，表、底层的水平分布趋势表明 Cd 的沉降过程。

在 4 月和 10 月，Cd 来自河流的输送，含量比较高。表层 Cd 含量的水平分布与底层含量的水平分布趋势是一致的。表明在胶州湾的湾口水域，在水体表层中，呈现出从胶州湾的湾口水域向湾外 Cd 含量沿梯度上升，由于 Cd 离子被吸附于大量悬浮颗粒物表面，Cd 含量比较高，在重力和水流的作用下，Cd 迅速地沉降到海底，这样，导致在水体底层中，呈现出从胶州湾的湾口水域向湾外 Cd 含量沿梯度上升。因此，Cd 含量在表、底层的水平分布趋势是一致的。

在 7 月，Cd 来自河流的输送，含量比较低。表层 Cd 的水平分布与底层的水平分布趋势是一致的。表明在胶州湾的湾口水域，在水体表层中，呈现出从胶州湾的湾口水域向湾外 Cd 含量沿梯度下降，由于 Cd 离子被吸附于大量悬浮颗粒物表面，Cd 含量比较低，在重力和水流的作用下，Cd 迅速地沉降到海底，这样，导致在水体底层中，呈现出从胶州湾的湾口水域向湾外 Cd 含量沿梯度下降。因此，Cd 含量在表、底层的水平分布趋势是一致的。

在 4 月、7 月和 10 月，在胶州湾湾口水域的水体中，Cd 都是来自河流的输送，虽然输入水体表层中 Cd 含量的高低值不同，但是经过水体的垂直迁移后，表、底层 Cd 含量的水平分布趋势是一致的。这就是 Cd 的空间沉降过程。

42.3.2.3 1986 年

在 1986 年，在胶州湾的湾口水域，表、底层的水平分布趋势表明 Cd 的沉降过程。

在 4 月，Cd 来自外海海流的输送，含量比较低。表层 Cd 的水平分布与底层的水平分布趋势是一致的。表明在胶州湾的湾口水域，在水体表层中，呈现出从胶州湾的湾口外侧水域向湾口水域 Cd 含量沿梯度下降，由于 Cd 离子被吸附于大量悬浮颗粒物表面，Cd 含量比较高，在重力和水流的作用下，Cd 迅速地沉降到海底，这样，导致在水体底层中，呈现出从胶州湾的湾口外侧水域向湾口水域 Cd 含量沿梯度下降。因此，Cd 含量在表、底层的水平分布趋势是一致的。

在 7 月，Cd 来自外海海流的输送，含量比较高。表层 Cd 的水平分布与底层的水平分布趋势是一致的。表明在胶州湾的湾口水域，在水体表层中，呈现出从胶州湾的湾口外侧水域向湾口水域 Cd 含量沿梯度下降，由于 Cd 离子被吸附于大量悬浮颗粒物表面，Cd 含量比较高，在重力和水流的作用下，Cd 迅速地沉降到海底，这样，导致在水体底层中，呈现出从胶州湾的湾口外侧水域向湾口水域 Cd 含量沿梯度下降。因此，Cd 含量在表、底层的水平分布趋势是一致的。

在 4 月和 7 月，在胶州湾湾口水域的水体中，Cd 都是来自外海海流的输送，虽然输入水体表层中 Cd 含量的高低值不同，但是经过水体的垂直迁移后，表、底层 Cd 含量的水平分布趋势是一致的。这就是 Cd 的空间沉降过程。

42.3.3 水域迁移的趋势过程

在 1984～1986 年期间，表层 Cd 含量的水平分布与底层的水平分布趋势揭示了，当 Cd 含量比较高时，Cd 迅速沉降，并且具有海底的累积；当 Cd 含量比较低时，Cd 迅速被水流带走，几乎来不及沉降到海底。表、底层 Cd 含量的水平分布趋势呈现了 Cd 含量的水域迁移趋势过程(表 42-4)，称为杨东方的水平分布趋势过程，而且，这个杨东方的水平分布趋势过程具有 3 种形式，分别记为杨东方的水平分布趋势过程一、杨东方的水平分布趋势过程二、杨东方的水平分布趋势过程三。

表 42-4 在胶州湾水域 Cd 含量的杨东方的水平分布趋势过程

阶段	沉降	表层	底层	趋势
过程一	Cd 沉降但没有到达海底	Cd 含量低	Cd 含量保持不变	不一样
过程二	Cd 大量沉降到达海底	Cd 含量高	Cd 含量高	一致
过程三	Cd 沉降到达海底并累积	Cd 含量保持不变	Cd 含量更高	不一样

(1) 表、底层 Cd 含量的水平分布趋势呈现了杨东方的水平分布趋势过程一。在表层，Cd 含量比较低时，由于少量 Cd 离子被吸附于悬浮颗粒物表面，在重力和水流的作用下，Cd 被水流带走，几乎来不及沉降到海底。这样，导致在水体底层中，呈现出底层的水平分布趋势是保持不变的。同时，导致在水体表层中，呈现出表层的水平分布趋势是下降的。因此，杨东方的水平分布趋势过程一：Cd 含量在表层的水平分布趋势是下降的，而底层的水平分布趋势是保持不变的。

(2) 表、底层 Cd 含量的水平分布趋势呈现了杨东方的水平分布趋势过程二。在表层，Cd 含量比较高时，由于大量 Cd 离子被吸附于悬浮颗粒物表面，在重力和水流的作用下，Cd 迅速地沉降到海底。这样，导致在水体中，呈现出底层的水平分布趋势和表层的水平分布趋势是一致的。因此，杨东方的水平分布趋势过程二：Cd 含量在表层的水平分布趋势与底层的水平分布趋势是一致的。

(3) 表、底层 Cd 含量的水平分布趋势呈现了杨东方的水平分布趋势过程三。在表层，Cd 含量比较高时，由于大量 Cd 离子被吸附于悬浮颗粒物表面，在重力和水流的作用下，Cd 迅速地沉降到海底，并且得到了大量的累积。这样，导致在水体底层中，呈现出底层的水平分布趋势是上升的。同时，来源向表层水平提供的 Cd 含量，与在表层 Cd 的沉降量是一样的。这样，导致在水体表层中，呈现出表层的水平分布趋势是保持不变的。因此，杨东方的水平分布趋势过程三：Cd 含量在表层的水平分布趋势是保持不变的，而底层的水平分布趋势是上升的。

42.3.4 水域迁移趋势的模型框图

在 1984～1986 年期间，表、底层 Cd 含量的水平分布趋势展示了 Cd 的水域迁移趋势过程，具有 3 种形式，分别记为杨东方的水平分布趋势过程一、杨东方的水平分布趋势过程二、杨东方的水平分布趋势过程三。在这个过程中揭示了表层 Cd 在沉降变化的过程中，出现了 3 种形式：①Cd 沉降没有到达海底；②Cd 迅速沉降，到达海底；③Cd 沉降不仅到达了海底，同时还具有海底的累积。

对此，作者提出了 Cd 的水域迁移趋势过程模型框图(图 42-2～图 42-4)。通过此模型框图来描述杨东方的水平分布趋势过程一、二、三。确定 Cd 的水域迁移趋势过程，就能分析知道 Cd 经过的路径和留下的轨迹。因此，这个模型框图展示了：杨东方的水平分布趋势过程一、二、三，表明了表、底层 Cd 含量分布趋势的变化以及 Cd 在表、底层水域迁移的过程。

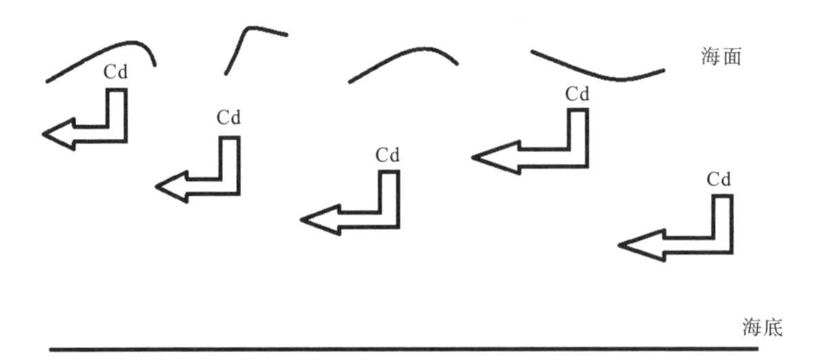

图 42-2 杨东方的水平分布趋势过程一模型框图

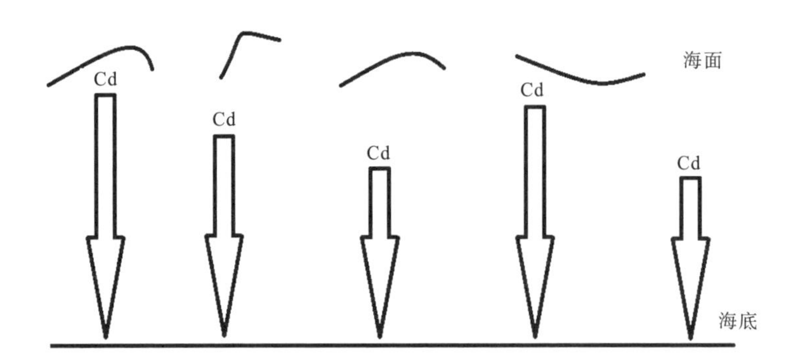

图 42-3 杨东方的水平分布趋势过程二模型框图

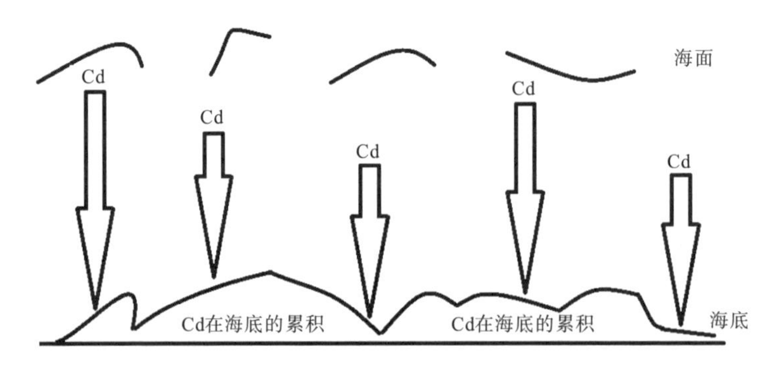

图 42-4 杨东方的水平分布趋势过程三模型框图

42.4　结　　论

在 1984～1986 年期间，表层 Cd 含量的水平分布与底层的水平分布趋势揭示了，当 Cd 含量比较高时，Cd 迅速沉降，并且具有海底的累积；当 Cd 含量比较低时，Cd 迅速被水流带走，几乎来不及沉降到海底。表、底层 Cd 含量的水平分布趋势呈现了 Cd 的水域迁移趋势过程(表 42-4)，称为杨东方的水平分布趋势过程，而且，这个杨东方的水平分布趋势过程具有 3 种形式，分别记为杨东方的水平分布趋势过程一、杨东方的水平分布趋势过程二、杨东方的水平分布趋势过程三。

Cd 的水域迁移趋势过程具有 3 种形式。

(1) 杨东方的水平分布趋势过程一：Cd 沉降没有到达海底。Cd 含量在表层的水平分布趋势是下降的，而底层的水平分布趋势是保持不变的。

(2) 杨东方的水平分布趋势过程二：Cd 迅速地沉降，到达了海底。Cd 含量在表层的水平分布趋势与底层的水平分布趋势是一致的。

(3) 杨东方的水平分布趋势过程三：Cd 沉降不仅到达了海底，同时还具有海底的累积。Cd 含量在表层的水平分布趋势是保持不变的，而底层的水平分布趋势是上升的。

作者提出了杨东方的水平分布趋势过程，展示了 Cd 的水域迁移趋势过程，充分表明了时空变化的 Cd 迁移趋势，强有力地确定了在时间和空间的变化过程中，表层 Cd 含量的变化趋势、底层 Cd 含量的变化趋势及表、底层 Cd 含量的变化趋势的相关性。并且提出了 Cd 的水域迁移趋势过程模型框图，说明了 Cd 经过的路径和留下的轨迹，预测了表、底层 Cd 含量的水平分布趋势。

参 考 文 献

[1]Yang D F, Qu X C, Chen Y, et al. Sedimentation mechanism of Cd in Jiaozhou Bay waters [J]. Advances in Engineering Research, 2016, Part D:993-997.

[2]Yang D F, Wang F Y, Zhu S X, et al. Homogeneity of Cd contents in Jiaozhou Bay waters [J]. Advances in Engineering Research, 2016, 65:298-302.

[3]Yang D F, Wang Z K, Zhu S X, et al. The influence of marine current to Cd in Jiaozhou Bay [J]. World Scientific Research Journal, 2016, 2(1): 38-42.

[4]Yang D F, Zhu S X, Wang Z K, et al. Spatial-temporal changes of Cd in Jiaozhou Bay [J]. Computer Life, 2016, 4(5): 446-450.

[5]Yang D F, Wang F Y, Zhu S X, et al. Three different types of Cd content’s modes [J]. Computer Life, 2017, 5(1): 1-7.

[6]Yang D F, Wang Z K, Su C H, et al. Sedimentation process and mechanism of Cd in Jiaozhou Bay [J]. Advances in Engineering Research, 2017, 123:1477-1480.

[7]Yang D F, Yang D F, Zhu S X, et al. Transfer process of Cd in the bay mouth of Jiaozhou Bay [J]. Journal of Computing and Electronic Information Management, 2016, 3(5): 467-474.

[8]Yang D F, Zhu S X, Wang M, et al. High settling process of Cd in Jiaozhou Bay [J]. International Core Journal of Engineering, 2016, 2(8): 1-4.

[9]Yang D F, Zhu S X, Wang Z K, et al. Dynamic change of Cd's sedimentation process in Jiaozhou Bay [J]. Journal of Computing and Electronic Information Management, 2017, 4(1): 1-9.

[10]杨东方, 高振会. 海湾生态学(下册) [M]. 北京: 海洋出版社, 2010.

[11]杨东方, 苗振清. 海湾生态学(上册) [M]. 北京: 海洋出版社, 2010.

[12]Yang D F, Wang F Y, Zhu S X, et al. Three different types of Cd content's modes [J]. Computer Life, 2017, 5(2): 91-95.

[13]Yang D F, Yang D F, Zhu S X, et al. Sedimentation process and vertical distribution of Cd in Jiaozhou Bay [J]. Advances in Engineering Research, 2016, Part D: 998-1002.

[14]Yang D F, Wang F Y, Zhu S X, et al. The influence of river on Cd contents in Jiaozhou Bay [J]. World Scientific Research Journal, 2017, 3(1): 1-5.

[15]Yang D F, Chai J X, Wang Z K, et al. Settling process of Cd and the origin in Jiaozhou Bay [C]. International Conference on Sensing, Diagnostics, Prognostics, and Control, 2017: 792-795.

[16]Yang D F, Miao Z Q, Li H X, et al. Different stages of Cd's transporting process in waters in Jiaozhou Bay [J]. Earth and Environment Science, 2017, 81(012094): 1-6.

[17]Yang D F, Wang Q, Wang M, et al. Annual changes and seasonal variations of Cd in Jiaozhou Bay 1979—1983[J]. Advances in Engineering Research, 2017, 141: 1587-1590.

[18]Yang D F, Wang Q, Wang Z, et al. The changes of Cd sources in Jiaozhou Bay 1979－1983 [J]. Earth and Environment Science, 2017, 81(012095): 1-4.

[19]Yang D F, Wei L Z, Feng M, et al. Transport process and block diagram of Cd in Jiaozhou Bay [J]. Earth and Environment Science, 2017, 81(012096): 1-5

[20]Yang D F, Li H X, Zhang X L, et al. The back and forth transformation between homogeneity and heterogeneity of Cd in marine bay [J]. Advances in Engineering Research, 2017, 138: 847-850.

[21]Yang D F, Gao Z H, Sun P Y, et al. Silicon limitation on primary production and its destiny in Jiaozhou Bay, China [J]. Chinese Journal of Oceanology, 2005, 24(2): 169-175.

[22]杨东方, 王凡, 高振会, 等. 胶州湾浮游藻类生态现象 [J]. 海洋科学, 2004, 28(6): 71-74.

[23]国家海洋局. 海洋监测规范 [M]. 北京: 海洋出版社, 1991.

[24]Yang D F, Wang F Y, Zhao X L, et al. Horizontal waterbody effect of hexachlorocyclohexane [J]. Sustainable Energy and Environment Protection, 2015: 191-195.

[25]Yang D F, Wang F Y, Yang X Q, et al. Water's effect of benzene hexachloride [J]. Advances in Computer Science Research, 2015, 2352:198-204.

[26]Yang D F, Wang F Y, He H Z, et al. Vertical water body effect of benzene hexachloride[C]. Proceedings of the 2015 International Symposium on Computers and Informatics, 2015: 2655-2660.

第 43 章　杨东方水域清空性

含镉(Cd)的产品众多，有杀虫剂、电池、农药、半导体材料、聚氯乙烯(PVC)、电视机、计算机、照相材料、光电材料、杀菌剂等，广泛应用于冶金、化工、铸铁及高精端科技等领域。Cd 由外海海流、河流输送进入海洋水体，在水体效应的作用下，沉降到海底[1-23]。因此，研究海洋水体中表、底层 Cd 含量的变化及 Cd 含量的垂直分布，对于确定 Cd 在水体中的迁移过程有着非常重要的意义。根据 1984～1988 年(缺少 1987 年)胶州湾水域的调查资料，作者提出了 Cd 含量的绝对沉降量、相对沉降量和绝对累积量、相对累积量，并且计算得到 Cd 含量的沉降量和累积量。同时，作者提出 Cd 的水域迁移过程和其模型框图，展示 Cd 的水域垂直迁移过程及在迁移过程中的沉降特征，为治理 Cd 污染的环境提供理论依据。

43.1　背　　景

43.1.1　胶州湾自然环境

胶州湾位于山东半岛南部，其地理位置为 120°04′～120°23′E，35°58′～36°18′N，以团岛与薛家岛连线为界，与黄海相通，面积约为 446km^2，平均水深约 7m，是一个典型的半封闭型海湾(图 43-1)。胶州湾入海的河流有十几条，其中径流量和含沙量较大的为大沽河和洋河，以及青岛市区的海泊河、李村河和娄山河等河流，这些河流均属季节性河流，河水水文特征有明显的季节性变化[24, 25]。

43.1.2　数据来源与方法

本书所使用的调查数据由国家海洋局北海环境监测中心提供。按照国家标准方法进行胶州湾水体 Cd 的调查[3-20]，该方法被收录在国家的《海洋监测规范》中[26]。

在 1984 年 7 月和 10 月，1985 年 4 月、7 月和 10 月，1986 年 4 月和 7 月，1988 年 4 月和 7 月，进行胶州湾水体 Cd 的调查[3-20]。以 4 月、5 月和 6 月为春季，以 7 月、8 月和 9 月为夏季，以 10 月、11 月和 12 月为秋季。

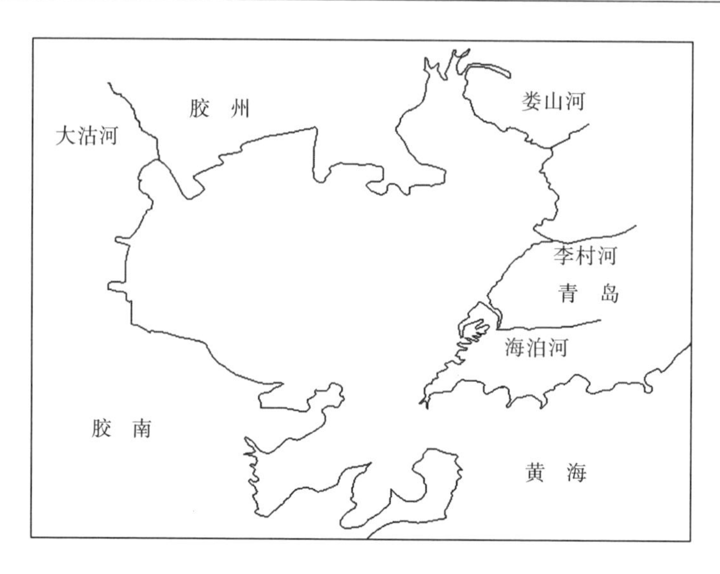

图 43-1 胶州湾地理位置

43.2 变化范围及垂直变化

在 1984 年、1985 年、1986 年、1988 年，对胶州湾水体表、底层中的 Cd 含量进行调查，展示表、底层 Cd 含量的变化范围及其垂直变化过程。

43.2.1 1984 年

43.2.1.1 表、底层含量的变化范围

在 7 月和 10 月，在胶州湾的湾口水域的 2031、2032、2033 站位，确定 Cd 含量在表、底层的变化范围。

在 7 月，表层含量较低(0.06～0.17μg/L)时，其对应的底层含量就较低(0.05～0.06μg/L)。而且，Cd 表层含量的变化范围(0.06～0.17μg/L)大于底层(0.05～0.06μg/L)，变化量基本一样。因此，Cd 的表层含量较低的，对应的底层含量就较低。

在 10 月，表层含量达到较高(0.12～0.20μg/L)时，其对应的底层含量就较高(0.08～0.18μg/L)。而且，Cd 表层含量(0.12～0.20μg/L)大于底层(0.08～0.18μg/L)，变化量基本一样。因此，Cd 的表层含量较高的，对应的底层含量就高。

在 7 月和 10 月，在胶州湾的湾口水域，Cd 的表层含量较低的，对应的底层含量就较低；同样，Cd 的表层含量较高的，对应的底层含量就较高。

43.2.1.2　表、底层含量的垂直变化

在 7 月和 10 月，在胶州湾湾口水域的 2031、2032、2033 站位，Cd 的表、底层含量相减，其差为 0.00～0.12μg/L。表明 Cd 的表、底层含量很相近。

在 7 月，Cd 的表、底层含量相减，其差为 0.00～0.12μg/L。在湾外水域的 2031 站位和湾口水域的 2032 站位 Cd 含量差为正值，在湾口内水域的 2033 站位为零值。2 个站为正值，1 个站为零值(表 43-1)。

在 10 月，Cd 的表、底层含量相减，其差为 0.02～0.04μg/L。在湾外水域的 2031 站位和湾口水域的 2032 站位 Cd 含量差为正值。2 个站为正值(表 43-1)。

表 43-1　在胶州湾的湾口水域 Cd 的表、底层含量差

月份	2033	2032	2031
7	零值	正值	正值
10		正值	正值

43.2.2　1985 年

43.2.2.1　表、底层含量的变化范围

在 4 月、7 月和 10 月，在胶州湾湾口水域的 2031、2032、2033 站位，确定 Cd 含量在表、底层的变化范围。

在 4 月，表层含量很高(0.19～0.44μg/L)时，其对应的底层含量就很高(0.19～0.32μg/L)。Cd 表层含量的变化范围(0.19～0.44μg/L)大于底层(0.19～0.32μg/L)，变化量基本一样。因此，Cd 的表层含量很高的，对应的底层含量就很高。

在 7 月，表层含量较低(0.16～0.21μg/L)时，其对应的底层含量就较低(0.11～0.17μg/L)。Cd 表层含量的变化范围(0.16～0.21μg/L)大于底层(0.11～0.17μg/L)，变化量基本一样。因此，Cd 的表层含量较低的，对应的底层含量就较低。

在 10 月，表层含量达到较高(0.03～0.39μg/L)时，其对应的底层含量较低(0.04～0.17μg/L)。而且，Cd 表层含量的变化范围(0.03～0.39μg/L)大于底层(0.04～0.17μg/L)，变化量基本一样。因此，Cd 的表层含量较高的，对应的底层含量较低。

因此，在 4 月、7 月和 10 月，在胶州湾的湾口水域，Cd 的表层含量很高的，对应的底层含量就很高；同样，Cd 的表层含量较高时或者较低时，对应的底层含量就较低。

43.2.2.2 表、底层含量的垂直变化

在 4 月、7 月和 10 月，在胶州湾湾口水域的 2031、2032、2033 站位，Cd 的表、底层含量相减，其差为-0.04～0.12μg/L。表明 Cd 的表、底层含量相近。

在 4 月，Cd 的表、底层含量相减，其差为 0.00～0.02μg/L。在湾口内水域的 2033 站位、湾口水域的 2032 站位和湾外水域的 2031 站位 Cd 含量差都为正值。3 个站为正值(表 43-2)。

在 7 月，Cd 的表、底层含量相减，其差为-0.01～0.04μg/L。在湾口内水域的 2033 站位和湾外水域的 2031 站位 Cd 含量差为正值。在湾口水域的 2032 站位为负值。2 个站为正值，1 个站为负值(表 43-2)。

在 10 月，Cd 的表、底层含量相减，其差为-0.04～0.12μg/L。在湾口内水域的 2033 站位 Cd 含量差为正值。在湾口水域的 2032 站位和湾外水域的 2031 站位为负值。1 个站为正值，2 个站为负值(表 43-2)。

表 43-2 在胶州湾的湾口水域 Cd 的表、底层含量差

月份	2033	2032	2031
4	正值	正值	正值
7	正值	负值	正值
10	正值	负值	负值

43.2.3 1986 年

43.2.3.1 表、底层含量的变化范围

在 4 月和 7 月，在胶州湾湾口水域的 2031、2032、2033 站位，确定 Cd 含量在表、底层的变化范围。

在 4 月，表层含量较低(0.01～0.38μg/L)时，其对应的底层含量就较低(0.00～0.22μg/L)。Cd 表层含量的变化范围(0.01～0.38μg/L)大于底层(0.00～0.22μg/L)，变化量基本一样。Cd 的表层含量较低的，对应的底层含量就较低。

在 7 月，表层含量很高(0.13～6.48μg/L)时，其对应的底层含量就很高(0.17～1.29μg/L)。而且，Cd 表层含量的变化范围(0.13～6.48μg/L)大于底层(0.17～1.29μg/L)，变化量基本一样。Cd 的表层含量很高的，对应的底层含量就很高。

因此，在 4 月和 7 月，在胶州湾的湾口水域，Cd 的表层含量很高的，对应的底层含量就很高；同样，Cd 的表层含量较低的，对应的底层含量就较低。

43.2.3.2　表、底层垂直变化

在 4 月和 7 月，在胶州湾湾口水域的 2031、2032、2033 站位，Cd 的表、底层含量相减，其差为-0.04～5.19μg/L。表明 Cd 的表、底层含量相近。

在 4 月，Cd 的表、底层含量相减，其差为 0.01～0.17μg/L。在湾口内侧水域的 2033 站位、湾口水域的 2032 站位和湾口外侧水域的 2031 站位 Cd 含量差都为正值。3 个站为正值(表 43-3)。

在 7 月，Cd 的表、底层含量相减，其差为-0.04～5.19μg/L。在湾口水域的 2032 站位和湾口外侧水域的 2031 站位 Cd 含量差为正值。在湾口内侧水域的 2033 站位为负值。2 个站为正值，1 个站为负值(表 43-3)。

表 43-3　在胶州湾的湾口水域 Cd 的表、底层含量差

月份	2033	2032	2031
4	正值	正值	正值
7	负值	正值	正值

43.2.4　1988 年

43.2.4.1　表、底层含量的变化范围

在 4 月和 7 月，在胶州湾湾口水域的 35、36、84、85、90 站位，确定 Cd 含量在表、底层的变化范围。

在 4 月，表层含量较低(0.09～0.12μg/L)时，其对应的底层含量就较低(0.08～0.10μg/L)。Cd 表层含量的变化范围(0.09～0.12μg/L)大于底层(0.08～0.10μg/L)，变化量基本一样。Cd 的表层含量较低的，对应的底层含量就较低。

在 7 月，表层含量较高(0.10～0.45μg/L)时，其对应的底层含量就较高(0.09～0.18μg/L)。Cd 表层含量的变化范围(0.10～0.45μg/L)大于底层(0.09～0.18μg/L)，变化量基本一样。Cd 的表层含量较高的，对应的底层含量就较高。

因此，在 4 月和 7 月，在胶州湾的湾口水域，Cd 的表层含量较低的，对应的底层含量就较低；Cd 的表层含量较高的，对应的底层含量就较高。

43.2.4.2　表、底层含量的垂直变化

在 4 月和 7 月，在胶州湾湾口水域的 35、36、84、85、90 站位，Cd 的表、底层含量相减，其差为-0.04～0.36μg/L。表明 Cd 的表、底层含量相近。湾内中心水域为 85 站位，湾内西南近岸水域为 84 站位，湾口内侧水域为 90 站位，湾口水域为 36 站位，湾口外侧水域为 35 站位。

在 4 月，Cd 的表、底层含量相减，其差为-0.01～0.04μg/L。在湾口外侧水域的 35 站位 Cd 含量差为正值，在湾口水域的 36 站位为负值，在湾内中心水域的 85 站位为零值。1 个站为正值，1 个站为负值，1 个站位为零值(表 43-4)。

在 7 月，Cd 的表、底层含量相减，其差为-0.04～0.36μg/L。在湾内中心水域的 85 站位和湾口内水域的 90 站位 Cd 含量差为正值，在湾内西南近岸水域的 84 站位为负值。2 个站为正值，1 个站为负值(表 43-4)。

表 43-4 在胶州湾的湾口水域 Cd 的表、底层含量差

月份	35	36	84	90	85
4	正值	负值			零值
7			负值	正值	正值

43.3 水域迁移、沉降及杨东方水域清空性

43.3.1 来源

在 1984～1988 年(缺少 1987 年)期间，在胶州湾水体中，胶州湾水域 Cd 有两个来源[3-20]，主要为外海海流的输送(0.12～6.48μg/L)、河流的输送(0.21～1.07μg/L)。

在时间尺度上，在整个胶州湾水域，Cd 最初来自于自然界，随着时间的变化，Cd 不仅来自自然界，同时也来自人类活动，这样，水体中的 Cd 含量上升到高峰值。然后，通过水域的沉降过程，Cd 从表层穿过水体，来到底层。于是，表层 Cd 含量下降到低谷值。

在空间尺度上，向胶州湾水域输入的 Cd 含量是随着来源的入海口，从大到小变化，也就是随着与来源的入海口的距离的变化而变化[3-20]。因此，外海海流和河流，将 Cd 输入到胶州湾水域。

这样，在水体效应的作用下[21, 23]，Cd 含量在表、底层发生了变化。因此，外海海流和河流将 Cd 输入到胶州湾水域，然后经过海流和潮汐的作用，实现 Cd 的水域垂直迁移过程。

43.3.2 水域的沉降量

在 1984～1988 年(缺少 1987 年)期间，在胶州湾水体中，表、底层 Cd 含量的变化范围的差，其正负值不超过 0.01～6.48μg/L(表 43-5)，表明 Cd 含量的表、底层变化量基本一样。而且 Cd 的表层含量高的，对应其底层含量就高；同样，

Cd 的表层含量较低的，对应的底层含量就低。证实了无论表层 Cd 含量是高值或者低值，Cd 的沉降都是迅速的，保持了表、底层含量的一致性。

在 1984～1988 年(缺少 1987 年)期间，在胶州湾水体中，表、底层 Cd 含量差的低值在这四年中正负值始终是 0.01μg/L(表 43-5)，确定了水体中，当没有 Cd 来源时，表、底层 Cd 含量的差值非常小，保持在 0.01μg/L，由此呈现了当没有 Cd 来源时，在胶州湾水体中，表、底层 Cd 含量非常均匀，相差 0.01μg/L。

在 1984～1988 年(缺少 1987 年)期间，Cd 含量的绝对沉降量为 0.14～6.47μg/L，Cd 含量的相对沉降量为 70.0%～99.8%(表 43-5)。表明 Cd 含量的绝对沉降量比较大，达到 6.47μg/L，其相对沉降量也非常大，大于 70.0%。在 1984～1988 年(缺少 1987 年)期间，1984 年，Cd 的表层含量最低(0.20μg/L)，其 Cd 含量的相对沉降量为最小(70.0%)；1986 年，Cd 的表层含量最高(6.48μg/L)，Cd 含量的相对沉降量为最大(99.8%)。揭示了当表层 Cd 含量高时，其沉降量就大；当表层 Cd 含量低时，其沉降量就小，表、底层 Cd 含量始终具有一致性，这样，沉降量的大小与含量的高低相一致。表层 Cd 含量的变化范围展示了 Cd 含量的绝对沉降量和相对沉降量，展示了 Cd 的沉降是迅速的，而且沉降是大量的，沉降量的大小与含量的高低相一致。

43.3.3　水域的累积量

在 1984～1988 年(缺少 1987 年)期间，Cd 含量的绝对累积量为 0.10～1.29μg/L，Cd 含量的相对累积量为 55.5%～100.0%(表 43-5)。在 1986 年，底层 Cd 含量的变化范围为 0.00～1.29μg/L，底层的 Cd 含量非常高，其相对累积量非常大，为 100.0%。在 1985 年，底层 Cd 含量的变化范围为 0.04～0.32μg/L，底层的 Cd 含量比较高，其相对累积量比较大，为 87.5%。在 1984 年和 1988 年，底层 Cd 含量的变化范围分别为 0.05～0.18μg/L 和 0.08～0.18μg/L，底层的 Cd 含量都比较低，其相对累积量比较小，分别为 72.2%和 55.5%。这样，底层 Cd 含量高，对应其底层 Cd 含量的相对累积量就大；同样，底层 Cd 含量低，对应其底层 Cd 含量的相对累积量就小。证实了底层 Cd 含量的高值或者低值决定了底层 Cd 含量的相对累积量是大值或者小值。展示了 Cd 的沉降是迅速的，保持了底层含量的清空性，Cd 具有易累积和易沉积的特征。

表 43-5　在胶州湾水域表、底层 Cd 含量的变化范围

Cd 含量	1984 年	1985 年	1986 年	1988 年
表层的变化范围/(μg/L)	0.06～0.20	0.03～0.44	0.01～6.48	0.09～0.45
底层的变化范围/(μg/L)	0.05～0.18	0.04～0.32	0.00～1.29	0.08～0.18

Cd 含量	1984 年	1985 年	1986 年	1988 年
表、底层含量差/(μg/L)	0.01～0.02	−0.01～0.12	0.01～5.19	0.01～0.27
绝对沉降量/(μg/L)	0.14	0.41	6.47	0.36
相对沉降量/%	70.0	93.1	99.8	80.0
绝对累积量/(μg/L)	0.13	0.28	1.29	0.10
相对累积量/%	72.2	87.5	100.0	55.5

43.3.4 杨东方水域清空性

作者提出了杨东方水域清空性。具体定义如下。

当一个水域的物质没有任何来源时，这个水域的物质含量是固定的。当来源向这个水域提供物质时，这个水域的物质含量超过了这个水域的固定的物质含量。当来源停止向这个水域提供物质时，过一段时间，这个水域的物质含量又恢复到这个水域的固定的物质含量。杨东方定义这个水域具有物质含量的清空性，揭示了物质在水域中的迁移过程。

杨东方水域清空性的数学表达：假设一个水域为 W，水域的动态物质含量为 T，这个水域的物质含量的固定值为 A，来源向这个水域提供物质含量值为 B。

在水域 W，当 B=0 时，T=A；当 B＞0 时，T=A+B；当 B=0 时，经过一段时间，又恢复到 T=A。在水域 W，水域的动态物质含量 T 的变化过程：$A \Longrightarrow A+B \Longrightarrow A$，水域 W 具有杨东方水域清空性。

43.3.5 空间变化的水域垂直迁移过程

在胶州湾的湾口水域，随着时间的变化，Cd 的表、底层含量相减，其差发生了变化，这个差值表明了 Cd 含量在表、底层的变化。当向胶州湾输入 Cd 后，Cd 首先到达表层，然后迅速、不断地沉降到海底，呈现出 Cd 含量在表、底层的变化，展示了空间变化的水域垂直迁移过程。

43.3.5.1 1984 年

在 1984 年，以胶州湾的湾口水域为研究水域。

在 7 月，Cd 来自外海海流的输送，含量比较低。从湾口外水域到湾口水域呈现出表层的 Cd 含量大于底层，而在湾口内水域表层的 Cd 含量与底层一样。

在 10 月，Cd 来自外海海流的输送，含量比较高。从湾口外水域到湾口水域呈现出表层的 Cd 含量小于底层。

在 7 月，外海海流给胶州湾输送了微量的 Cd，输送的微量的 Cd 在水体表层沿着湾外水域到达湾口水域，展示了从湾外水域到湾口水域表层的 Cd 含量大于底层，而在湾内水域，输送的微量的 Cd 在水体表层没有到达湾内水域，展示了在湾口内水域表层的 Cd 含量与底层一样，说明在湾口内水域没有受到输送的微量 Cd 的影响，这样，Cd 含量在表、底层是一样的。

在 10 月，外海海流给胶州湾输送了少量的 Cd，输送的少量的 Cd 在水体表层沿着湾外水域到达湾口水域，展示了从湾外水域到湾口水域表层的 Cd 含量大于底层。

在胶州湾的湾口水域，在 7 月和 10 月，Cd 含量的表、底层变化都表明了表层的 Cd 含量大于底层。如果输送的 Cd 没有影响到该水域，那么在此水域，Cd 含量在表、底层是一致的。

43.3.5.2　1985 年

在 1985 年，以胶州湾的湾口水域为研究水域。

在 4 月，Cd 来自河流的输送，含量很高。从湾口内水域到湾口水域再到湾口外水域呈现出表层的 Cd 含量大于底层。展示了输送的高含量 Cd 沿着水体表层从湾口内水域到湾口水域再到湾口外水域。

在 7 月，Cd 来自河流的输送，含量比较低。从湾口内水域到湾口水域呈现出表层的 Cd 含量大于底层，从湾口水域到湾口外水域呈现出表层的 Cd 含量大于底层的，而在湾口水域表层的 Cd 含量小于底层的。展示了输送的低含量 Cd 沿着水体表层从湾口内水域到湾口水域再到湾口外水域，在湾口水域，表层的 Cd 有大量的沉降。

在 10 月，Cd 来自河流的输送，含量比较高。在湾口内水域呈现出表层的 Cd 含量大于底层，而从湾口水域到湾口外水域呈现出表层的 Cd 含量小于底层。展示了输送的低含量 Cd 沿着水体表层从湾口内水域到湾口水域再到湾口外水域，在湾口水域和湾口外水域，表层的 Cd 有大量的沉降。

43.3.5.3　1986 年

在 1986 年，以胶州湾的湾口水域为研究水域。

在 4 月，Cd 来自外海海流的输送，含量比较低。从湾口外侧水域到湾口水域再到湾口内侧水域呈现出表层的 Cd 含量大于底层。展示了输送的低含量 Cd 沿着水体表层从湾口外侧水域到湾口水域再到湾口内侧水域。

在 7 月，Cd 来自外海海流的输送，含量很高。从湾口外侧水域到湾口水域以及湾口水域呈现出表层的 Cd 含量大于底层，而从湾口水域到湾口内侧水域呈现出表层的 Cd 含量小于底层。展示了输送的高含量 Cd 沿着水体表层从湾口外侧水域到湾口水域再到湾口内侧水域。

因此，在 4 月和 7 月，Cd 来自外海海流的输送，无论输送的 Cd 的含量是低还是高，在湾口外侧水域，表层的 Cd 都有大量的沉降。

43.3.5.4 1988 年

在 1988 年，以胶州湾的湾口水域为研究水域。

在 4 月，Cd 来自外海海流的输送，含量比较低。Cd 含量从湾口外侧水域向湾口内侧水域输送，于是，在湾口外侧水域呈现出表层的 Cd 含量大于底层。到了湾口水域表层 Cd 大量迅速地沉降，这样，在湾口水域呈现出表层的 Cd 含量小于底层。外海海流输送的 Cd 未到达湾中心水域，在湾内中心水域就没有受到输入 Cd 的影响，呈现出表层和底层的 Cd 含量是一致的。表层和底层的 Cd 含量混合均匀。

在 7 月，Cd 来自河流的输送，含量比较高。Cd 从河流入海口水域向周围水域输送，于是，在河流入海口的附近水域：湾口内侧水域和湾中心水域，都呈现出表层的 Cd 含量大于底层。到了湾西南水域，表层 Cd 大量、迅速地沉降，这样，在湾西南水域呈现出表层的 Cd 含量小于底层。

43.3.6 时间变化的水域垂直迁移过程

在胶州湾的湾口水域，随着时间的变化，Cd 的表、底层含量相减，其差发生了变化，这个差值表明 Cd 含量在表、底层的变化。当向胶州湾输入 Cd 后，Cd 首先到达表层，然后迅速、不断地沉降到海底，呈现了 Cd 含量在表、底层的变化，展示了时间变化的水域垂直迁移过程。

43.3.6.1 1984 年

在 1984 年，以胶州湾的湾口水域为研究水域。

在 7 月和 10 月，在胶州湾湾口水域的水体中，Cd 都是来自外海海流的输送。

在 7 月，外海海流携带的 Cd 含量比较低，来到水体的表层。Cd 沿着水体表层从湾口外侧水域到湾口水域。由于 Cd 含量到达水体表层时非常低，于是，Cd 就没有沉降到海底，这样从湾口外侧水域到湾口水域，底层的 Cd 含量保持不变，没有受到 Cd 的沉降影响。因此，在 7 月，从湾口外侧水域到湾口水域呈现出表层的 Cd 含量大于底层。而在湾内水域，输送了微量的 Cd 在水体表层没有到达湾内水域，展示了在湾口内水域表层的 Cd 含量与底层一样，说明在湾口内水域没有受到输送 Cd 的影响，这样，Cd 含量在表、底层是一样的。

到了 10 月，外海海流依然携带比较低含量的 Cd，来到水体的表层。低含量的 Cd 沿着水体表层从湾口外侧水域到湾口水域，只有少量的 Cd 沉降到海底，可是，Cd 含量呈现出大幅度的降低，通过大量的 Cd 沉降，展示了在湾口内侧水域表层的 Cd 含量小于底层。因此，在 10 月，在湾口外侧水域和湾口水域呈现出表层的 Cd 含量大于底层。

在时间上，从 7 月到 10 月，沿着湾口外侧、湾口和湾口内侧，Cd 来自外海海流的输送。从 7 月到 10 月，表、底层含量差有 2 个站依然保持正值，展示了外海海流输送 Cd 的持续性。

43.3.6.2　1985 年

在 1985 年，以胶州湾的湾口水域为研究水域。

在 4 月、7 月和 10 月，在胶州湾湾口水域的水体中，Cd 都是来自河流的输送。

在 4 月，雨季刚刚开始，河流携带大量的 Cd，来到水体的表层。Cd 沿着水体表层从湾口内水域到湾口水域再到湾口外水域。因此，在 4 月，从湾口内水域到湾口水域再到湾口外水域呈现出表层的 Cd 含量大于底层。

到了 7 月，河流依然携带 Cd，来到水体的表层。Cd 沿着水体表层从湾口内水域到湾口水域再到湾口外水域。在重力和水流的作用下，Cd 迅速地沉降到海底，这样，导致在胶州湾的湾口水域的水体底层中，呈现出大量的 Cd 沉降。因此，在 7 月，在湾口内水域和湾口外水域呈现出表层的 Cd 含量大于底层，而在湾口水域表层的 Cd 含量小于底层。

到了 10 月，河流依然携带 Cd，来到水体的表层。Cd 沿着水体表层从湾口内水域到湾口水域再到湾口外水域。在重力和水流的作用下，Cd 迅速地沉降到海底，这样，随着湾口内、湾口和湾外 Cd 的不断沉降，海底 Cd 含量在不断升高。因此，在 10 月，只有在湾口内水域呈现出表层的 Cd 含量大于底层，而在湾口水域和湾口外水域呈现出表层的 Cd 含量小于底层。

Cd 的沉降过程：高含量 Cd 到达水体表层，在水体表层有大量的悬浮颗粒物，其表面的胶体吸附了大量的 Cd 离子。在重力和水流的作用下，Cd 迅速地沉降到海底。因此，在空间上，从湾口内水域到湾口水域再到湾口外水域，在水体底层中，呈现出从胶州湾的湾口水域向湾外 Cd 含量沿梯度下降。在时间上，从 4 月到 7 月，再到 10 月，随着湾口内、湾口和湾外 Cd 的不断沉降，海底 Cd 含量在不断升高。从表、底层含量差有 3 个站为正值，转变为 2 个站为正值和 1 个站为负值，再转变为 1 个站为正值和 2 个站为负值。从 4 月的没有 1 个站位呈现表层的 Cd 含量小于底层，到 7 月的只有 1 个站位呈现表层的 Cd 含量小于底层，再到 10 月的 2 个站位呈现表层的 Cd 含量小于底层，充分揭示了 Cd 的沉降变化过程。

Cd 的表、底层含量差的变化范围随着时间的推移在扩大。Cd 的表、底层含量差的变化范围从 4 月的 0.00～0.02μg/L，扩大到 7 月的-0.01～0.04μg/L，再扩大到 10 月的-0.04～0.12μg/L。从 4 月到 7 月，再到 10 月，展示了 Cd 含量从最初表、底层的垂直分布均匀，转变为表、底层的垂直分布差距在加大。随着 Cd 的沉降，海底 Cd 含量在不断地升高。表、底层的 Cd 含量差值在进一步加大。表、底层的垂直分布从分布均匀到有相差，再到相差加大。但是，到了第二年初，如果没有 Cd 含量的输入，Cd 的表、底层含量的垂直分布又恢复到均匀。以上揭示了 Cd 在表、底层的垂直分布过程。

43.3.6.3 1986 年

在 1986 年，以胶州湾的湾口水域为研究水域。

在 4 月和 7 月，在胶州湾湾口水域的水体中，Cd 都是来自外海海流的输送。

在 4 月，外海海流携带着 Cd，来到水体的表层。Cd 沿着水体表层从湾口外侧水域到湾口水域再到湾口内侧水域。由于 Cd 才刚刚到达水体表层，于是，Cd 刚刚开始沉降，这样就展示了底层的 Cd 含量非常低。因此，在 4 月，从湾口外侧水域到湾口水域再到湾口内侧面水域呈现出表层的 Cd 含量大于底层。

到了 7 月，外海海流依然携带 Cd，来到水体的表层。Cd 沿着水体表层从湾口外侧水域到湾口水域再到湾口内侧水域。在重力和水流的作用下，Cd 迅速地沉降到海底，这样，导致在胶州湾的湾口内侧水域的水体表层中，Cd 含量呈现出大幅度的降低，通过大量的 Cd 沉降，在湾口内侧水域表层的 Cd 含量小于底层。因此，在 7 月，在湾口外侧水域和湾口水域呈现出表层的 Cd 含量大于底层，而在湾口内侧水域表层的 Cd 含量小于底层。

Cd 的沉降过程：高含量 Cd 到达水体表层，在水体表层有大量的悬浮颗粒物，其表面的胶体吸附了大量的 Cd 离子。在重力和水流的作用下，Cd 迅速地沉降到海底。因此，在空间上，从湾口外侧水域到湾口水域再到湾口内侧水域，在水体表层中，呈现出从胶州湾的湾口外侧水域向湾口水域 Cd 含量沿梯度下降。于是，在水体底层中，呈现出从胶州湾的湾口外侧水域向湾口水域 Cd 含量沿梯度下降。在时间上，从 4 月到 7 月，随着湾口内侧、湾口和湾口外侧 Cd 不断地沉降，海底 Cd 含量在不断升高。从表、底层含量差有 3 个站为正值，转变为 2 个站为正值和 1 个站为负值。从 4 月的没有 1 个站位呈现表层的 Cd 含量小于底层，到 7 月的只有 1 个站位呈现表层的 Cd 含量小于底层。这充分揭示了 Cd 的沉降变化过程。

Cd 的表、底层含量差的变化范围随着时间的推移在扩大。Cd 的表、底层含量差的变化范围从 4 月的 0.01～0.17μg/L，扩大到 7 月的-0.04～5.19μg/L。从 4 月到 7 月，展示了 Cd 含量从最初表、底层的垂直分布均匀，转变为表、底层的垂直分布差距在加大。随着 Cd 的沉降，海底 Cd 含量也在不断地升高，而且表、底层的 Cd 含量差值在进一步加大。表、底层 Cd 含量的垂直分布从分布均匀到有相差。但是，到了第二年初，如果没有 Cd 的输入，Cd 的表、底层含量的垂直分布又恢复到均匀。以上揭示了 Cd 含量在表、底层的垂直分布过程。

43.3.6.4 1988 年

在 1988 年，在 4 月和 7 月，以胶州湾的湾中心水域为研究水域。

在湾中心水域，在 4 月，表层和底层的 Cd 含量是一致的。到了 7 月，表层 Cd 含量大于底层。表明在 4 月，湾外来源提供了 Cd，即 Cd 来自外海海流的输送，外海海流输送的 Cd 未到达湾中心水域，湾中心水域就没有受到 Cd 的影响，这样就呈现出表层和底层 Cd 含量的混合均匀，表层和底层的 Cd 含量是一致的。到了 7 月，湾内来源提供了 Cd，Cd 来自河流的输送，含量比较高。Cd 从河流入海口水域向周围水域输送，于是，在河流入海口的附近水域：湾中心水域，呈现出表层的 Cd 含量大于底层。

43.3.7　沉降过程的时空状态

在 1984～1988 年(缺少 1987 年)期间，通过时间变化的水域垂直迁移过程，在时间尺度上，Cd 在沉降过程中，出现 3 种状态：①当来源提供了 Cd，还没有大量的沉降，在海底没有累积，在底层的 Cd 含量比较低，呈现出表层 Cd 含量大于底层；②当来源提供了大量的 Cd，经过了长时间的大量沉降，Cd 就会在海底累积，呈现出底层 Cd 含量大于表层；③当来源提供了 Cd，水域没有受到 Cd 的影响，就呈现出表层和底层 Cd 含量的混合均匀。

在 1984～1988 年(缺少 1987 年)期间，通过空间变化的水域垂直迁移过程，在空间尺度上，Cd 在沉降过程中，出现 3 种状态：①当来源提供了 Cd，在来源附近的水域，呈现出表层的 Cd 含量大于底层；②当来源提供了 Cd，经过一段路径的输送，在远离来源，输送路径的水域中，呈现出底层的 Cd 含量大于表层；③当来源提供了 Cd，在远离来源，没有受到 Cd 影响的水域，呈现出表层和底层 Cd 含量的混合均匀。

因此，Cd 在垂直迁移的过程中，在时间尺度上，随着时间变化，Cd 含量出现 3 种状态；在空间尺度上，Cd 在沉降过程中，出现 3 种状态。这样，以时间为横轴，以空间为纵轴，建立平面的模型框图，展示 Cd 在垂直迁移过程中的时空变化状态，充分表明在实际中出现垂直迁移过程的状态，一共有 9 种(图 43-2)。

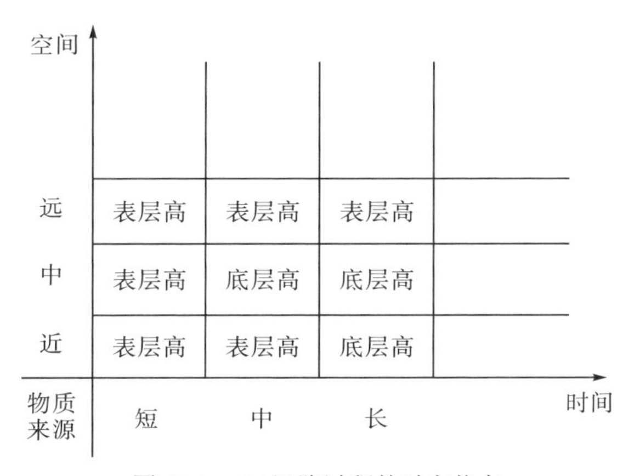

图 43-2　Cd 沉降过程的时空状态

43.3.8 水域垂直迁移的特征

在 1984～1988 年(缺少 1987 年)期间，表、底层的 Cd 含量变化揭示了 Cd 的表、底层含量具有一致性以及 Cd 具有高沉降率，其沉降量的多少与含量的高低相一致。表、底层 Cd 含量的变化范围展示了 Cd 经过不断的沉降，在海底具有累积作用。Cd 含量的表、底层垂直变化展示了 Cd 的表、底层含量相近，而且 Cd 具有迅速沉降的特征，并且具有海底的累积。说明经过不断的沉降后，Cd 在海底的累积作用是很重要的，导致 Cd 含量在底层的增幅非常大。当来源停止提供 Cd 时，随着 Cd 不断地沉降，Cd 的表层含量就逐渐没有了。当 Cd 的表层含量没有了，Cd 的沉降也就停止了，Cd 的底层含量就逐渐没有了。当来源提供的 Cd 没有到达水域时，这些水域就没有受到 Cd 的影响，在这些水域还保持着 Cd 含量的均匀性，Cd 的表、底层含量具有一致性。这些都是 Cd 水域迁移过程的特征。

43.4 结　　论

在 1984～1988 年(缺少 1987 年)期间，在胶州湾水域，外海海流将 Cd 输入到胶州湾水域，然后经过海流和潮汐的作用，表明了 Cd 水域垂直迁移的过程。

在 1984～1988 年(缺少 1987 年)期间，在胶州湾水体中，表、底层 Cd 含量的变化范围的差，其正负值不超过 0.01～6.48μg/L，表明 Cd 含量的表、底层变化量基本一样。而且 Cd 的表层含量高的，对应其底层含量就高；同样，Cd 的表层含量比较低的，对应的底层含量就低。展示了 Cd 的沉降是迅速的，保持了表、底层含量的一致性。

在 1984～1988 年(缺少 1987 年)期间，在胶州湾水体中，表、底层 Cd 含量差的低值在这四年中正负值始终是 0.01μg/L，呈现出当没有 Cd 来源时，表、底层 Cd 含量非常均匀，相差 0.01μg/L。

在 1984～1988 年(缺少 1987 年)期间，Cd 含量的绝对沉降量为 0.14～6.47μg/L，Cd 含量的相对沉降量为 70.0%～99.8%。表层 Cd 含量的变化范围展示了 Cd 含量的绝对沉降量和相对沉降量。当表层 Cd 含量高时，其沉降量就大；当表层 Cd 含量低时，其沉降量就小，表、底层 Cd 含量始终具有一致性，这样，沉降量与含量的高低相一致。揭示了 Cd 的沉降是迅速的，而且沉降是大量的，沉降量的大小与含量的高低相一致。

在 1984～1988 年(缺少 1987 年)期间，Cd 含量的绝对累积量为 0.10～1.29μg/L，Cd 含量的相对累积量为 55.5%～100.0%。底层 Cd 含量高的，对应其底层 Cd 含量的相对累积量就大；同样，底层 Cd 含量低的，对应其底层 Cd 含量的相对累积量就小。因此，底层 Cd 含量的高值或者低值决定了底层 Cd 含量的相对累积量是大值或者小值。展示了 Cd 的沉降是迅速的，保持了底层水体的清洁性，Cd 具有易累积和易沉积的特征。

作者提出了杨东方水域清空性，并且用数学表达式来描述，揭示了物质在水域中的迁移过程。

在 1984～1988 年(缺少 1987 年)期间，通过 Cd 含量时间变化的水域垂直迁移过程，在时间尺度上，Cd 含量在时间变化过程中，出现 3 种状态；通过 Cd 含量空间变化的水域垂直迁移过程，在空间尺度上，Cd 在沉降过程中，出现 3 种状态。以时间为横轴，以空间为纵轴，建立了平面的模型框图，展示了 Cd 在垂直迁移过程中的时空变化状态，充分表明在实际中出现垂直迁移过程的状态，一共有 9 种。

在 1984～1988 年(缺少 1987 年)期间，表、底层的 Cd 含量变化揭示了 Cd 的表、底层含量具有一致性以及 Cd 具有高沉降率，其沉降量的多少与含量的高低相一致。表、底层 Cd 含量的变化范围展示了 Cd 经过不断的沉降，在海底具有累积作用。Cd 含量的表、底层垂直变化展示了 Cd 的表、底层含量相近，而且 Cd 具有迅速沉降的特征，并且具有海底的累积。这些都是 Cd 水域迁移过程的特征。

参考文献

[1]杨东方, 高振会. 海湾生态学(下册) [M]. 北京: 海洋出版社, 2010.

[2]杨东方, 苗振清. 海湾生态学(上册) [M]. 北京: 海洋出版社, 2010.

[3]Yang D F, Wang Q, Wang M, et al. Annual changes and seasonal variations of Cd in Jiaozhou Bay 1979—1983[J]. Advances in Engineering Research, 2017, 141: 1587-1590.

[4]Yang D F, Li H X, Zhang X L, et al. The back and forth transformation between homogeneity and heterogeneity of Cd in marine bay [J]. Advances in Engineering Research, 2017, 138: 847-850.

[5]Yang D F, Wang Q, Wang Z, et al. The changes of Cd sources in Jiaozhou Bay 1979－1983 [J]. Earth and Environment Science, 2017, 81(012095): 1-4.

[6]Yang D F, Miao Z Q, Li H X, et al. Different stages of Cd' s transporting process in waters in Jiaozhou Bay [J]. Earth and Environment Science, 2017, 81(012094): 1-6.

[7]Yang D F, Zhu S X, Wang Z K, et al. Dynamic change of Cd' s sedimentation process in Jiaozhou Bay [J]. Journal of Computing and Electronic Information Management, 2017, 4(1): 1-9.

[8]Yang D F, Zhu S X, Wang M, et al. High settling process of Cd in Jiaozhou Bay [J]. International Core Journal of Engineering, 2016, 2(8): 1-4.

[9]Yang D F, Wang F Y, Zhu S X, et al. Homogeneity of Cd contents in Jiaozhou Bay waters [J]. Advances in Engineering Research, 2016, 65:298-302.

[10]Yang D F, Wang Z K, Zhu S X, et al. The influence of marine current to Cd in Jiaozhou Bay [J]. World Scientific

Research Journal, 2016, 2(1): 38-42.

[11]Yang D F, Wang F Y, Zhu S X, et al. The influence of river on Cd contents in Jiaozhou Bay [J]. World Scientific Research Journal, 2017, 3(1): 1-5.

[12]Yang D F, Qu X C, Chen Y, et al. Sedimentation mechanism of Cd in Jiaozhou Bay waters [J]. Advances in Engineering Research, 2016, Part D:993-997.

[13]Yang D F, Wang Z K, Su C H, et al. Sedimentation process and mechanism of Cd in Jiaozhou Bay [J]. Advances in Engineering Research, 2017, 123:1477-1480.

[14]Yang D F, Yang D F, Zhu S X, et al. Sedimentation process and vertical distribution of Cd in Jiaozhou Bay [J]. Advances in Engineering Research, 2016, Part D: 998-1002.

[15]Yang D F, Chai J X, Wang Z K, et al. Settling process of Cd and the origin in Jiaozhou Bay [C]. International Conference on Sensing, Diagnostics, Prognostics, and Control, 2017: 792-795.

[16]Yang D F, Zhu S X, Wang Z K, et al. Spatial-temporal changes of Cd in Jiaozhou Bay [J]. Computer Life, 2016, 4(5): 446-450.

[17]Yang D F, Wang F Y, Zhu S X, et al. Three different types of Cd content' s modes [J]. Computer Life, 2017, 5(1): 1-7.

[18]Yang D F, Wang F Y, Zhu S X, et al. Three different types of Cd content' s modes [J]. Computer Life, 2017, 5(2): 91-95.

[19]Yang D F, Yang D F, Zhu S X, et al. Transfer process of Cd in the bay mouth of Jiaozhou Bay [J]. Journal of Computing and Electronic Information Management, 2016, 3(5): 467-474.

[20]Yang D F, Wei L Z, Feng M, et al. Transport process and block diagram of Cd in Jiaozhou Bay [J]. Earth and Environment Science, 2017, 81(012096): 1-5

[21]Yang D F, Wang F Y, He H Z, et al. Vertical water body effect of benzene hexachloride[C]. Proceedings of the 2015 International Symposium on Computers and Informatics, 2015: 2655-2660.

[22]Yang D F, Wang F Y, Yang X Q, et al. Water' s effect of benzene hexachloride [J]. Advances in Computer Science Research, 2015, 2352:198-204.

[23]Yang D F, Wang F Y, Zhao X L, et al. Horizontal waterbody effect of hexachlorocyclohexane [J]. Sustainable Energy and Environment Protection, 2015: 191-195.

[24]Yang D F, Gao Z H, Sun P Y, et al. Silicon limitation on primary production and its destiny in Jiaozhou Bay, China [J]. Chinese Journal of Oceanology, 2005, 24(2): 169-175.

[25]杨东方, 王凡, 高振会, 等. 胶州湾浮游藻类生态现象 [J]. 海洋科学, 2004, 28(6): 71-74.

[26]国家海洋局. 海洋监测规范 [M]. 北京: 海洋出版社, 1991.

第 44 章　镉迁移的规律、过程及形成的理论

世界上各个国家，尤其是发达国家，都经过了工农业的迅猛发展及城市化的不断扩展。在这个过程中，镉(Cd)既在工业废水和生活污水中存在，也在人类经常使用的产品中存在。Cd 及其化合物属于剧毒物质，导致人类和动物遭受疾病折磨，甚至导致大量死亡。

Cd 主要通过呼吸道和消化道进入人体，会导致人类免疫、生殖、神经等许多系统受到损害。而且，Cd 在人体中具有富集和积蓄作用，潜伏期可长达 10～30 年。Cd 主要累积在肝、肾、胰腺、甲状腺和骨骼中，并不会自然消失，经过数年甚至数十年慢性积累后，人体将会出现显著的 Cd 中毒症状。这样就会产生贫血、高血压、神经痛、骨质松软、肾炎和分泌失调等病症，影响人的正常活动。

在我们的日常生活中不可或缺的重要用品中大都含有 Cd，由于长期的大量使用，加之 Cd 的化学性质稳定，不易分解，长期残留于环境中，对环境和人类健康产生持久性的毒害作用[1-20]。因此，研究水体中 Cd 的迁移规律，对 Cd 在水体中的迁移过程的研究有着非常重要的意义。

本章根据 1984～1988 年胶州湾水域的调查资料，在空间上，研究 Cd 每年在胶州湾水域的存在状况[1-20]；在时间上，研究 5 年间 Cd 含量在胶州湾水域的变化过程[1-20]。因此，通过研究 Cd 对胶州湾水域水质的影响，展示 Cd 在胶州湾海域的迁移规律、过程和理论，为治理 Cd 污染的环境提供理论依据。

44.1　背　　景

44.1.1　胶州湾自然环境

胶州湾位于山东半岛南部，其地理位置为 120°04′～120°23′E，35°58′～36°18′N，以团岛与薛家岛连线为界，与黄海相通，面积约为 446km^2，平均水深约 7m，是一个典型的半封闭型海湾(图 44-1)。胶州湾入海的河流有十几条，其中径流量和含沙量较大的为大沽河和洋河，以及青岛市区的海泊河、李村河和娄山河等河流，这些河流均属季节性河流，河水水文特征有明显的季节性变化[21, 22]。

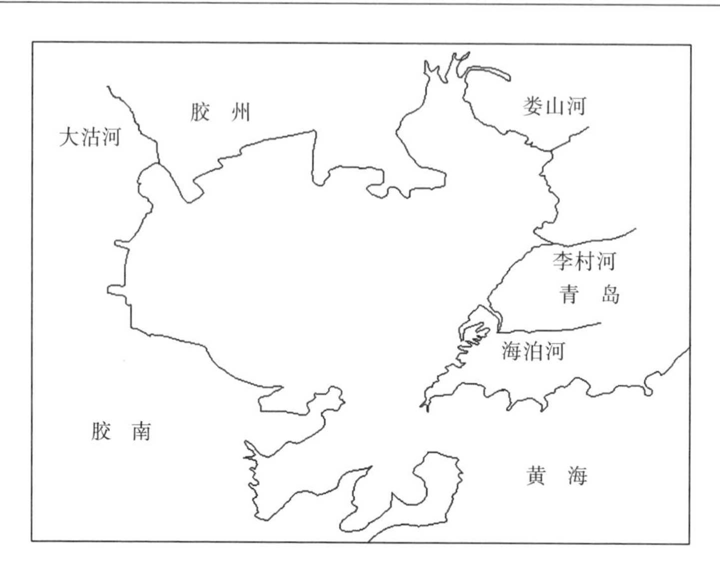

图 44-1 胶州湾地理位置

44.1.2 数据来源与方法

本书所使用的调查数据由国家海洋局北海环境监测中心提供。按照国家标准方法进行胶州湾水体 Cd 的调查[1-20]，该方法被收录在国家的《海洋监测规范》中[23]。

在 1984 年 7 月、8 月和 10 月，1985 年 4 月、7 月和 10 月，1986 年 4 月、7 月和 10 月，1987 年 5 月、7 月和 11 月，1988 年 4 月、7 月和 10 月，进行胶州湾水体 Cd 的调查[1-20]。以 4 月、5 月和 6 月为春季，以 7 月、8 月和 9 月为夏季，以 10 月、11 月和 12 月为秋季。

44.2 研 究 结 果

44.2.1 1984 年研究结果

根据 1984 年 7 月、8 月和 10 月胶州湾水域的调查资料，研究了胶州湾水域 Cd 的含量、表层水平分布。结果表明，Cd 在胶州湾水体中的含量为 0.06～0.20μg/L，都符合国家一类海水水质标准(1.00μg/L)，在胶州湾的整个水域，水质清洁，完全没有受到 Cd 的污染。胶州湾水域 Cd 只有一个来源，是外海海流的输送，其输送的 Cd 含量为 0.17～0.20μg/L。而在胶州湾整体水域，Cd 含量为 0.06～0.12μg/L。因此，胶州湾及周围的河流和地表都没有受到 Cd 的污染。由此认为，这个水域，在 Cd 含量方面，水质清洁。

根据 1984 年胶州湾水域的调查资料，研究 Cd 在胶州湾的湾口底层水域的含量现状和水平分布。结果表明，在 7 月和 10 月，在胶州湾的湾口底层水域，Cd 含量的变化范围为 0.05～0.18μg/L，符合国家一类海水水质标准。揭示了经过垂直水体的效应作用，Cd 含量比较低，水质清洁，完全没有受到 Cd 的污染。在胶州湾的湾口水域，在 7 月和 10 月，表层水体 Cd 含量的高低值不同，造成了 Cd 的高沉降率在不同的地方出现。在 7 月，表层水体中高含量 Cd 的高沉降率出现在湾口内侧。在 10 月，表层水体中低含量 Cd 的高沉降率出现在湾口外侧。因此，经过垂直水体的效应作用，在胶州湾的湾口底层水域的不同地方形成了 Cd 的高含量区。

根据 1984 年胶州湾水域的调查资料，研究在胶州湾的湾口表、底层水域 Cd 的垂直分布及季节变化，确定表、底层 Cd 含量的季节分布、水平分布趋势、变化范围、垂直变化以及垂直迁移过程。结果表明，在胶州湾湾口水域，表、底层 Cd 含量的季节变化是一致的，Cd 含量由低到高的季节变化为夏季、秋季。而且，这个季节变化是由来自赤道的黑潮海流的强弱决定的。在胶州湾的湾口水域，在 7 月和 10 月，揭示了以下规律：在空间尺度上，7 月和 10 月表层 Cd 含量的水平分布趋势是一致的，10 月表层 Cd 含量的水平分布与底层含量的水平分布趋势是一致的，表、底层含量的水平分布呈现 Cd 的空间沉降过程。在变化尺度上，Cd 含量在表、底层的变化量基本一样。在垂直尺度上，无论 Cd 含量高或者低，Cd 含量在表、底层都保持了相近。在区域尺度上，外海海流给胶州湾输送了少量或者微量的 Cd，展示了表层的 Cd 含量大于底层。因此，Cd 含量的垂直分布和季节变化展示了水平水体的效应作用和垂直水体的效应作用，也揭示了 Cd 的水平迁移过程和垂直沉降过程。

44.2.2　1985 年研究结果

根据 1985 年 4 月、7 月和 10 月胶州湾水域的调查资料，研究了胶州湾水域 Cd 的含量、表层水平分布。结果表明，Cd 在胶州湾水体中的含量为 0.03～0.44μg/L，都符合国家一类海水水质标准(1.00μg/L)，在胶州湾的整个水域，水质清洁，完全没有受到 Cd 的污染。胶州湾水域 Cd 只有一个来源，主要是河流的输送。来自河流输送的 Cd 含量为 0.21～0.44μg/L。因此，胶州湾及周围的河流和地表都没有受到 Cd 的污染。Cd 含量在水体中的水平分布，展示了经过海洋潮汐和海流的作用，当物质含量低时，更呈现了其均匀性。根据有机物和重金属等物质含量的水平分布，作者提出物质在水体中的均匀性规律。

根据 1985 年胶州湾水域的调查资料，研究 Cd 在胶州湾的湾口底层水域的含量现状和水平分布。结果表明，在 4 月、7 月和 10 月，在胶州湾的湾口底层水域，

Cd 含量的变化范围为 0.04～0.32μg/L，符合国家一类海水水质标准。揭示了经过垂直水体的效应作用，Cd 含量比较低，水质清洁，完全没有受到 Cd 的污染。在胶州湾的湾口水域，在 4 月、7 月和 10 月，表层水体 Cd 含量的高低值不同，造成了 Cd 的高沉降率在不同的地方出现。在 4 月和 10 月，表层水体中高含量 Cd 的高沉降率出现在湾口外侧。在 7 月，表层水体中高含量 Cd 的高沉降率出现在湾口水域。因此，经过垂直水体的效应作用，在胶州湾的湾口底层水域的不同地方形成了 Cd 的高含量区。对此，作者提出了 Cd 的沉降机制。

根据 1985 年胶州湾水域的调查资料，研究在胶州湾的湾口表、底层水域 Cd 的垂直分布及季节变化，确定表、底层 Cd 含量的季节分布、水平分布趋势、变化范围、垂直变化以及垂直迁移过程。结果表明，在胶州湾湾口水域，表、底层 Cd 含量的季节变化是一致的，Cd 含量由低到高的季节变化为夏季、秋季、春季。在胶州湾的湾口水域，在 4 月、7 月和 10 月，揭示了以下规律：在空间尺度上，表、底层 Cd 含量的水平分布趋势是一致的。在变化尺度上，Cd 含量在表、底层的变化量基本一样，Cd 表层含量的变化范围大于底层，表层的低含量 Cd 到达海底产生累积效应，表层的高含量 Cd 到达海底产生稀释效应。在垂直尺度上，无论 Cd 含量高或者低，Cd 含量在表、底层都保持了相近。在区域尺度上，河流给胶州湾输送了 Cd，展示了表、底层 Cd 含量的垂直变化。对此，作者提出了 Cd 的沉降过程，充分揭示了在时空的变化上，随着湾口内、湾口和湾口外 Cd 的不断沉降，海底 Cd 含量在不断升高。而且，作者进一步提出了 Cd 含量在表、底层的垂直分布过程，充分揭示了 Cd 的表、底层含量差的变化范围随着时间的推移在扩大。但是，在第二年又重新开始循环。

44.2.3 1986 年研究结果

根据 1986 年 4 月、7 月和 10 月胶州湾水域的调查资料，研究了胶州湾水域 Cd 的含量、表层水平分布。结果表明，在胶州湾的湾内整个水域及湾口水域，Cd 含量非常低，其变化范围为 0.01～0.94μg/L，小于国家一类海水水质标准（1.00μg/L）。而在胶州湾的湾外水域，Cd 含量的变化范围为 0.38～6.48μg/L，符合国家一、二和三类海水水质标准。在胶州湾的湾内整个水域及湾口水域，水质清洁，完全没有受到 Cd 的污染。在湾外的水域，受到 Cd 的中度污染。胶州湾水域 Cd 有两个来源，为河流的输送和外海海流的输送。来自河流输送的 Cd 含量为 0.75～0.94μg/L，来自外海海流输送的 Cd 含量为 6.48μg/L。因此，胶州湾及周围的河流和地表都没有受到 Cd 的污染，外海已经受到 Cd 的中度污染。

根据 1986 年 4 月、7 月和 10 月胶州湾水域的调查资料，研究了胶州湾水域 Cd 的含量变化及水平分布。结果表明，在空间尺度上，在胶州湾的湾内整个水域及湾口水域，在时间尺度上，从 4 月到 10 月，Cd 含量在水体中的变化范围为 0.01～

0.94μg/L。表明随着时空的变化，Cd 含量保持着水体的均匀性。揭示了海洋潮汐、海流的作用，使海洋具有均匀性的特征。因此，Cd 含量在水体中的时空变化，证实了作者提出的均匀性理论。而且海湾水体具有物质均匀性。在向海湾水体输送物质的情况下，海湾水体就会变得不均匀，输送源给海湾水体输送了不均匀性。

根据 1986 年胶州湾水域的调查资料，研究 Cd 在胶州湾的湾口底层水域的含量现状和水平分布。结果表明，在 4 月和 7 月，在胶州湾的湾口底层水域，Cd 含量的变化范围为 0.00～1.29μg/L，符合国家一、二类海水水质标准。揭示了 Cd 经过垂直水体的效应作用，在胶州湾的湾口底层水域，水质受到 Cd 的轻度污染。在胶州湾的湾口水域，在 4 月和 7 月，在湾口外侧，Cd 具有高沉降率。因此，表层 Cd 含量达到较高，经过垂直水体的效应作用，其底层 Cd 含量也达到较高。对此，作者提出了 Cd 的沉降过程：在湾口外侧，在不同时间段，Cd 都具有高沉降率。

根据 1986 年胶州湾水域的调查资料，研究在胶州湾的湾口表、底层水域 Cd 的垂直分布及季节变化，确定表、底层 Cd 含量的季节分布、水平分布趋势、变化范围、垂直变化以及垂直迁移过程。结果表明，在胶州湾湾口水域，表、底层 Cd 含量的季节变化是一致的，Cd 含量由低到高的季节变化为春季、夏季。在胶州湾的湾口水域，在 4 月和 10 月，揭示了以下规律：在空间尺度上，表、底层 Cd 含量的水平分布趋势是一致的。在变化尺度上，Cd 含量在表、底层的变化量基本一样，Cd 表层含量的变化范围大于底层，表层的低含量 Cd 到达海底产生累积效应，表层的高含量 Cd 到达海底产生稀释效应。在垂直尺度上，无论 Cd 含量高或者低，Cd 含量在表、底层都保持了相近。在区域尺度上，外海海流给胶州湾输送了 Cd，展示了表、底层 Cd 含量的垂直变化。对此，作者提出了 Cd 的沉降过程，充分揭示了在时空的变化上，随着湾口外侧、湾口和湾口内侧 Cd 的不断沉降，海底 Cd 含量在不断升高。而且，作者进一步提出了 Cd 含量在表、底层的垂直分布过程，充分揭示了 Cd 的表、底层含量差的变化范围随着时间的推移在扩大。但是，在第二年又重新开始循环。

44.2.4　1987 年研究结果

根据 1987 年 5 月、7 月和 11 月胶州湾水域的调查资料，研究了胶州湾水域 Cd 的含量、表层水平分布。结果表明，在 5 月、7 月和 11 月，在整个胶州湾水域，Cd 含量非常低，其变化范围为 0.07～0.68μg/L，符合国家一类海水水质标准(1.00μg/L)。在 5 月、7 月和 11 月，在整个胶州湾水域，水质清洁，完全没有受到 Cd 的污染。胶州湾水域 Cd 只有一个来源，为河流的输送。来自河流输送的 Cd 含量为 0.12～0.68μg/L。因此，陆地河流输送给胶州湾的 Cd 含量都符合国家一类海水水质标准(1.00μg/L)。表明河流没有受到 Cd 的任何污染，水质很清洁。

44.2.5 1988年研究结果

根据1988年4月、7月和10月胶州湾水域的调查资料，Cd含量在胶州湾水体中的变化范围为0.03～1.07μg/L，符合国家一类和二类海水水质标准。表明在Cd含量方面，在4月、7月和10月，在胶州湾整个水域，水质受到Cd的轻度污染。胶州湾水域Cd有3个来源，主要为河流的输送、外海海流的输送以及大气沉降的输送。来自河流输送的Cd含量为1.07μg/L，来自外海海流输送的Cd含量为0.12μg/L，来自大气沉降输送的Cd含量为0.04μg/L。表明河流都受到Cd的轻度污染，外海海流和大气沉降都没有受到Cd的任何污染。胶州湾水域Cd经过陆地、海洋和大气3种途径输送，而且每个途径输送的Cd的含量都相差一个量级。作者建立了模型框图，展示Cd在迁移过程中的途径，定量化地揭示了Cd经过人类排放到陆地、海洋和大气的迁移过程。

根据1988年胶州湾水域的调查资料，研究Cd在胶州湾的湾口底层水域的含量现状和水平分布。结果表明，在4月和7月，Cd含量在胶州湾水体中的变化范围为0.08～0.61μg/L，符合国家一类海水水质标准。表明在Cd含量方面，在4月和7月，在胶州湾的湾口底层水域，水质没有受到Cd的任何污染。在垂直水体的效应作用下，在4月，在湾口和湾中心水域，出现了Cd的高沉降；在7月，在湾口内侧水域，出现了Cd的高沉降。作者提出了Cd的沉降特征：在不同的来源下，通过涨潮和退潮的海流输送，沿着输送的方向，Cd就会沉降到经过的路径上。于是，在此路径上，就出现了Cd高沉降的地方。这样，表层Cd的高含量区在沉降到海底的过程中，发生了漂移。

根据1988年胶州湾水域的调查资料，研究在胶州湾的湾口表、底层水域Cd含量的垂直分布及季节变化，确定表、底层Cd含量的季节分布、变化范围和水体效应。结果表明，在胶州湾湾口水域，Cd的表层含量由低到高的季节变化为春季、夏季。经过垂直水体的效应作用，水体中底层的Cd含量由低到高的季节变化为春季、夏季。因此，从4月到7月，表层Cd沉降到海底展示了Cd的表层含量的季节变化，这是按照外海海流和河流输送的来源变化，而对应的底层含量的季节变化是按照垂直水体的稀释效应的变化。在胶州湾的湾口水域，在4月和7月，揭示了以下规律：在垂直分布上，Cd的表层含量比较低时，对应的底层含量就比较低；Cd的表层含量比较高时，对应的底层含量就比较高。在变化尺度上，Cd含量在表、底层的变化量基本一样，由于Cd迅速、不断地沉降到海底，导致Cd含量在表、底层的变化保持了一致性。在水体效应尺度上，Cd含量的表、底层变化揭示了垂直水体的稀释效应：表层的低含量Cd到达海底产生稀释效应，表层的高含量Cd到达海底产生稀释效应。因此，Cd表层含量的变化范围(0.09～0.45μg/L)大于底层(0.08～0.18μg/L)，Cd的表层含量的低值大于底层，Cd的表层含量的高值大于底层。

根据 1988 年胶州湾水域的调查资料，研究在胶州湾的湾口表、底层水域 Cd 的垂直变化，确定表、底层 Cd 的时空变化沉降过程。结果表明，在 4 月，在湾口外侧水域呈现出表层的 Cd 含量大于底层，在湾口水域呈现出表层的 Cd 含量小于底层，在湾内中心水域呈现出表层和底层的 Cd 含量是一致的。在 7 月，在河流入海口的附近水域：湾口内侧水域和湾中心水域，都呈现出表层的 Cd 含量大于底层，在湾西南水域呈现出表层的 Cd 含量小于底层。在时间尺度上，Cd 在沉降过程中，出现 3 种状态：①当来源提供了 Cd，还没有大量的沉降，在海底没有累积，底层的 Cd 含量比较低，呈现出表层 Cd 含量大于底层；②当来源提供了大量的 Cd，经过长时间的大量沉降，就会在海底累积，呈现出底层 Cd 含量大于表层；③当来源提供了 Cd，水域没有受到 Cd 的影响，呈现出表层和底层 Cd 含量的混合均匀。在空间尺度上，Cd 在沉降过程中，出现 3 种状态：①当来源提供了 Cd，在来源附近的水域，呈现出表层 Cd 含量大于底层；②当来源提供了 Cd，经过一段路径的输送，在远离来源，输送路径的水域中，呈现出底层 Cd 含量大于表层；③当来源提供了 Cd，在远离来源，没有受到 Cd 影响的水域，呈现出表层和底层 Cd 含量的混合均匀。在胶州湾水域，Cd 的时空变化沉降过程，展示了作者提出的 Cd 的时空变化沉降规律：Cd 含量的表、底层变化是由来源输送量的大小和迁移距离的远近所决定的。因此，表、底层 Cd 含量的变化揭示了 Cd 的水域迁移过程。

根据 1988 年 4 月、7 月和 10 月胶州湾水域的调查资料，研究了胶州湾水域 Cd 含量的表层水平分布。作者介绍了杨东方的水体物质含量的均匀定义、模型及划分标准。杨东方的水体物质含量的均匀定义为：水体物质含量的高值和低值的差异程度。杨东方提出了两个概念：水体物质含量的非均匀柱和水体物质含量的均匀度。用这两个概念来描述水体物质含量的均匀程度。同时，作者提出了水体物质含量的均匀模型，该模型由物质含量的非均匀柱模型和水体物质含量的均匀度模型组成。水体物质含量的均匀模型描述如下：①物质含量的变化范围，②物质含量在水体中的均匀性。作者进一步提出了杨东方的物质含量均匀度的划分标准，将均匀性描述为最不均匀、不均匀、低度均匀、显著均匀、高度均匀、最均匀。根据作者提出的杨东方的水体物质含量的均匀定义、模型及划分标准，计算得到：在胶州湾的湾内水域，在 4 月，Cd 含量的非均匀柱为 0.01μg/L，Cd 含量的均匀度为 90%，Cd 含量的均匀性是显著均匀。在 7 月，Cd 含量的非均匀柱为 0.97μg/L，Cd 含量的均匀度为 9%，Cd 含量的均匀性是不均匀。在 10 月，Cd 含量的非均匀柱度为 0.01μg/L，Cd 含量的均匀度为 75%，Cd 含量的均匀性是显著均匀。杨东方的水体物质含量的均匀定义、模型及划分标准，充分量化展示了在时间和空间中物质含量的均匀变化过程。

44.3 时空变化的趋势

44.3.1 含量的逐年震荡增加

根据1984～1988年胶州湾水域的调查资料，研究Cd在胶州湾水域的含量、年份变化和季节变化。结果表明，在1984～1988年期间，Cd含量具有季节变化。在胶州湾水体中Cd含量在春季相对较高，夏季很高，秋季比较低。1984～1988年，在春季、秋季，胶州湾一直保持着没有受到Cd的任何污染；而在夏季，胶州湾有时受到Cd的轻度或者中度污染。在1984～1988年期间，在胶州湾水体中Cd含量的变化展示了，最初的两年内，在Cd含量方面，整个胶州湾的水质是非常清洁的。在第三年，人类活动开始向胶州湾水域输入大量的Cd，使胶州湾水体受到Cd的轻度和中度污染。到了第四年，整个胶州湾水体又恢复到非常清洁。到了第五年，又受到人类活动的输送，胶州湾水体受到Cd的轻度污染。因此，在1984～1988年期间，向胶州湾排放的Cd在增加，但是在整个胶州湾水域，可以容纳Cd的输入。经过胶州湾水体的自净过程，在Cd含量方面，胶州湾维持了非常清洁的水体。

44.3.2 来源的时空变化过程

根据1984～1988年胶州湾水域的调查资料，分析Cd在胶州湾水域的水平分布和来源变化，确定在胶州湾水域Cd来源的位置、范围及变化过程。研究结果表明，在1984～1988年期间，胶州湾水域Cd有3个来源，主要为外海海流的输送(0.12～6.48μg/L)、河流的输送(0.12～1.07μg/L)和大气沉降的输送(0.04μg/L)。这3种途径给胶州湾整个水域带来了Cd，其Cd含量的变化范围为0.04～6.48μg/L。在1984～1988年期间，外海海流输送的Cd含量时而低、时而高。河流输送的Cd含量从没有，到比较低，然后到比较高。大气沉降输送的Cd含量从最初一直没有，到最后出现。人类活动所产生的Cd在不断地增加，在不断地影响环境，影响输送Cd的途径。

44.3.3 水体中最高含量和最大容量的比例

根据1984～1988年胶州湾水域的调查资料，分析在胶州湾水域Cd含量的季节变化和来源变化。研究结果表明，在春季、夏季、秋季的季节变化过程中，水体中Cd含量的高低都是依赖Cd来源输入量的大小。胶州湾水域Cd有3个来源，主要为外海海流的输送(0.12～6.48μg/L)、河流的输送(0.12～1.07μg/L)和大气沉降的输送(0.04μg/L)。在 1984～1988 年期间，随着人类活动的增多，海洋中存在的 Cd 含量比较高；河流输送的 Cd 含量从无到有，从低到高，呈现出增加的趋势；大气中也出现了 Cd。表明外海海流、河流和大气沉降都输送 Cd 给胶州湾水体。

在胶州湾水体中，外海海流输送的最高含量占到这 3 个输送来源的 85.37%，河流输送的最高含量占到这 3 个输送来源的 14.10%，大气沉降输送的最高含量占到这 3 个输送来源比例的 0.53%。因此，水体中 Cd 的最高含量主要是由外海海流输送的 Cd 含量决定的。

在胶州湾水体中，外海海流输送的最大容量占到这 3 个输送来源的 60.03%，河流输送的最大容量占到这 3 个输送来源的 39.62%，大气沉降输送的容量占到这 3 个输送来源的 0.35%。因此，水体中 Cd 的最大容量主要是由外海海流输送的 Cd 含量决定的。

44.3.4　沉降过程及特征

根据 1984～1988 年胶州湾水域的调查资料，分析在胶州湾水域 Cd 底层含量和底层分布的变化。研究结果表明，在胶州湾的底层水体中，底层分布具有以下特征：在 1984～1988 年期间，从 4 月到 11 月，在胶州湾水体中底层 Cd 含量的变化范围为 0.00～1.29μg/L，符合国家一、二类海水水质标准。表明在 Cd 含量方面，除了 1986 年 7 月，从 4 月到 11 月，在胶州湾的底层水域，水质清洁，完全没有受到 Cd 的污染。只有在 1986 年 7 月，在胶州湾的底层水域，水质受到 Cd 的轻度污染。展示了在胶州湾的底层水域，受到 Cd 污染的程度较轻，时间非常短暂。在胶州湾的底层水域，在 4 月，1985～1988 年，随着时间变化，Cd 含量在逐渐降低。在 7 月，1984～1988 年，随着时间变化，Cd 含量在大幅度地升高。在胶州湾的底层水域，水体中 Cd 的底层含量由低到高的季节变化为秋季、春季、夏季。展示了在胶州湾的底层水域，Cd 含量随着一年季节的变化形成了一个抛物线的变化。在 1984～1988 年期间，向胶州湾输送 Cd 的河流输送和外海海流输送展示了 Cd 在迅速地沉降，并且在底层具有累积的过程。河流输送的 Cd 能够沉降到达湾口内侧、湾口和湾口外侧的底层水域。外海海流输送的 Cd 能够沉降到达湾口内侧和湾口外侧的底层水域。在这 5 年间，河流的输送有 4 年，外海海流的输送有 5 年。当外海海流输送的 Cd 含量比较高时，高沉降区在湾口外侧的底层水域。当河流输送的 Cd 含量比较高时，高沉降区在湾口内侧的底层水域。

44.3.5　杨东方的水平分布趋势过程

根据 1984～1986 年胶州湾水域的调查资料，研究表、底层 Cd 含量的水平分布趋势，作者提出了杨东方的水平分布趋势过程。这个过程具有 3 种形式：①杨东方的水平分布趋势过程一，Cd 沉降没有到达海底；Cd 含量在表层的水平分布趋势是下降的，而底层的水平分布趋势是保持不变的。②杨东方的水平分布趋势过程二，Cd 迅速沉降，到达了海底，Cd 含量在表层的水平分布趋势与底层的水平分布趋势是一致的。③杨东方的水平分布趋势过程三，Cd 不仅沉降到达了海底，同时在海底具有累积，Cd 含量在表层的水平分布趋势是保持不变的，而底层的水平分布趋势是上升的。作者介绍了杨东方的水平分布趋势过程，展示了 Cd 含量的水域迁移趋势过程，充分表明了时空变化的 Cd 含量迁移趋势，强有力地确定了在时间和空间的变化过程中，表层 Cd 含量的变化趋势、底层 Cd 含量的变化趋势及表、底层 Cd 含量的变化趋势的相关性。并且提出了 Cd 含量的水域迁移趋势过程模型框图，说明了 Cd 经过的路径和留下的轨迹，预测了表、底层 Cd 含量的水平分布趋势。

44.3.6 杨东方水域清空性确定

根据 1984～1988 年(缺少 1987 年)胶州湾水域的调查资料，研究在胶州湾水域表、底层 Cd 含量的变化及垂直分布。结果表明，在 1984～1988 年(缺少 1987 年)期间，胶州湾水体中，表、底层 Cd 含量的变化范围的差，其正负值不超过 0.01～6.48μg/L，表明 Cd 含量的表、底层变化量基本一样。而且表层 Cd 含量高的，对应其底层含量就高；同样，表层 Cd 含量比较低的，对应的底层含量就低。这展示了 Cd 的沉降是迅速的，表、底层含量具有一致性。尤其当没有 Cd 来源时，在胶州湾水体中，表、底层 Cd 含量非常均匀，相差 0.01μg/L。作者提出了 Cd 含量的绝对沉降量、相对沉降量和绝对累积量、相对累积量。并且计算得到，Cd 含量的绝对沉降量为 0.14～6.47μg/L，Cd 含量的相对沉降量为 70.0%～99.8%；Cd 含量的绝对累积量为 0.10～1.29μg/L，Cd 含量的相对累积量为 55.5%～100.0%。计算结果表明，当表层 Cd 含量高时，其沉降量就大；当表层 Cd 含量低时，其沉降量就小，表、底层 Cd 含量始终具有一致性，这样，沉降量的大小与含量的高低相一致。计算结果进一步表明，底层 Cd 含量高的，对应其底层 Cd 含量的相对累积量就大；同样，底层 Cd 含量低的，对应其底层 Cd 含量的相对累积量就小。作者提出了杨东方水域清空性，并且用数学表达式来描述，揭示了物质在水域中的迁移过程。作者提出了 Cd 在垂直迁移过程中的时空变化状态，建立了平面的模型框图，充分表明在实际中出现垂直迁移过程的状态，一共有 9 种。同时，作者揭示了 Cd 含量在水域垂直迁移过程中的表、底层垂直变化特征。

44.4　迁移过程的规律

44.4.1　空间迁移过程

根据 1984～1988 年对胶州湾海域水体中 Cd 含量的调查分析[1-18]，展示了每年的研究结果，具有以下规律。

(1) 胶州湾水域中的 Cd 主要来源于外海海流的输送和河流的输送。

(2) 在一年中，水体中 Cd 含量经历了由不均匀到均匀的变化过程。

(3) 人类活动所产生的 Cd 对河流有很大的影响。

(4) 随着时间的变化，环境领域 Cd 含量在不断地升高。

(5) Cd 含量在表、底层的变化量基本一样，Cd 含量在表、底层的变化保持了一致性。

(6) Cd 含量在表、底层保持了相近，在表、底层 Cd 含量具有一致性。

(7) 在时空变化过程中，来源输送的 Cd，都是从表层穿过水体，来到底层。

(8) Cd 的来源和特殊的地形地貌决定了 Cd 的高沉降区。

(9) 在表层水体中 Cd 含量随着远离来源在不断地下降，同样，在表层水体中 Cd 含量随着来源含量的减少在不断地下降。

(10) 在胶州湾水体中 Cd 含量的季节变化，是由陆地迁移过程、大气迁移过程、海洋迁移过程所决定的。

(11) 河流的 Cd 含量是由人类活动的存在量决定的，大气的 Cd 含量是由自然界的存在量决定的，海洋的 Cd 含量是由自然界的存在量和人类活动决定的。

(12) 随着时间的变化，输送 Cd 的量在逐渐增加，输送 Cd 的来源也在逐渐增加，使海底留下 Cd 的高沉降区域在逐渐增加，高沉降区域的 Cd 含量逐渐升高。

(13) Cd 具有迅速沉降的特征，而且沉降量的多少与含量的高低相一致。

(14) Cd 经过不断的沉降，在海底具有累积作用。

(15) Cd 含量展示了出现、消失、又出现、又消失的循环过程。

(16) 从表层 Cd 开始沉降到停止沉降的过程中，Cd 具有迅速沉降的特征，同时还具有海底的累积，并且 Cd 含量在表层就可以消失，在底层也可以消失。

(17) 随着时间变化，Cd 含量的相对沉降量和相对累积量都非常稳定且非常高。

(18) Cd 的沉降是迅速、彻底的，具有易沉降和易挥发的特征。

(19) Cd 含量的累积是稳定、完整的，具有易累积和易沉积的特征。

(20) Cd 含量的表、底层的变化是由河口来源的 Cd 含量的高低和迁移距离的远近所决定的。

(21) 如果来源停止提供 Cd，则在整个水体中 Cd 就会消失得无影无踪。

因此，随着空间的变化，以上研究结果揭示了水体中 Cd 的迁移规律。

44.4.2 时间迁移过程

根据 1984～1988 年对胶州湾海域水体中 Cd 含量的调查分析[1-18]，展示了 5 年间的研究结果。

(1) 随着时间的变化，向胶州湾排放的 Cd 在增加，胶州湾的水体从非常清洁，到出现 Cd 的轻度和中度污染。胶州湾水体经过自净过程，又恢复到非常清洁。胶州湾水体又接受人类活动的输送，出现了 Cd 的轻度污染。这样，在时间尺度上，在 Cd 含量方面，胶州湾水体出现了清洁→轻度和中度污染→清洁→轻度污染的变化过程。

(2) 向胶州湾水域输入 Cd，从最初自然界的输送转换为人类活动的输送。外海海流输送的 Cd 含量时而低、时而高。河流输送的 Cd 含量从没有，到比较低，然后到比较高。大气沉降输送的 Cd 含量从最初一直没有，到最后出现。这样，随着时间的变化，Cd 的来源在不断地出现，Cd 的输送途径在不断地增加，展示了 Cd 的来源和途径的变化过程。

(3) 在胶州湾水体中 Cd 含量的变化是由陆地迁移过程、大气迁移过程、海洋迁移过程所决定的，确定 Cd 经过的路径和留下的轨迹。海洋中存在的 Cd 含量是比较高的；河流输送的 Cd 含量从无到有，从低到高，呈现出增加的趋势；大气中也出现了 Cd。人类活动所产生的 Cd 对海洋、陆地和大气都产生了巨大的影响，而且出现了途径多样化，海洋、陆地和大气都向胶州湾水体输送 Cd。外海海流输送、河流输送和大气沉降输送 Cd 到胶州湾水体中，输送的最高含量占这 3 个输送来源的比例是由外海海流输送的 Cd 含量决定的。而且，输送的最大容量占这 3 个输送来源的比例是由外海海流输送的 Cd 含量决定的。于是，在时间尺度上，外海海流输送始终都占据着输送的最高含量和输送的最大容量的最高值。

(4) 向胶州湾输送 Cd 的河流输送和外海海流输送展示了 Cd 在迅速地沉降，并且在底层具有累积的过程。河流输送的 Cd 能够沉降到达湾口内侧、湾口和湾口外侧的底层水域。外海海流输送的 Cd 能够沉降到达湾口内侧和湾口外侧的底层水域。在这 5 年间，河流的输送有 4 年，外海海流的输送有 5 年。当外海海流输送的 Cd 含量比较高时，高沉降区在湾口外侧的底层水域。当河流输送的 Cd 含量比较高时，高沉降区在湾口内侧的底层水域。因此，通过 Cd 的垂直沉降过程，随着时间的变化，外海海流和河流分别向湾口外侧和湾口内侧的底层水域一直输送 Cd。

(5) 作者介绍了杨东方的水平分布趋势过程。在时间尺度上，垂直沉降过程具有 3 种形式：①Cd 沉降没有到达海底；②Cd 迅速地沉降，到达了海底；③Cd 沉降不仅到达了海底，同时还具有 Cd 在海底的累积。杨东方的水平分布趋势过程揭示了 Cd 含量在表层的水平分布趋势与底层的水平分布趋势具有 3 种表现形式。无论时间如何变化，Cd 的垂直沉降过程都是这 3 种表现形式之一，充分表明了时空变化的 Cd 迁移趋势。

因此，随着时间的变化，以上研究结果揭示了水体中 Cd 的迁移过程。

44.5　物质的迁移规律理论

44.5.1　物质含量的均匀性理论

根据 1986 年 4 月、7 月和 10 月胶州湾水域的调查资料，研究了胶州湾水域 Cd 含量的变化及水平分布。结果表明，在空间尺度上，在胶州湾湾内的整个水域及湾口水域，在时间尺度上，从 4 月到 10 月，Cd 含量在水体中的变化范围为 0.01～0.94μg/L。表明随着时空的变化，Cd 含量保持着水体的均匀性。揭示了在海洋潮汐、海流的作用下，海洋具有均匀性的特征。证实了作者提出的均匀性理论：物质在海水中是均匀的，尤其物质在低含量时，保持了水体的均匀。展示了经过海洋潮汐和海流的作用，当物质含量低时，更呈现了其均匀性。因此，Cd 含量在水体中的时空变化，证实了作者提出的均匀性理论，而且海湾水体具有物质均匀性。在向海湾输送物质的情况下，海湾水体就会变得不均匀，输送源给海湾水体输送了不均匀性。

在空间尺度上，在 1986 年 7 月，在胶州湾湾外的东部近岸水域，形成了 Cd 的高含量区(6.48μg/L)，在胶州湾水体中，从外海域通过湾口，沿着从湾外到湾内的海流方向，Cd 含量在不断地递减，表明在胶州湾水域，Cd 的来源是外海海流的输送，其 Cd 含量为 6.48μg/L。而且输送的含量比较高。虽然外海海流输送的 Cd 含量到达湾口水域为 0.73μg/L，使得胶州湾湾内的整个水域及湾口水域中没有受到外海海流输送的 Cd 含量的影响，但是随着外海海流输送的 Cd 含量的增大，在胶州湾湾内的整个水域及湾口水域就会受到来自外海海流输送的 Cd 含量的影响。这样，胶州湾 Cd 含量的均匀性就会受到外海海流输送的 Cd 含量的破坏，造成胶州湾 Cd 含量的不均匀性。因此，海湾具有物质均匀性。在输送物质的情况下，海湾水体就会变得不均匀，输送源给海湾输送了不均匀性。

在时间尺度上，在胶州湾湾内的整个水域及湾口水域，从 4 月到 10 月，Cd 含量在水体中的变化范围为 0.01～0.94μg/L。揭示了在海洋潮汐、海流的作用下，海洋具有均匀性的特征。正如杨东方指出的：海洋的潮汐、海流对海洋中所有物质都进行搅动、输送，使海洋中所有物质的含量在海洋的水体中都非常均匀地分布[15]。在近岸浅海主要靠潮汐的作用；在深海主要靠海流的作用，当然还有其他辅助作用，如风暴潮、海底地震等。所以，随着时间的推移，海洋尽可能使海洋中所有物质的含量都分布均匀，故海洋具有均匀性[15]。1986 年，Cd 含量在水体中的时空变化，就充分展示了物质在海洋中具有均匀性。这些物质的水平分布和运动过程充分表明海洋使一切物质在水体中都具有均匀性，并且使一切物质在水体中向均匀性的趋势进行扩散运动。因此，Cd 含量在水体中的时空变化，就展示了物质在海洋中的均匀分布特征。作者提出了物质在海水中是均匀的，尤其当物质在低含量时，就保持了水体的均匀。展示了经过海洋潮汐和海流的作用，当物质含量低时，更呈现了其均匀性。

在时空变化的尺度上，胶州湾 Cd 有外部的来源输送，胶州湾 Cd 含量的均匀性就会受到破坏，如外海海流向胶州湾输送 Cd，造成了胶州湾 Cd 含量的不均匀性。因此，海湾具有物质均匀性。在输送物质的情况下，海湾水体就会变得不均匀，输送源给海湾水体输送了不均匀性。

作者介绍了杨东方的水体物质含量的均匀定义、模型及划分标准。杨东方的水体物质含量的均匀定义：水体物质含量的高值和低值的差异程度。杨东方提出了两个概念：水体物质含量的非均匀柱和水体物质含量的均匀度。用这两个概念来描述水体物质含量的均匀程度。同时，作者提出了水体物质含量的均匀模型，该模型由物质含量的非均匀柱模型和水体物质含量的均匀度模型组成。水体物质含量的均匀模型描述如下：①物质含量的变化范围；②物质含量在水体中的均匀性。作者进一步提出了杨东方的物质含量均匀度的划分标准，将均匀性描述为最不均匀、不均匀、低度均匀、显著均匀、高度均匀、最均匀。作者提出的杨东方的水体物质含量的均匀定义、模型及划分标准，充分量化展示了在时间和空间中物质含量的均匀变化过程。

44.5.2 水体物质含量的来源理论

作者提出了水体物质含量的来源理论，建立了水体物质含量的水平分布、趋势变化以及周围环境状况的综合分析理论，确定了物质含量在水体中各种来源的位置、输入途径及输入量。于是，在时空的变化过程中，就可以确定物质含量的各种来源在水域中的变化过程、区域变化及途径的转换，为制定物质含量在水域中的来源位置、途径以及输入物质含量在水域中的变化程度都提供了科学依据。

根据水体物质含量的水平分布、趋势变化以及周围环境状况，确定物质含量在水域中的来源位置、途径以及输入物质含量。①在 1984 年 7 月，在胶州湾湾外的东部近岸水域，Cd 的来源是外海海流的输送(0.17 μg/L)。在 1984 年 10 月，在胶州湾湾外的东部近岸水域，Cd 的来源是外海海流的输送(0.20 μg/L)。②在 1985 年 4 月，在李村河入海口的近岸水域，Cd 的来源是河流的输送(0.44μg/L)，其输送的 Cd 含量比较高。在 1985 年 7 月，在李村河、海泊河入海口的近岸水域以及西南部近岸水域，Cd 的来源是河流的输送(0.21μg/L)，其输送的 Cd 含量比较低。在 1985 年 10 月，在李村河入海口的近岸水域，Cd 的来源是河流的输送(0.39μg/L)，其输送的 Cd 含量比较高。③在 1986 年 4 月，在李村河入海口的近岸水域，Cd 的来源是河流的输送(0.94μg/L)，其输送的 Cd 含量比较低。在 1986 年 7 月，在胶州湾湾外的东部近岸水域，Cd 的来源是外海海流的输送(6.48μg/L)，其输送的 Cd 含量比较高。在 1986 年 10 月，在李村河入海口的近岸水域，Cd 的来源是河流的输送(0.75μg/L)，输送的 Cd 含量比较低。④在 1987 年 5 月，在李村河入海口的近岸水域，Cd 的来源是河流的输送(0.68μg/L)，其输送的 Cd 含量比较低。在 1987 年 11 月，在海泊河入海口的近岸水域，Cd 的来源是河流的输送(0.12μg/L)，其输送的 Cd 含量比较低。⑤在 1988 年 4 月，在胶州湾湾外的东部近岸水域，Cd 的来源是外海海流的输送(0.12μg/L)，其输送的 Cd 含量比较低。在 1988 年 7 月，在胶州湾海泊河入海口的近岸水域，Cd 的来源是河流的输送(1.07μg/L)，其输送的 Cd 含量比较高。在 1988 年 10 月，在胶州湾的湾中心水域，Cd 的来源是大气沉降的输送(0.04μg/L)，其输送的 Cd 含量非常低。

进一步确定输送来源的途径和范围。在 1984～1988 年期间，胶州湾水域 Cd 有 3 个来源，主要为外海海流的输送、河流的输送和大气沉降的输送。这 3 种途径给胶州湾整个水域带来了 Cd，其 Cd 含量为 0.04～6.48μg/L。于是，胶州湾整个水域 Cd 含量的水平分布展示，在河流的入海口、湾中心和湾外都出现了 Cd 的高含量区，形成了一系列不同的梯度，从中心沿梯度降低，扩展到胶州湾的整个水域。

在时空变化的过程中，就可以确定物质含量的各种来源在水域中的变化过程、区域变化及途径的转换，在 1984～1988 年期间，胶州湾水域 Cd 有 3 个来源，主要为外海海流的输送、河流的输送和大气沉降的输送。外海海流的输送是从第一年就开始了，输送是间断性的，而且输送的 Cd 含量有低、有高。揭示了外海海流时而没有受到 Cd 的任何污染，时而受到 Cd 的轻度或者中度污染。河流的输送在第一年是没有的，是从第二年才开始的。河流的输送一直持续存在，而且河流输送的 Cd 含量一直都比较低。随着时间的变化，河流输送的 Cd 含量在振荡中升高。揭示了河流输送 Cd 含量从不存在，到出现；再从输送的 Cd 含量的低值到逐渐升高，一直到超过国家一类海水水质标准，河流受到 Cd 的轻度污染。大气沉降输送 Cd 含量从第一年一直到第四年都不存在，到了第五年才出现，而且数值非常低。揭示了在最初四年，大气沉降不存在 Cd，到了第五年，才出现了非常少的 Cd。因此，在 1984～1988 年期间，随着时间的变化，外海海流、河流和大气沉降向环境领域输送的 Cd 含量在不断地升高。人类活动所产生的 Cd 对外海海流、河流和大气沉降都有很大的影响，而且对环境影响的途径变得多样化。

根据水体物质含量的来源理论，确定了物质含量在水体中各种来源的位置、输入途径及输入量，得到了在时空变化的过程中，物质含量的各种来源在水域中的变化过程、区域变化及途径的转换。以 1984～1988 年期间胶州湾水域 Cd 的来源为例。

根据杨东方的水体物质含量的来源理论，在胶州湾水域，根据 Cd 含量的水平分布、趋势变化以及周围环境状况，确定了 Cd 含量在胶州湾水域的各种来源的位置、输入途径及输入量。这样，就得到了胶州湾水域 Cd 的各种来源在水域中的变化过程、区域变化及途径转换。因此，根据作者提出的杨东方的水体物质含量的来源理论，就可以了解物质含量在水域中的动态变化过程。

44.5.3 物质含量从来源到水域的迁移理论

作者提出了物质含量从来源到水域的迁移理论，在胶州湾水体中物质含量的变化过程，是由陆地迁移过程、大气迁移过程、海洋迁移过程所决定的。并且作者提出的各种模型框图，展示了物质含量的陆地迁移过程、大气迁移过程和海洋迁移过程，确定了物质经过的路径和留下的轨迹。根据作者提出的物质含量从来源到水域的迁移理论可知，在胶州湾水体中物质含量的高低都是由输送物质含量的来源的多少以及物质含量来源的输入量大小决定的。

根据 1984～1988 年胶州湾水域的调查资料，物质含量从来源到水域的迁移理论揭示了河流的 Cd 含量是由自然界的存在量决定的，大气的 Cd 含量是由自然界的存在量决定的，海洋的 Cd 含量是由自然界的存在量和人类活动决定的。

根据 1984～1988 年胶州湾水域的调查资料，在胶州湾水域 Cd 含量的变化是由来源的多少和来源输入量的大小决定的。

在 1984～1988 年期间，胶州湾水域 Cd 有 3 个来源，主要为外海海流的输送、河流的输送和大气沉降的输送。这 3 种途径给胶州湾整个水域带来了 Cd，其 Cd 含量的变化范围为 0.04～6.48μg/L。随着时间的变化，胶州湾水域 Cd 的来源发生了很大变化。

在 1984～1988 年期间，来自外海海流输送的 Cd 含量为 0.12～6.48μg/L。外海海流的输送是从第一年就开始了，输送是间断性的，而且输送的 Cd 含量有低、有高。

在 1984～1988 年期间，来自河流输送的 Cd 含量为 0.12～1.07μg/L。河流的输送在第一年是没有的，是从第二年才开始的。河流的输送一直持续存在，而且河流输送的 Cd 含量一直都比较低。随着时间的变化，河流输送的 Cd 含量在震荡中升高。

在 1984～1988 年期间，来自大气沉降输送的 Cd 含量为 0.04μg/L。大气沉降的输送从第一年一直到第四年都不存在，到了第五年才出现，而且大气沉降输送的 Cd 含量非常低。

在 1984～1988 年期间，外海海流的输送、河流的输送和大气沉降的输送展示了随着时间的变化，环境领域 Cd 含量在不断地升高。外海海流时而没有受到 Cd 的任何污染，时而受到 Cd 的轻度或者中度污染。从河流输送 Cd 含量不存在，到输送 Cd 含量出现；再从输送 Cd 含量的低值到逐渐升高，一直到超过国家一类海水水质标准，河流受到 Cd 的轻度污染。在最初四年，大气沉降不存在 Cd 含量，到了第五年，才出现了非常少的 Cd 含量。因此，在 1984～1988 年期间，外海海流输送的 Cd 含量时而低、时而高。河流输送的 Cd 含量从没有，到比较低，然后到比较高。大气沉降输送的 Cd 含量从最初一直没有，到最后出现。人类活动所产生的 Cd 在不断地增加，在不断地影响环境，影响输送 Cd 的途径。

物质含量从来源到水域的迁移理论展示了，在一个水体中，通过这个水体的物质含量的高低和水平分布，可以确定这个水体的物质含量的来源以及各个来源的物质输入量。这样，就可以得到这个水体的物质含量的变化过程。因此，根据作者提出的物质含量从来源到水域的迁移理论，就可以得到物质含量在水域中的变化过程以及该物质含量在水域中的变化原因。

44.5.4　物质含量的水域沉降迁移理论

通过胶州湾水域物质底层含量和分布的变化，作者提出了物质含量的水域沉降迁移理论，该理论包括物质含量的水平水体效应、垂直水体效应及水体效应的理论。物质经过重力沉降、生物沉降、化学作用等迅速由水相转入固相，最终转入沉积物中。从春季的 5 月开始，海洋生物大量繁殖，数量迅速增加，到夏季的 8 月，达到高峰值，且由于浮游生物的繁殖活动，悬浮颗粒物表面形成胶体，此时的吸附力最强，吸附了大量的物质，大量的物质随着悬浮颗粒物迅速沉降到海底。这样，在春季、夏季和秋季，物质输入到海洋，颗粒物质和生物体将物质从表层带到底层。于是，物质经过水平水体的效应作用、垂直水体的效应作用及水体的效应作用，展示了物质在胶州湾底层水域的高含量区。

根据作者提出的物质含量的水域沉降迁移理论，表层 Cd 含量达到较高，经过垂直水体的效应作用，其底层 Cd 含量也达到较高。在 1984～1988 年(缺 1987 年)期间，经过垂直水体的效应作用，在胶州湾的湾口底层水域的不同地方形成了 Cd 的高含量区。

在湾口内侧水域，出现了 Cd 的高沉降，如 1984 年的 7 月，1988 年的 7 月。

在湾口外侧水域，出现了 Cd 的高沉降，如 1984 年的 10 月，1985 年的 4 月和 10 月，1986 年的 4 月和 7 月。

在湾口水域，出现了 Cd 的高沉降，如 1985 年的 7 月，1988 年的 4 月。

在湾中心水域，出现了 Cd 的高沉降，如 1988 年的 4 月。

作者提出了 Cd 的沉降特征：在不同的来源下，在涨潮和退潮的海流输送下，沿着输送的方向，Cd 就会沉降到经过的路径上。于是，在此路径上，就出现了 Cd 的高沉降区。这样，表层的 Cd 高含量区在沉降到海底的过程中，发生了漂移。

1984 年、1985 年、1986 年和 1988 年在湾口外侧水域和湾口水域都出现了 Cd 的高沉降，揭示了在胶州湾的湾口水域出现了一个阻拦器，将 Cd 充分挡在湾口水域之外。而且，在不同时间段，Cd 都具有高沉降率。只有少量的 Cd 高沉降在湾口内侧水域。这展示了 Cd 的沉降机制及湾口沉降机理。

应用作者提出的物质含量的水域沉降迁移理论，研究得到，在 1984～1988 年(缺 1987 年)期间，向胶州湾输送 Cd 的各种来源展示了 Cd 在迅速地沉降，并且在底层具有累积的过程。这个过程揭示了，随着时间的变化，输送的 Cd 含量在逐渐升高，输送 Cd 的来源在逐渐增加，使海底留下 Cd 的高沉降区域在逐渐增加，高沉降区域的 Cd 含量在逐渐升高。

44.5.5 物质含量的水域迁移趋势理论

在 1984～1988 年(缺 1987 年)期间，在空间尺度上，表、底层 Cd 含量的水平分布趋势是一致的。在变化尺度上，Cd 含量在表、底层的变化量基本一样，Cd 表层含量的变化范围大于底层，表层的低含量 Cd 到达海底产生累积效应，表层的高含量 Cd 到达海底产生稀释效应。在垂直尺度上，无论 Cd 含量高或者低，Cd 含量在表、底层都保持了相近。在区域尺度上，河流给胶州湾输送了 Cd，展示了表、底层 Cd 含量的垂直变化。

对此，作者提出了 Cd 的沉降过程，充分揭示了在时空的变化上，随着湾口内、湾口和湾口外 Cd 的不断沉降，海底 Cd 含量在不断地升高。而且，作者进一步提出了 Cd 含量在表、底层的垂直分布过程，充分揭示了 Cd 的表、底层含量差的变化范围随着时间的推移在扩大。但是，在第二年又重新开始循环。因此，Cd 含量的垂直分布和季节变化展示了水平水体的效应作用和垂直水体的效应作用，也揭示了 Cd 的水平迁移过程和垂直沉降过程。

研究在胶州湾的湾口表、底层水域 Cd 的垂直变化，作者提出了表、底层 Cd 的时空变化沉降过程。在时间尺度上，Cd 在沉降过程中，出现 3 种状态：①当来源提供了 Cd 时，还没有大量的沉降，在海底没有累积，底层的 Cd 含量比较低，呈现出表层 Cd 含量大于底层；②当来源提供了大量的 Cd 时，Cd 经过长时间的大量沉降，就会在海底累积，呈现出底层 Cd 含量大于表层；③当来源提供了 Cd 时，水域没有受到 Cd 含量的影响，呈现出表层和底层 Cd 含量的混合均匀。在空间尺度上，Cd 在沉降过程中，出现 3 种状态：①当来源提供了 Cd 时，在来源附近的水域，呈现出表层 Cd 含量大于底层；②当来源提供了 Cd 时，经过一段路径的输送，在远离来源，输送路径的水域中，呈现出底层 Cd 含量大于表层；③当来源提供了 Cd 时，在远离来源，没有受到 Cd 含量影响的水域，呈现出表层和底层 Cd 含量的混合均匀。在胶州湾水域，Cd 含量的时空变化沉降过程，展示了作者提出的 Cd 的时空变化沉降规律：Cd 含量在表、底层的变化是由来源输送的含量高低和迁移距离的远近所决定的。因此，表、底层的 Cd 含量变化揭示了 Cd 的水域迁移过程。

44.6　结　　论

根据 1984～1988 年胶州湾水域的调查资料，在空间尺度上，通过每年 Cd 含量的数据分析，从含量、水平分布、垂直分布、季节分布、区域分布、结构分布和趋势分布的角度，研究在胶州湾海域 Cd 的来源、水质、分布以及迁移状况，得到了许多迁移规律。

根据 1984～1988 年胶州湾水域的调查资料，在时间尺度上，对这 5 年 Cd 含量数据进行探讨，研究 Cd 含量在胶州湾水域的变化过程，得到了以下研究结果：①含量逐年震荡升高；②来源的时空变化过程；③水体中最高含量和最大容量的比例；④沉降过程及特征；⑤水域迁移趋势过程杨东方的水平分布趋势过程；⑥水域垂直迁移过程杨东方水域清空性。展示了随着时间变化，Cd 含量在胶州湾水域的动态迁移过程和变化趋势。

根据 1984～1988 年胶州湾水域的调查资料，通过对镉(Cd)在水体中的迁移过程的研究，作者提出了物质理论：①物质含量的均匀性理论；②水体物质含量的来源理论；③物质含量从来源到水域的迁移理论；④物质含量的水域沉降迁移理论；⑤物质含量的水域迁移趋势理论。展示了物质在水体中的动态迁移过程所形成的理论。

这些规律、过程和理论不仅为研究 Cd 在水体中的迁移提供坚实的理论依据，也为其他物质在水体中的迁移的研究给予启迪。

在矿山开发、工业排废和生活排污等人类活动的过程中，人类不断地将 Cd 排向陆地、大气和海洋。通过陆地、大气和海洋的输送，Cd 最终输送到海洋，如胶州湾，这些来源确定了胶州湾水体中 Cd 含量的变化过程。在水平水体的效应作用和垂直水体的效应作用下，Cd 含量的轨迹呈现了水平迁移过程和垂直沉降过程。因此，Cd 污染了环境，经过陆地迁移、大气迁移和海洋迁移，污染了陆地、江、河、湖泊和海洋，最后污染了人类生活的环境，危害了人类的健康。

参考文献

[1]Yang D F, Wang Q, Wang M, et al. Annual changes and seasonal variations of Cd in Jiaozhou Bay 1979—1983[J]. Advances in Engineering Research, 2017, 141: 1587-1590.

[2]Yang D F, Li H X, Zhang X L, et al. The back and forth transformation between homogeneity and heterogeneity of Cd in marine bay [J]. Advances in Engineering Research, 2017, 138: 847-850.

[3]Yang D F, Wang Q, Wang Z, et al. The changes of Cd sources in Jiaozhou Bay 1979—1983 [J]. Earth and Environment Science, 2017, 81(012095): 1-4.

[4]Yang D F, Miao Z Q, Li H X, et al. Different stages of Cd's transporting process in waters in Jiaozhou Bay [J]. Earth and Environment Science, 2017, 81(012094): 1-6.

[5]Yang D F, Zhu S X, Wang Z K, et al. Dynamic change of Cd's sedimentation process in Jiaozhou Bay [J]. Journal of Computing and Electronic Information Management, 2017, 4(1): 1-9.

[6]Yang D F, Zhu S X, Wang M, et al. High settling process of Cd in Jiaozhou Bay [J]. International Core Journal of Engineering, 2016, 2(8): 1-4.

[7]Yang D F, Wang F Y, Zhu S X, et al. Homogeneity of Cd contents in Jiaozhou Bay waters [J]. Advances in Engineering Research, 2016, 65:298-302.

[8]Yang D F, Wang Z K, Zhu S X, et al. The influence of marine current to Cd in Jiaozhou Bay [J]. World Scientific Research Journal, 2016, 2(1): 38-42.

[9]Yang D F, Wang F Y, Zhu S X, et al. The influence of river on Cd contents in Jiaozhou Bay [J]. World Scientific Research Journal, 2017, 3(1): 1-5.

[10]Yang D F, Qu X C, Chen Y, et al. Sedimentation mechanism of Cd in Jiaozhou Bay waters [J]. Advances in Engineering Research, 2016, Part D: 993-997.

[11]Yang D F, Wang Z K, Su C H, et al. Sedimentation process and mechanism of Cd in Jiaozhou Bay [J]. Advances in Engineering Research, 2017, 123:1477-1480.

[12]Yang D F, Yang D F, Zhu S X, et al. Sedimentation process and vertical distribution of Cd in Jiaozhou Bay [J]. Advances in Engineering Research, 2016, Part D: 998-1002.

[13]Yang D F, Chai J X, Wang Z K, et al. Settling process of Cd and the origin in Jiaozhou Bay [J]. International Conference on Sensing, Diagnostics, Prognostics, and Control, 2017: 792-795.

[14]Yang D F, Zhu S X, Wang Z K, et al. Spatial-temporal changes of Cd in Jiaozhou Bay [J]. Computer Life, 2016, 4(5): 446-450.

[15]Yang D F, Wang F Y, Zhu S X, et al. Three different types of Cd content's modes [J]. Computer Life, 2017, 5(1): 1-7.

[16]Yang D F, Wang F Y, Zhu S X, et al. Three different types of Cd content's modes [J]. Computer Life, 2017, 5(2): 91-95.

[17]Yang D F, Yang D F, Zhu S X, et al. Transfer process of Cd in the bay mouth of Jiaozhou Bay [J]. Journal of Computing and Electronic Information Management, 2016, 3(5): 467-474.

[18]Yang D F, Wei L Z, Feng M, et al. Transport process and block diagram of Cd in Jiaozhou Bay [J]. Earth and Environment Science, 2017, 81(012096): 1-5

[19]杨东方, 高振会. 海湾生态学(下册) [M]. 北京: 海洋出版社, 2010.

[20]杨东方, 苗振清. 海湾生态学(上册) [M]. 北京: 海洋出版社, 2010.

[21]Yang D F, Gao Z H, Sun P Y, et al. Silicon limitation on primary production and its destiny in Jiaozhou Bay, China [J]. Chinese Journal of Oceanology, 2005, 24(2): 169-175.

[22]杨东方, 王凡, 高振会, 等. 胶州湾浮游藻类生态现象 [J]. 海洋科学, 2004, 28(6): 71-74.

[23]国家海洋局. 海洋监测规范 [M]. 北京: 海洋出版社, 1991.

致 谢

细大尽力，莫敢怠荒。远迩辟隐，专务肃庄。端直敦忠，事业有常。

——《史记·秦始皇本纪》

此书得以完成，应该感谢国家海洋局北海环境监测中心主任姜锡仁研究员以及全体同仁；感谢国家海洋局第一海洋研究所副所长高振会研究员；感谢浙江海洋学院校长苗振清教授；感谢上海海洋大学副校长李家乐教授；感谢国家海洋局闽东海洋环境监测中心站站长秦明慧教授；感谢贵州民族大学校长王凤友教授；感谢陕西国际商贸学院校长黄新民教授；感谢西京学院校长任芳教授；感谢西安交通工程学院理事长张晋生教授。诸位给予的大力支持，以及提供的良好的研究环境，成为我们科研事业发展的动力引擎。

在此书付梓之际，我诚挚感谢给予许多热心指点和有益传授的吴永森教授，他使我开阔了视野和思路，在此表示深深的谢意和祝福。

许多同学和同事在我的研究工作中给予了许多很好的建议和有益帮助，在此表示衷心的感谢和祝福。

感谢《海岸工程》编辑部吴永森教授、杜素兰教授、孙亚涛老师；《海洋科学》编辑部张培新教授、梁德海教授、刘珊珊教授、谭雪静老师；*Meterological and Environmental Research* 编辑部宋平老师、杨莹莹老师、李洪老师。感谢广州科奥信息技术有限公司刘国兴董事长和岑丰杰总经理以及陈思婷老师和林丽萍老师的巨大支持和热心关照。他们在我的研究工作和论文撰写过程中给予了许多有益的帮助和照顾，在此表示衷心的感谢和祝福。

正是众多的无名英雄在辛勤地为我做嫁衣，在我的研究工作和论文撰写过程中给予许多的指导，并作了精心的修改，此书才得以问世，在此表示衷心的感谢和深深的祝福。

今天，我所完成的研究工作，也是以上提及的诸位共同努力的结果，我们心中感激大家，敬重大家，愿善良、博爱、自由和平等恩泽每个人。愿国家富强、民族昌盛、国民幸福、社会繁荣。谨借此书面世之机，向所有培养、关心、理解、帮助和支持我的人表示深深的谢意和衷心的祝福。

沧海桑田，日月穿梭。抬眼望，千里尽收，祖国在心间。

杨东方

2021年5月8日